UTB 2780

Eine Arbeitsgemeinschaft der Verlage

Beltz Verlag Weinheim · Basel
Böhlau Verlag Köln · Weimar · Wien
Wilhelm Fink Verlag München
A. Francke Verlag Tübingen und Basel
Paul Haupt Verlag Bern · Stuttgart · Wien
Lucius & Lucius Verlagsgesellschaft Stuttgart
Mohr Siebeck Tübingen
C. F. Müller Verlag Heidelberg
Ernst Reinhardt Verlag München und Basel
Ferdinand Schöningh Verlag Paderborn · München · Wien · Zürich
Eugen Ulmer Verlag Stuttgart
UVK Verlagsgesellschaft Konstanz
Vandenhoeck & Ruprecht Göttingen
vdf Hochschulverlag AG an der ETH Zürich
Verlag Barbara Budrich Opladen · Farmington Hills
Verlag Recht und Wirtschaft Frankfurt am Main
WUV Facultas Wien

Hans Peter Wolf
Peter Naeve
Veith Tiemann

BWL-Crash-Kurs
Statistik

aktiv mit R

UVK Verlagsgesellschaft mbH

Zu den Autoren:
PD Dr. Hans Peter Wolf ist Akademischer Oberrat im Bereich Statistik und Informatik an der Fakultät für Wirtschaftswissenschaften der Universität Bielefeld.
Dr. Peter Naeve ist Professor em. für Statistik und Informatik an der Fakultät für Wirtschaftswissenschaften der Universität Bielefeld.
Dr. Veith Tiemann ist Leiter des Bereichs Data Intelligence der „Wer liefert was?" GmbH, der Business to Business-Suchmaschine für Produkte und Dienstleistungen.

Bibliografische Information der Deutschen Bibliothek
Die Deutsche Bibliothek verzeichnet diese Publikation in der Deutschen Nationalbibliografie; detaillierte bibliografische Daten sind im Internet über <http://dnb.ddb.de> abrufbar.

ISBN 13: 978-3-8252-2780-7
ISBN 10: 3-8252-2780-4

© UVK Verlagsgesellschaft mbH, Konstanz 2006

Lektorat: Andrea Vogel, Zürich
Satz und Layout: Hans Peter Wolf, Bielefeld
Einbandgestaltung: Atelier Reichert, Stuttgart
Druck: Ebner & Spiegel, Ulm

UVK Verlagsgesellschaft mbH
Schützenstr. 24 · 78462 Konstanz
Tel. 07531-9053-21 · Fax 07531-9053-98
www.uvk.de

Inhalt

Vorwort

„Es läßt sich ohne viel Witz so schreiben, daß ein anderer sehr viel haben muß, es zu verstehen."
LICHTENBERG, Sudelbücher D 332

Viele „Köche" verderben den Brei, heißt es im Volksmund, doch benötigt ein delikates Menü verschiedenste „Gewürze." Dieses im Hinterkopf machten wir uns auf den Weg zu unserem Ziel, eine „Einführung in statistisches Denken und Tun" zu schreiben. Wir hoffen, der Leser teilt unsere Einschätzung, dass etwas Appetit anregendes herausgekommen ist. Dazu hat sicher beigetragen, dass in langjähriger Zusammenarbeit unsere individuellen Antworten auf die Frage: „Was ist Statistik?" sich angeglichen haben. Sanfter Nachdruck des Verlages in Layout-Fragen passte das gemeinsame Werk in eine äußere einheitliche Form. Dennoch werden Kenner der Autoren unschwer identifizieren können, wer welches Kapitel federführend schrieb[1].

Was ist neu? Sicher nicht die Statistik, wohl aber ihre Darbietung. Nicht beschreibend versus schließend plus EDA, mehr ein Mix genannt Datenanalyse. Ein wesentlicher Unterschied zu vielen „Einführungen in die Statistik" ist die konsequente Integration von Computer und Statistik. Computer steht bei uns für die statistische Umgebung, die die R-Software anbietet. Dazu haben wir R ganz natürlich in den Text, in unsere Argumentation eingewoben. R wird von uns in verschiedenen Rollen bzw. Zusammenhängen eingesetzt.

⟨*Verwendung von R* 1⟩ ≡
  ⟨*Sprachelement* 2⟩
  ⟨*Offenlegung* 3⟩
  ⟨*Experiment* 4⟩

Im Detail bedeutet beispielsweise der erste Punkt:

⟨*Sprachelement* 2⟩ ≡
```
x <- 1:100; mean(x)
```

Für die ersten Hundert Integer bezeichnet mean(x) als weitere Symbolik den Mittelwert neben der mathematischen Formel $\frac{1}{n}\sum_{\nu=1}^{n} x_\nu$ oder kurz $\bar{x}$. Wie groß ist der Mittelwert? Wurden die gezeigten Maßzahlen wirklich aus den vorliegenden Daten berechnet? Stellt die gezeigte Graphik die Daten dar? Der nächste Punkt hilft die Zweifel abzubauen:

⟨*Offenlegung* 3⟩ ≡
```
length(alter)
```

Ein „Klick" lässt die entsprechenden R-Berechnungen, hier die Ermittlung

---

1 Pro Kapitel loben wir einen Preis von einem Euro für die erste richtige Zuordnung aus.

der Anzahl der untersuchten Studenten aus dem Kapitel 2, sofort noch einmal ablaufen, und der Leser kann die Gleichheit der Ergebnisse überpüfen.

Eingebaute Experimente verdeutlichen Sachverhalte. Hier ein Beispiel:

4    $\langle Experiment\ 4 \rangle \equiv$

```
exp.mere()
```

exp.mere stößt im Rechner ein Experiment an und der Leser sieht Herrn DE MÉRÉ beim Würfeln zu.

Die hier gezeigte Darstellung im Layout spiegelt das Auftreten von R im Text wider. R-Code ist immer so gedruckt: R-Zeichensatz. Das Zeichen > zusammen mit einer Zahl am linken Rand weist darauf hin, dass dieser Teil aktiviert werden kann. Die Aktivierung erzeugt eine Graphik oder das Resultat einer Berechnung als Bestätigung noch einmal. Der Mix müsste überzeugen: Der Gedankengang des Textes ist verwoben mit vielen Beispielen, mit nummerischen und graphischen Ergebnissen und wie gesagt: Der Leser kann alles an seinem Rechner rekonstruieren! Der letzte Satz soll gleichfalls unsere Begeisterung darüber ausdrücken, was alles im Rahmen der eingesetzten Technik, die wir fast jeden Tag für Lehre und Datenanalyse einsetzen, möglich ist. Damit der Leser seinen Rechner aktiv einsetzen kann, muss er sich über das Internet neben R das Werkzeug open.wnt herunterladen. Die Details zum Beschaffung und Gebrauch sind im Abschnitt „Bequemer R-Einsatz" beschrieben.

Der Inhalt wird begrenzt durch die Seitenvorgabe des Verlages. Man sollte eigentlich noch von vielen Dingen berichten, man hätte andererseits aber auch den ganzen Platz mit dem Gegenstand eines Kapitels, z.B. Casino-Statistik füllen können. Was gibt es noch? Aufgaben gesammelt am Ende jedes Kapitels, eine kurze Liste von anderen Büchern, Mathematik, sie steht nicht im Vordergrund, wird aber auch nicht verschwiegen oder verschämt in einen Anhang gesteckt. Über die sicherlich auch im Buch gebliebenen Fehler (hoffentlich nur Tippfehler), schämen wir uns schon jetzt und bitten um Nachsicht.

Wir wünschen dem Leser beim Lesen die Freude, die wir durchweg beim Schreiben hatten. Wir glauben aber auch, dass nichts über eine gute Vorlesung zur Statistik geht. Besuchen Sie doch einmal eine, am besten bei einem von uns. Zum Schluss danken wir allen, die uns tatkräftig geholfen haben und natürlich bei unseren Familien für ihre Geduld.

Hans Peter Wolf
Peter Naeve
Veith Tiemann

Bielefeld, März 2006

1 Datenanalyse? Daten? Statistik?

In unserem Leben werden wir auf unterschiedliche Weisen mit Daten (Informationen) konfrontiert. Nicht selten werden Daten („Fakten") benutzt, um ein Argument oder eine Position zu untermauern – „Wissen ist Macht" als quasi-Faustrecht im Informationszeitalter?

> *„Statistical thinking will one day be as necessary for efficient citizenship as the ability to read and write."*
>
> H.G. WELLS (1866-1946)

Dieses Zitat des bekannten Autors hebt die Disziplin „Statistik" in eine prominente Position. Vermutlich werden die wenigsten der Aussage in der heutigen Zeit widersprechen. Es genügt, die Tages- oder Wochenzeitung aufzuschlagen oder die Nachrichten im Fernsehen zu schauen. „Statistiken" sind allgegenwärtig. Sie sind die schlagenden Argumente der Akteure:

> „Arbeitslosenzahl über 5 Millionen!" „Das Wachstum der Wirtschaft wurde auf 1% korrigiert!" „25% weniger Kapitalverbrechen"! „Armut nimmt zu – 30% mehr Deutsche unter der Armutsgrenze"!

Dies alles sind Statistiken, also einen komplexen Sachverhalt zusammenfassende Kenngrößen. Wenn wir diese Aussagen nun noch einmal vor dem Hintergrund des ersten Zitats betrachten, müssen wir feststellen, die von WELLS angekündigte Zeit scheint angebrochen zu sein. Gehen wir noch einen Schritt weiter: Verstehen wir die Aussagen? Können wir aus der Statistik die zugrundeliegenden Kausalitäten nachvollziehen?

Wenn die Arbeitslosenzahl auf 5 Millionen steigt, ist das äquivalent zu der Feststellung, dass 5 Millionen Menschen in Deutschland, die arbeiten können und wollen, dies nicht tun können? Wie passt dazu die Aussage, dass aufgrund einer Änderung der Definition der Statistik die Zahl künstlich erhöht wurde?

Fängt man an, über die einzelnen Aussagen nachzudenken, stellt man schnell fest, dass sich einem Hintergründe und Kausalitäten nicht unbedingt erschließen. Dennoch sollen wir aufgrund solcher oder ähnlicher Aussagen Entscheidungen treffen, die bei ganz persönlichen Konsumentscheidungen beginnen und an der Wahlurne enden.

Eine Statistik kann als Entscheidungsinstrument weitreichende Konsequenzen nach sich ziehen. Die richtigen Zahlen zu haben, kann also der entscheidende Vorteil sein. Da ist es leider nicht verwunderlich, dass man versucht, aus unverrückbaren Daten, die die eigene Position nicht stützen oder dieser sogar im Weg stehen, dennoch die gewünschten Aussagen zu extrahieren. Daten werden suggestiv dargestellt, werden durch Maßzahlen so aggregiert, dass der gewünschte Effekt entsteht, werden mittels Graphiken verzerrt, werden ihrem Kontext entrissen oder sie werden schlicht manipuliert bzw. gefälscht. Unter der Phrase „Lügen mit Statistik" findet man in der Literatur oder im Internet eine Reihe von Möglichkeiten, hinter die Kulissen der Datentrickserei zu schauen.

Im letzten Abschnitt wurde die Frage nach den Kausalitäten aufgeworfen. „30% mehr Deutsche leben unterhalb der Armutsgrenze" ist eine Erkenntnis, ein Mehrwert an Wissen, Wissen wurde sozusagen generiert. Wir könnten an dieser Stelle nun eine ganze Reihe von Definitionen der Disziplin Statistik präsentieren. Den wirklichen Kern der Statistik haben wir aber bereits freigelegt: Wie gelange ich zu (neuen) Erkenntnissen? Wie wird neues Wissen generiert?

Damit schließt sich nun auch der Kreis zu den zu Beginn erwähnten Daten. Statistik beschreibt den **Transformationsprozess** von unzusammenhängenden und nicht selten massenhaft auftretenden Beobachtungen, Daten zu allgemeingültigen Aussagen. Es geht immer darum, Strukturen freizulegen und Zusammenhänge aufzudecken. Dies gilt sowohl für das **exploratorische** Vorgehen als auch für das **konfirmatorische** bzw. **hypothesengetriebene** der klassischen schließenden Statistik. Bei der tatsächlichen Arbeit ist eine Vermischung dieser Ansätze sinnvoll und auch zu beobachten.

Während man in der schließenden Statistik versucht, konkrete Fragen und Überlegungen mit Hilfe der Daten zu beantworten – Hypothesen zu stützen bzw. zu falsifizieren –, ist man beim exploratorischen Vorgehen mehr vom Entdeckergeist getrieben. Die exploratorische Datenanalyse ist vor allem seit den 90er Jahren zu großer Bedeutung gelangt, da die Rechnerleistungen erst ein gewisses Niveau an Dateninteraktion ermöglichen mussten. An dieser Stelle sei natürlich auf das Buch „Exploratory Data Analysis" von JOHN TUKEY verwiesen, das bereits 1977 erschienen ist und die intellektuelle Basis der modernen Datenanalyse bildet.

„We are drowning in information, but starving for knowledge."

JOHN NAISBETT

Die Sehnsucht nach dem erwähnten Transformationsprozess ist hier noch einmal mit einem Zitat untermauert. Im heutigen Informationszeitalter fallen an allen Ecken Daten an. Sinnhaftigkeit in diese zu bekommen bzw.

daraus neues und brauchbares Wissen zu generieren, ist eine vornehmliche Aufgabe der Statistik.

In diesem Zusammenhang sei auch ein ganz wenig Wissenschaftstheorie erlaubt, um die vorangegangenen Beschreibungen festzuzurren. Knapp formuliert gibt es zwei Arten, wie man zu neuem Wissen gelangen kann: Deduktion und Induktion.

> **Definition 1.1: Deduktion**
>
> Bei der Deduktion verläuft der Erkenntnisschritt vom Allgemeinen zum Speziellen, zum Besonderen. Mithilfe der Deduktion werden spezielle Einzelerkenntnisse aus allgemeinen Theorien gewonnen.

Deduktion ist eins der wesentlichen Arbeitsprinzipien der formalen Wissenschaften, beispielsweise leitet man in der Mathematik auf Basis von Axiomen durch Deduktion neue Gesetze her.

> **Definition 1.2: Induktion**
>
> Bei der Induktion ist das Vorgehen gerade umgekehrt, vom Speziellen zum Allgemeinen vollzieht sich der Erkenntnisschritt. Im Rahmen der induktiven Verallgemeinerung wird von einer Teilklasse auf die Gesamtklasse geschlossen. Ausgangspunkt sind hier Beobachtungen, aus denen allgemeingültige Schlussfolgerungen abgeleitet werden sollen. Im Idealfall gelangt man so aufgrund empirischer Beobachtungen zu größeren Aussagen, die auch allgemein gelten.

Induktion bildet das Wesen vieler empirischer Untersuchungen, in denen man einzelne Fälle beobachtet, jedoch hinter allgemeinen Gesetzen oder Aussagen her ist. Die Darstellung ist selbstverständlich stark vereinfacht und natürlich ist wissenschaftliches Arbeiten nicht streng getrennt nach Induktion und Deduktion. Wir erkennen die konfirmatorischen bzw. exploratorischen Ansätze aus der Statistik gut wieder.

Ein statistisch arbeitender Mensch ist in der Regel ein induktiv vorgehender. Daher ist der Urzweck der Statistik auch die **schließende** oder **induktive Statistik**, die gerne als **Inferenzstatistik** bezeichnet wird.

Was macht ein Statistiker also? Sehr oft ist die Situation die folgende: Man möchte etwas über ein großes Unbekanntes etwas erfahren. Vielleicht ist es wichtig zu wissen, wie viele Deutsche unterhalb der Armutsgrenze leben. Man möchte damit eine für alle Deutschen oder in Deutschland lebenden Personen eine Aussage treffen, eine Erkenntnis generieren. Somit ist auch klar, welche Rolle das Adjektiv „groß" in diesem Zusammenhang spielt. Die schiere Größe der Gesamtheit aller in Frage kommenden Personen macht es unmöglich, den naheliegenden und direkten Weg zu wählen, nämlich die Betreffenden nach ihren Einkommensverhältnissen zu befragen.

Erinnern wir uns an das induktive Vorgehen: Aufgrund von einigen speziellen Beobachtungen sollen allgemein gültige Schlussfolgerungen gezogen und Erkenntnisse gewonnen werden. Auf unsere Situation übertragen heißt das, es genügt, einen Teil der Bevölkerung nach ihrem Einkommen zu befragen, um auf das Einkommen aller (mit Hilfe geeigneter statistischer Mittel) zu schließen.

Formulieren wir die Situation ein wenig statistisch um, klingt die geschilderte Aufgabe folgendermaßen:

- Aus einer in Bezug auf die interessierende Größe unbekannten Grundgesamtheit soll eine **Stichprobe** vom Umfang n gezogen werden. Die Größe der Stichprobe hängt von vielen Faktoren ab. Grundsätzlich gilt aber: Je größer n gewählt wird, desto genauer sind die späteren Schlussfolgerungen, desto schwieriger und teurer wird aber auch die Ziehung der Stichprobe. Die optimale Größe gilt es zu finden.

- Mit Hilfe statistischer Verfahren wird die Stichprobe vor dem Hintergrund der Fragestellung gründlich analysiert und interpretiert.

- Aufgrund der gewonnenen Erkenntnisse kann auf die unbekannte Grundgesamtheit geschlossen werden. Wir sind in der Lage, eine qualifizierte Aussage zur bislang unbekannten Situation in der Grundgesamtheit zu wagen.

Auch ohne eine theoretische Vorbildung würden wir uns vermutlich intuitiv ganz ähnlich verhalten. Was würden wir unternehmen, um herauszukommen, ob ein Würfel fair ist oder nicht? Fair soll heißen, dass er nicht gezinkt ist und also jede der sechs Seiten die gleiche Chance hat, nach einem Wurf oben zu liegen; insbesondere die Augenzahl 6 könnte uns interessieren.

Die Situation ist ähnlich: Wir haben es mit einer unbekannten Größe zu tun, über die wir eine Aussage machen möchten. Wie bei dem Einkommen der gesamten Bevölkerung können wir auch hier nicht darauf setzen, diese Gesamtheit zu erfassen. Einen Würfel kann man theoretisch sogar unendlich oft werfen. Auch hier werden wir uns also mit einer Stichprobe begnügen: Wir werfen den Würfel einige Male und merken uns, wie oft die Augenzahl 6 oben liegt.

Es ist ebenfalls intuitiv klar, dass es nicht ausreicht, den Würfel nur sehr wenige Male zu werfen, um eine einigermaßen verlässliche Antwort auf die Frage nach der Fairness des Würfels zu bekommen. Mit dem nächsten aktivierbaren Codechunk mit R-Anweisungen kann der Einfluss der Anzahl der Würfe auf diesen Entscheidungsprozess nachvollzogen werden.

Bei einem fairen Würfel beträgt die Wahrscheinlichkeit, eine 6 zu bekommen, gerade $1/6$. Wenn wir einen fairen Würfel 1000 mal werfen, sollte am Ende also so etwa 170 mal eine 6 gewürfelt worden sein: $1\,000/6 = 166.7$ – probieren Sie es aus! Mit Hilfe von R ist es übrigens sehr leicht, einen Würfel zu simulieren, 10 Würfe werden hier produziert:

```
>sample(6,10,replace=T)
[1] 1 6 3 5 3 4 2 2 5 2
```
Starte außerdem:
```
>wuerfel.exp()
```

Alles klar? Was ist also Statistik? Das nächste Zitat ist auch gleich als Übergang zum nächsten Abschnitt zu verstehen:

> „Statistics is the science of gaining information from data.
> Data are numbers with a context.“
>
> DAVID MOORE (1991)

1.1 Was für Daten gibt es?

Diese Frage ist etwas unscharf formuliert. Daten kann man nach vielen Gesichtspunkten einteilen: Woher kommen die Daten? Welche Struktur haben die Daten? Warum sind die Daten angefallen, beobachtet bzw. gesammelt worden? Sind die Daten systematisch erzeugt worden? Wer hat die Daten erhoben? Und so weiter.

Diesen Fragen ist gemein, dass sie die bloße Existenz bzw. den Umstand dieser Daten abklopfen: Wofür stehen die Daten, welchem Kontext sind sie entsprungen, was beschreiben die Daten und welche Fragestellung wird verfolgt? Das ist wichtig. Das Zitat zum Abschluss des letzten Abschnittes sollte diesen Aspekt beleuchten.

Wir wollen uns nun aber einer etwas technischeren Betrachtung von Daten zuwenden: Was für Eigenschaften haben Daten? Oder anders formuliert: Was „darf“ man mit den Daten machen?

Die erste Einteilung erfolgt nach den verschiedenen **Skalentypen**. Die **Merkmalsausprägungen** werden mittels Skalen gemessen. Eine Skala ist die Abbildung empirischer Objekte in ein System von reellen Zahlen, Beispiele: Körpergröße → 180, Geschlecht → 1 usw — das Merkmal ist dann die Körpergröße, die Merkmalsausprägung die 180. Es gibt drei verschiedene Skalentypen:

Definition 1.3: Nominalskala

Eine Nominalskala ist eine Skala, die die Zuordnung von Merkmalsträgern in bestimmte Klassen erlaubt. Bei nominalskalierten Daten mit lediglich zwei Ausprägungen spricht man von **binären Variablen**.

Es wird also lediglich eine Verschiedenartigkeit zum Ausdruck gebracht. Die Nominalskala ist die Skala mit dem niedrigsten Informationsgehalt. Die statistischen Methoden, die für nominalskalierte Daten zur Verfügung stehen, sind daher sehr begrenzt. Beispiele für nominale Merkmals sind: „Parteienvorliebe, Geschlecht, Studienfach." Wir sprechen also von einer Nominalskala, von nominalen oder nominal skalierten Merkmalen, vom nominalen Messniveau oder bedeutungsgleich von einer nominalen Metrik.

> **Definition 1.4: Ordinalskala/ Rangskala**
>
> Eine Ordinalskala oder Rangskala ist eine Skala, die die Einordnung von Merkmalsträgern in Klassen, die sich durch ein Sortierkriterium in eine sinnvolle Reihenfolge bringen lassen, erlaubt.

Durch die Codierung wird nicht bloß eine Verschiedenartigkeit, sondern eine natürliche Rangfolge zum Ausdruck gebracht. Die verschiedenen Merkmalsausprägungen können also mit Hilfe der Skala sortiert werden. Der Informationsgehalt ist aufgrund der Ordnung – größer, kleiner, gleich – höher als bei einer nominalen Metrik – Klasse x, Klasse y, Klasse z. Alle für nominalskalierten Daten geeigneten Operationen sind auch für ordinalskalierte erlaubt. Mit ordinalskalierten Daten kann aber nicht „gerechnet" werden, Summen, Mittelwerte und auch Differenzen machen keinen Sinn. Beispielsweise gehören „Steuerklassen, Güteklassen beim Hotel, Schulnoten, Beurteilungen eines Films" zu ordinalen Merkmalen. Unsinnig sind durchschnittliche Steuerklassen von Ehepaaren. Es kann nicht behauptet werden, dass ★★★★-Hotels doppelt so gut wie ★★-Hotels sind, und strenggenommen sind auch Durchschnittsnoten in der Schule nicht interpretierbar, weil die Abstände zwischen den Noten nicht als gleich groß angesehen werden können.

> **Definition 1.5: Kardinalskala/ metrische Skala**
>
> Eine Kardinalskala ist eine Skala, die arithmetische Operationen auf den Merkmalsausprägungen zulässt.

Kardinalskalierte oder metrische Daten weisen den höchsten Informationsgehalt auf. Mit diesem Datentyp lassen sich die umfangreichsten statistischen Analysen durchführen. Eine metrische Codierung drückt nicht nur Verschiedenartigkeit oder Reihenfolge aus, es können auch mess- und quantifizierbare Unterschiede ermittelt werden. Hier machen Abstände Sinn. Es können Summen und damit Mittelwerte gebildet sowie Vielfache berechnet und interpretiert werden. Kardinalskalen werden klassifiziert in Intervallskalen – bei denen nur Differenzen interpretierbar sind

–, Verhältnisskalen – hier macht es Sinn, Verhältnisse von Merkmalsausprägungen zu berechnen – und Absolutskalen – diese zeichnen sich durch eine natürliche Einheit aus. Typische Beispiele für kardinalskalierte Merkmale sind: „Alter, Gewicht, Größe."

Die letzte wichtige Charakterisierung von Merkmalen erfolgt in Bezug auf die **Mächtigkeit der Ausprägungsmenge**. Es wird unterschieden in diskrete und stetige Merkmale:

> **Definition 1.6: Diskretes Merkmal**
>
> Ist die Menge der Ausprägungen endlich oder abzählbar unendlich, nennen wir ein Merkmal diskret.

Nominal- sowie ordinalskalierte Daten sind immer diskret. Kardinalskalierte Daten können diskret sein. Zwischen zwei aufeinanderfolgenden Ausprägungen kann nichts beobachtet werden. Auf einer diskreten Achse sind sozusagen Lücken. Wieder fallen uns als Beispiele ein: „Geschlecht, Schulnoten, Verkaufszahlen."

> **Definition 1.7: Stetiges Merkmal**
>
> Ist die Menge der Ausprägungen überabzählbar groß, d.h. unendlich und nichtabzählbar, nennen wir ein Merkmal stetig.

Eine stetige Achse weist keine Lücken auf. Zwischen zwei beliebigen diskreten Punkten liegen überabzählbar viele weitere Punkte. Nur kardinalskalierte Daten können stetig sein. In der praktischen Datenanalyse gibt es oft Grenzfälle in Bezug auf die Zuordnung. Als Beispiele merke sich der Leser „Größe, Gewicht, Dauer."

Das Skalenniveau bestimmt, welche Berechnungen auf den Daten erlaubt sind und wie man die Daten geeignet graphisch darstellen kann. Die Tabelle 1.1 listet verschiedene Zahlenmengen kardinaler Metriken und ihre Bezeichungen auf. Diese Mengen treffen wir immer wieder an. Die Mächtigkeit nimmt mit Durchlaufen der Tabelle zu.

Symbol	Ausprägungen	Bezeichnung
$\mathbb{N}$	$0, 1, 2, 3, \dots$	Natürliche Zahlen
$\mathbb{Z}$	$-2, -1, 0, 1, 2, \dots$	Ganze Zahlen
$\mathbb{Q}$	$1, -3, \frac{4}{5}, \frac{3}{6}, \dots$	Rationale Zahlen
$\mathbb{R}$	$\sqrt{2}, \pi, e, 3, \dots$	Reelle Zahlen (irrationale und transzendente)
$\mathbb{C}$	$\sqrt{-1}, \sqrt{4}, 0, -5, \dots$	Komplexe Zahlen

Tab. 1.1: Ausprägungen kardinaler Merkmale

1.2 Wo kommen Daten her?

Dieser Überschrift könnte problemlos ein eigenes Buch gewidmet werden. Wir wollen an dieser Stelle nicht so sehr in die Tiefe schauen und lediglich eine grundsätzliche Idee vermitteln, auf welche Arten und Weisen man zu Datenmaterial kommt.

Zunächst einmal sei angemerkt, dass die Datenbeschaffung in erster Linie von der Problemstellung abhängt. Bevor man sich auf die Suche nach Daten begibt, sollte man sich Klarheit darüber verschaffen, wobei einem das Datenmaterial eigentlich weiterhelfen soll, welche Frage damit zu beantworten ist. Mit anderen Worten: Es ist ausführlich über das initiierende Problem, dessen Formulierung sowie der notwendigen Schritte zur Abarbeitung nachzudenken. Auf einer hohen Ebene kann die Datenbeschaffung nach der „Verfügbarkeit" unterschieden werden:

- Im Falle der **Erhebung** sind die Daten im Prinzip vorhanden, sie müssen lediglich realisiert werden, z.B. durch Befragung bzw. Beobachtung.

- Im Gegensatz dazu wird beim **Experiment** zunächst ein (künstlicher) Datenerzeugungsprozess gestartet.

Werden Daten ganz gezielt vor dem Hintergrund des aktuellen Forschungshintergundes erhoben, spricht man von einer **Primärstatistischen Erhebung**. Greift man dagegen auf existierendes Datenmaterial zurück, welches ursprünglich zu anderen Zwecken erhoben wurde und das nun in Bezug auf ein neues Problem interpretiert wird, handelt es sich um eine **Sekundärstatistische Erhebung**. Ist das Datenmaterial zusätzlich einem Transformationsprozess unterzogen worden (Mittelwerte, Standardisierung, usw.), nennt man dies eine **Tertiärstatistische Erhebung**

Datenerhebungen kann man des weiteren nach der Vollständigkeit in Bezug auf die zur Verfügung stehenden Untersuchungseinheiten unterscheiden, die sich in der Erhebung wiederfinden. Das sind die **Totalerhebung** und die **Teilerhebung** oder **Stichprobe**.

Grundsätzlich gilt: Je mehr Daten desto besser bzw. desto genauer ist die Aussagekraft, die sich mit Hilfe der realisierten Daten erzielen lässt. Das spricht für die Totalerhebung. In einer konkreten Analysesituation wird es aber in der Regel so sein, dass eine Totalerhebung nicht in Frage kommt – zeitliche Beschränkungen, finanzielle Beschränkungen –, nicht sinnvoll ist – Effizienz – oder sogar gar nicht möglich ist – man stelle sich vor, das Beobachten zieht die Zerstörung der Untersuchungseinheit nach sich oder es gibt unendlich viele mögliche Beobachtungen. Vor allem ist es in der Regel aber so, dass es gar nicht notwendig ist, sämtliche potentiell beobachtbaren

Untersuchungseinheiten auch zu berücksichtigen. Wenn man die Stichprobe einigermaßen geschickt zusammenstellt – Repräsentativität –, kann man diese dazu benutzen, auf die Eigenschaften der übrigen, bei der Analyse nicht berücksichtigten Einheiten, zu schließen. Auf der Seite 22 ist dagegen ein Beispiel für eine Totalerhebung zu finden. Überlegen Sie, warum in diesem Fall eine Totalerhebung sinnvoll ist.

Beim Experiment muss zunächst eine Situation (künstlich) erschaffen werden, die dazu führt, dass man die gewünschten Daten beobachten kann. Wichtig ist hier ein gut durchdachter Versuchsplan, der die verschiedenen Einflussfaktoren miteinander kombiniert, sodass die Größe der interessierenden Effekte (einzelne und gemeinsame Effekte) beobachtet werden kann.

Beispielsweise könnte man an den Ernteerträgen einer bestimmten Getreidesorte interessiert sein. Je nachdem welche Bodenart, welcher Dünger, welche Bewässerung und welche Lichtintensität (bzw. Kombinationen daraus) vorliegen, wird die Ernte anders ausfallen. Das Ziel beim Experiment ist es herauszufinden, wie die Einflüsse der verschiedenen Faktorkombinationen sich auf das Ergebnis auswirken.

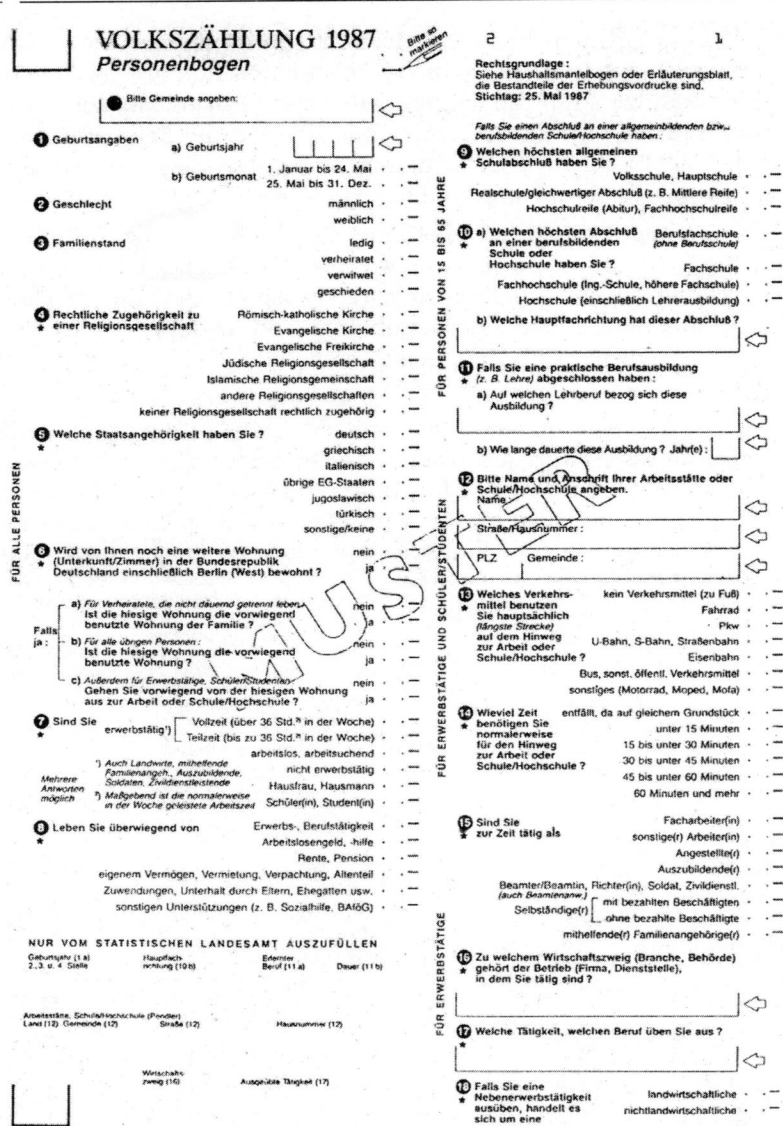

Abb. 1.1: Erhebungsbogen zur Volkszählung

Zusammenfassung

Wir haben uns auf den letzten Seiten mit grundsätzlichen Fragen zur Statistik auseinandergesetzt: „Was ist Statistik, warum benötigt man die Statistik", und: „welche Bedeutung kommt dieser Disziplin zu?" Wir haben eine Vorstellung davon, was man so tut als Statistiker.

Wo begegnen uns Daten, wie gelangt man zu diesen, und was für eine Qualität weisen sie auf? Was existieren für Möglichkeiten, Daten zu systematisieren? Wie steht die Datenanalyse im Verhältnis zur Statistik?

Aufgaben

1. In Abbildung 1.1, → S. 22, ist die erste Seite des Fragebogens der Volksbefragung von 1987 zu sehen. Was für Eigenschaften haben die abgefragten Merkmale in Bezug auf Skalenniveau bzw. Mächtigkeit?

2. Wie ist eine solche Totalerhebung zu rechtfertigen? Dies vor allem vor dem Hintergrund, dass regelmäßig der sogenannte **Mikrozensus** als Teilerhebung durchgeführt wird.

3. Schauen Sie einmal gewissenhaft ihre Tageszeitung durch und zählen Sie die Anzahl der statistisch motivierten Darstellungen bzw. Aussagen. Ist alles ersichtlich und nachvollziehbar?

4. Lesen Sie einmal bei POPPER [1994] (z.B. „Alles Leben ist Problemlösen") über (praktisches) wissenschaftliches Arbeiten nach. Zum Thema **Wissenschaftstheorie** ist die „Einführung in die Wissenschaftstheorie" von SEIFFERT [1973] zu empfehlen.

> *„They sit over bits of paper ruled into columns, note down the coups, count up, compute probabilities, do sums, finally put down their stakes and – lose exactly the same as we poor mortals playing without calculation."*
>
> DOSTOYEVSKY, The Gambler, observing roulette

2 Univariate, exploratorische Analyse

Wir wollen uns nun dem tatsächlichen Datenmaterial nähern. **Univariate Daten** bedeutet, dass ein eindimensionaler Datensatz vorliegt. Ein **Merkmal** wurde beobachtet, z.B. das Gewicht oder das Alter von verschiedenen Personen, den **Merkmalsträgern**. Als Ausgangspunkt liegt die sogenannte **Urliste** vor. Diese zeigt die Daten so, wie sie angefallen sind.

Die folgende Auflistung zeigt das Ergebnis einer Befragung von Studierenden im ersten Semester nach ihrem „Alter":

```
>alter
```

Dieses liefert uns die Einzelwerte:

```
23 21 22 19 20 21 21 22 20 20 22 21 20 20 19 26 21 20 25 26 22 19
21 20 20 19 23 20 21 22 20 21 18 21 20 24 24 19 23 24 20 20 20 21
19 20 23 20 20 21 20 20 24 19 21 20 28 24 20 20 23 21 20 21 19 21
21 20 23 20 22 21 23 19 20 23 21 21 21 20 21 23 20 22 21 28 21 22
23 22 22 20 22 21 19 19 19 20 20 21 24 19 22 20 23 20 21 22 23 20
23 20 18 21 21 24 23 21 21 20 20 24 19 23 22 21 20 24 21 19 21 20
23 20 20 20 22 20 20 20 21 20 21 20 20 22 23 19 20 20 19 23
27 21 21 24 27 20 21 21 20 19 19 19 21 19 22 19 20 24 21 20 23 21
21 27 20 18 19 20 24 20 29 26 25 22 24 26 30 20 20 23 21 20 22 22
21 25 22 20 21 22 20 19 19 22 23 20 19 19 20 19 22 20 27 27 20
24 21 20 21 20 24 22 23 23 20 20 21 21 21 20 22 19 19 19 23 20 23
21 23 21 20 20 19 21 24 20 20 20 20 21 20 20 20 21 19 22 21 20 20
22
```

Wie groß ist die Anzahl der Einzelwerte?

```
>length(alter)
```

Wir erhalten: `256`.

Wie man sieht, erkennt man nicht viel. Die Urliste ist sehr unübersichtlich. Dabei ist ein **Stichprobenumfang** von $n = 265$ nicht besonders groß. Wie kann man die Daten **verdichten**, ohne wichtige Informationen zu verlieren? → Abschnitt 2.1, S. 26 Was für eine Struktur über die Altersverteilung der Studierenden verbergen die Daten? → Abschnitt 2.2, S. 38 und Abschnitt 2.4, S. 55 Sind die meisten Studierenden jünger als 25 Jahre? → Abschnitt 2.3, S. 52 Wie vergleicht man solche Datensätze aus verschiedenen Jahren? Wie kann man sich eine statistische Analyse vorstellen? → Abschnitt 2.6, S. 65 Im Folgenden werden statistische Verfahren vorgestellt, mit denen man aus der Urliste solche und andere Informationen gewinnen kann.

2.1 Häufigkeitstabellen und deren Darstellung

Bei kleineren Stichprobenumfängen würde es bereits helfen, den **geordneten Datensatz** hinzuschreiben, also die Daten der Größe nach zu sortieren und nicht die Reihenfolge zu verwenden, in der die Daten erhoben wurden. Man muss aber aufpassen, ob dabei relevante Informationen (beispielsweise bestimmte Strukturen) verloren gehen. In unserem Fall bietet sich die sogenannte **Häufigkeitstabelle** an.

Definition 2.1: Häufigkeitstabelle

In einer Häufigkeitstabelle werden sämtliche Merkmalsausprägungen sowie die absoluten und relativen Häufigkeiten dargestellt. Diese kann für alle Skalentypen erstellt werden.

Man unterscheidet die diskrete und die stetige (klassierte) Häufigkeitstabelle; das hängt von der Beschaffenheit des Merkmales ab. Eine Häufigkeitstabelle zählt, ordnet und fasst zusammen. Das Merkmal „Alter" ist einer der erwähnten Grenzfälle. Wir wollen es zunächst als diskretes, später dann als stetiges Merkmal auffassen. Zum Erstellen der **diskreten Häufigkeitstabelle** muss man zunächst abzählen, wie viele unterschiedliche Merkmalsausprägungen es gibt. Dann wird gezählt, wie oft die einzelnen Ausprägungen beobachtet wurden.

Bei wenigstens ordinalem Skalenniveau sind die Ausprägungen x_i in der Tabelle aufsteigend sortiert angeordnet. Eine Häufigkeitstabelle hat einen Aufbau wie er in der Tabelle 2.1 schematisch dargestellt ist. Die Notation kann der Tabelle 2.2 entnommen werden.

i	x_i	n_i	$h_i = \frac{n_i}{n}$	$F_i = \sum_{j=1}^{i} h_j$
1	x_1	n_1	$h_1 = \frac{n_1}{n}$	$F_1 = h_1$
2	x_2	n_2	$h_2 = \frac{n_2}{n}$	$F_2 = h_1 + h_2$
3	x_3	n_3	$h_3 = \frac{n_3}{n}$	$F_3 = h_1 + h_2 + h_3$
$\vdots$	$\vdots$	$\vdots$	$\vdots$	$\vdots$
k	x_k	n_k	$h_k = \frac{n_k}{n}$	$F_k = 1$

Tab. 2.1: Schema einer diskreten Häufigkeitstabelle

Symbol	Bedeutung
i	der Index zählt die verschiedenen Merkmalsausprägungen durch
x_i	i-te Merkmalsausprägung des Merkmals X; $i = 1, \ldots, k$
n_i	absolute Häufigkeit von x_i – Wie oft wurde x_i beobachtet?
h_i	relative Häufigkeit von x_i – Wie viel % der Beobachtungen sind gleich x_i?
F_i	kumulierte relative Häufigkeit (empirische Verteilungsfunktion), macht nur Sinn bei mindestens ordinalskalierten Merkmalen.

Tab. 2.2: Größen einer diskreten Häufigkeitstabelle

Für den Beispieldatensatz „alter" ergibt sich mit Hilfe der statistischen Software R und unserer Funktion `haeufigkeit.diskret` schnell eine diskrete (gerundete) Häufigkeitstabelle — `table()` ist die R Grundfunktion:

```
>haeufigkeit.diskret(alter)
 table(alter)
```

```
-------------------------
 i x.i   n.i    h.i     F.i
-------------------------
 1   18    3   0.011   0.011
 2   19   33   0.125   0.136
 3   20   85   0.321   0.457
 4   21   58   0.219   0.675
 5   22   28   0.106   0.781
 6   23   26   0.098   0.879
 7   24   16   0.060   0.940
 8   25    3   0.011   0.951
 9   26    4   0.015   0.966
10   27    5   0.019   0.985
11   28    2   0.008   0.992
12   29    1   0.004   0.996
13   30    1   0.004   1.000
-------------------------

18 19 20 21 22 23 24 25 26 27 28 29 30
 3 33 85 58 28 26 16  3  4  5  2  1  1
```

Der Datensatz wird durch die Zusammenfassung sehr übersichtlich. Die Tabelle liefert dem Betrachter zu jeder Merkmalsausprägung, zu jedem Alter, die absoluten und die relativen Häufigkeiten. Die häufigste Beobachtung ist 20, fast ein Drittel der Studierenden hatten dieses Alter. Lediglich jeweils ein Studierender war zum Zeitpunkt der Befragung 29 bzw. 30 Jahre alt.

Es sei noch eine Bemerkung zur letzten Spalte gemacht. Mit Hilfe der kumulierten relativen Häufigkeiten kann man Fragen der Art beantworten, wie sie zu Beginn des Kapitels an die Rohdaten formuliert wurden:

- Wie groß ist der Anteil der Studierenden, die höchstens 25 Jahre alt sind? Antwort: $F_8 = 0.951$. Das heißt also, dass 95.1% dieser Studierenden 25 Jahre oder jünger sind.

- Wie groß ist der Anteil der Studierenden, die mindestens 26 Jahre alt sind? Antwort: $1 - F_8 = 1 - 0.951 = 0.049$. Mit knapp 5% ist nur ein sehr geringer Anteil der Studierenden älter als 25 Jahre.

Es lässt sich feststellen, dass die Tabelle die Daten zwar bereits stark verdichtet hat und damit wesentlich übersichtlicher ist als die Urliste, dass die Darstellungsform aber noch zu wünschen übrig lässt. Es wäre schön, wenn man die wichtigen Strukturen schneller entdecken könnte; graphische Verfahren bieten sich an.

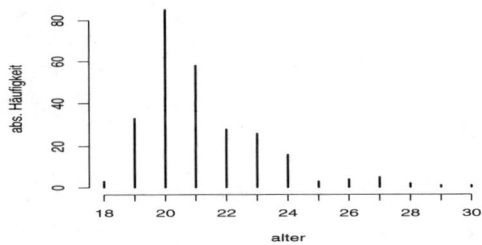

Abb. 2.1: Stabdiagramm zu Merkmal „alter"

Definition 2.2: Stabdiagramm

Die graphische Darstellung der Häufigkeitstabelle heißt **Stabdiagramm**. Auf der horizontalen Achse werden die Ausprägungen abgetragen, auf der vertikalen die zugehörigen relativen bzw. absoluten Häufigkeiten.

Für den Datensatz „alter" kann das folgende Stabdiagramm erstellt werden:

10
```
>plot(table(alter),ylab="abs. H\"aufigkeit")
```

Am Stabdiagramm kann man auf einen Blick die Struktur oder auch den Charakter der Daten erkennen:

- Die Verteilung ist **schief**. Wesentlich mehr Beobachtungen befinden sich auf der ersten Hälfte der Merkmalsachse.

- Das Stabdiagramm zeigt einen Gipfel bei 20 Jahren.

- Der Datensatz belegt auf der Merkmalsachse den Bereich von 18 bis 30 Jahre.

Die Statistik bietet diverse zusammenfassende Kennzahlen für verschiedene Aspekte eines Datensatzes an, die sogenannten **Maßzahlen**. Es kann bereits eine erste **Maßzahl** definiert werden, welche sich aus der bloßen Betrachtung des Stabdiagramms ergibt:

Definition 2.3: Modus/ Modalwert (diskret)

Der häufigste Wert in einem diskreten Datensatz wird als Modus bezeichnet, also die Merkmalsausprägung, die am häufigsten beobachtet wurde.

Falls mehrere Werte in Frage kommen, existiert der Modus nicht. Im Beispiel nimmt der Modus den Wert 20 Jahre an – die am stärksten besetzte Ausprägungsklasse. Die Mehrzahl der Studierenden war zum Zeitpunkt der Befragung 20 Jahre alt. Der Modus ist ein Lageparameter. Er verrät uns etwas darüber, wo die größte Häufigkeit der Merkmalsausprägungen eines Datensatzes auf der Merkmalsachse zu finden ist.

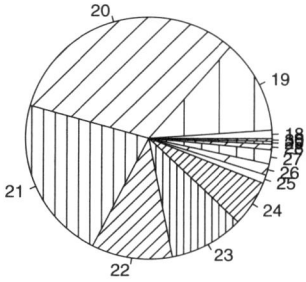

Abb. 2.2: Tortendiagramm

Manchmal ist es schwierig, die „Verhältnisse" zwischen den verschiedenen Anteilen mit Hilfe des Stabdiagramms richtig zu beurteilen. Es bietet sich dann eine andere graphische Darstellung an, das **Kreis-** oder **Tortendiagramm**. Ausgangspunkt ist ein Kreis, der die Gesamtheit aller Daten repräsentiert. Nun werden für jede Merkmalsausprägung Kreissegmente (die Tortenstücke) eingezeichnet. Die Größe des Winkels ist für jedes Tortenstück proportional zur relativen Häufigkeit der entsprechenden Merkmalsausprägung.

Die Häufigkeitstabelle zum bereits vertrauten Datensatz „alter" soll nun durch ein Kreisdiagramm dargestellt werden. Mit Hilfe des Rechners kommt man zu dem in Abbildung 2.2 gezeigten Ergebnis:

11

```
>pie(table(alter))
```

Mit Hilfe dieser Flächendarstellung der relativen Häufigkeiten gelingt es einem Betrachter gut, einen Vergleich zwischen den verschiedenen Häufigkeiten anzustellen – das Kreissegment, das die Ausprägung 20 repräsentiert, wirkt wesentlich wuchtiger als die für die übrigen Ausprägungen. Auf der anderen Seite geht bei Daten, die wenigstens ordinales Messniveau aufweisen, der Ordnungsgedanke in der Darstellung verloren. Daher wird zur Darstellung von nominalskalierten Daten das Tortendiagramm oft benutzt. Die Überlegenheit von Graphiken soll anhand des folgenden Zitats untermauert werden:

> „Ich will nicht gerade so weit gehen zu behaupten, das erste Buch der Bibel wäre besser als Tabelle darzustellen, aber die eine oder andere Datengraphik hätte selbst diesem Klassiker ganz gut getan. Denn es wurden gezählt:

> ‚Zum Stamm Ruben 46 500. Der Kinder Simeon nach ihrer Geburt und Geschlecht ... 59 300. Der Kinder Gad nach ihrer Geburt und Geschlecht, ihren Vaterhäusern und Namen, von zwanzig Jahren und darüber, was ins Heer zu ziehen taugte, 45 650 ...'

> Und so geht es noch zwei Spalten lang weiter, in einem Teil der Genesis, der im Englischen sehr treffend auch ‚The Book of Numbers' heißt. Diese gleiche Information, wenn es denn darauf wirklich ankäme, wäre weit schneller und präziser etwa durch ein Balkendiagramm zu übermitteln."

[KRÄMER, 1994, 1. Kapitel]

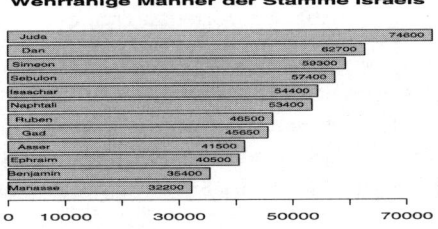

Abb. 2.3: Balkendiagramm

Abbildung 2.3 zeigt ein Beispiel eines **Balkendiagramms**. Ein Balkendiagramm enthält die gleiche Information wie ein Stabdiagramm. Es ist nur um 90 Grad gedreht, und die Stäbe sind durch Balken gleicher Breite ersetzt; bei beiden können statt der relativen auch die absoluten Häufigkeiten abgetragen werden.

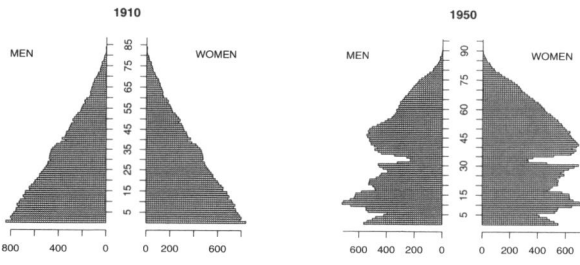

Abb. 2.4: Bevölkerungspyramiden von 1910 und 1950

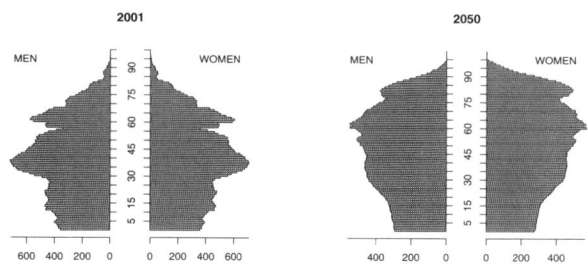

Abb. 2.5: Bevölkerungspyramiden von 2001 und 2050

Eine nützliche Anwendung des Balkendiagramms ist die sogenannte **Alterspyramide**. Diese stellt den geschlechtsspezifischen Altersaufbau der Bevölkerung eines Landes zu einem bestimmten Zeitpunkt graphisch dar. Auf der horizontalen Achse sind die Häufigkeiten abgetragen, auf der vertikalen die Alterklassen. Die Balken für Männer und Frauen werden dann nach links bzw. rechts abgetragen. In der Bevölkerungsstatistik und Demographie unterscheidet man folgende Umrissformen:

- Wachsende Bevölkerung: pyramidenförmiger Umriss,

- stationäre Bevölkerung: glockenförmiger Umriss,

- schrumpfende Bevölkerung: spindel- oder urnenförmiger Umriss.

Sehr interessant ist die Betrachtung von Alterspyramiden zu verschiedenen Zeitpunkten, vergleiche dazu Abbildung 2.4 und 2.5. Die Veränderungen über die Zeit im Bevölkerungsaufbau sind sehr schön zu erkennen und lassen sich gut interpretieren:

- Im Jahr 1910 ist die Bevölkerungspyramide eine echte Pyramide. Es gibt viele junge Leute, und mit dem Alter sinkt die Anzahl der Personen in den Gruppen. Älter als 85 Jahre wird kaum jemand.

- Die Pyramide von 1950 zeigt uns deutlich den Bevölkerungsrückgang durch den zweiten Weltkrieg.

- Die dritte Pryramide zeigt uns die spindelförmige Struktur aus dem Jahr 2001. Die Anzahl der Frauen ist im Alter viel größer als die der Männer. Das maximale Alter hat sich etwas erhöht.

- Für das Jahr 2050 liegen nur Prognosewerte vor. Ein Blick auf die Skalierung macht deutlich, dass insgesamt die Bevölkerung zurückgeht. Der Anteil der älteren Personen wird immer größer.

In der nächsten Graphik sind einige Stabdiagramme dargestellt, die sich aus Befragung von Studierenden ergeben haben. Bei der Betrachtung wird man feststellen, dass die Aussagekraft der Stabdiagramme nachlässt. Woran liegt das?

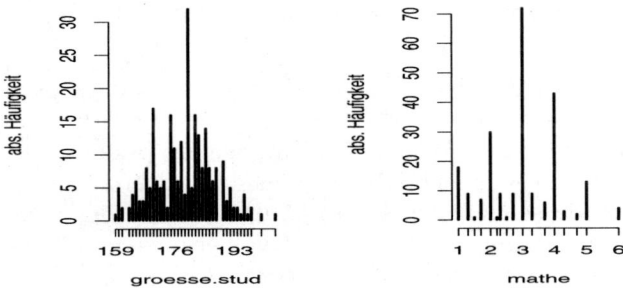

Abb. 2.6: Größe und Mathenoten

Diese Stabdiagramme sind noch einigermaßen gut zu interpretieren, obwohl man beim Merkmal „Größe" durchaus der Meinung sein könnte, dass diese Darstellung unübersichtlich ist – es sind einfach zu viele Striche eingezeichnet. Mit dem Stabdiagramm zu den Mathenoten kann man auch nicht ganz zufrieden sein. Die Zwischennoten stören den Gesamteindruck. Spätestens bei den Stabdiagrammen aus Abbildung 2.7 muss man sagen, dass diese die Eigenarten der Datensätze schlecht wiedergeben bzw. keine gute Übersicht liefern.

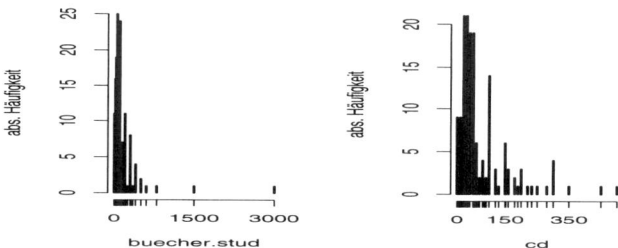

Abb. 2.7: Anzahl Bücher und Anzahl CDs

Symbol	Bedeutung
i	der Index zählt die verschiedenen Klassen durch
X	steht für das Merkmal
UG_i	Untergrenze der i-ten Klasse, es gilt: $UG_i < UG_{i+1}$
OG_i	Obergrenze der i-ten Klasse, es gilt: $OG_i < OG_{i+1}$
n_i	absolute Häufigkeit in der i-ten Klasse – Wie viele Beobachtungen fallen in die i-te Klasse?
h_i	relative Häufigkeit in der i-ten Klasse – Wie viel Prozent der Beobachtungen liegen in der i-ten Klasse?
Δx_i	Klassenbreite der i-ten Klasse: $\Delta x_i = OG_i - UG_i$
F_i	kumulierte relative Häufigkeit (empirische Verteilungsfunktion)

Tab. 2.3: Notation in einer stetigen Häufigkeitstabelle

Für das Merkmal „Anzahl Bücher" ist im Folgenden eine verkürzte diskrete Häufigkeitstabelle angegeben. An ihr lässt sich gut identifizieren, warum die diskrete Betrachtungsweise hier nicht angebracht ist: Es gibt zu viele Merkmalsausprägungen, die sehr geringe Besetzungszahlen (Häufigkeiten) aufweisen:

```
x.i  0  2  5  6 10 12 15 20 21 25 30 40 45 50 60 63 70 75 80 100 120
n.i 11  1  2  1  5  1  2 16  1  5 19 10  1 25  8  1  4  1  8  24   5
---------------------------------------------------------------------
x.i 130 150 152 180 200 220 250 300 328 350 400 500 600 800 1500 3000
n.i   1   7   1   2  11   1   1   8   1   1   4   2   1   1    1    1
```

Hier sollte man besser zur stetigen Sichtweise übergehen. Zu beachten ist allerdings, dass bei der stetigen Sichtweise der Bezug zu den Daten etwas verloren geht. Das Phänomen der **Prominente Zahlen** wird unkenntlich: Beim Stabdiagramm zum Datensatz „Größe" ist sehr schön zu erkennen, was prominente Zahlen wohl sind. Der längste Stab ist an der Stelle 180 cm. Das ist kein Zufall. Viele Leute wissen nicht genau, wie groß sie sind oder auch wie viel sie wiegen. Die Werte 180 bzw. 75 kommen einem oft als erstes in den Sinn – bei einem entsprechenden Stabdiagramm zu Gewichtsdaten wird man eine Häufung bei der Beobachtung 75 feststellen können. Bei Abschätzungen wählt man oft prominente Zahlen.

Bei einer stetigen (kontinuierlichen) Betrachtungsweise werden die Merkmalsausprägungen in **Klassen** unterteilt. Es wird gezählt, wie viele Beobachtungen in die entsprechende Klasse fallen. Die **klassierte oder stetige Häufigkeitstabelle** verwendet den Aufbau wie in Tabelle 2.4 gezeigt.

Einige Symbole und Platzhalter sind schon aus der diskreten Betrachtungsweise bekannt, sodass die Beschreibung an dieser Stelle etwas sparsamer ausfallen kann. Die klassierte Häufigkeitstabelle hat den folgenden formalen Aufbau:

i	$UG_i < X \leq OG_i$	n_i	h_i	Δx_i	F_i
1	$UG_1 < X \leq OG_1$	n_1	h_1	Δx_1	$F_1 = h_1$
2	$UG_2 < X \leq OG_2$	n_2	h_2	Δx_2	$F_2 = h_1 + h_2$
3	$UG_3 < X \leq OG_3$	n_3	h_3	Δx_3	$F_3 = h_1 + h_2 + h_3$
$\vdots$	$\vdots$		$\vdots$	$\vdots$	$\vdots$	$\vdots$
k	$UG_k < X \leq OG_k$	n_k	h_k	Δx_k	$F_k = 1$

Tab. 2.4: Schema einer stetigen Häufigkeitstabelle

Für das Beispiel „alter" kann z.B. die folgende stetige Häufigkeitstabelle generiert werden:

12

```
>haeuf.stet(alter,anzahl.klassen=6)
```

```
------------------------------
i ug.i og.i n.i   h.i    F.i
------------------------------
1   18   20 121 0.457  0.457
2   20   22  86 0.325  0.781
3   22   24  42 0.158  0.940
4   24   26   7 0.026  0.966
5   26   28   7 0.026  0.992
6   28   30   2 0.008  1.000
------------------------------
```

Als Klassenbreite (für alle Klassen) wurde „zwei Jahre" gewählt. Was ergibt sich für drei Jahre als Klassenbreite? Diese Frage wird der Leser mit dem Rechner schnell beantworten können.

Wie groß geeignete Klassen sind, kommt auf den Datensatz an. In einer stetigen Häufigkeitstabelle gilt: Die Untergrenze gehört nicht zur Klasse dazu. Durch dieses Vorgehen wird der Stetigkeit der Daten Rechnung getragen. Wenn also eine Beobachtung zufällig den Wert einer Untergrenze annimmt, dann wird sie der niedrigeren Klasse zugeordnet. Somit ist eine Eindeutigkeit in Bezug auf die Zuordnung der Daten garantiert.

Bei der praktischen Anwendung kann es passieren, wie im Beispiel mit den Altersdaten, dass die Daten diskreter Natur sind. Aus ästhetischen Gründen, damit die Klassen eine gewisse Gleichmäßigkeit aufweisen, wird die Klassenbildung so gehandhabt, dass (nur) für die erste Klasse gilt: Die Untergrenze gehört zum Datensatz dazu. Sind alle Klassen gleich groß, spricht man von **äquidistanten Klassen**. Das muss nicht so sein. Am Ende dieses Abschnittes wird dies illustriert, siehe Abbildung 2.10, S. 37. Auch bei der klassierten Darstellung möchte man auf graphische Hilfsmittel zurückgreifen können. Das stetige Pendant zum Stabdiagramm ist das **Histogramm**:

Definition 2.4: Histogramm

Das Histogramm ist die graphische Darstellung der klassierten Häufigkeitstabelle, in einer Form, dass relative Häufigkeiten durch vertikale Flächenstreifen repräsentiert werden. Über jeder Klasse wird ein Rechteck (= Flächenstreifen) mit der Höhe f_i abgetragen. Diese Höhe, die sogenannte **Häufigkeitsdichte** f_i, wird für jede Klasse berechnet:

$$f_i = \frac{h_i}{\Delta x_i} = \frac{\text{relative Häufigkeit}}{\text{Klassenbreite}}$$

Durch diese Konstruktion sind sich die Rechteckflächen proportional zu den relativen Häufigkeiten. Diese Eigenschaft wird kurz als **Prinzip der Flächenproportionalität** bezeichnet. Im Falle äquidistanter Klassen werden manchmal an der y-Achse – abweichend von unserer Definition – absolute oder relative Häufigkeiten abgetragen; auch dann sind die Rechteckflächen proportional zu den relativen Häufigkeiten, denn das Aussehen ändert sich gegenüber f_i nicht – es ändern sich nur die y-Werte.

In manchen Lehrbüchern wird die Häufigkeitsdichte mit $\hat{f}_i$ bezeichnet. Der Grund dafür liegt in der Abgrenzung der Datenwelt von der Modellwelt. Die Berechnung der Häufigkeitsdichte ist nämlich aus Sicht der Modelle als Schätzer der Modelldichte zu interpretieren. Später werden auch wir empirische Häufigkeitsdichten mit $\hat{f}(x)$ bezeichnen.

Nach dem Prinzip der Flächenproportionalität wird eine sehr breite Klasse, in der genau so viele Beobachtungen liegen wie in einer sehr schmalen Klasse, ein Rechteck mit geringer Höhe bekommen, dagegen die sehr schmale Klasse ein hohes Rechteck. Somit ist auch die Bezeichnung Häufigkeitsdichte gut zu interpretieren. Da sich die relativen Häufigkeiten zu 1 summieren, gilt auch folgender Satz:

Satz 2.1: Histogrammfläche

Die Histogrammfläche beträgt 1.

Zurück zum Beispiel. Für das Merkmal „Alter" kann das Histogramm aus Abbildung 2.8 leicht dargestellt werden – mit prob=TRUE wird statt h_i die Häufigkeitsdichte f_i an der y-Achsen abgetragen.

13
```
>hist(alter,nclass=6,
      prob=FALSE)
```

Dieses Histogramm ist eine gute Darstellung der Daten. Auf einen Blick kann man die Struktur erkennen. Die Dominanz der ersten Klasse wird deutlich betont. Das Abfallen nach rechts charakterisiert diesen Datensatz, er ist schief.

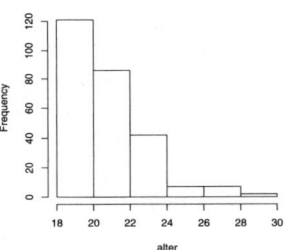

Abb. 2.8: Alter

Definition 2.5: Modus/ Modalwert (stetig)

Für klassierte Daten ist der Modus die Klassenmitte der Klasse mit der größten Häufigkeitsdichte. Im Histogramm ist dies der Mittelpunkt der Klasse, über der der höchste Flächenstreifen abgetragen ist.

Im Beispiel beträgt der Modus 19 Jahre. Der Modus bei diskreter Skalierung ist 20 Jahre.

Anhand des Datensatzes „Gewicht", der bereits kurz dargestellt wurde, → S. 33, soll der Einfluss der Klassenwahl demonstriert werden. In den folgenden Graphiken sind jeweils äquidistante Klassen verwandt worden. Überlegen Sie: Welche Anzahl von Klassen halten Sie für sinnvoll? Man kann sehr schön erkennen, inwiefern das bloße Abtragen von relativen Häufigkeiten bei nicht-äquidistanten Klassen zu wenig hilfreichen Darstellungen führt. Die beiden Graphiken haben jeweils dieselbe Klasseneinteilung. Links ist die absolute Häufigkeit abgetragen, rechts die Häufigkeitsdichte:

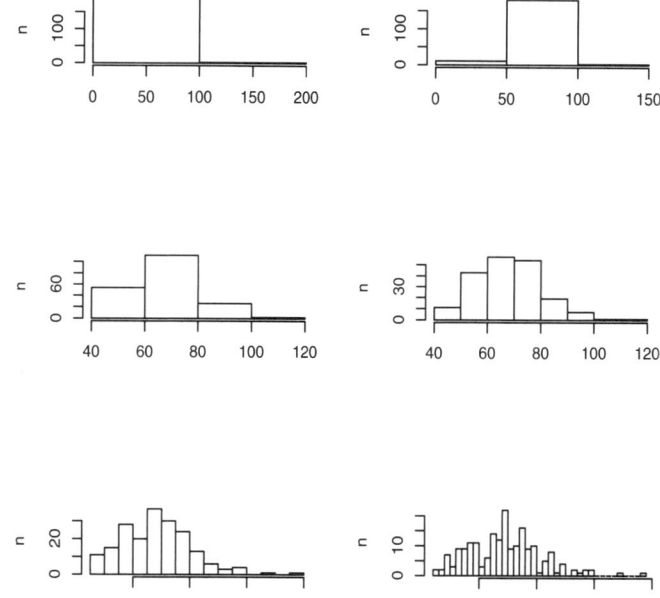

Abb. 2.9: Histogramme von gewicht mit verschiedenen Klassendefinitionen

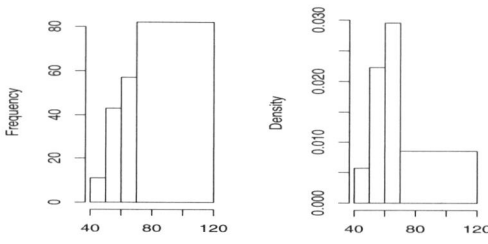

Abb. 2.10: Histogramm: links falsch, rechts richtig

Der Unterschied ist sehr deutlich. In der linken Graphik dominiert die letzte Klasse das Histogramm. Der Balken ist sehr breit und sehr hoch. Diese Darstellung ist aber irreführend. In der rechten Graphik konnten durch Abtragen der Häufigkeitsdichte die wahren Verhältnisse zum Ausdruck gebracht werden. Durch die Umsetzung der Häufigkeitsdichte (= relative Häufigkeit geteilt durch die Klassenbreite) wird berücksichtigt, auf wie viel „Raum" sich die relativen Häufigkeiten verteilen.

2.2 Auswertung der Urliste: Lage und Variabilität

Man hat das Gefühl, dass bei der bloßen Häufigkeitsbetrachtung Informationen verschenkt werden. Es werden schließlich nicht die tatsächlich beobachteten Daten bei der Analyse berücksichtigt. Diese sind zunächst transformiert worden, sodass lediglich Merkmalsausprägungen und deren Häufigkeiten dem Beschreiben der Daten zugrunde lagen.

Bei nominalskalierten Daten ist dieses Vorgehen zur Erkenntnisgewinnung im Prinzip das einzig mögliche. In Bezug auf ordinal- und vor allem kardinalskalierte Daten ist das anfänglich beschriebene ungute Gefühl allerdings nicht zu übergehen: Den Daten kann mehr entlockt werden.

Anhand des auf der Seite 33 vorgestellten Datensatzes `buecher.stud` soll ein Schritt zurück zur Urliste beschrieben werden. In der **Urliste**, auch als **Rohdaten** bezeichnet, stehen die Daten so, wie sie ursprünglich beobachtet oder erhoben wurden. Die folgenden Bezeichnungen sollen gelten:

Symbol	Bedeutung
X	allgemeine Bezeichnung für das Merkmal
n	Stichprobenumfang
x_i	i-te Beobachtung vom Merkmal X, mit $i = 1, 2, \ldots, n$
$x_{(i)}$	bezeichnet die Werte der **Rangwertreihe** / des geordneten Datensatzes: $x_{(1)}$ ist die kleinste, $x_{(n)}$ die größte Beobachtung; $i = 1 \ldots n$

Tab. 2.5: Notation: Rohdaten und Rangwertreihe

Der Datensatz `buecher.stud` hat einen Stichprobenumfang von $n = 195$. Der Übersicht halber soll daraus zunächst eine Zufallsstichprobe vom Umfang 20 gezogen werden, die wir mit x bezeichnen wollen, und die wir in diesem Kapitel immer wieder als Beispiel verwenden werden.

```
>x<-sample(buecher.stud,size=20)
 halbe.halbe(x)

150  60  10   70 100 100   40   40 800 100
 60  40  70 200    5  60 300   80  20  10
```

Während wir durch das Hinschreiben von x kaum zusätzliche Informationen gewinnen – man stelle sich nun die gleiche Darstellung mit 195 Datenpunkten vor –, lässt sich durch das Aufteilen der Rangwertreihe in zwei gleich große Hälften bereits etwas ablesen:
```
>halbe.halbe(sort(x))

  5  10  10   20   40   40   40   60   60   60
 70  70  80  100  100  100  150  200  300  800
```

Die untere Hälfte der Studierenden besitzt höchstens 60 Bücher, während die Studierenden der zweiten Hälfte mindestens 70 Bücher im Regal stehen haben. Eine Person hat angegeben, lediglich 5 Bücher zu besitzen, während am anderen Ende jemand 800 hat. Teilen Sie den Datensatz einmal in 4 gleich umfangreiche Blöcke ein. Was sehen Sie?

Liegt zwischen 60 und 70 so etwas wie der Durchschnitt der Daten? Wie kann man die große Diskrepanz zwischen den Beobachtungen angemessen beschreiben? Diese Fragen zielen auf die statistischen Konzepte **Lage** und **Variabilität,** auf die wir im Folgenden eingehen, → Abschnitt 2.2.1 bzw. 2.2.2.

2.2.1 Zur Lage eines Datensatzes

Lage? Wo auf der unendlich weiten Merkmalsachse mit der Dimension „Anzahl Bücher" liegt der Datensatz, wie viele Bücher besitzen die verschiedenen Studierenden? Dazu soll zunächst ein **Dot-Plot** der Daten betrachtet werden, bei dem zusätzlich die bereits identifizierte Stelle 60 als vertikale Linie eingetragen ist – beim Dot-Plot ist die horizontale Achse die Merkmalsachse, auf der vertikalen Achse wird der Index i abgetragen:

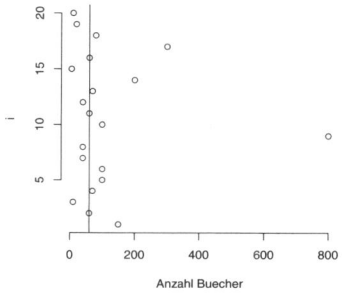

Abb. 2.11: Dot-Plot: Anzahl Bücher

39

16
```
>plot(x,seq(x),xlab="Anzahl Buecher",ylab="i")
 abline(v=60)
```

Auf einen Blick kann man erkennen, dass die Daten relativ dicht gedrängt bis zur eingezeichneten Stelle 60 Bücher liegen. Jenseits der 60 verteilen sich die Daten wesentlich breiter auf der Merkmalsachse. Die zweite Hälfte benötigt mehr Platz, sie erstreckt sich bis hin zur 800. Wo liegen also die Daten? Wie kann man die Lage zusammenfassend beschreiben? Wenn man sich eine Zahl wünschen dürfte, die ein „typischer" Repräsentant der Daten sein soll, welche würde man wählen? Wie wäre es mit dem Mittelwert?

Mit diesem **zentralen Lageschätzer** versucht man, den letzten Gedanken umzusetzen. Es wird eine Zahl aus den Daten generiert, die alle anderen vertritt und somit für den Datensatz typisch ist.

Definition 2.6: Arithmetisches Mittel

Das arithmetisches Mittel $\bar{x}$ ist definiert als:

$$\bar{x} = \frac{1}{n} \sum_{i=1}^{n} x_i = \frac{x_1 + x_2 + \ldots + x_n}{n}$$

Um das arithmetische Mittel sinnvoll berechnen zu können, müssen die Daten kardinales Messniveau aufweisen. Ist die Differenz zwischen zwei Merkmalsausprägungen sachlogisch der entscheidende Unterschied, dann macht dieser Mittelwert Sinn. Das arithmetische Mittel hat die Eigenschaft der Linearität

$$y_i = a + b \cdot x_i \Rightarrow \bar{y} = a + b \cdot \bar{x}$$

und ist ausreißerempfindlich.

Für unseren Datensatz berechnen wir das Mittel durch:

17
```
>mean(x)
```

und erhalten `115.75`. Ist $\bar{x} = 115.75$ der typische Repräsentant für den Datensatz x? Ein kurzer Blick auf die Rangwertreihe auf Seite 39 von x verrät uns, dass 16 von 20 Studierenden, also 80%, deutlich weniger, die übrigen 4 aber wesentlich mehr Bücher besitzen. Der gefundene Mittelwert scheint also niemandem gerecht zu werden.

Wie groß sind die arithmetischen Mittel in den beiden gerade genannten Gruppen, was ist also die mittlere Anzahl Bücher derjenigen, die weniger als 115 Bücher besitzen bzw. derer, die mehr haben? Wir berechnen

18
```
>mean(x[x<mean(x)])
```

und

19
```
>mean(x[x>mean(x)])
```

und erhalten `54.0625` bzw. `362.5`. Die Rangwertreihe verrät uns: Während die erste Zahl ein guter Repräsentant ist, ist die zweite wieder nicht überzeugend. Woran liegt das?

Wenn eine oder einige wenige Beobachtungen viel größer (kleiner) sind als alle anderen, dann wird die Gesamtsumme so groß (klein), dass der resultierende Mittelwert die zentrale Lage der Daten überschätzt (unterschätzt).

Der Mittelpunkt kann auch physikalisch als Schwerpunkt interpretiert werden. Stellen Sie sich die Beobachtungen als Steine vor, die gemäß ihres Wertes auf einer Wippe platziert werden. Dann ist $\bar{x}$ der Drehpunkt, bei dem die Wippe ausgeglichen ist. Jeder weiß, dass jedoch schon einzelne vom Drehpunkt weit entfernte Gewichte (Ausreißer) einen starken Einfluss besitzen.

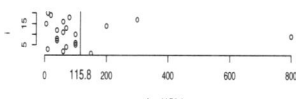

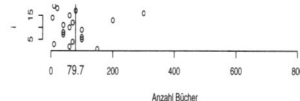

Das ist hier der Fall. Die Beobachtungen 800 und auch 300 sind weit entfernt vom Rest der Daten und können als **Ausreißer** bezeichnet werden. Mit folgender Funktion können wir den Einfluss von grossen Ausreißern auf den Mittelwert untersuchen und können Graphiken erzeugen, wie sie in 2.12 zu sehen sind – der Parameter ohne steuert, wie viele der größten Beobachtungen weggelassen werden.

Abb. 2.12: Ausreißerwirkung

```
>plot.ohne(x,ohne=2,xlab="Anzahl Buecher",ylab="i")
```

Eine alternative Zahl zur Beschreibung der Lage bildet der Median, den wir schon indirekt kennen gelernt haben. Der **Median** teilt den geordneten Datensatz in zwei gleich große Hälften. Jeweils links und rechts liegen 50% der Daten, daher auch $x_{0.5}$.

Definition 2.7: Median (Zentralwert)

Der Median $x_{0.5}$ ist definiert als

$$x_{0.5} = \begin{cases} x_{\left(\frac{n+1}{2}\right)} & \text{für } n \text{ ungerade} \\ \frac{1}{2} \cdot \left(x_{\left(\frac{n}{2}\right)} + x_{\left(\frac{n+1}{2}\right)}\right) & \text{für } n \text{ gerade} \end{cases}$$

Die Daten müssen wenigstens ordinales Messniveau aufweisen. Der Median ist ein **resistenter** Lageschätzer. Er ist gerade nicht ausreißerempfindlich, da bei seiner Berechnung die Größenordnungen extremer Beobachtungen keinen besonderen Einfluss besitzen.

Aufgrund der Darstellung der Rangwertreihe auf der Seite 39 wissen wir, dass der Median zwischen 60 und 70 liegen muss. Da der Datensatz einen geraden Stichprobenumfang hat, kann der Median selber nicht eine Beobachtung sein. In diesem Fall ist der Median der Mittelwert aus 60 und 70:

`21` `>median(x)`

Wir erhalten den Wert `65`.

Der Median ist ein guter Repräsentant der Lage der Daten. Interessant ist, dass die Streichung der Beobachtungen 800 und 300 Bücher zu einem Mittelwert von 67.5 führt, der dem Gesamtmedian sehr ähnlich ist. Die Idee des Weglassens von Beobachtungen ist beim getrimmten arithmetischen Mittel als Konstruktionsprinzip umgesetzt:

Definition 2.8: Getrimmtes arithmetisches Mittel

Das α-getrimmte arithmetische Mittel $\bar{x}_\alpha$ ist definiert als:

$$\bar{x}_\alpha = \frac{1}{n - 2\lfloor n\alpha \rfloor} \sum_{i=1+\lfloor n\alpha \rfloor}^{n-\lfloor n\alpha \rfloor} x_{(i)}$$

Bei der Berechnung dieses Mittelwertes werden gezielt die $(\alpha \cdot 100)\%$ kleinsten sowie größten, also die extremen Beobachtungen an den Rändern, weggelassen. Der Mittelwert wird dadurch unempfindlich gegenüber einzelnen Ausreißern. α muss zwischen 0 und 0.5 liegen, wobei Werte nahe 0.5 (grundsätzlich) wenig brauchbar sind. Die Gaußklammer $\lfloor u \rfloor$ ist der ganzzahlige Anteil von u.

Aus $\alpha = 0.05$ folgt beispielsweise bei $n = 20$, dass die kleinste und die größte Beobachtung aus der Stichprobe zu streichen sind, $\lfloor 20 \cdot 0.05 \rfloor = 1$. Anschließend wird der Mittelwert berechnet. Per Rechner starten wir

`22` `>mean(x,trim=0.05)`

und erhalten wir `83.89`.

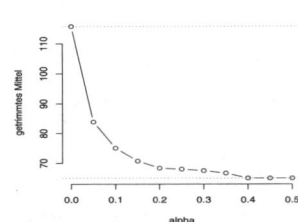

Abb. 2.13: Getrimmtes Mittel

Welches α man nimmt, hängt von der Beschaffenheit der Daten ab. Für den Augenblick soll die Graphik von Abbildung 2.13 als Antwort auf die Frage dienen – was ergibt sich eigentlich für verschiedene Werte von α aus dem

Intervall $[0, 0.5)$? Die folgende Funktion generiert die nebenstehende Graphik. Die horizontalen Linien markieren den Mittelwert bzw. den Median:

3 `>plot.trim(x)`

Ab $\alpha > 0.1$ ist Veränderung im resultierenden Mittelwert nicht mehr sehr groß. Eine mögliche Empfehlung ist also, die zwei größten sowie die zwei kleinsten Werte zu streichen. Dann ergibt sich $\bar{x}_{0.1} = 75$.

Manchmal wird auch der Modus als Lagemaß angegeben.

Definition 2.9: Modus

Für diskrete Merkmale ist der Modus als der häufigste Wert definiert. Im stetigen Fall wird die Klassenmitte mit der größten Dichte angegeben, wie wir schon festgelegt haben, → S. 36.

Der Modus kann für alle Messniveaus berechnet werden, existiert allerdings nicht immer. Wenn beispielsweise die beiden am häufigsten beobachteten Merkmalsausprägungen bei einem diskreten Merkmal gleich oft vorkommen, dann kann der Modus nicht bestimmt werden. Die gleiche Aussage gilt entsprechend für klassierte Daten; hier der Vergleich:

4
```
>c(mittelwert=mean(x),median=median(x),
    getrimmt_0.1=mean(x,trim=.1),
    modus=modus(x),modus.diskr=modus(x,stetig=F))
```

mittelwert	median	getrimmt_0.1	modus	modus.diskr
115.75	65.00	75.00	50.00	NA

Bei der Stichprobe vom Umfang 20 wird bereits deutlich, dass die ausschließliche Betrachtung eines Mittelwertes nicht zu empfehlen ist, um Aussagen über die Daten zu wagen. Man kann sich vorstellen, dass sich dies umso schwieriger gestaltet, je umfangreicher die Daten sind. Bei $n = 20$ gibt schließlich der Dot-Plot gute Auskünfte. Was ist aber bei $n = 100\,000$?

Wir benötigen weitere, die Daten zusammenfassende Hilfsmittel. Zunächst sollen einige **nicht-zentrale Lageschätzer** betrachtet werden.

Definition 2.10: Extremwerte

Das Minimum $x_{(1)}$ ist der kleinste Wert unter den Beobachtungen, das Maximum $x_{(n)}$ der größte Wert.

Minimum und Maximum benötigen wenigstens ordinales Messniveau.

Definition 2.11: Quartile

Das untere Quartil $x_{0.25}$ ist der Median der unteren Hälfte, das obere Quartil $x_{0.75}$ der Median der oberen Hälfte.

Links von $x_{0.25}$ liegen 25% der Daten, rechts davon 75%, links von $x_{0.75}$ 75%, rechts vom oberen Quartil 25%. Diese Maßzahlen benötigen ebenfalls wenigstens ordinales Messniveau.

Mit Hilfe dieser vier Maßzahlen und dem Median lässt sich der Datensatz in vier gleich umfangreiche Segmente unterteilen, sodass auf einen Blick Aussagen zur Symmetrie bzw. Schiefe und Ausreißern gemacht werden können, die aussagekräftiger sind als der Vergleich von Mittelwert und Median. Wie beim Median müssen wir streng genommen vier Fälle unterscheiden: Anzahl der Daten gerade oder ungerade kombiniert mit $\lfloor n/2 \rfloor$ gerade oder ungerade. Wir wollen hier aber keine Erbsenzählerei betreiben, sondern es bei der großen Idee belassen und die Quartile verwenden, die R durch Aufruf von `quantile(x)` oder `summary(x)` produziert. Schreiten wir zur Anwendung:

25
```
>summary(x)
```

```
   Min. 1st Qu.  Median    Mean 3rd Qu.    Max.
    5.0    40.0    65.0   115.8   100.0   800.0
```

Auch der relativ große Unterschied zwischen Mittelwert und Median deutet bereits auf Ausreißer hin. Die Graphik von Abbildung 2.14 illustriert dies anschaulich: Der Dot-Plot, ergänzt um die vier nicht-zentralen Maßzahlen sowie den Median, lässt sich sehr schön interpretieren. Die ersten 75% der Daten benötigen kaum Platz auf der Merkmalsachse, während die letzten 25% unverhältnismäßig viel mehr Raum in Anspruch nehmen.

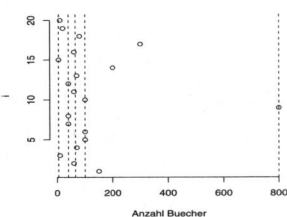

Abb. 2.14: Dot-Plot mit Quartilen

26
```
>plot(x,1:length(x),xlab="Buecher",ylab="i")
 abline(v=summary(x)[-4],lty=2)
```

Da die Erstellung der Quartile ein sehr schnelles Erfassen der groben Verteilung des Datensatzes erlaubt, ist es nicht verwunderlich, dass es hierfür eine spezielle statistische Graphik gibt: den **Boxplot**.

Definition 2.12: Boxplot

Im Boxplot werden die fünf Maßzahlen Minimum, unteres Quartil, Median, oberes Quartil und Maximum dargestellt.

Die „box" – ein Rechteck, das über der Merkmalsachse vom unteren bis zum oberen Quartil abgetragen wird – enthält die zentralen 50% der Daten. Die Box ist durch den Median in zwei Hälften geteilt. An die beiden Enden der „box" werden die „whiskers" gehängt, Linien die bis zum Minimum bzw. Maximum gezogen werden.

Es kann zweckmäßig sein, die „whiskers" nicht bis zu den Extremwerten zu zeichnen, sondern diese früher enden zu lassen. Ausreißer werden dann gesondert markiert.

Der Boxplot wurde als Instrument der exploratorischen Datenanalyse von TUKEY eingeführt. TUKEY bestimmte den Median als den Punkt mit der größten Tiefe. Die **Tiefe** eines Punktes ist die Entfernung zum nächsten Rand, gemessen in „1+Anzahl extremerer Punkte", also: Tiefe$(x_{(i)})$ = $\min(i, n + 1 - i)$. Der Median ist der Punkt mit einer Tiefe von $(n + 1)/2$. Falls eine Tiefe nicht ganzzahlig (n gerade) ist, wird wie oben beschrieben gemittelt. Die Grenzen der Box, auch **Angeln** genannt, sind die Punkte mit der Tiefe $\lfloor \text{Tiefe(Median)}+1 \rfloor/2$, die im nicht ganzzahligen Fall wieder zu einer Mittelung führen. Es wird nun Zeit, einen Boxplot zu erstellen.

```
>boxplot(x,range=0,horizontal=T,xlab="Anzahl Buecher")
```

Der Boxplot bestätigt die Erkenntnisse der vergangenen Seiten. Der Boxplot ist ein sehr geeignetes Instrument, um verschiedene Datensätze miteinander zu vergleichen. Es lässt sich z.B. der Frage nachgehen, ob die gezogene Stichprobe vom Umfang 20 den Datensatz „Anzahl Bücher" gut wiedergibt – beim Vergleich scheinen vertikale Boxplots geeigneter zu sein als horizontale, welche aber wiederum Symmetrieeigenschaften besser erkennen lassen:

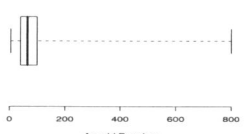

Abb. 2.15: Bücheranzahlen

```
>boxplot(x,buecher.stud,range=0,
    names=c("x","buecher.stud"),ylab="Anzahl Buecher")
```

Die grobe Struktur ist in beiden Datensätzen identisch, die Daten sind sehr asymmetrisch, siehe Abbildung 2.16. Ist das Zufall, oder ist jede Stichprobe vom Umfang $n = 20$ gleich gut zu gebrauchen? Hier sind die zusammenfassenden Maßzahlen zu allen Bücherdaten:

```
>summary(buecher.stud)
```

Min.	1st Qu.	Median	Mean	3rd Qu.	Max.
0.0	30.0	50.0	119.6	110.0	3000.0

Übrigens berechnet die R-Funktion `fivenum()` die Punkte: Minimum, untere Angel, Median, obere Angel und Maximum. Hiermit kann man prüfen, dass die Quartildefinition von `summary()` nicht mit der der Angeln übereinstimmt.

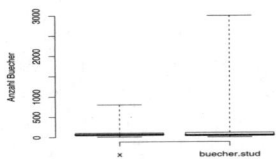

Abb. 2.16: Stichprobe / alle Werte

Um uns ein Bild vom Stichprobeneffekt zu machen, wollen wir 30 mal eine Stichprobe vom Umfang $n = 20$ ziehen und die Stichproben durch 30 Boxplots in einer gemeinsamen Graphik darstellen, siehe Abbildung 2.17. Im Detail sind deutliche Unterschiede erkennbar. Das Experiment „Zufallsstichprobe mit $n = 20$" soll gerade 30 mal wiederholt werden:

```
>xx<-wiederholte.stichproben(x=buecher.stud,n=20,wdh=30)
 boxplot(xx, range=0, ylab="Anzahl Buecher")
```

Jede Stichprobe sieht anders aus. Die bereits herausgearbeitete Grundtendenz ist aber jeweils erkennbar, mal besser mal schlechter. Die Ausreißer werden nur selten erwischt.

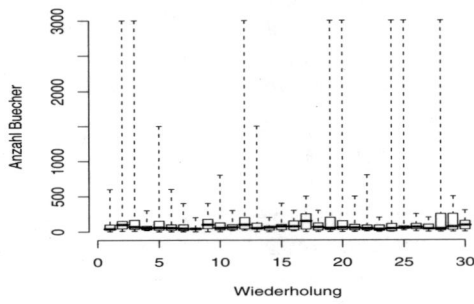

Abb. 2.17: Boxplots wiederholter Ziehungen

2.2.2 Zur Variabilität eines Datensatzes

Ohne Streuung keine Statistik! Das klingt nach einer gewagten Formulierung, entspricht aber bei genauerem Hinsehen den Umständen. Wann sind einem schon mal Daten untergekommen, die nicht streuen, die sich also in ihrer n-Fachheit auf einen Punkt konzentrieren? Vermutlich gar nicht.

Wie unterscheiden sich die Beobachtungen? Was für Ursachen hat die Streuung und was für Konsequenzen ergeben sich daraus? Ist der Unterschied in den Beobachtungen lediglich eine zufällige Laune oder steckt mehr dahinter? Streuung macht eine Analyse erst notwendig, sie ist das Salz in der statistischen Suppe. Über die Lage wissen wir nun so einiges. Was hält man aber vom folgenden Umgang in einer Tageszeitung mit eben diesen Lageschätzern?[2]

„Süße Versuchung – Mehr als 80 Tafeln Schokolade im Jahr genascht: Aachen (lw). Mehr als 80 Tafeln Schokolade haben die Deutschen im vergangenen Jahr durchschnittlich genascht. Jeder Bundesbürger habe damit knapp drei Kilogramm reines Fett und rund 43 600 Kilokalorien in Form von Schokolade zu sich genommen, teilte das Deutsche Institut für Ernährungsmedizin und Diätmedizin in Aachen mit. Diese Menge decke den Energiebedarf eines Erwachsenen für knapp drei Wochen. Allein der Schokoladenverzicht ermögliche einen Gewichtsverlust von rund sechs Kilo."

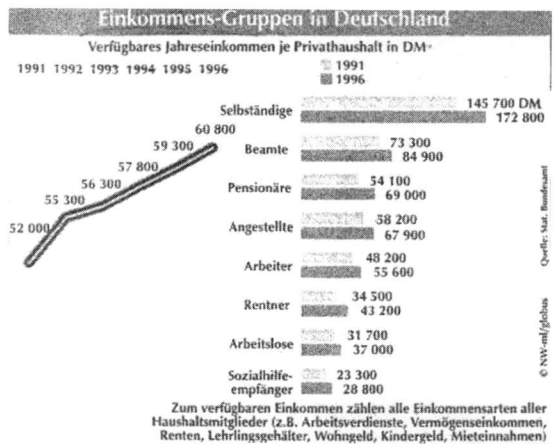

Abb. 2.18: Einkommensgruppen in Deutschland

Keiner der Autoren hat 80 Tafeln Schokolade im vergangenen Jahr gegessen. Und wie sieht es beim Einkommen aus? Sozialhilfeempfänger werden die Angaben zum verfügbaren Einkommen vermutlich eher bestätigen können als Mitglieder der Gruppe der Selbständigen. Warum ist das so? Es liegt an der Streuung.

Gerade bei den Selbständigen wird das verfügbare Einkommen enormen Unterschieden ausgesetzt sein. Wie sind die verschiedenen Mittelwerte zustande gekommen? Wird dem Leser das arithmetische Mittel präsentiert

---

2 Quelle unbekannt.

oder der Median oder der Modus? Wenn die Angabe 172 800 DM nun das arithmetische Mittel sein sollte, wie kann die Zahl dann interpretiert werden? Wie würde ein BILL GATES eine solche Statistik beeinflussen?

Man hat das Gefühl, dass die bloße Angabe eines Mittelwertes oder auch eines Medians nicht ausreicht, um Aussagen über die Einkommensverhältnisse so vieler Menschen zu machen. Offensichtlich würde ein Boxplot in dieser Situation bereits für viel Klarheit sorgen. Es gibt eine Reihe von Maßzahlen, die versuchen, diese Unterschiede bei den Beobachtungen zu quantifizieren. Wie groß ist beispielsweise der Bereich, in dem die Daten liegen? Wie „breit" machen sich die Daten auf der Merkmalsachse?

Definition 2.13: Spannweite (range)

Die Spannweite ist definiert als

$$s_w = x_{(n)} - x_{(1)}$$

Da die Spannweite empfindlich auf Ausreißer reagiert, ist der Abstand zwischen dem dritten und dem ersten Quartil vorzuziehen. Wie groß ist der Bereich, auf dem die zentralen 50% Daten liegen? Wie breit ist das Rechteck beim Boxplot?

Definition 2.14: Interquartilsabstand (iqd, IQR)

Der Interquartilsabstand IQR ist definiert als

$$IQR = x_{0.75} - x_{0.25}$$

Diese beiden Maßzahlen zusammen betrachtet geben Aufschlüsse über die Variabilität eines Datensatzes. Sind nämlich die Unterschiede zwischen den beiden Maßzahlen außergewöhnlich groß – dabei ist natürlich die Maßeinheit zu berücksichtigen –, dann ist das ein Indiz für Ausreißer im Datensatz. Beim gesamten Datensatz `buecher.stud` ist das gerade der Fall. Wir berechnen die Spannweite von x mit

31 `>max(x)-min(x);max(buecher.stud)-min(buecher.stud)`

und erhalten 795. Rechnen Sie nach, dass sich für den gesamten Datensatz `buecher.stud` genau 3000 ergibt. Den Interquartilsabstand bekommen wir durch

32 `>IQR(x);IQR(buecher.stud)`

Hier lautet die Antwort für unsere Stichprobe 60 und für alle Bücherdaten 80.

Die beiden Graphiken aus Abbildung 2.19 verallgemeinern diese Idee. Es werden die $p \cdot 100\%$-zentralen Daten betrachtet, wobei p Werte zwischen 0 und 1 annimmt. Es wird jeweils die Spannweite ausgerechnet und gegen

p abgetragen. Für $p = 1$ ergibt sich die Spannweite des Datensatzes, für $p = 0.5$ der Interquartilsabstand.

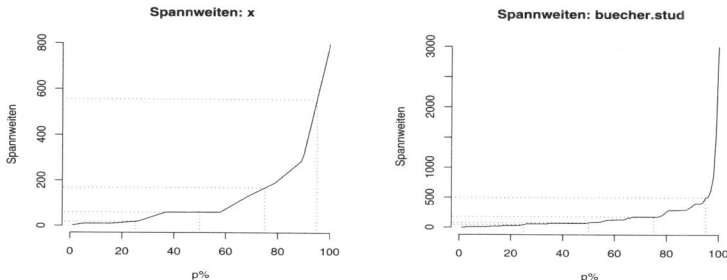

Abb. 2.19: Range der zentralen $p*100\%$ der Werte gegen p

```
>par(mfrow=c(1,2))
 range.plot(x,marker=c(0.25,0.50,0.75,0.95))
 range.plot(buecher.stud,marker=c(0.25,0.50,0.75,0.95))
```

Die Bilder decken sehr anschaulich auf, dass der Range mit wachsendem p stark ansteigt. Die mittleren 50% bzw. die mittleren 75% der Daten machen sich nicht übermäßig breit auf der Merkmalsachse. Trotz der Einfachheit der Maßzahl IQR ist ein anderes Variabilitätsmaß viel verbreiteter: die **Stichprobenvarianz** bzw. deren Wurzel die **Stichprobenstandardabweichung**.

Definition 2.15: Stichprobenvarianz

Stichprobenvarianz s^2 ist festgelegt durch:

$$s^2 = \frac{1}{n-1} \cdot \sum_{i=1}^{n} (x_i - \overline{x})^2$$

Die (Stichproben-) Standardabweichung s ist die Wurzel aus der Stichprobenvarianz.

Der wesentliche Vorteil der Standardabweichung gegenüber der Stichprobenvarianz liegt darin, dass die Standardabweichung dieselbe Dimension wie die Daten besitzt und damit das Streuungsmaß auf der Skala der Beobachtungen interpretiert werden können. Wie wir später sehen werden, liegen zum Beispiel bei Beobachtungen mit einem symmetrischen, glockenförmigen Histogramm rund 95% der Daten in dem Intervall $[\overline{x} - 2s, \overline{x} + 2s]$ und in $[\overline{x} - 3s, \overline{x} + 3s]$ sind fast alle Werte zu finden, → Abschnitt 4.3.2, S. 131. Sehr ähnlich zu s^2 ist d^2 definiert:

Definition 2.16: Mittlere quadratische Abweichung

Die mittlere quadratische Abweichung d^2 ist definiert als

$$d^2 = \frac{1}{n} \cdot \sum_{i=1}^{n}(x_i - \overline{x})^2 = \frac{n-1}{n} \cdot s^2$$

Alle diese Maße sind wie das arithmetische Mittel ausreißerempfindlich. Die Bedeutung der unterschiedlichen Gewichtungen der beiden Maßzahlen wird im Kapitel Schätzen deutlich. Hier reicht der Hinweis: Ist n groß, ist der Unterschied zu vernachlässigen. Die R-Funktion var() berechnet die Stichprobenvarianz, sd() die Standardabweichung. Beispielsweise erhalten wir mit

34
>sd(buecher.stud)

ein Standardabweichung von 257.81.

Schauen wir uns die Formel zur Berechnung von s bzw. d einmal genauer an. Wenn man durchschnittliche Abstände haben möchte, warum wird dann zunächst das Quadrat dieser Abstände gebildet? Warum werden nicht die einfachen Differenzen aufsummiert, was naheliegend erscheint? Die Antwort folgt aus der Beziehung:

$$\sum_{x_i > \overline{x}} (x_i - \overline{x}) = \sum_{x_i < \overline{x}} (\overline{x} - x_i)$$

oder aus dem Satz:

Satz 2.2

Die Summe aller Abweichungen vom arithmetischen Mittel ist null.

Dieser Umstand ist mit der Schwerpunktinterpretation des Mittelwertes verbunden. Die Abstandssumme der Beobachtungen, die kleiner als der Mittelwert sind, ist gerade genauso groß wie die entsprechende Summe der übrigen Werte. Natürlich hätte man auch die absoluten Abstände aufaddieren können. Mit Beträgen rechnet es sich allerdings schwerer als mit Quadraten.

Die Angabe der Standardabweichung ist oft nicht unabhängig von der Größenordnung der Werte interpretierbar. Zum Beispiel dürfte die Streuung der Tankvorgänge bei einem 20-Tonner größer sein als bei einem Kleinwagen. Deshalb wird manchmal die Standardabweichung ins Verhältnis zum Mittelwert gesetzt, und wir erhalten den Variationskoeffizienten.

Definition 2.17: Variationskoeffizient

Der Variationskoeffizient vk ist festgelegt durch

$$vk = \frac{s}{\overline{x}}$$

Ein **relatives Streuungsmaß** ermöglicht den Vergleich verschiedenartiger Datensätze bezüglich der Streuung. Die Dimensionen werden bei der Berechnung herausgekürzt. Es erleichtert ebenso den Streuungsvergleich von Daten mit unterschiedlichen Mittelwerten. Eine Standardabweichung von 1 bei einem Mittelwert von 10 hat naturgemäß eine andere Bedeutung als die gleiche Standardabweichung bei einem Mittelwert von vielleicht 100. Bei einem Mittelwert nahe null stößt man auf Interpretationsgrenzen.

Der Variationskoeffizient wird für unseren Datensatz keine neuen Überraschungen produzieren. Aber ein Variationskoeffizient von über 2 heißt, dass im Durchschnitt ganz grob die Beobachtungen mehr als doppelt so weit wie $\bar{x}$ angibt vom arithmetischen Mittel entfernt liegen. Wir berechnen

5 `>sd(buecher.stud)/mean(buecher.stud)`

und erhalten `2.16`. Wieder soll der Versuch unternommen werden, eine Graphik aus den Daten zu erzeugen, welche die Veränderung des Streuungsmaßes bei sukzessiver Hinzunahme der Datenpunkte aufzeigt:

6 `>vk.plot(buecher.stud); vk.plot(x,add=T)`

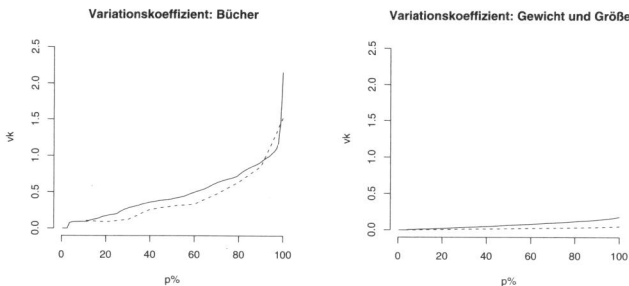

Abb. 2.20: Variationskoeffizienten gegen Anteil Datenpunkte

7 `>vk.plot(gewicht.stud); vk.plot(groesse.stud,add=T)`

Diese Anweisungen erzeugen die Graphiken von Abbildung 2.20. In der linken Graphik ist die Zunahme des Variationskoeffizienten in Abhängigkeit vom Prozentsatz der verwendeten Beobachtungen zu sehen. Zum Vergleich sind in der rechten Graphik für die Datensätze „Größe" und „Gewicht" die gleichen Bilder erzeugt worden. Bei diesen Datensätzen ist der Verlauf der Kurven eben nicht durch ein plötzliches sprunghaftes Ansteigen gekennzeichnet – zum Vergleich sind dieselben Maßstäbe verwandt worden. Als letztes Maß sei der „MAD" vorgestellt.

Definition 2.18: Median Absolute Deviation (MAD)

Der MAD ist der Median der absoluten Abweichungen aller Beobachtungen vom Median:

$$MAD = \text{Median}\{|x_1 - x_{0.5}|, \ldots, |x_n - x_{0.5}|\}$$

Der MAD wird in der Regel durch die Zahl 0.6745 geteilt. Diese Normierung bewirkt, dass der Schätzer bessere theoretische Eigenschaften hat. Der MAD ist unempfindlich gegenüber Ausreißern.

Für unsere Daten lässt sich mit R der MAD einfach berechnen:

38
```
>mad(buecher.stud)
```

Wir erhalten hiermit den Wert 44.48. Diese neuen Erkenntnisse relativieren die sehr starken Streuungen. Jene sind durch die wenigen großen Beobachtungen nach oben gedrückt worden.

2.3 Die empirische Verteilungsfunktion

Auf der Seite 39 wurde der Dot-Plot einer Zufallsstichprobe vom Umfang $n = 20$ aus dem Datensatz „Anzahl Bücher" gezeigt. Was halten Sie von dieser leicht veränderten Darstellung der Daten?

39
```
>plot(sort(x),seq(x),ylab="(i)",
    xlab="Anzahl Buecher")
```

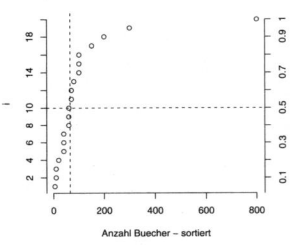

Abb. 2.21: Dot-Plot: Rangwertreihe

In dem resultierenden Dot-Plot sind nicht die x_i sondern die $x_{(i)}$ abgetragen worden, also die Werte der Rangwertreihe, siehe Abbildung 2.21.

Ganz dünn sind zwei Geraden hinzugefügt worden, vertikal durch den Median bzw. horizontal die Stelle 10 verlaufend. Die Zahlen y von 0 bis 20 sind auf die Zahlen $z = (y - \min(y))/(\max(y) - \min(y))$ von 0 bis 1 transformiert worden. Diese Transformation ist als zusätzliche vertikale Achse am rechten Rand eingezeichnet. Im Gegensatz zum „normalen" Dot-Plot wird durch die Lage der Punkte eine Kurve beschrieben, die von links unten nach rechts oben verläuft. Das Steigungsverhalten der Kurve schwankt stark. Am Anfang verläuft die Kurve steiler, am Ende flacht sie ab. Die Graphik wird nun, leicht verändert, noch einmal dargestellt. Durch die Anweisung

◄0

```
>emp.cdf(x,stetig=F)
```
erhalten wir Abbildung 2.22. Die
20 Beobachtungen sind durch kleine Sterne zusätzlich gekennzeichnet. Die Punkte sind durch Trep-
penstufen miteinander verbunden.
Die empirische Verteilungsfunktion
$\hat{F}()$ zeigt zu jeder Stelle $x \in \mathbb{R}$ die
relative Anzahl $\hat{F}(x)$ der Beobachtungen an, die nicht größer sind als
x.

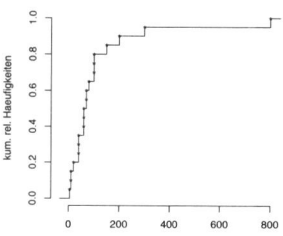

Abb. 2.22: Empirische Verteilungsfunktion

Definition 2.19: Empirische Verteilungsfunktion $\hat{F}$ (diskret)

Die Empirische Verteilungsfunktion $\hat{F}(x)$ ist definiert als

$$\hat{F}(x) = \frac{\text{Anzahl der Beobachtungen kleiner gleich x}}{\text{Anzahl der Beobachtungen}}$$

Die Darstellung der empirischen Verteilungsfunktion zeigt die kumulierten
relativen Häufigkeiten als Treppe.

$\hat{F}(x)$ verallgemeinert anschaulich das Konzept von Median und Quartil hin zu den **Quantilen**. Wenn mich beispielsweise die Frage umtreibt,
wie viele Bücher die unteren 25% höchstens besitzen (= unteres Quartil,
$x_{0.25}$), dann beantwortet mir $\hat{F}(x)$ gerade diese Frage durch Hinschauen:
Man bewegt sich von der Stelle $p = 25\%$ ausgehend von der y-Achse solange nach rechts, bis man auf die Kurve trifft. Dort fälle ich dann das Lot
auf die Merkmalsachse und erhalte den gewünschten Punkt x_p. Diese Fragestellung kann natürlich für jedes x_p mit $0 \leq p \leq 1$ gestellt werden.

Leider wurden in der Statistik – wie bei Angeln und Quartilen – unterschiedliche Definitionen für Quantile vorgeschlagen. R unterstützt die Berechnung von Quantilen mit der Funktion `quantile()` neun verschiedene Festlegungen. Diese unterscheiden sich nur darin, ob das nach der oben
beschriebenen Methode gefundene x_p, der nächst größere Datenpunkt oder
ein gemittelter Wert ausgegeben wird.

Je steiler $\hat{F}(x)$ verläuft, desto dichter gedrängt liegen die Daten, verflacht
die Kurve dagegen, dann machen sich die Beobachtungen rar. Die gerade
erstellte empirische Verteilungsfunktion ist eine Kumulation des Stabdiagramms, dessen Funktionswerte die Stufenhöhen von $\hat{F}$ angeben. In der
Abbildung 2.22 verläuft $\hat{F}()$ zunächt sehr steil und flacht anschließend ab,
die Daten sind also erst sehr dicht gepackt und liegen mit zunehmender
Größe der Werte immer weiter auseinander.

Haben wir Klassen gebildet und nur Klassenhäufigkeiten vorliegen, können wir keine Einzelwerte hervorheben. In diesem Fall unterstellen wir in den Klassen eine Gleichverteilung und zeichnen einen Polygonzug.

Definition 2.20: Empirische Verteilungsfunktion $\hat{F}(x)$ (stetig)

Für klassierte Daten mit den Grenzen $U_1, \ldots, U_k$ ist die empirische Verteilungsfunktion $\hat{F}(x)$ definiert als

$$\hat{F}(x) = \begin{cases} 0 & \text{für } x < UG_1 \\ \hat{F}(UG_i) + (x - UG_i) \cdot f_i & UG_i < x \le OG_i \\ 1 & \text{für } x > UG_k \end{cases}$$

Dabei ist f_i die Häufigkeitsdichte der i−ten Klasse, in welcher gerade x liegt.

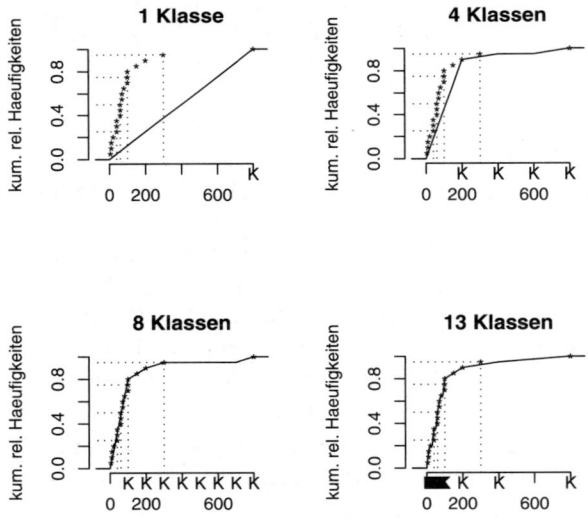

Abb. 2.23: $\hat{F}$ bei vier verschiedenen Klassenbildungen

Um $\hat{F}()$ zu berechnen, wird die kumulierte relative Häufigkeit bis zur Untergrenze der Klasse i, in der x liegt, berechnet, $F(UG_i)$. Hinzuaddiert wird die relative Häufigkeit von der Untergrenze bis zur Stelle x. Es sei angemerkt, dass in der Wahrscheinlichkeitstheorie der theoretischen Verteilungsfunktion eine ganz zentrale Bedeutung zukommt. Denn auch dort lassen sich aus dieser Funktion alle möglichen relevanten Größen berechnen oder ableiten. In Abbildung 2.23 sind vier verschiedene empirische Verteilungsfunktionen der Zufallsstichprobe x dargestellt. Der Buchstabe K markiert die Klassengrenzen. Zusätzlich sind der sortierte Datensatz durch Sterne eingetragen sowie verschiedene Quantilsanfragen aus der letzten Graphik zur diskreten Version von $\hat{F}()$ übernommen worden.

Das konkrete Aussehen von $\hat{F}()$ hängt von der Wahl der Klassengrenzen ab. In der Graphik links oben der Abbildung 2.23 wurde lediglich eine Klasse gebildet, von 0 bis 800. Man kann gut erkennen, dass bei der stetigen empirischen Verteilungsfunktion implizit Gleichverteilung innerhalb einer Klasse unterstellt wird. Bei nur einer Klasse ist das offensichtlich ungeeignet, wie die zusätzlich eingezeichneten Hilfspunkte aufzeigen.

Bei vier Klassen sieht das Bild bereits besser aus, die Ausreißerstruktur wird aufgedeckt. Allerdings ist die Wahl der ersten Klasse $(0, 200)$ denkbar schlecht. Die damit angenommene Gleichverteilung ist ungünstig. Bei acht Klassen kommen die Quantilsanfragen zu fast identischen Ergebnissen wie die aus der diskreten Darstellung.

2.4 Besondere Strukturen einer Verteilung

Zu Beginn des Kapitels haben wir das Histogramm kennen gelernt, um möglichst kompakt etwas über einen Datensatz zu erfahren, → S. 35. Auf einen Blick kann man erkennen, wo das Zentrum der Daten liegt und wie die Daten darum „verteilt" sind. Ganz wunschlos glücklich kann man mit dem Histogramm nicht sein. Da man nichts über die Verteilung der Beobachtungen innerhalb der Klassen erfährt und da die Klassen mehr oder weniger willkürlich gebildet werden, ist dies ein unbefriedigender Zustand.

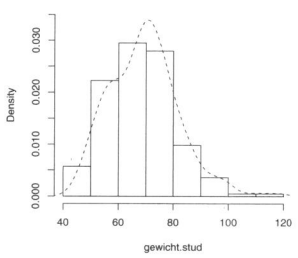

Abb. 2.24: Histogramm, Dichtespur

Betrachten wir einmal die Graphik 2.24. Die Kurve, die über das Histogramm gelegt wurde, ist eine so genannte **Dichtespur** oder ein **Kerndichteschätzer**. Man könnte diese vielleicht als abgerundetes Histogramm verstehen. Je höher die Kurve, desto dichter und gehäufter liegen die Beobachtungen in diesem Bereich, genau wie beim Histogramm. Der Unterschied ist nun aber, dass jede einzelne Beobachtung mit seiner individuellen Lage einen Beitrag zur Höhe der Kurve leistet, die entstehende Kurve ist zudem

glatt und kann daher viel besser auf Eigenarten eines Datensatzes eingehen. Beim Histogramm interessierte lediglich die Zugehörigkeit zur Klasse,
es entsteht ein Gebilde aus vielen Rechtecken.

Die Kurve verrät zum Beispiel, und
zwar ohne dass eine bestimmte (und
künstliche) Klasseneinteilung gewählt
werden muss, wo das Zentrum der Daten liegt und wie innerhalb der Klassen
die Daten verteilt sind. Die Graphik in
Abbildung 2.25 kombiniert die Dichtespur mit dem Stabdiagramm. Das
Stabdiagramm erklärt sehr schön den
Verlauf der Dichtespur. Gleichzeitig
wird deutlich, dass ein Stabdiagramm
für diesen Datensatz eben nicht gut geeignet ist, während die Kurvendarstel-
lung sehr angemessen zu sein scheint.

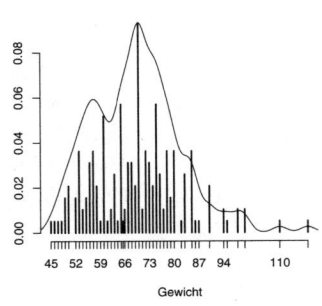

Abb. 2.25: Dichtespur Gewicht

Wir wollen an dieser Stelle nicht sehr ausführlich auf die Konstruktion
des Kerndichteschätzers eingehen, wir verlassen uns auf R und die Funktion density().

Zur Berechnung, die R mit der Funktion density() durchführt, sei verraten: Zu jeder Stelle x^* auf der x-Achse wird eigenständig der zu zeich-
nende Funktionswert $\hat{f}(x^*)$ ermittelt. Dazu wird für $\hat{f}(x^*)$ ein gewichtetes
Mittel aller Punkte berechnet, die in der Umgebung $[x^* - \Delta, x^* + \Delta]$ liegen. Die Gewichtung ist am Rand gering und in der Mitte groß, sie wird
durch die verwendete Gewichtungs- oder Kernfunktion bestimmt. Wesentliche Einflussgröße ist die Umgebungs- bzw. die sogenannte Fenstergröße.

Für die Gewichtsdaten sind noch einmal vier Dichteschätzer mit verschiedenen Einstellungen für die Fensterbreite erzeugt worden.

41
```
>dichte.plot(gewicht.stud,
    fenster=0.125*iqd(gewicht.stud),AXES=FALSE)
```

Die folgende Funktion erlaubt, Dichtespuren verschiedener Fensterbreiten
interaktiv zu konstruieren.

42
```
>dichte.manip(gewicht.stud)
```

Symmetrie, Schiefe und Wölbung. Neben der Diskussion von Lage und
Variabilität kann ebenso das genauere Aussehen einer Verteilung mit Maßzahlen beschrieben werden. Zunächst betrachten wir den Vergleich der drei
vorgestellten zentralen Lageschätzer, um eine Aussage zur Symmetrie zu
machen.

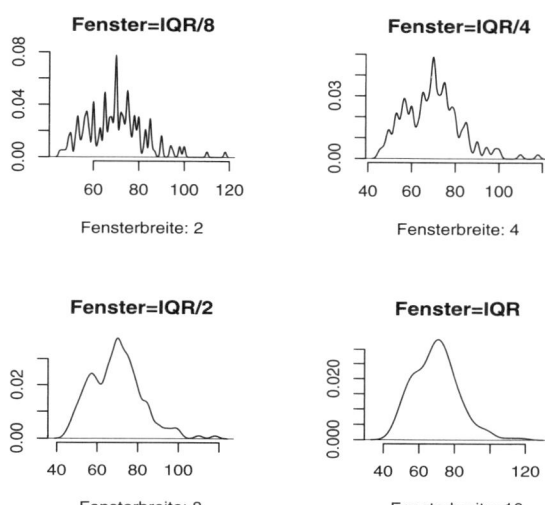

Abb. 2.26: Dichtespuren verschiedener Fensterbreiten

Verteilen sich die Daten gleichmäßig um ein Symmetriezentrum, dann sind Modus, Median und arithmetisches Mittel ungefähr gleich groß:

```
>c(modus=modus(gewicht.stud),
     median=median(gewicht.stud),
     mean=mean(gewicht.stud))
```

```
modus median      mean
   70     70     69.41
```

```
>cbind(modus=modus(groesse.stud),
       median=median(groesse.stud),
       mean=mean(groesse.stud))
```

```
modus median      mean
  180    180    178.79
```

Der Vergleich der drei Maßzahlen bestätigt die Vermutung, dass die Datensätze symmetrisch und nicht **schief** sind. Und bei den Büchern? Wir rechnen:

```
>c(modus=modus(x),median=median(x),mean=mean(x))
```

```
modus median      mean
   50     65    115.75
```

46
```
>c(modus=modus(buecher.stud),
     median=median(buecher.stud),
     mean=mean(buecher.stud))
```

```
modus median      mean
   50     50    119.58
```

Diese Konstellation – $modus(x) < median(x) < mean(x)$ – deutet auf eine rechtsschiefe bzw. linkssteile Datensituation hin. Wenn man sich die Dichtespur anschaut, dann stellt man fest, dass diese links stark ansteigt, um dann nach rechts langsam abzufallen. Gilt das umgekehrte so nennt man die Verteilung der Daten linksschief bzw. rechtssteil.

Um die Schiefe und die Konzentration um die Mitte auszumessen, bietet die Statistik Schiefe- und Wölbungsmaße an. Wir stellen hier nur zwei Kandidaten vor, die von der Struktur $c \cdot \sum(x_i - \overline{x})^p$ sind, welche wir von der Stichprobenstandardabweichung her kennen. Je größer der Exponent ist, desto mehr Gewicht bekommen die Ränder des Datensatzes, da die größeren Differenzen durch eine hohe Potenz mehr betont werden als die kleinen Differenzen, also als Daten, die nah bei $\overline{x}$ liegen. Damit ist der Einfluss der weit entfernten Datenpunkte auf diese Maßzahlen größer.

> **Definition 2.21: Schiefe**
>
> Die Schiefe ist definiert durch
>
> $$g = \frac{1}{n} \cdot \frac{\sum_{i=1}^{n}(x_i - \overline{x})^3}{(d^2)^{3/2}}$$

Ist $g < 0$, ist die Verteilung der Daten linksschief, für $g > 0$, ist sie rechtsschief. Durch die Normierung mit d^3 ergibt sich mit g eine dimensionslose Maßzahl für die Schiefe. Symmetrische Datensätze werden ein g nahe 0 liefern. Für Interessierte sei angemerkt, dass es zur Beschreibung der Schiefe wiederum Maße gibt, die resistent gegenüber Ausreißern sind, wir wollen jedoch an dieser Stelle die Diskussion nicht vertiefen, sondern mit unserer Funktion schiefe() g für vier Datensätze berechnen

47
```
>c(x=schiefe(x),
     buecher=schiefe(buecher.stud),
     groesse=schiefe(groesse.stud),
     gewicht=schiefe(gewicht.stud))
```
und erhalten:

```
    x buecher groesse gewicht
3.188   8.186   0.010   0.600
```

Die Maßzahlen bestätigen die vorherigen Überlegungen.

Als weiteres empirisches Moment berechnet man manchmal noch die normierte Wölbung oder Kurtosis.

Definition 2.22: Kurtosis

Die Kurtosis K ist definiert als

$$K = \frac{1}{n} \cdot \frac{\sum_{i=1}^{n}(x_i - \bar{x})^4}{(d^2)^2}, \quad K^* = K - 3$$

Für die Wölbung wird zur Orientierung die Normalverteilung verwendet, für die K^* den Wert 0 hat. Dieses Verteilungsmodell kennen viele noch von den alten 10-DM-Scheinen, auf denen ihre Dichte abgedruckt ist. Wir stellen sie ausführlicher im Kapitel 4 „Auf zur Modellierung" vor, → S. 131 ff. $K^* > 0$ bedeutet: Im Vergleich zur Normalverteilung besitzt der Datensatz relativ mehr Beobachtungen in den Randbereichen. Falls gilt $K^* < 0$, versammeln sich die Beobachtungen noch stärker in der Mitte als bei der Normalverteilung. Auch diese Maßzahl ist dimensionslos. Wir berechnen:

```
>c(x=kurtosis(x)-3,
   buecher=kurtosis(buecher.stud)-3,
   gr=kurtosis(groesse.stud)-3,
   gew=kurtosis(gewicht.stud)-3)

      x buecher      gr     gew
   9.83   82.41   -0.21    0.84
```

Die beiden Bücherdatensätze haben wesentlich mehr Dichtemasse an den Rändern. Aufgrund der Schiefemaßzahl wissen wir aber auch, dass diese Masse nicht symmetrisch, d.h. nicht gleichmäßig rechts und links vom Zentrum verteilt ist.

Mit diesen beiden Maßzahlen hat man auch ein erstes Indiz dafür, ob bei einem konkreten Datensatz die **Normalverteilungsannahme** gerechtfertigt ist. Da verschiedene Verfahren der Statistik von der Normalverteilung oder von symmetrischen Verteilungen ausgehen, versuchen Statistiker oft, die Originaldaten geeignet zu transformieren. Eine Klasse von Transformationen bildet die Klasse der Box-Cox-Transformationen.

Definition 2.23: Box-Cox-Transformation

Wird ein Datensatz x auf einen neuen Datensatz $y = T(x)$ mit

$$T(x) = \begin{cases} \frac{x^{\lambda}-1}{\lambda} & \text{für } \lambda \neq 0 \\ \ln x & \text{für } \lambda = 0 \end{cases}$$

abgebildet, sprechen wir von einer Box-Cox-Transformation mit dem Parameter λ.

Um beispielsweise der Normalverteilungsannahme näherzukommen, kann sich die Box-Cox-Transformation als geeignete Maßnahme erweisen. Eine Möglichkeit, einen günstigen Wert für λ zu ermitteln, ist, eine ganze Reihe von Box-Cox-Transformationen für einen Datensatz durchzuführen und jeweils S und K^* zu berechnen. Eine graphische Darstellung hilft dann bei der Entscheidung:

49

```
>box.cox.plot(buecher.stud,interaktiv=T)
```

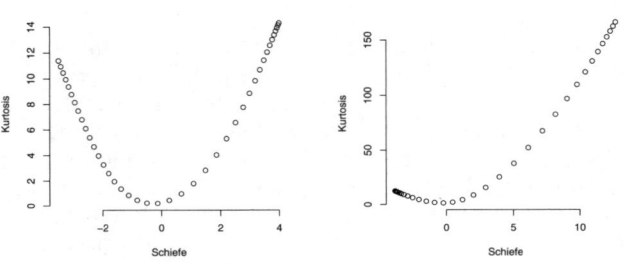

Abb. 2.27: Box-Cox-Plot für Stichprobe und Gesamtdatensatz Bücher

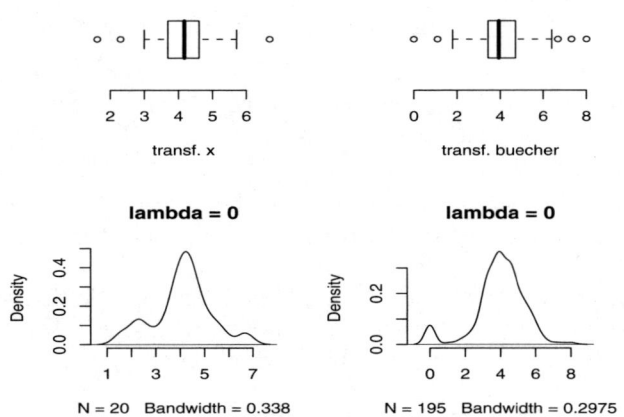

Abb. 2.28: Dichtespuren und Boxplots der transformierten Daten

Nimmt man nun die Vorschläge für λ in der Nähe von 0 auf (hier haben die Kurven ihr Minimum), gelangt man zu Verteilungen, wie sie in Abbildung 2.28 zu erkennen sind.

Durch die Transformation ist erreicht worden, dass die starke Rechts-schiefe ausgeglichen wurde. Leider ändert sich mit einer Transformation die Bedeutung der Werte. Für manche Modellierungen ist das nicht wichtig. Sehr oft möchte man aber auch die transformierten Werte inter-pretieren können. Dann sollte man nur solche λ-Werte auswählen, de-ren neue Werten eine inhaltliche Bedeutung besitzen. Beispielsweise kann (Körpergröße)^3 als Volumenmaß eingestuft werden.

2.5 Konzentrationsmessung – LORENZ und GINI

Wir haben mittlerweile einen ganz guten Überblick davon, wie man Daten gewinnbringend verdichten kann. Erinnern wir uns an den Datensatz „An-zahl Bücher". Dieser ist schief, da es viele Studierende gibt, die kaum oder nur wenige Bücher besitzen, während gleichzeitig eine Reihe von Studie-renden eine große bis sehr große Anzahl Bücher ihr Eigen nennt. Den Ein-fluss auf Mittelwert und Streuung kennen wir. Was für Aussagen können wir aber darüber treffen, wie die Bücher auf die einzelnen Studierenden verteilt sind? Wie können wir zum Beispiel die folgende Frage beantwor-ten: Wie fällt ein Vergleich der Studierenden mit den wenigsten zu denen mit den meisten Büchern aus? Kann man dies quantifizieren?

In diesem Abschnitt geht es darum, die **Konzentration** von Daten zu be-schreiben. Ziel soll es sein, eine Möglichkeit an der Hand zu haben, Un-gleichverteilung bzw. Gleichverteilung zu messen. Bei Einkommensvertei-lungen ist eine solche Konzentrationsmessung natürlich von großem Inter-esse. Das gilt für Unternehmen oder gleich ganze Staaten: Die 10% der Ein-kommensträger mit dem größten Einkommen haben X% des Gesamtein-kommens, während die 10% mit dem geringsten Einkommen Y% des Ge-samteinkommens auf sich vereinen. Die Größe der Ungleichverteilung des Einkommens hat sehr viel damit zu tun, welchen Wert X und Y annehmen.

Wir wollen nun an einem konkreten und relevanten Beispiel einen Vor-schlag zur Konzentrationsmessung erarbeiten. Dazu stellen wir uns ei-ne Internet-Suchmaschine vor, in der man nach Produkten suchen kann. Ziel der Suche ist es, Firmen zu finden, die das gesuchte Produkt her-stellen bzw. anbieten. Damit man diese Suche erfolgreich und effizi-ent durchführen kann, die Suchanfrage also zu den passenden Firmen führt, ist es zweckmäßig, eine ausreichend große Nomenklatur, also ei-ne hierarchische Gliederung und Abbildung durch Rubriken, einzuführen. Dann ist es ohne weiteres möglich, beispielsweise nach einem bestimmten Möbelhersteller zu suchen. Der Anbieter der Suchmaschine ist natürlich daran interessiert, das Suchverhalten der Nutzer zu verstehen und seine Internet-Präsenz ständig zu optimieren. Die Statistik kann hier helfen.

Für einen bestimmten Zeitraum liegen dem Analysten u.a. die Rubrikenklicks für alle Möbel-Rubriken vor, d.h. welche Rubrik wie oft in dem betrachteten Zeitraum angeklickt wurde. Bekommen alle Rubriken die gleiche Aufmerksamkeit der Suchenden? Zunächst soll eine Übersichtsgraphik erstellt werden – jede Beobachtung ist also die Klickzahl für eine ganz bestimmte Rubrik, z.B. Stahlrohrstühle, Regiestühle oder auch Büroorganisationsmöbel:

50   `>eda(klicks.moebel)`

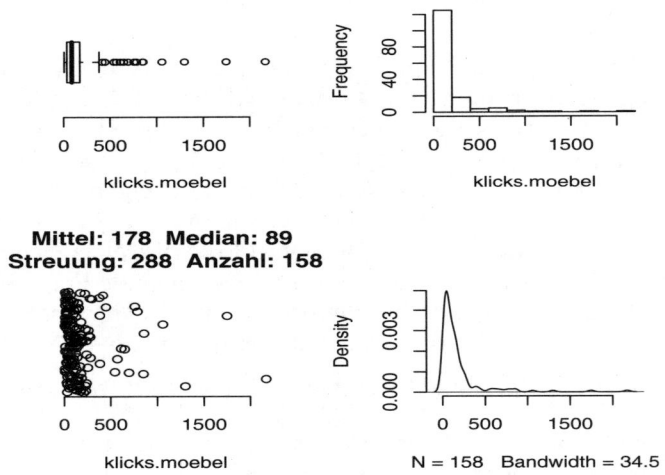

Mittel: 178 Median: 89
Streuung: 288 Anzahl: 158

Abb. 2.29: Verteilung der Möbel-Klicks

Wie man sieht, kann von einer Gleichverteilung nicht die Rede sein. Es gibt eine große Anzahl von Rubriken, die eine kleine Anzahl von Klicks aufweisen. Auf der anderen Seite haben einige Rubriken sehr viele Klicks bekommen. Das Maximum liegt bei über 2 000 Klicks im relevanten Zeitraum.

Die Diskrepanz ist beeindruckend. Sie wird durch die drei angegebenen Maßzahlen gut widergespiegelt. Wie verteilt sich aber die Gesamtzahl der Klicks auf die zahlreichen Rubriken? Welchen Anteil aller Klicks haben die sehr häufig besuchten Rubriken? Wie viel des Gesamtvolumens fällt auf diejenigen, die nur sehr wenige Klicks bekommen haben? Wo konzentrieren sich die Klicks? Für diese Fragen lohnt es sich, die Klickanzahlen noch intensiver zu studieren.

Zu diesem Zweck teilen wir die n Rubriken in $i = 1, \ldots, 10$ gleich große

Gruppen auf. Dies geschieht so, dass in der i=1-ten Gruppe gerade die 10% der Rubriken sind, die die wenigsten Klicks haben. Diese Einteilung wird fortgeführt bis zur i=10-ten Gruppe, in welcher sich die 10% der Rubriken mit den meisten Klicks befinden. Der sortierte Datensatz `klicks.moebel` wird gewissermaßen in zehn gleich umfangreiche Gruppen unterteilt. Diese Aufteilung des Datensatzes realisieren wir mit Hilfe der Quantilsfunktion, indem wir die Quantile $x_{10\%}, x_{20\%}, \ldots, x_{100\%}$ bestimmen.

```
>n<-10; quantile(klicks.moebel,(1:n)/n)
```

Wir erhalten:

```
  10%    20%    30%    40%    50%    60%    70%    80%    90%   100%
 18.7   34.0   46.0   65.8   89.0  130.0  153.0  215.4  381.0 2169.0
```

Die 10% am wenigsten nachgefragten Rubriken erhielten maximal 18.7 Klicks. Die 10% der Rubriken mit den meisten Klicks haben zwischen 381 und 2 169 Klicks.

Nun wollen wir die Blickrichtung umkehren und fragen, wie viele Klicks die 10% (oder allgemein p%) am wenigsten nachgefragten Rubriken auf sich vereinigen. Seien $x_1, \ldots, x_n$ die Klickzahlen der Rubriken, dann kumulieren wir die sortierten Klickzahlen $x_{(i)}$ und erhalten:

$$y_i = \sum_{j=1}^{i} x_{(j)}$$

Tragen wir y_i gegen i ab, können wir hiermit die gestellten Fragen beantworten. Üblicher ist es jedoch, die **Lorenzkurve** zu zeichnen, die sich ergibt, wenn wir in der vorgeschlagenen Zeichnung die Angaben in Prozentwerte überführen bzw.

$$y_i^* = \frac{\sum_{j=1}^{i} x_{(j)}}{\sum_{j=1}^{n} x_{(j)}}$$

gegen i/n abtragen. Wir wollen diese Idee an unserem Beispiel ausgehend von einer Klassifikation mit zehn Klassen vorführen.

```
>lorenz(klicks.moebel)
```

Auf der horizontalen Achse sind in den vorgegebenen 10%-Sprüngen die Rubrikenanteile 0%, 10%, ..., 100% abgetragen. Die vertikale Achse stellt die jeweils dazugehörigen Anteile an den Klicks y_i^* dar und zwar kumuliert. Betrachten wir beispielhaft den 50%-Punkt auf der waagerechten Achse. An dieser Stelle sind die Hälfte aller Rubriken berücksichtigt – genauer die Hälfte der Rubriken mit den geringsten Klickzahlen.

Welchen Anteil an den Gesamtklicks haben diese 50% der Rubriken? Würde Gleichverteilung herrschen, dann würde der dazugehörige Punkt auf der Winkelhalbierenden liegen, die als Vergleichsmaßstab ebenfalls eingezeichnet ist. Der tatsächliche Anteil liegt aber gerade mal bei etwas über 10%. Diese große Diskrepanz ist zusätzlich durch die vertikale Linie bis hin zur Gleichverteilung ausgedrückt.

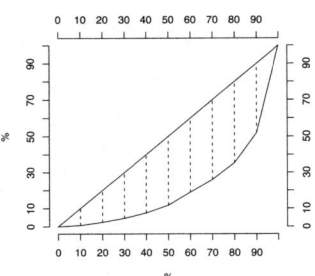

Abb. 2.30: Lorenz-Kurve zu Möbelklicks

Die Lorenzkurve kann solche Ungleichverteilungen sehr anschaulich darstellen, dadurch dass die wirkliche Verteilung unterhalb der Winkelhalbierenden verläuft und sich somit eine gewisse Fläche auftut. Je größer die Fläche unterhalb der Geraden ist, desto größer ist die Ungleichverteilung des Merkmales auf die Merkmalsträger.

Die Größe dieser Fläche kann die Basis für eine Maßzahl zur Konzentration oder Ungleichverteilung dienen. Die so genannte **Konzentrationsfläche** ist die Fläche, die zwischen der Diagonalen und der eingezeichneten Kurve aufklafft – je größer die Fläche desto ungleicher bzw. konzentrierter ist der Datensatz. Eine Maßzahl zur Konzentrationsmessung ist der sogenannte **Gini-Koeffizient**. Dieser ist der Anteil der Konzentrationsfläche an der Gesamtfläche unterhalb der Winkelhalbierenden.

Definition 2.24: Gini-Koeffizient (stetig)

Der Gini-Koeffizient G ist definiert als

$$G = \frac{\text{Konzentrationsfläche}}{1/2} = 2 \cdot \text{Konzentrationsfläche}$$

$1/2$ ist gerade die Fläche unter der Winkelhalbierenden eines Einheitsquadrates. Der Gini-Koeffizient liegt damit zwischen $[0; 1 - 1/n]$, wobei n die Anzahl von Klassen ist. Für unser Beispiel erhalten wir die Maßzahl durch:

53
```
>gini(klicks.moebel)
```

Wir erhalten hiermit die Maßzahl 0.587. Die Konzentrationsfläche ist damit gleich $0.587/2 = 0.2935$. Bei maximaler Ungleichheit – alle Klicks befinden sich in der letzten, der zehnten Gruppe – wäre der Gini-Koeffizient gerade $1 - 1/10 = 0.9$, die maximale Konzentrationsfläche wäre $1/2 \cdot (1 - 1/n) = 0.45$.

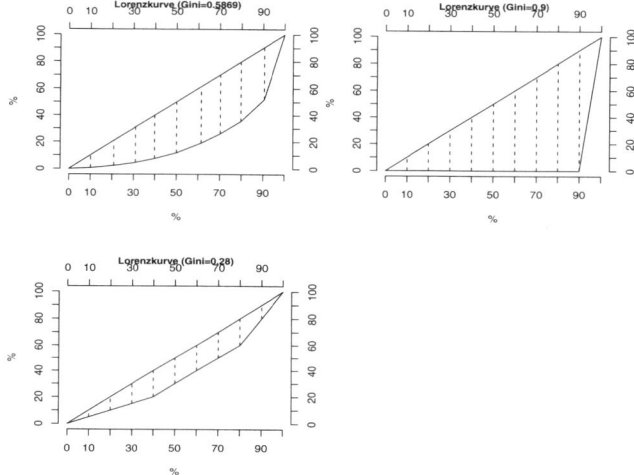

Abb. 2.31: Drei Lorenzkurven zu unterschiedlichen Situationen

Abschließend sei ein Blick auf drei verschiedene Lorenzkurven geworfen. Die bereits bekannte ist dargestellt sowie (zur Anschauung) eine mit maximaler Ungleichverteilung bei zehn Klassen und eine dritte, die eine andere Suchrubrik (Schrauben) repräsentiert, in der die Konzentration nicht ganz so ausgeprägt ist, siehe Abbildung 2.31.

2.6 Fallstudie – das 6 aus 49 Lotto

Zu dieser Fallstudie gehören eine Reihe von Anweisungen, die in der R-Funktion `lotto.experiment` versteckt sind. Mit dieser kann der Leser die einzelnen Schritte der Analyse der folgenden Seiten selbst wiederholen.

```
>lotto.experiment()
```

Spielen Sie auch Lotto? Dann wäre das Angebot der Abbildung 2.32 ja vielleicht etwas für Sie. Wie man an dem handschriftlichen Eintrag (unterhalb der Lottokugeln) erkennt, stimmt keine einzige der vorausgesagten Ziffern, → S. 66. Wie wahrscheinlich ist es denn, die ersehnten „6-Richtigen" zu ziehen, oder wenigstens ein wenig Geld zu verdienen? Was gewinnt eine Lottospielerin? Diesen Fragen kann man sich aus mehreren Richtungen nähern. Erstens lassen sich die bisherigen Ziehungen untersuchen. Zweitens können wir über simulierte Ausspielungen Vermutungen überprüfen. Ein dritter Weg eröffnet sich auf Basis der Wahrscheinlichkeitstheorie, dazu aber später mehr im Kapitel 5 „Casino-Statistik", → S. 155.

„Und nun die Lotto-Prognose für Samstag, den 31. Oktober 1998."

Unser Angebot: Wir erhöhen die Gewinnchancen Ihrer Leser!

Zugegeben, die Vorstellung, daß wir Lottozahlen mit annähernder Genauigkeit prognostizieren können, ist ungewöhnlich aber wahr. Überzeugen Sie sich selbst und testen Sie unser Angebot. Sie werden begeistert sein!

Wie genau ist unsere Lotto-Prognose?   Die Gewinnzahlen vom 31.10.98 : | 2 5 6 24 26 44 |

Wir können keinen Sechser vorausberechnen, auch keinen Fünfer. Allerdings ist unsere Prognose immer ziemlich nah dran. Und das ist ausschlaggebend. So spielen Ihre Leser nicht 6 aus 49, sondern etwa 6 aus 24, wenn sie einige Varianten in der Nähe unserer Kombination tippen. Deshalb erhöhen sich die Gewinnchancen für Ihre Leser wesentlich.

Wie funktioniert unsere Lotto-Prognose?

Unsere Prognose basiert nicht auf der Wahrscheinlichkeitstheorie, denn unser Expertenteam hat nachgewiesen, daß solche Prognosen nicht funktionieren können, weil die Lottotrommel a) kein idealer Zufallsgenerator ist und b) 49 Kugeln wenig mit den Gesetzen der großen Zahlen zutun haben. Unsere Prognose basiert auf der Annahme, daß diese Trommel mit 49 Kugeln ein kompliziertes physikalisches System ist. Unsere Software simuliert dieses System, lernt aus jeder Ziehung, paßt sich an und berechnet Zahlenfelder, die bevorzugt für die nächste Ziehung in Betracht kommen. In dieser Software stecken zwei Promotionen, eine Habilitation und 11 Jahre wissenschaftliche Kleinarbeit.

Wir bieten Ihnen exklusiv für Ihr Medium in Ihrem Verbreitungsgebiet die Prognose an. Natürlich auch mit einer Lieferung gratis für die Ziehung in der kommenden Woche, damit Sie Ihren eigenen Test machen können. *

Abb. 2.32: Eine Werbung, deren Herkunft nicht mehr rekonstruierbar war

Hier wollen wir die ersten beiden Richtungen einschlagen. Schauen wir uns also zunächst die Häufigkeitsverteilung der gezogenen Ziffern von $1, \ldots, 49$ an, die in Abbildung 2.33 zu sehen ist. Man sieht in Abbildung 2.33, dass nicht alle Kugeln gleich häufig aus der Trommel gezogen wurden. Manche tauchen häufiger, manche weniger häufig auf. Die Kugel mit der Nummer 32 führt die Liste an, Schlusslicht bildet die 13.

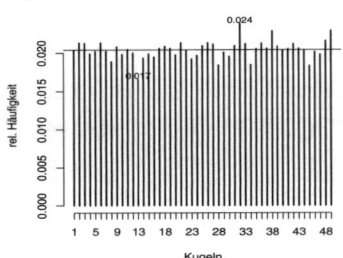

Abb. 2.33: Häufigkeiten 1 bis 49 – 50 Jahre Lotto

Im Stabdiagramm sind die relativen Häufigkeiten abgetragen. Die horizontale Linie ist an die Stelle 1/49 platziert worden. Es ist zu erwarten gewesen, dass die Stäbe nicht alle bei 1/49 enden. Sind die Unterschiede normal? Oder darf man nun bereits Schlussfolgerungen ziehen? Müssten so viele Ziehungen nicht ein gleichmäßigeres Ergebnis liefern? Wir vertagen die Beantwortung ein wenig.

Die Ziehungsvorschrift sieht vor, dass sechs Kugeln ohne Zurücklegen aus der Trommel entnommen werden. Man könnte sich fragen, wie die Häufigkeitsverteilung bei den Ziehungen $1, \ldots, 6$ aussieht. Diese sind in Abbildung 2.34 dargestellt.

Die Stabdiagramme sehen alle relativ gleichartig aus und ähneln dem Gesamtstabdiagramm. Man könnte sagen, dass bei letzterem die Stäbe insgesamt etwas enger um die $1/49$ streuen.

Sind diese knapp 50 Jahre Lottoziehungen eigentlich ein typisches Ergebnis? Mit Hilfe von R sollen noch einmal 50 Jahre lang Lottozahlen gezogen werden. Die Simulation ist dementsprechend so aufgebaut, dass 2516-mal sechs Kugeln ohne Zurücklegen gezogen werden. Spielen Sie selber diese 50 Jahre mit Hilfe von R nach! Es kommen natürlich verschiedene Bilder heraus. Allerdings ist die Grundstruktur dieselbe. Simulation und tatsächliche Ziehung haben sich gewissermaßen gegenseitig bestätigt.

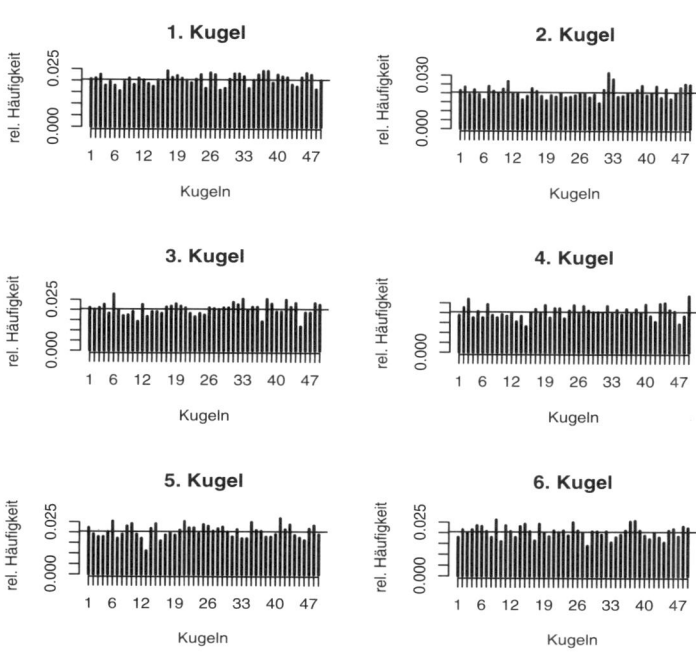

Abb. 2.34: Häufigkeiten der i-ten gezogenen Kugel, $i = 1, \ldots, 6$

Was wäre, wenn bereits seit 250 Jahren in Deutschland Lotto gespielt würde? Das wäre ein mehr als 5-mal so langer Zeitraum im Vergleich zum tatsächlichen Zeithorizont. Das entspräche dann $250 \cdot 52 = 13\,000$ Ziehungen, was $13\,000 \cdot 6 = 78\,000$ gezogene Kugeln bedeutet. Am Rechner kann man natürlich auch jeden beliebigen anderen Zeithorizont simulieren!

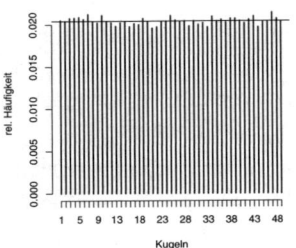

Abb. 2.35: Häufigkeiten 1 bis 49 – 250 Jahre simuliert

Bereits anhand des Stabdiagrammes lässt sich feststellen, dass die Streuung der relativen Häufigkeiten dramatisch abgenommen hat. Die Unterschiede in den absoluten Häufigkeiten haben dagegen zugenommen, siehe Abbildung 2.35. In Zahlen ausgedrückt heißt das für alle $78\,000$ Ziehungen:

```
Streuung der relativen Haeufigkeiten: s=0.00051
```

```
Streuung der absoluten Haeufigkeiten: s=39.54
```

Im R-Codechunk ist zusätzlich die Entwicklung der relativen Häufigkeiten dargestellt. Hier lohnt es sich, zur Orientierung an der Stelle $15\,096$ einen senkrechten Strich einzuzeichnen, die Stelle entspricht dem Ziehungszeitraum von knapp 50 Jahren. Die Schwankungen der Kurven nimmt im weiteren Verlauf stark ab.

Hilft dieser Blick in die Zukunft nun, um brauchbare Vorhersagen zu treffen? Nein gar nicht, die Gleichförmigkeit verhindert das. Wenn sich abgezeichnet hätte, dass einige Kugeln stark abweichen vom Trend zur Stelle $1/49$ dann ja, so aber nicht.

Wie ist mit Blick auf das Stabdiagramm von Seite 66 die Bemerkung einzustufen, „die Kugel 13 müsse aber langsam mal aufholen, während die 32 in der Zukunft sicherlich weniger häufig gezogen werden wird"? Auch auf der Lotto-Internetseite wird man auf Ziffern hingewiesen, die schon lange nicht mehr gezogen wurden bzw. eine geringe Häufigkeit aufweisen. Schert sich die Kugel darum?

Es ist schon richtig, die relativen Häufigkeiten gleichen sich, wie demonstriert, langfristig immer mehr an. Allerdings ist „langfristig" wörtlich zu verstehen, es dauert, und es ist nicht vorhersehbar. Die Kugeln haben nämlich kein Gedächtnis in Bezug auf ihr eigenes Auftauchen in der Statistik. Jede Samstagsziehung ist unabhängig von der davor und beeinflusst auch nicht die zukünftigen. Im übrigen konnte auch gezeigt werden, dass die absoluten Häufigkeiten sich immer weiter weg von der Idealvorstellung bewegen.

Das folgende „Warte-Experiment" soll dies empirisch untermauern. Wie lange muss man so im Durchschnitt darauf warten, dass eine bestimmte Kugel am Samstag gezogen wird? Diese diskrete Wartezeit kann alle ganzen Zahlen größer oder gleich null annehmen – an zwei aufeinanderfolgenden Samstagen wurde jene Kugel gezogen.

Was geben die Daten für die Kugeln 13 und 25 her? Auf die 13 musste im Durchschnitt zwei Wochen länger gewartet werden als auf die 25. Ohne zu viel Theorie vorwegzunehmen, lassen sich diese Zahlen mit Erwartungen verknüpfen. Jede Kugel hat an jedem Samstag eine Wahrscheinlichkeit von $6/49$, gezogen zu werden. Sie ist also so alle $1/(6/49) = 49/6 = 8.17$ Ziehungen dran, also so etwa alle acht Wochen bei wöchentlichen Ausspielungen. Für die Wartezeit muss noch die Eins abgezogen werden – um „dran zu sein," muss schließlich wenigstens einmal gezogen werden, was wiederum einer Wartezeit von mindestens null entspricht –, sodass das durchschnittliche Warten bei etwas über sieben liegt.

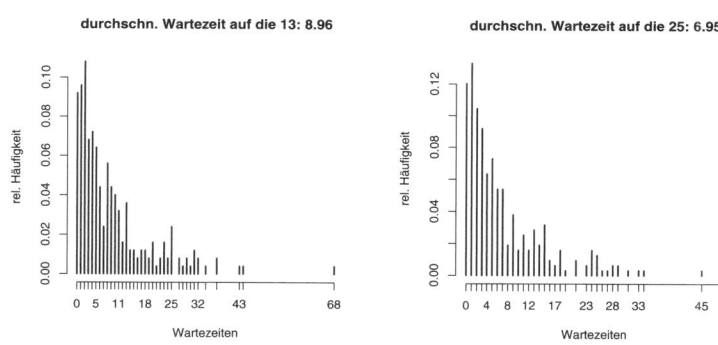

Abb. 2.36: Warten auf die 13 bzw. die 25

Die empirischen Wartezeiten korrespondieren mit der Erwartung. Die 25 wurde insgesamt bisher etwas häufiger als mit $1/49$ gezogen – oder $6/49$ wenn man eine Ausspielung als Einheit ansieht. Die 13 dagegen seltener, was sich in einer größeren Wartezeit widerspiegelt. Die durchschnittliche Wartezeit beträgt 8.96 für die 13 und 6.95 für die 25.

Einmal musste bis zu 68 Wochen gewartet werden, bis die 13 endlich wieder gezogen wurde. Wenn man dann nach 67 Wochen voller Zuversicht die 13 angekreuzt hätte, wäre man sehr enttäuscht gewesen. Die Wahrscheinlichkeiten gezogen zu werden, ändern sich nach Ansicht der Statistiker nicht, auch wenn eine Kugel aufgrund einer zufälligen Laune über einen längeren Zeitraum nicht gezogen wurde.

Täten sie es doch, dann müsste man folgendes Phänomen bei den empirischen Wartezeiten beobachten können. Nähme die Wahrscheinlichkeit gezogen zu werden zu, je länger eine Kugel nicht gezogen wird, dann müsste sich die durchschnittliche zusätzliche Wartezeit verringern.

Anders formuliert: Es werden nur diejenigen Warteperioden berücksichtigt, bei denen länger als siebenmal auf eine Kugel gewartet werden musste. Stimmt die Aussage über die steigenden Wahrscheinlichkeiten, dann müssten die zusätzlichen Wartezeiten jenseits der 7 kleiner sein als die gesamten Wartezeiten.

Unter dieser „zusätzlichen Wartezeit" wollen wir alle um 8 verminderten Wartezeiten verstehen, die größer gleich 0 sind:

$$\text{zusätzliche Wartezeit} := (\text{Wartezeit}|\text{Wartezeit} \geq 8) - 8$$

Es ergeben sich die folgenden Stabdiagramme der zusätzlichen Wartezeiten für die Kugeln 13 und 25:

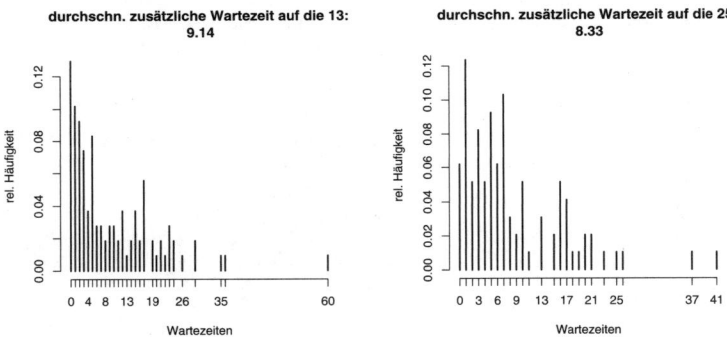

Abb. 2.37: Zusätzliche Wartezeiten auf die 13 bzw. 25

Wie man in Abbildung 2.37 sieht, hat die durchschnittliche zusätzliche Wartezeit sogar zugenommen. Von der Thematik beflügelt, tippte der Autor dieser Zeilen eine Lottoreihe an einem 10. April: 9,13,24,27,40,44. Wie hätte man damit in der Vergangenheit abgeschnitten?

Die linke Graphik in Abbildung 2.38 zeigt die Verteilung der richtigen Kreuze, wogegen der rechten Darstellung auch noch die zeitliche Lage der Ziehungserfolge entnommen werden kann. Man hätte nicht besonders gut abgeschnitten! Die letzten knapp 50 Jahre hätten zweimal 4-Richtige sowie 40 mal 3-Richtige eingebracht. Unter finanziellen Gesichtspunkten ist das ein ziemlich miserables Ergebnis. 2 516 Reihen zu tippen, kostet etwa 2 000

Euro. Der Gewinn mit den 40 Dreiern und zwei Vierern liegt je nach Quoten bei wohl nicht mehr als 400 Euro. In über 98% aller Lottoziehungen hätte man gar nichts gewonnen.

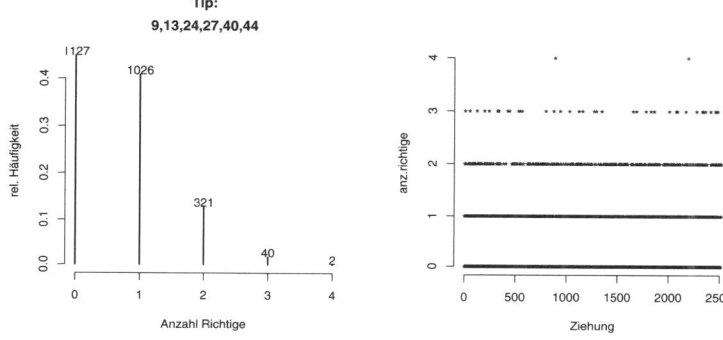

Abb. 2.38: Verteilung der Anzahl Treffer bei 2 516 Versuchen

Ein Blick auf die rechte Graphik von Abbildung 2.38 erweckt den Eindruck, dass man so etwa alle 1 000 Ziehungen mal mit 4-Richtigen rechnen kann. Die nächste Graphik zeigt, dass die relativen Häufigkeiten der „Erfolgsanzahlen" schnell stabil werden, mit Überraschungen ist nicht zu rechnen, siehe Abbildung 2.39.

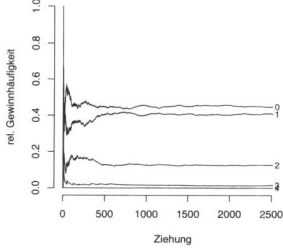

Abb. 2.39: Relative Häufigkeiten

Warum spielt man also trotzdem? Dieselbe Analyse soll nun mit den für den Zeitraum von 250 Jahren simulierten 13 000 Ziehungen durchgeführt werden.

Nach 250 Jahren sind nicht einmal 5-Richtige dabei. Die Simulation bestätigt die Ergebnisse. Etwa alle 1 000 Ziehungen ($\approx$ 20 Jahre) kann man mit 4-Richtigen rechnen. Auch hier gewinnt man in über 98% aller Ziehungen gar nichts. Und was ist mit 5- oder gar 6-Richtigen? Zur Beantwortung dieser Frage sei auf das Kapitel 5 „Casino-Statistik" verwiesen. Noch eine Schlussbemerkung: 2 516 bzw. auch 13 000 Ziehungen sind im Vergleich zur Gesamtzahl aller möglichen und verschiedenen Lottoziehungen immer noch sehr wenige – verglichen mit den 13 000 gibt es mehr als 1 000-mal so viele. Nach über 260 000 Jahren kann man anfangen, damit zu rechnen, dass sich jede spezielle Kombination wenigstens einmal ereignet hat.

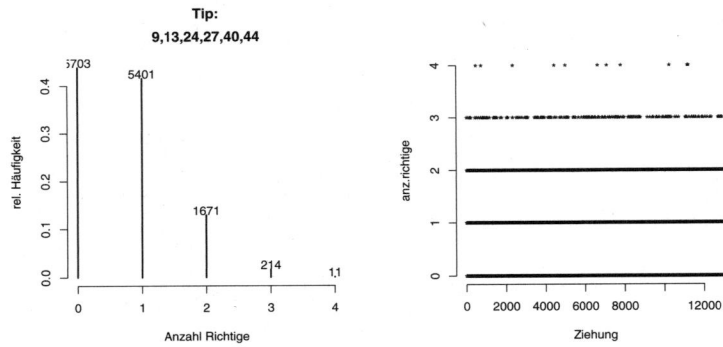

Abb. 2.40: Verteilung der Anzahl Treffer bei 13 000 Versuchen

Und die Prognose vom Flugblatt? Was halten Sie von der Aussage über das „Gesetz der großen Zahlen" bzw. den „nicht idealen Zufallszahlengenerator"?

Die in Abbildung 2.32, → S. 66, gezeigte Werbung wurde per email verschickt. Eine Idee, warum so eine Werbeaktion vielleicht gemacht wurde – die Aussagen lassen sich aus den Datenanalysen der letzten Seiten gewinnen: Angenommen es wurden 10 Million solcher emails verschickt mit insgesamt vielleicht 50 000 verschiedenen Glückszahlen – es haben also jeweils 200 Adressaten dieselben Glückszahlen bekommen. Die überwältigende Mehrheit wird 0- bzw. 1-Richtigen mit ihren persönlichen Prognosen erreichen, etwas über 40 000 der Glückszahlen werden so abschneiden.

Es ist aber auch so, dass knapp 1 000 der prognostizierten Lottozahlen 3- oder sogar 4-Richtige vorhersagen werden. Diese Gruppe, immerhin 200 000 Adressaten, werden durchaus beeindruckt sein von den demonstrierten Vorhersagefähigkeiten. Und eine Gruppe, also knapp 1 000 Personen, wird sich vermutlich sogar sehr ärgern, den Lottotip nicht gespielt zu haben, ihre persönliche Prognose resultierte nämlich in 5-Richtigen.

Mit einer solchen oder ähnlichen Rechnung wird klar, warum sich der Aufwand für die Anbieter der Prognosen lohnen könnte. Mit dem Medium email ist es zudem äußerst günstig, so massenhaft Werbematerial zu verschicken. Wir schließen diese Untersuchung mit der Empfehlung: Man sollte nur Lotto spielen, wenn man die richtigen Zahlen anzukreuzen weiß. Für das Finden der richigen Zahlen kann die Statistik aber leider keinen Beitrag leisten.

Zusammenfassung

Die Häufigkeitsanalyse hat sich als hilfreich erwiesen, Datenmaterial zu verdichten und damit übersichtlicher darzustellen.

Es ist zu unterscheiden in „diskrete Häufigkeitsanalyse" sowie „stetige Häufigkeitsanalyse", für die unterschiedliche Darstellungsmöglichkeiten existieren.

In der praktischen Anwendung sind die Übergänge von diskreter zu stetiger Betrachtung teilweise fließend und können nicht kategorisch festgelegt werden.

Abschließend bleibt festzuhalten, dass man mit der bloßen Häufigkeitsanalyse Informationen verschenkt, da eben nur Häufigkeiten betrachtet werden und nicht die ursprünglichen Beobachtungen. Das ist vor allem bei Daten mit metrischem Messniveau ungeschickt.

Nachdem wir uns dann zunächst der Lage eines Datensatzes gewidmet hatten, war schnell klar, dass man der Verschiedenartigkeit von Daten gerecht werden muß. Wir haben das Konzept der Streuung kennen gelernt. Wir sind mit verschiedenen Analysetechniken vertraut, um Lage und Streuung eines Datensatzes ermitteln und bewerten zu können. Dies sind neben diversen Maßzahlen vor allem aussagekräftige Graphiken. Zu beachten ist, dass eine Klasse von Maßzahlen empfindlich auf Ausreißer reagiert, während die resistenten Schätzer sich davon nicht beeindrucken lassen.

Damit ist der erste Schritt getan, um sich dem Konzept **Verteilung** eines Datensatzes zu nähern.

Wir haben die univariate Betrachtung nun im Prinzip abgeschlossen. Auf den letzten Seiten ist unser Datenblick immer schärfer geworden. Die Verteilung von Daten können wir mit Hilfe der empirischen Verteilungsfunktion bzw. Dichteschätzern umfasend darstellen.

Als weitere Maßzahlen haben wir Schiefe und Kurtosis kennen gelernt. Diese sind vor allem auch im Zusammenhang mit Modellierungen von Bedeutung. Die Box-Cox Transformation hilft, Symmetrie zu erreichen, oft auf Kosten der Interpretationsmöglichkeiten.

Mit der Konzentrationsmessung haben wir abschließend eine Möglichkeit kennen gelernt, die Gleich- bzw. Ungleichverteilungen von Daten angemessen darzustellen.

Aufgaben

1. Überlegen Sie, wo ihnen schon einmal Häufigkeitstabellen über den Weg gelaufen sind.

2. Schauen Sie bei R nach, wie die Funktion `hist()` die Klassen automatisch bestimmt.

3. Schauen Sie noch einmal die Alterspyramiden auf der Seite 31 an. Was ist ihre Einschätzung, wie sehen die Pyramiden der Jahre 1935, 1980 und 2010 aus?

4. Betrachten Sie noch einmal den „Satz" von Seite 36, der besagt, dass die Histogrammfläche 1 beträgt. Versuchen Sie, diese Aussage formal zu begründen.

5. Werfen Sie sich mit Hilfe von R n-mal einen virtuellen Würfel mittels des R-Aufrufs `sample(1:6,n,TRUE)`. Argumentieren Sie, dass der Zufallsgenerator von R fair ist.

6. Wie sieht das Histigramm einer **bimodalen** Verteilung aus? Bimodal heißt eine Verteilung, wenn ihre Häufigkeitsverteilung zwei lokale Maxima besitzt.

7. Erstellen Sie mit der R-Funktion `stem()` einen **Stem-and-Leaf-Plot**. Wie ist der Plot zu interpretieren? Lesen Sie – wenn Sie nicht weiter kommen – die Hilfe zu `stem` durch `help(stem)`.

8. Erstellen Sie eine Häufigkeitstabelle der Mathenoten `mathe.stud`. Welcher Anteil der Studierenden hat wenigstens ein gut erzielt?

9. Unter `pi.vec` finden Sie die ersten 2 634 Stellen der Zahl π. Kommen alle Ziffern gleich häufig vor?

10. Denken Sie noch einmal an die Häufigkeitsanalysen zurück. Entwickeln Sie einen Vorschlag für einen Mittelwert im klassierten Fall.

11. Von 20 rechteckigen Schmuckstücken der Shoshonen wurde das Verhältnis von Breite zu Länge ermittelt; die Daten sind in `shosho` zu finden. Hatten die Künstler die Absicht, ein bestimmtes ästhetisches Prinzip zu realisieren?

    Beim goldenen Schnitt muss ein Rechteck beispielsweise die Eigenschaft erfüllen, dass das Verhältnis der kürzeren zur längeren Seite gleich dem Verhältnis vom Maximum von Länge und Breite zu Breite plus Länge, nämlich 0.618 ist. Könnte man dieses Prinzip bei den Schmuckstücken unterstellen? Wie ist diese Vermutung sinnvollerweise zu überprüfen?

12. Charakterisieren Sie die Gewichtsdaten der Studierenden `gewicht.stud`. In welchem Bereich liegen die zentralen 50% der Daten?

13. Beschreiben Sie die Ausmaße des Analphabetismus in den 50 US-Staaten anhand der Daten `analph<-state.x77[,"Illiteracy"]` .

14. Bewerten Sie den folgenden Vorschlag für einen Streuungsschätzer:

$$s = \frac{\overline{x} - x_{0.5}}{s_x}$$

15. Beweisen Sie den Satz von Seite 50.

16. Versuchen Sie, mit Hilfe geeigneter R-Anweisungen den eben mittels `mad(x)` berechneten MAD durch elementare Operationen nachzurechnen. Dabei hilft, dass sich mit `abs(x)` die Beträge von x ermitteln lassen.

17. Berechnen Sie den MAD für Stichproben aus dem Bücherdatensatz und vergleichen Sie.

18. Schauen Sie in „Knaurs Buch der modernen Statistik" von HELMUT SWOBODA. Lesen Sie dort die Geschichte „Statistik in Neureichenbach" und versuchen Sie, die Aussagen durch datenanalytische Schritte nachzuvollziehen.

19. Vergleichen Sie die Streuungen der Gewichtsdaten mit denen der Größendaten `gewicht.stud` und `groesse.stud`.

20. Die 2516 Lottoziehungen sind den Ihnen zur Verfügung stehenden Datensätzen und Funktionen beigefügt. Versuchen Sie, die eben vorgestellten Analysen nachzuvollziehen. Das Datenobjekt `lotto` ist eine 6 × 2516-Matrix.

„Die Theorie der Wahrscheinlichkeit hat es mit so feinen Überlegungen zu tun, daß es [...] nicht verwunderlich ist, wenn zwei Personen, von denselben Gegebenheiten ausgehend, verschiedene Resultate finden."
LAPLACE

3 Bivariate, exploratorische Analyse

Was sind bivariate Daten? Bisher haben wir uns mit eindimensionalen Datensätzen oder auch univariaten Merkmalen beschäftigt. Damit soll zum Ausdruck gebracht werden, dass wir immer nur ein Merkmal auf einmal betrachtet haben, z.B. die Anzahl Bücher, die eine Gruppe von Studierenden besitzt. Es hätte uns aber zusätzlich auch die Anzahl CDs interessieren können, die die Studierenden zu Hause haben. Dann hätten wir von jedem Merkmalsträger genau zwei Beobachtungen.

Die gemeinsame und gleichzeitige Analyse dieses neuen bivariaten Datensatzes, der Wechsel in den zweidimensionalen Merkmalsraum, erweitert nun die Möglichkeiten, mit den Daten umzugehen: Wer mehr CDs hat, hat auch mehr Bücher? Oder umgekehrt? → Abschnitt 3.1

Eine andere Datensituation hätte uns z.B. Aufschluss darüber geben können, ob die weiblichen Studierenden mehr (oder weniger) Bücher im Schrank stehen haben als die männlichen Studierenden, → Abschnitt 3.2. Oder noch eine andere Situation: Hat eine Fortbildungsmaßnahme im Umgang mit einer bestimmten Software (ein intensives Konditionstraining) dazu geführt, dass die Teilnehmer effizienter mit der Software umgehen können (sich die Zeiten auf einer Laufstrecke verbessert haben)? Durch Betrachtung der Veränderungen kann man oft wieder Methoden der univariaten Statistik einsetzen, → Kapitel 2.

Diese drei Beispiele können wir folgendermaßen systematisieren:

- Die verschiedenen Merkmale lassen sich auf jeweils einen Merkmalsträger zurückführen, die Stichprobe ist verbunden (verbundenes Zweistichprobenproblem). Von besonderem Interesse sind hier auf der einen Seite nun Fragen nach dem **Zusammenhang** und einer sich daraus ergebenden möglichen Prognose zwischen zwei Merkmalen. Auf der anderen Seite soll es um einen Vergleich zweier Datensätze gehen, der allgemein als **Vorher-Nachher-Analyse** bezeichnet werden könnte.

- Es sollen Merkmale, die sich auf verschiedene Merkmalsträger beziehen, miteinander verglichen werden (unverbundenes Zweistichprobenproblem).

Um zwei Merkmale miteinander zu vergleichen – egal ob verbunden oder unverbunden –, sind wir aufgrund der Ausführungen der vergangenen Kapitel bereits ganz gut gerüstet. Wir werden Graphiken, Maßzahlen und Konzepte benötigen, die wir bereits kennen und lediglich für den Zweck des Vergleiches anpassen müssen. Fangen wir also mit dem Aufspüren und der anschließenden Quantifizierung von Zusammenhängen an.

3.1 Korrelation von Merkmalen

Die Frage nach dem möglichen Zusammenhang zweier Merkmale lässt sich für jedes Skalenniveau stellen. Lediglich die Darstellung und die Auswertungen unterscheiden sich. Man darf ein solches Suchen nach Zusammenhängen aber nicht mit einem Aufdecken von Kausalitäten verbinden. In diesem Kapitel wird einzig und allein der Versuch unternommen, ein gleichartiges bzw. gegenläufiges Verhalten zweier Merkmale in Bezug auf das gemeinsame Auftreten zu erkennen. Die Interpretation und die Frage nach dem Grund dafür ist eine vom jeweiligen Kontext abhängige darüber hinaus reichende Aufgabe. Interpretieren Sie doch einmal die folgenden „Zusammenhänge" vor dem Hintergrund des Begriffes **Scheinkorrelation:**

- Je massiver der Einsatz der Feuerwehr desto größer der Schaden.

- Je häufiger der Arztbesuch desto größer die Wahrscheinlichkeit zu sterben.

- Je weniger Störche desto weniger Geburten.

X	Y	y_1	y_2	$\cdots$	y_l	$\sum_{j=1}^{l} n_{ij}$
x_1		n_{11}	n_{12}	$\cdots$	n_{1l}	$n_{1\cdot}$
x_2		n_{21}	n_{22}	$\cdots$	n_{2l}	$n_{2\cdot}$
$\vdots$		$\vdots$	$\vdots$	$\ddots$	$\vdots$	$\vdots$
x_k		n_{k1}	n_{k2}	$\cdots$	n_{kl}	$n_{k\cdot}$
$\sum_{i=1}^{k} n_{ij}$		$n_{\cdot 1}$	$n_{\cdot 2}$	$\cdots$	$n_{\cdot l}$	n

Tab. 3.1: Schematischer Aufbau einer zweidimensionalen Kontingenztabelle

Bivariate nominalskalierte Daten werden in der Regel in der **Kontingenztabelle** dargestellt, einer zweidimensionalen Häufigkeitstabelle. Diese soll zunächst formal eingeführt werden – die beiden Merkmale X und Y werden gemeinsam beobachtet. Notation und Aufbau erklären die Tabellen 3.1 und 3.2.

Symbol	Bedeutung
$i = 1, \ldots, k$	Merkmal X hat k verschiedenen Ausprägungen: x_i
$j = 1, \ldots, l$	Merkmal Y hat l verschiedenen Ausprägungen: y_j
n_{ij}	absolute Häufigkeit von das gemeinsame Auftreten von x_i und y_j
$n_{i\bullet} = \sum_{j=1}^{l} n_{ij}$	absolute Häufigkeit von x_i; wir addieren über die Ausprägungen von Y
$n_{\bullet j} = \sum_{i=1}^{k} n_{ij}$	absolute Häufigkeit von y_j; wir addieren über die Ausprägungen von X

Tab. 3.2: Notation einer Kontingenztabelle

Anhand des nun folgenden Beispiels wollen wir uns Zusammenhängen im Zweidimensionalen nähern. Die Daten entstammen dem Kontext der bereits im Abschnitt 2.5 zur Konzentration vorgestellten Internet-Suchmaschine, → S. 61.

Die Anbieter von Produkten und Dienstleistungen, die mit Hilfe der Suchmaschine gefunden werden wollen, können zwischen verschiedenen Darstellungsmöglichkeiten wählen: Die Ausstattung ihrer Internetanzeige (Paket 1–3: P1, P2, P3) und die Anzahl der Rubriken, unter denen sie gefunden werden wollen (bis 3, bis 5, bis 10, usw.: R3, R5, ..., R100). Hier die Daten, insgesamt haben wir es mit 10 726 Kunden zu tun, die sich folgendermaßen verteilen:

5
```
>pakete

      R3    R5   R10 R15 R20 R50 R100
P3   422   542   544 419 202 163   95
P2  1249  1355  1097 897 398 196  125
P1   927   746   600 448 152  94   55
```

Wenn man die Summe über alle Spalten bzw. Zeilen bildet, erhält man die sogenannten **Randhäufigkeiten**:

6
```
>rowSums(pakete)

  P1   P2   P3
3022 5317 2387
```

7
```
>colSums(pakete)

  R3   R5  R10  R15  R20  R50 R100
2598 2643 2241 1764  752  453  275
```

Wie im Kapitel über die univariaten Daten ausführlich behandelt wurde, ist es grundsätzlich hilfreich, sich einen visuellen Eindruck von den Daten zu verschaffen. Die folgende Graphik, der sogenannte **Image-Plot**, stellt eine Kontingenztabelle graphisch dar: Je häufiger eine Zelle besetzt ist, desto dunkler ist die darstellende Farbe. In jeder Zelle ist zusätzlich die Prozentzahl der Beobachtungen, also die relativen Häufigkeiten angegeben:

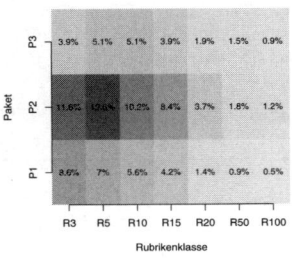

Abb. 3.1: Kundenverteilung

>image.plot(pakete,xlab="Rubrikenklasse",ylab="Paket")

Auf den ersten Blick ist gut zu erkennen, wie die Beobachtungen sich auf die Matrix verteilen: Eher links und eher in der Mitte. Wenn man ganz genau hinschaut, dann kann man beim Zeilen- bzw. Spaltenvergleich bereits leichte Unterschiede in den Graustufen erkennen – wir sind auf der Suche nach Zusammenhängen, das könnte ein Indiz sein.

Mit dem Konzept der **bedingten relativen Häufigkeiten** soll dieser Gedanke weiter verfolgt werden. Betrachten wir einmal die Zelle $(2,1)$ der Matrix, also die 1 249 Kunden, die sich im Paket 2 befinden und bis drei Rubriken haben. Dies sind 11,6% aller Kunden.

Es können aber noch zwei weitere relative Häufigkeiten errechnet werden, illustriert durch diese Fragen:

- „Wie viel Prozent der Paket-2-Kunden haben lediglich bis drei Rubriken gebucht?" Die Antwort lautet: 1249/5317=23.5%.

- „Wie viel Prozent der Kunden, die lediglich drei Rubriken gebucht haben, befinden sich im Paket 2?" Hier ist die Antwort: 1249/2598=48.1%.

Diese Berechnung kann natürlich für jede Zelle durchgeführt werden.

Definition 3.1: Bedingte relative Häufigkeit

Jede Zeile (jede Spalte) wird als eigene kleine Welt betrachtet. Für jede Zeile (Spalte) wird die Verteilung, das heißt die relative Häufigkeit, des Spaltenmerkmals (Zeilenmerkmals) errechnet. Auf diese Weise können die Ausprägungen in den verschiedenen Zeilen (Spalten) miteinander verglichen werden.

Wir wollen uns an dieser Stelle gar nicht erst mit weiteren Kontingenztabellen abmühen, sondern gleich eine Möglichkeit betrachten, mit deren Hilfe die bedingten relativen Häufigkeiten bequem dargestellt werden können:

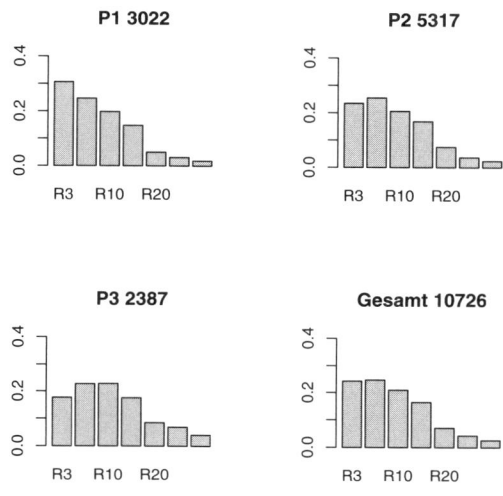

Abb. 3.2: Zeilenprofile: P1, P2, P3 sowie Summenzeile

Definition 3.2: Zeilen- und Spaltenprofil

Ein Zeilenprofil (Spaltenprofil) ist die graphische Darstellung der (bedingten) Häufigkeiten, die zu einer Zeile (Spalte) einer Kontingenztabelle gehören. Das mittlere Profil zeigt die Gesamtverteilung.

Aufgrund von Abweichungen der Zeilen- bzw. Spaltenprofile zum jeweiligen mittleren Profil können Abhängigkeiten visuell dargestellt werden.

```
>zeilenprofil(pakete)
```

Man kann in der Tat nicht von einer Gleichverteilung der Rubrikenwahl in den verschiedenen Paketen sprechen. Mit Hilfe der relativen Abweichungen der drei Zeilenprofile vom mittleren Profil soll dieser Unterschied zusätzlich betont werden:

```
>zeilenprofil.diff(pakete)
```

Diese Darstellungen sind sehr aussagekräftig. Die Paketwahl ist anscheinend nicht unabhängig von der Anzahl Rubriken bzw. umgekehrt. Wir wollen an dieser Stelle nicht weiter auf die Spaltenprofile eingehen, sie bestätigen aber unsere Vermutung.

Statt dessen soll eine Maßzahl definiert werden, die bei nominalskalierten Daten den Zusammenhang beschreibt: der **Kontingenzkoeffizient K**. Dazu überlegen wir: Falls kein Zusammenhang zwischen den Merkmalen besteht, werden alle Zeilen eine ähnliche Verteilung wie die Summenzeile aufweisen. Ebenfalls sollten alle Spaltenprofile sehr ähnlich verlaufen.

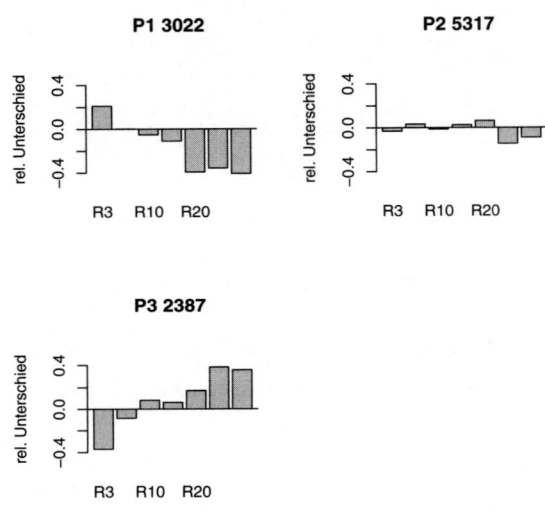

Abb. 3.3: Profilabweichungen

Diese Eigenschaft können wir formal ausdrücken durch:

$$\frac{n_{ij}}{n_{i\bullet}} \approx \frac{n_{\bullet j}}{n} \quad \text{und} \quad \frac{n_{ij}}{n_{\bullet j}} \approx \frac{n_{i\bullet}}{n}$$

oder

$$n_{ij} \approx \frac{n_{i\bullet} \cdot n_{\bullet j}}{n} =: \tilde{n}_{ij}$$

Die Zelleneinträge sind also nach dieser Formel aus den Randhäufigkeiten annähernd zu berechnen, sofern kein Zusammenhang vorliegt. Dieses führt zu der Idee, ein Maß für den Zusammenhang auf Basis von $n_{ij} - \tilde{n}_{ij}$ zu konstruieren. Praktisch werden diese Differenzen quadriert, aufsummiert und liefern die Größe χ^2. Der Kontingenzkoeffizient K ergibt sich aus einer Transformation von χ^2, die nur Werte zwischen 0 und 1 annehmen kann. Bei perfekter Unabhängigkeit ist $K = 0$. Je größer K ist, umso stärker ist der Zusammenhang.

Definition 3.3: Kontingenzkoeffizient K

Der Kontingenzkoeffizient K ist definiert als

$$K = \sqrt{\frac{\chi^2}{\chi^2 + n}}$$

mit

$$\chi^2 = \sum_{i=1}^{k} \sum_{j=1}^{l} \frac{(n_{ij} - \tilde{n}_{ij})^2}{\tilde{n}_{ij}}$$

$\tilde{n}_{ij}$ ist hierbei der Wert, den man unter Unabhängigkeit der beiden Merkmale in der Zelle (i, j) erwarten würde.

Die Größe χ^2 bildet die Grundlage für den sogenannten χ^2-Unabhängigkeitstest, der im Kapitel 9 „Testen" vorgestellt wird, → S. 302. Die Frage nach der Unabhängigkeit wird dort mit einer Wahrscheinlichkeitsaussage beantwortet.

Mit Hilfe der Formel

$$\tilde{n}_{ij} = \frac{n_{i\bullet} \cdot n_{\bullet j}}{n}$$

können wir für unsere Matrix die Erwartungen unter Unabhängigkeit berechnen

```
>erw.unabh(pakete)
```

und erhalten:

```
      R3    R5  R10  R15  R20  R50  R100
P3   578   588  499  393  167  101   61
P2  1288  1310 1111  874  373  225  136
P1   732   745  631  497  212  128   77
```

Diese Matrix muss nun mit den tatsächlich beobachteten Häufigkeiten verglichen werden, vgl. Matrix S. 79. Wir erhalten die Differenzmatrix:

```
      R3   R5 R10 R15 R20 R50 R100
P3  -156  -46  45  26  35  62   34
P2   -39   45 -14  23  25 -29  -11
P1   195    1 -31 -49 -60 -34  -22
```

An dieser Tabelle lassen sich die Kandidaten erkennen, die besonders große Differenzen zu unserer Erwartung aufweisen.

Nach Erledigung der verschiedenen Berechnungsschritte erhalten wir $\chi^2 = 218$, mit dem sich ein Kontingenzkoeffizient von $K = 0.14$ errechnet. Wahrlich, ein nicht sonderlich großer Wert.

Wenden wir uns nun einer anderen Konstellation zu. Die beiden Merkmalsvektoren weisen jeweils kardinales Messniveau auf. Natürlich könnte man die Merkmale klassieren und so unter Verwendung der Kontingenz-tabelle und der damit verbundenen Analysetechniken untersuchen. Damit würde man aber Informationen verschenken. Es soll hier eine Technik vor-gestellt werden, die alle Informationen ausnutzt, um eine Beschreibung des Zusammenhangs zu erlauben.

Kann man sich vorstellen, dass die Größe einer Firma (gemessen in Anzahl Mitarbeiter), einen Zusammenhang damit aufweist, wie viel Geld man bereit ist, für die Präsenz in der bereits hinlänglich vorgestellten Suchmaschine auszugeben? Der folgende **Scatterplot** gibt dazu Auskunft:

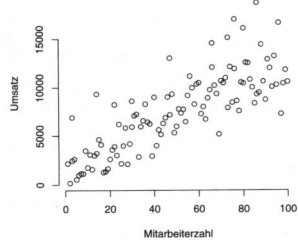

Abb. 3.4: Größe / Umsatz

62
```
>plot(umsatz,ylab="Umsatz",
      xlab="Mitarbeiterzahl")
```

In der Tat scheint es so zu sein, dass Punkte, die weiter rechts liegen, auch weiter oben liegen, platt formuliert: Je größer, desto mehr Geld! Läßt sich diese Aussage nun etwas schärfer fassen, können wir diesen positiven Zusammenhang quantifizieren, im Sinne von, wie stark ist der Zusammen-hang?

Wir wollen eine Messgröße für den Zusammenhang entwickeln. Zu die-sem Zweck soll in die Graphik der **Schwerpunkt** eingefügt werden, der aus den Mittelwerten der beiden Merkmale folgt, siehe Abbildung 3.5.

63
```
>plot(umsatz,xlab="Mitarbeiterzahl",ylab="Umsatz")
 abline(v=mean(umsatz[,1]),h=mean(umsatz[,2]))
```

Eine Beobachtung befindet sich in einem der vier disjunkten Bereiche, je nachdem, ob ihre Werte kleiner oder größer als die beiden Mittelwerte sind. Wir stellen fest, dass in unserem Fall der Großteil der Beobachtungen in den Feldern links unten bzw. rechts oben liegt. Links sind die Beobach-tungen meist kleiner als beide Mittelwerte, rechts meist größer. Die Beob-achtungen verhalten sich gleichartig in Bezug auf die beiden Mittelwerte, wir haben einen positiven Zusammenhang. Wären die Beobachtungen in der Hauptsache in den Bereichen links oben und rechts unten (kleine Werte mit großen Werten bzw. große mit kleinen), dann wäre das Verhalten ge-genläufig, und man spricht dann von einem negativen Zusammenhang.

Wären die Beobachtungen in der Hauptsache in den Bereichen links oben und rechts unten (kleine Werte mit großen Werten bzw. große mit kleinen), dann wäre das Verhalten gegenläufig, und man spricht dann von einem negativen Zusammenhang.

Wir hätten auch auf einen Datensatz treffen können, bei dem sich die Beobachtungen mehr oder weniger gleichmäßig auf alle vier Felder verteilen, dann ist so keine Aussage möglich in Bezug auf einen negativen oder positiven Zusammenhang. Wie können wir nun den Zusammenhang quantifizieren?

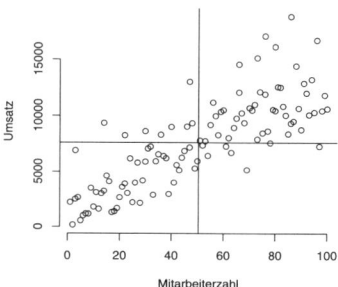

Abb. 3.5: Größe / Umsatz mit Schwerpunkt

Was halten Sie von dem Vorschlag, Produkte der Form $(x_i - \overline{x})(y_i - \overline{y})$ zu betrachten? Denn es gilt:

$$(x_i - \overline{x}) \cdot (y_i - \overline{y}) \begin{cases} > 0, & \text{falls } (x_i, y_i) \text{ links unten oder rechts oben} \\ < 0, & \text{falls } (x_i, y_i) \text{ links oben oder rechts unten} \end{cases}$$

Die Vorzeichenkonstellationen entsprechen exakt unseren Vorstellungen von einem positiven bzw. negativen Zusammenhang. Für jedes Punktepaar, also für jede Beobachtung, wird dieses Produkt nun berechnet. Um das Gesamtausmaß des Zusammenhanges zu bekommen, werden die einzelnen Produkte aufsummiert: Befinden sich die Beobachtungen in der Hauptsache im Bereich eines positiven Zusammenhanges, dann ergeben sich in der Hauptsache auch nur positive Produkte, und die Gesamtsumme wird ebenfalls positiv werden. Verteilen sich die Punkte dagegen zum Beispiel über die vier Felder, dann gleichen sich die Produkte mit den unterschiedlichen Vorzeichen in der Gesamtsumme wieder aus.

Die Gesamtsumme reicht allerdings als allgemeine Maßzahl noch nicht aus, da die tatsächliche bzw. die mögliche Größe stark abhängt von den Einheiten der Variablen, eine Vergleichbarkeit wäre also nicht gewährleistet. Eine solche kann aber durch eine Normierung der Summe mittels Division durch die Standardabweichungen erreicht werden. Damit kommen wir zur folgenden Definition der Korrelation:

Definition 3.4: Korrelationskoeffizient

Der Korrelationskoeffizient r ist definiert als

$$r = \frac{\sum\limits_{i=1}^{n}(x_i - \bar{x}) \cdot (y_i - \bar{y})}{\sqrt{\sum\limits_{i=1}^{n}(x_i - \bar{x})^2 \cdot \sum\limits_{i=1}^{n}(y_i - \bar{y})^2}}$$

Der Koeffizient ist eine Maßzahl für den linearen (positiven oder negativen) Zusammenhang zweier Merkmale und liegt immer zwischen -1 und $+1$. Nimmt der Koeffizient eine der beiden extremen Werte an, dann liegen die Beobachtungen auf einer Geraden mit negativer bzw. positiver Steigung. Für unsere Datensituation errechnen wir den Korrelationskoeffizienten folgendermaßen:

64 `>cor(umsatz[,1],umsatz[,2])`

Wir erhalten `0.8064055`. Ein Korrelationskoeffizient von $0,8$ zeigt einen recht ausgeprägten positven Zusammenhang an. Im Kapitel 10 „Regression" werden weitere Interpretationsmöglichkeiten vorgestellt, → S. 331.

Dieser Koeffizient ist auch unter der Bezeichnung **Korrelationskoeffizient von** BRAVAIS-PEARSON zu finden. Wichtig ist an dieser Stelle noch einmal der Hinweis, es wird eine Aussage gemacht über den „linearen" Zusammenhang zweier „metrisch skalierter Daten". Ist wenigstens eine dieser beiden Annahmen verletzt, muss man bei der Interpretation des Koeffizienten aufpassen. Es empfiehlt sich, in diesem Fall den Koeffizienten von SPEARMAN zu verwenden, die auf den Rängen der Beobachtung basiert. Dabei ist der Rang einer Beobachtung gleich der Position in der Rangwertreihe, sodass $\text{Rang}(x_i) - 1$ die Anzahl der Beobachtungen kleiner x_i liefert.

Definition 3.5: Korrelationskoeffizient von SPEARMAN

Der folgende Algorithmus beschreibt die Berechnung Korrelationskoeffizient von SPEARMAN:

1. Bilde die Ränge der x_i sowie der y_i: r_{x_i} und r_{y_i}

2. Wende die Formel für den Korrelationskoeffizienten nach BRAVAIS-PEARSON für die Werte r_{x_i} und r_{y_i} an.

3. Das Ergebnis ist die Korrelation nach SPEARMAN.

Ist die Annahme der Linearität verletzt oder haben die Daten lediglich ordinales Messniveau, dann empfiehlt sich die Verwendung dieses Koeffizienten, den wir mit R berechnen durch:

65 `>cor(umsatz[,1],umsatz[,2],method="spearman")`

Es ergibt sich ein Wert von `0.826258`. Wie sieht der Scatterplot für die Ränge aus? Die folgende Funktion erlaubt, auf spielerische Art ein Verständnis für den Korrelationskoeffizienten zu gewinnen. Welchen Wert muss der Koeffizient annehmen, damit man den Zusammenhang per Augenmaß bestätigen kann? Was bedeutet ein Wert nahe null?

```
>korr.schieber(n=100,korr=0)
```

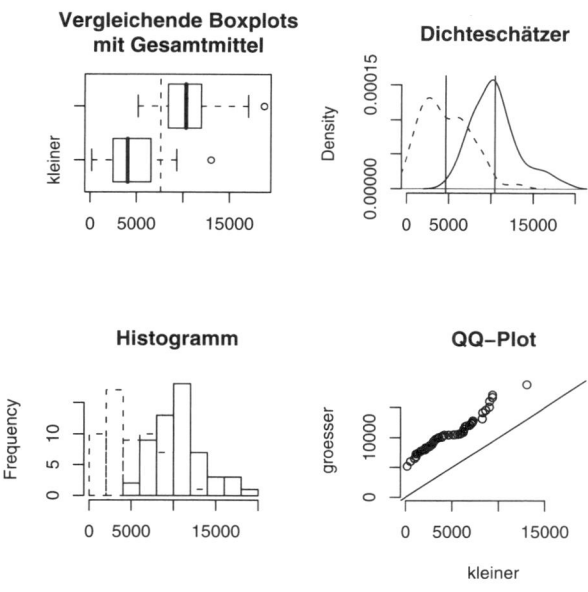

Abb. 3.6: Einige vergleichende Plots

3.2 Der Vergleich zweier Merkmale

Nicht selten ist man in der Situation, zwei nicht über gleiche Merkmalsträger verbundene Datensätze miteinander vergleichen zu wollen. Beim oberen Beispiel könnte uns interessieren, wie groß der Unterschied im Umsatz von Unternehmen bis 50 Mitarbeitern im Vergleich zu denen mit mehr als 50 Mitarbeitern ist. Dass es einen Zusammenhang gibt, haben wir gerade gesehen, aber wie genau wirkt er sich zahlenmäßig aus? Wir wollen im Folgenden einige Vergleichsmöglichkeiten kennen lernen. Diese sind auch als eine Vorbereitung auf das Kapitel 9 „Testen" zu sehen, → S. 283 ff. Als erstes wird der Datensatz geteilt:

67
```
>kleiner<-umsatz[umsatz[,1]<50,2]
 groesser<-umsatz[umsatz[,1]>=50,2]
 print(length(kleiner));print(length(groesser))
```

Dieses zeigt uns, dass in `kleiner` 54 und in `groesser` 56 Werte enthalten sind. 54 Umsätze gehören also zu Firmen mit weniger als 50 Mitarbeitern, 56 Umsätze zu solchen mit mindestens 50. Zum Einstieg können wir die Mittelwerte vergleichen:

68
```
>c(round(mean(kleiner)),round(mean(groesser)))
```

Die gerundeten Ergebnisse betragen: `4650` und `10465`. Das ist doch schon mal recht deutlich. In den vorherigen Kapiteln haben wir gelernt, uns nicht bloß auf Maßzahlen zu verlassen. Die schon bekannten graphischen Darstellungsmöglichkeiten sollen nun für einen solchen (unverbundenen) Vergleich eingesetzt werden:

69
```
>vgl.plots(kleiner,groesser)
```

Drei der vier Darstellungen von Abbildung 3.6 sind uns nicht fremd. Für die beiden Datensätze wurden jeweils Boxplot, Dichteschätzer und Histogramm erstellt. Die Graphiken wurden anschließend im selben Koordinatensystem abgebildet. Dieses Vorgehen ermöglicht den visuellen Vergleich. Wir sehen, die Umsätze in den beiden Gruppen sind durchaus verschieden. Ist der Unterschied bedeutsam bzw. haltbar? Im Kapitel 9 „Testen" lernen wir Tests kennen, die uns sagen, ob sich die Mittelwerte oder die Verteilungen unterscheiden, → S. 283 ff.

Wenden wir uns kurz der Graphik von Abbildung 3.6 rechts unten zu. Der sogenannte **QQ-Plot** ist ähnlich einem Scatterplot, wie wir ihn aus der Untersuchung verbundener Datensätze bereits kennen. Wir haben es im unverbundenen Fall mit verschiedenen Trägern zu tun, daher kommt ein einfacher Scatterplot nicht in Frage. Wie kann man also in dieser Situation einen gemeinsamen Träger sozusagen künstlich erzeugen?

Falls die beiden Datensätze den gleichen Stichprobenumfang besitzen, wird das Trägerproblem durch eine einfache Sortierung gelöst. Die sortierten Datenwerte werden gegeneinander dargestellt. Statt des im unverbundenen Fall unsinnigen Scatterplots (x_i, y_i) wird das Paar $(x_{(i)}, y_{(i)})$ gezeichnet. In unserem Fall sind die Stichprobenumfänge verschieden. Der QQ-Plot hilft weiter:

Definition 3.6: QQ-Plot

Der QQ-Plot ist ein Scatterplot der Quantile (x_p, y_p) mit $p \in (0, 1)$.

Der empirische QQ-Plot ermöglicht den ausführlichen Lagevergleich zweier Datensätze. Beispielsweise können die Dezile gebildet werden und gegeneinander abgetragen werden. Um den Lagevergleich zu akzentuieren kann die Winkelhalbierende in die Graphik eingefügt werden.

Die Interpretation des QQ-Plots von Abbildung 3.6 bestätigt den Eindruck, dass die größeren Firmen mehr Umsatz aufweisen. Wir stellen fest: In „jedem" Bereich hält dieser Zusammenhang. Jedes Quantil der größeren Firmen liegt über dem der kleineren. Es gibt also keinen Bereich, in dem von diesem Verhältnis abgewichen wird. Alle Punkte liegen oberhalb der Winkelhalbierenden.

Zusammenfassung

Mit Abschluß der bivariaten Betrachtungen sind wir nun in der Lage, Datensätze miteinander zu vergleichen. Zunächst sind wir der Frage nach Zusammenhängen nachgegangen. Wir haben dies sowohl für klassierte als auch für metrische Daten getan. Die Konzepte Unabhängigkeit und Korrelation wurden vorgestellt.

Anschließend haben wir uns für das unverbundene Problem dem Lagevergleich gewidmet und graphische Hilfsmittel aus der univariaten Situation abgeleitet.

Aufgaben

1. Am 20. Januar 1986, kaum zwei Minuten nach ihrem Start, explodierte die Space Shuttle Challenger. Ein oder mehrere Dichtungsringe versagten, sodass heiße Gase ausströmen konnten. Eine (positive) Reaktion der Dichtungsringe auf Wärme war wohl bekannt. Die Wettervorhersage für diesen 25. Start im NASA Space-Shuttle-Programm lag knapp unter dem Gefrierpunkt. So kalt war es noch nie vor einem Start. Um einen möglichen Einfluss der Kälte zu bestimmen, wurden von den vorher stattgefundenen Flügen, diejenigen betrachtet, bei denen ein oder mehrere Dichtungsringe nicht korrekt funktioniert haben. Dazu wurden bei diesen insgesamt sieben Flügen die Bodentemperatur beim Start mit der Anzahl der undichten Ringe verglichen:

```
temp numdam
  53      2
  57      1
  58      1
  63      1
  70      1
  70      1
  75      2
```

Es konnte kein Zusammenhang zwischen Temperatur und der Anzahl der defekten Dichtungsringe festgestellt werden. Bei den anderen Flügen war kein Dichtungsring defekt.

Ist dieses Vorgehen gerechtfertigt? Der gesamte Datensatz ist in der zugehörigen Sammlung mit R-Anweisungen unter dem Namen `chal` zu finden.

70   `>chal`

2. Die (4×5)-Kontingenztabelle `hua` – für Haare und Augen – beinhaltet von 5 387 Personen die Augen- und Haarfarbe dieser. Besteht da ein Zusammenhang? Wie könnte dieser dargestellt werden?

3. Einer der Autoren hat Birkenblätter vom Boden unter einer Birke aufgelesen sowie Blätter von eben dieser Birke gepflückt, jeweils 30. `blaetter` ist eine Matrix mit vier Spalten, es sind jeweils die Längen und Breiten der aufgelesenen und der frisch gepflückten Blätter notiert. Vergleichen Sie die Daten.

4. Erinnern Sie sich noch an die Aufgabe `shosho` von der Seite 74? Wie sind hier bei den Blättern die Verhältnisse? Wie ist das übrigens beim DIN A Format?

5. Gibt es einen Zusammenhang zwischen der Anzahl Bücher und der Anzahl CDs, die ein Studierender besitzt? `cd.stud` und `buecher.stud` sind verbundene Datenätze.

6. Unter `stat1.2` finden Sie von 646 Studierenden die Satistik I sowie die Statistik II Noten. Gibt es Zusammenhänge?

7. Die Datenmatrix `bigcity` zeigt die Einwohnerzahlen von 49 Großstädten (in 1 000). Die erste Spalte gibt die Bevölkerung in 1920 an die zweite in 1930. Beschreiben Sie die Situation.

8. Die Datenmatrix `state.x77` beinhaltet verschiedene Merkmale der 50 US-Staaten. Gibt es einen Zusammenhang zwischen der Spalte 2 `Income` und der Spalte 5 `Murder`?

4 Auf zur Modellierung

Zur Begründung von Weltansichten und Entscheidungen werden gern auch Beispiele und überzeugende Daten verwendet. Die in den vorangegangen Kapiteln beschriebenen deskriptiven Techniken der Statistik werden dem Leser dabei helfen, Datenmaterial geeignet zu verdichten und zur Argumentation in Diskussionen einzubringen. Gegenbeispiele werden dagegen schnell zurückgewiesen und ihre Relevanz heruntergespielt: „Das Ergebnis ist doch reiner Zufall und deshalb nicht beachtenswert!" Auf diese Weise wird Ungewissheit rhetorisch verwertet und ein vernünftiger Umgang mit Variabilitäten und Zufälligkeiten vermieden. In diesem Kapitel wollen wir deshalb dem Zufall auf den Zahn fühlen. Mit verschiedenen Experimenten wird die Welt des Zufalls durchleuchtet, und es werden Fragen über den Zufall geklärt: Welche Wirkungen hat denn nun der Zufall? In welchen Grenzen lassen sich Ergebnisse unter Zufallseinflüssen erwarten? Wie können wir den Zufall modellieren?

Viele Einführungen in die Statistik behandeln nach einem deskriptiven Teil Grundelemente der Wahrscheinlichkeitsrechnung, um danach mathematisch rigoros auf Modelle für den Zufall einzugehen. Wir wählen dagegen einen unmittelbaren Übergang in die Modellwelt, der sich an realen Problemstellungen, Daten und Experimenten orientiert. Hierdurch wird dem Leser deutlich, wofür denn die sogenannten **Verteilungsmodelle** der Statistik gut sind. Konkret erarbeiten wir verschiedene diskrete, → Abschnitt 4.2, und stetige Verteilungen, → Abschnitt 4.3: Bernoulli-Verteilung, Binomialverteilung, geometrische Verteilung, Poisson-Verteilung, hypergeometrische Verteilung, Gleichverteilung, Exponentialverteilung, Normalverteilung und Erlang-Verteilung. Als übergeordnete Instrumente führen wir Zufallsvariablen, → Abschnitt 4.1.1, und Verteilungsmodelle ein. Weiter lernen wir Verteilungs-, → Abschnitt 4.1.4, Wahrscheinlichkeits-, → Abschnitt 4.1.2, und Dichtefunktionen sowie Erwartungswerte, → Abschnitt 4.1.5, und den Begriff der Varianz, → Abschnitt 4.1.8, kennen.

Stand bei den bisherigen Ausführungen ein Merkmal X mit den zugehörigen Beobachtungen $x_1, \ldots, x_n$ im Fokus, wird sich jetzt alles um die Zufallsvariable X und ihre Realisationen $x_1, \ldots, x_n$ drehen. Zufallsvariablen erlauben uns, die Unterschiedlichkeit von Zufallsergebnissen zu formulieren und Aussagen über Zufallsprozesse aufzustellen. Hierdurch eröffnen sich uns neue Wege, beispielsweise bei Entscheidungen, Unsicherheiten nachvollziehbar zu verarbeiten.

4.1 Konzepte am Beispiel der Binomialverteilung

4.1.1 Bernoulli-Experimente und Zufallsvariablen

Viele Fragebögen beginnen mit der Frage nach dem Geschlecht. Das Merkmal „Geschlecht" besitzt nur zwei Merkmalsausprägungen. Schon die Zusammenfassung von Daten von Merkmalen mit zwei Ausprägungen aus Befragungen, Beobachtungen oder Gut-Schlecht-Untersuchungen bietet genügend Stoff für Auseinandersetzungen: Wie unterschiedlich kann zum Beispiel bei 100 Fragebögen die Anzahl der Frauen ausfallen, wenn in der Grundgesamtheit ein Frauen-Anteil von 50% vorliegt? Das folgende Beispiel besitzt bei gleicher Struktur eine große ökonomische Brisanz:

Eine Apothekenuntersuchung. Stiftung Warentest hat die Beratungsqualität von Apotheken unter die Lupe genommen. Der Tagespresse war zu entnehmen [MULKE, 2004]: *„50 Apotheken in Berlin, Köln und München bekamen zwei Besuche von anomymen Testern. ... Die Verbraucherschützer haben zunächst einen Kunden losgeschickt, der ein Schnupfenmittel kaufen wollte. In 21 Apotheken wurden die Prüfer schlecht beraten. ..."* Offensichtlich ist dieses Testergebnis ein Indiz für allgemein schlechte Beratungs-Leistungen.

Verständlicherweise wetterte darauf der Präsident der Bundesvereinigung Deutscher Apotheken gegen mögliche Fehlinterpretationen mit dem Hinweis: *„Es seien gerade einmal zwei Tausendstel der 21 000 Apotheken getestet worden. ... [Nach] eigenen Erkenntnissen ... schneiden die Apotheker bei Umfragen zum Vertrauen in einzelnen Berufsgruppen stets gut ab."* Könnte der Zufall mitgespielt haben und wenn ja, wie intensiv? Mit Hilfe eines Rechners können wir die Untersuchungssituation nachstellen. Zum Beispiel können wir viele Untersuchungen unter der Annahme simulierten, dass jede zweite Apotheke gut berät.

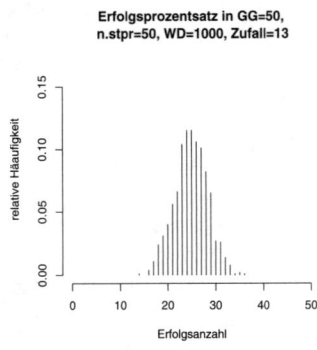

Abb. 4.1: Simulation

Die Abbildung 4.1 zeigt die relativen Häufigkeiten der Anzahlen ordentlich beratender Apotheken, gewonnen aus 1 000 simulierten Untersuchungen. Entspricht die Abbildung 4.1 den Vorstellungen? Damit der Leser solche Experimente durchführen und interpretieren kann, werden wir nun den Begriff Zufallsexperiment definieren. Weiterhin führen wir im nächsten

Absatz eine Arbeitsdefinition zur Bezeichnung von Experimentergebnissen mittels Zufallsvariablen ein.

Zufallsexperimente und Zufallsvariablen. Wir wollen für Situationen, wie gerade beschrieben, ein Modell entwickeln. Hierfür benötigen wir einige Sprachelemente: Ein Experiment mit unsicherem Ausgang heißt **Zufallsexperiment**, wenn die Menge aller möglichen elementaren Ergebnisse bekannt ist und die (oft unbekannten) Chancen oder **Wahrscheinlichkeiten** für die einzelnen Ergebnisse feststehen. Häufig notieren wir das beobachtete Ergebnis eines Zufallsexperimentes als Zahl, mit der dann weitere Berechnungen angestellt werden können. Diese Zahl heißt **Realisation.** Vor der Durchführung bezeichnen wir das noch ungewisse nummerische Resultat mit einem Platzhalter, der sogenannten **Zufallsvariablen**. Für Zufallsvariablen verwenden wir große Buchstaben wie X, Y, S usw. Zur allgemeinen Bezeichnung von Realisationen werden die entsprechenden kleinen Buchstaben geschrieben. $X = x$ ist die Kurzform für die Aussage, dass die Zufallsvariable X den Wert x annimmt. Durch Verknüpfung von Zufallsvariablen lassen sich neue definieren; so können wir beispielsweise die Summe S der Zufallsvariablen X und Y betrachten: $S = X + Y$.

Anwendung. In der Modellwelt wollen wir den Test der Apotheke j als ein Zufallsexperiment mit zwei Ausgängen ansehen und führen die Zufallsvariablen X_j ein:

$$X_j = \begin{cases} 1, & \text{falls} \quad \text{Apotheke } j \text{ Test besteht} \\ 0, & \text{falls} \quad \text{Apotheke } j \text{ den Test nicht besteht} \end{cases}$$

Ein für die Apotheke positives Ergebnis ($X = 1$) bezeichnen wir als „Erfolg." Sind die Apotheken $j = 1, \ldots, n$ zu testen, dann liefert uns die Summe S:

$$S = X_1 + \cdots + X_n$$

die Anzahl der Apotheken, die das Zertifikat „Beratung in Ordnung" bekommen. Bei der zitierten Apothekenuntersuchung hatte n den Wert 50 und als Realisation wurde $s = 29$ beobachtet. Die Wahrscheinlichkeit einer bestimmten Summe $S = s$ hängt von den Chancen für die einzelnen Erfolge und von eventuellen Beziehungen zwischen den einzelnen Zufallsvariablen ab. Im einfachsten Fall liegt ein Bernoulli-Prozess vor.

Bernoulli-Prozess. Zur Modellierung von Zufallsexperimenten wie dem Werfen einer Münze oder eines Würfels mit der Frage, ob eine Sechs erscheint, treffen wir im Gebäude der Statistik als elementaren Baustein das **Bernoulli-Experiment**[3] an.

Definition 4.1: Bernoulli-Experiment

Ein Zufallsexperiment mit den beiden Ausgängen „Erfolg" (Treffer) und „Misserfolg" (Niete) mit fester Erfolgswahrscheinlichkeit heißt **Bernoulli-Experiment.**

Das Paradebeispiel für ein Bernoulli-Experiment ist der Wurf einer Münze mit den Ausgängen Kopf oder Zahl, kurz: K oder Z. Im Fall einer fairen Münze beträgt die Erfolgswahrscheinlichkeit 0.5. Sind bei mehreren Bernoulli-Experimenten die Erfolgs-Wahrscheinlichkeiten in jedem Einzelexperiment gleich und die Experimente voneinander unabhängig, dann sprechen wir von einem **Bernoulli-Prozess**. Dieser Prozess stellt also eine Idealisierung des wiederholten Werfens von Münzen oder auch des wiederholten Setzens auf die 13 beim Roulette dar. Zur Modellierung realer Situationen ist immer zu überlegen, inwieweit die Annahmen (Unabhängigkeit, feste Erfolgswahrscheinlichkeit) erfüllt sind.

Die Untersuchung der 50 Apotheken wollen wir mit einem Bernoulli-Prozess modellieren, womit wir eine feste Erfolgswahrscheinlichkeit p und eine Unabhängigkeit der Einzeluntersuchungen unterstellen. Wir können uns nämlich vorstellen, dass für alle Apotheken die Wahrscheinlichkeit einer guten Beratung p beträgt und sich die Beratungsqualität erst beim Betreten einer Apotheke realisiert. Mit diesem Modell können wir Laborexperimente durchführen und den Einfluss des Zufalls studieren, und damit die Fragen: „Welche Erfolgsanzahlen sind zu erwarten, wenn in der Grundgesamtheit 29 von 50 Apotheken akzeptable Beratungsleistungen erbringen? Wie lässt sich die Unterschiedlichkeit der Erfolgsanzahlen beschreiben? Wie groß sind die Chancen, bei einem Grundgesamtheitsanteil von 90% gut beratender Unternehmen nur 29 oder weniger in einer Stichprobe anzutreffen?"

Simulation einer Apothekenbefragung. Stichproben aus Grundgesamtheiten können wir mit Hilfe der R-Funktion `sample()` ziehen. Das erste Argument legt die Grundgesamtheit fest. Über das zweite (`size`) wird der Stichprobenumfang definiert. Das dritte regelt das Ziehungsprinzip: Hierbei steht `replace=T` für „mit Zurücklegen", also dass für jedes Einzelexperiment identische Verhältnisse gelten. Mittels `prob` können ggf. Ziehungsgewichte vergeben werden. 50 Realisationen eines Bernoulli-Prozesses mit einem Erfolgsparameter $p = 29/50$ erhalten wir zum Beispiel durch:

71
```
>x<-sample(0:1,size=50,replace=T,prob=c(21/50,29/50))
```

---

3 JAKOB BERNOULLI (1655–1705).

Als Ergebnis erhalten wir eine Abfolge von Nullen und Einsen, wie zum Beispiel (zur identischen Rekonstruktion setze: `set.seed(13)`):

```
1 0 1 1 0 1 0 1 0 0 1 1 1 1 1 1 1 0 1 1 0 0 1 1 0 1 0 1 1 0 0 0
1 0 1 1 1 1 1 0 1 1 0 0 0 1 0 1 1 1
```

Interpretieren wir diese Stichprobe als das mögliche Ergebnis der Untersuchung von 50 Apotheken mit einem unterstellten Erfolgsanteil von 29/50, dann erhalten wir die Anzahl der erfolgreichen Apotheken durch einfache Summation:

```
>sum(x)
```

In unserer simulierten Stichprobe befinden sich 31 ordnungsgemäß beratenden Apotheken.

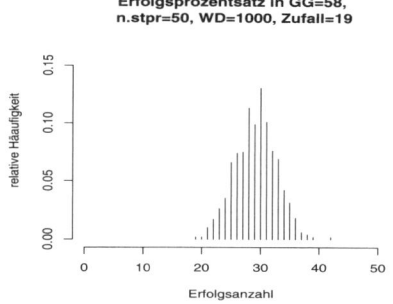 

Abb. 4.2: Einfangen von p und Steuerung

Zur eleganteren Wiederholung dieses Vorgangs und dessen Auswertung stellen wir eine R-Funktion bereit. Mit dieser wollen wir auf die Frage: „Wie unterschiedlich kann die Anzahl der Erfolge bei 50 Merkmalsträgern ausfallen, wenn in der Grundgesamtheit 29 von 50 Elementen ein Erfolgsergebnis liefern?" eine Antwort finden. Dabei ermitteln wir verschiedene Realisationen der Zufallsvariablen S, der Erfolgsanzahl in einer Stichprobe, und zeichnen die empirische Verteilung der Realisationen von S als Stabdiagramm. Zum Experimentieren kann mit Schiebern der Erfolgsprozentsatz in der Grundgesamtheit, der Stichprobenumfang, die Anzahl der Wiederholungen und der Start des Zufallsgenerators variiert werden, siehe rechte Darstellung von Abbildung 4.2.

```
>erfolge.bei.bernoulli.experimenten()
```

Beispielsweise erhalten wir das Stabdiagramm aus Abbildung 4.2 und das nummerische Ergebnis:

```
  Min. 1st Qu.  Median    Mean 3rd Qu.    Max.
 18.00   27.00   29.00   29.05   31.00   39.00
```

Unter den idealisierten Bedingungen haben sich Realisationen zwischen 18 und 39 eingestellt, die meisten befinden sich zwischen 24 und 34. Werte um 29 sind am häufigsten, Erfolgsanzahlen kleiner als 21 oder größer als 37 sind dagegen kaum anzutreffen. Dennoch kommen bei den vielen Wiederholungen auch einige sehr extreme Erfolgsanzahlen vor.

An dieser Stelle sollten wir noch einmal zusammenfassen, dass im Simulationsexperiment drei Betrachtungsebenen vorliegen. Der Check einer einzelnen Apotheke wird durch ein einzelnes Bernoulli-Experiment modelliert. Das Nachspielen der Untersuchung von Stiftung Warentest erfordert 50 Bernoulli-Experimente. Für das Studium einer solcher Untersuchung haben wir wiederholt 50 virtuelle Apotheken getestet. Bei einer Wiederholungsanzahl von 1 000 werden durch unserer Simulationsexperiment 50 000 = 1 000 · 50 einzelne Apotheken-Tests simuliert.

Durch Variation der Experiment-Parameter lassen sich Ergebnisse anderer Grundgesamtheiten und Stichprobenumfänge simulieren und studieren. Die Ergebnisse einzelner Simulationen unterscheiden sich im Detail. Die empirischen Verteilungen der Ergebnisse – die Stabdiagramme – zeigen jedoch wiederkehrende Charakteristika. Wir beobachten einen zentralen Bereich mit hohen Häufigkeiten, mit Entfernung von diesen sinken die beobachteten Erfolgsanzahlen ab. Die Lage wie auch die Breite des Bereichs hoher Häufigkeit hängen von der Erfolgsrate und der Anzahl der untersuchten Objekte ab. Je größer die Wiederholungszahl ist, umso glatter wird die (gedachte) Linie durch die Stabendpunkte. Verschiedene Startwerte offenbaren den Zufallseinfluss auf den Experimentausgang.

Wie lassen sich diese Gemeinsamkeiten beschreiben? Lassen sich auch die Stabdiagramme durch ein Modell beschreiben oder gar erklären? Mit einem solchen Modell können wir Untersuchungen wie die der Apotheken besser verstehen und genauere Aussagen als „... schneiden stets gut ab" aufstellen. Zum Beispiel lassen sich mit seiner Hilfe Chancen für bestimmte Untersuchungsergebnisse abschätzen. Diese Fragen führen uns zur **Binomialverteilung.**

4.1.2 Wahrscheinlichkeitsfunktion

Das passende Modell für die empirischen Verteilungen der Erfolgsanzahlen aus dem letzten Abschnitt ist die Binomialverteilung. Im Folgenden werden wir diese herleiten und begleitend die Wahrscheinlichkeits- und die Verteilungsfunktion einer diskreten Zufallsvariablen einführen. „Wie wahrscheinlich ist es, dass sich genau $S = s$ Erfolge einstellen?" Die Wahrscheinlichkeit, dass die Zufallsvariable S den Wert s annimmt, wollen wir mit $P(S = s)$ abkürzen. Wird dieser Ausdruck als Funktion von s aufgefasst, erhalten wir die Wahrscheinlichkeitsfunktion $f_S(s) = P(S = s)$.

> **Definition 4.2: Wahrscheinlichkeitsfunktion**
>
> Die Wahrscheinlichkeitsfunktion $f_X(x)$ der diskreten Zufallsvariablen X ist definiert als:
>
> $$f_X(x) = P(X = x)$$
>
> Sie liefert zu jedem x die Wahrscheinlichkeit, dass sich $X = x$ realisiert.

Wahrscheinlichkeiten können wir als Modell relativer Häufigkeiten ansehen. Damit müssen Wahrscheinlichkeiten im Intervall $[0, 1]$ liegen und sich wie die relativen Häufigkeiten der verschiedenen möglichen Beobachtungen zu 1 summieren. Wahrscheinlichkeitsfunktionen sind nur für diskrete Zufallsvariablen definiert. Diskrete Zufallsvariablen ergeben sich bei Situationen mit endlich vielen Ergebnissen oder wenn höchstens abzählbar unendlich viele nummerische Resultate eintreten können. Für den ersten Fall kann als Beispiel das einmalige Werfen eines Würfels dienen, für den zweiten die Anzahl der Würfe eines Würfels bis zur ersten Sechs. Zufallsvorgänge, die zur Betrachtung beliebiger Werte aus Zahlenintervallen führen, erfordern **stetige** Zufallsvariablen, für die Dichtefunktionen statt Wahrscheinlichkeitsfunktionen zum Einsatz kommen – doch dazu später mehr, → Abschnitt 4.3.

Wahrscheinlichkeitsbaum. Wie erhalten wir $f_S(s)$ für die Erfolgsanzahlen wiederholter unabhängiger Bernoulli-Experimente? Prinzipiell können wir die Werte einzelner Stellen der Wahrscheinlichkeitsfunktion mit Hilfe eines Wahrscheinlichkeitsbaums ermitteln. In diesem wird Ziehung für Ziehung dargestellt, was sich ereignen kann. Wird die Erfolgswahrscheinlichkeit mit p und die für einen Misserfolg (Niete) mit $1 - p$ abgekürzt, erhalten wir für die ersten Stichprobenzüge den in der Abbildung 4.3 auf Seite 98 dargestellten Baum.

Jede mögliche Stichprobe repräsentiert sich im Wahrscheinlichkeitsbaum durch einen Pfad. Die Wahrscheinlichkeit für einen bestimmten Pfad berechnet sich als Produkt der einzelnen Pfadwahrscheinlichkeiten. Dieses Vorgehen entspricht der intuitiven Berechnung der Wahrscheinlichkeit, zweimal eine Sechs zu würfeln: $1/6 \cdot 1/6 = 1/36$. Nach dieser Regel ergibt sich beispielsweise die Wahrscheinlichkeit für fünf Erfolge bei fünf unabhängigen Bernoulli-Experimenten mit Erfolgschance p als: $P(S = 5) = p^5$. Entsprechend folgt die Wahrscheinlichkeit für zunächst drei Erfolge, gefolgt von einer Niete und eines Erfolges: $ppp(1 - p)p = p^4(1 - p)^1$.

Für das Apothekenbeispiel interessiert jedoch die „Erfolgsanzahl." Zu einer vorgegebenen Anzahl finden wir im Baum, abgesehen von den beiden extremen Fällen am Rand, immer mehrere Pfade. So gibt es bei fünf Bernoulli-Experimenten fünf Möglichkeiten, genau einen einzigen Erfolg

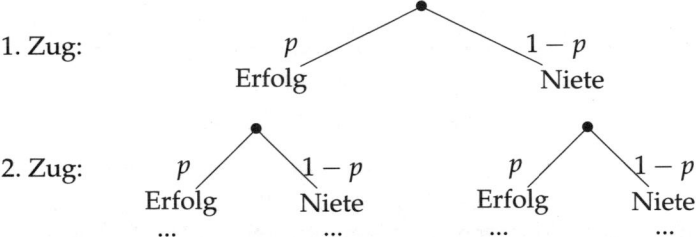

1. Zug: p Erfolg $1 - p$ Niete

2. Zug: p Erfolg $1 - p$ Niete ... ... p Erfolg $1 - p$ Niete ... ...

Abb. 4.3: Wahrscheinlichkeitsbaum

zu verzeichnen. In dem zugehörigen Baum erfüllen fünf Pfade diese Eigenschaft. Addieren wir die Wahrscheinlichkeiten dieser Pfade, dann erhalten wir die Wahrscheinlichkeit für die vorgegebene Erfolgsanzahl.

Satz 4.1: Pfadregeln

Gegeben sei ein Wahrscheinlichkeitsbaum zu einer Abfolge unabhängiger Zufallsexperimente mit endlich vielen Ergebnissen. Dann gelten:

1. Pfadregel: Die Wahrscheinlichkeit eines Pfades ergibt sich durch Multiplikation der Wahrscheinlichkeiten entlang des Pfades.

2. Pfadregel: Die Wahrscheinlichkeit für eine Menge von Pfaden ergibt sich durch die Addition der Wahrscheinlichkeiten der betroffenen Pfade.

Erfolgsanzahl von Bernoulli-Experimenten. Bei einer Erfolgswahrscheinlichkeit p beträgt die Wahrscheinlichkeit für jeden Pfad mit s Erfolgen und $n - s$ Misserfolgen nach der ersten Pfadregel $p^s \cdot (1 - p)^{n-s}$. Mit der zweiten Pfadregel folgt die Wahrscheinlichkeit für $S = s$ Erfolge:

$$P(S = s) = \langle \text{Anzahl Pfade mit } s \text{ von } n \text{ Erfolgen} \rangle \cdot p^s \cdot (1 - p)^{n-s}$$

Die Erfolgsanzahl ist durch den sogenannten **Binomialkoeffizienten** gegeben. Der Binomialkoeffizient $\binom{n}{x}$ – gesprochen n über x – steht allgemein für die Anzahl der verschiedenen Möglichkeiten aus einer Menge von n unterscheidbaren Elementen x Elemente (ohne Zurücklegen) auszuwählen. In unserem Fall müssen s von n Versuchen mit dem Prädikat **Erfolg** ausgezeichnet werden, also ergeben sich $\binom{n}{s}$ Möglichkeiten. Mit der R-Funktion choose(n,x) lassen sich Binomialkoeffizienten bequem ermitteln. Für n=5 und x=2 erhalten wir: [1] 10. Prüfen Sie nach:

74 >choose(5,2)

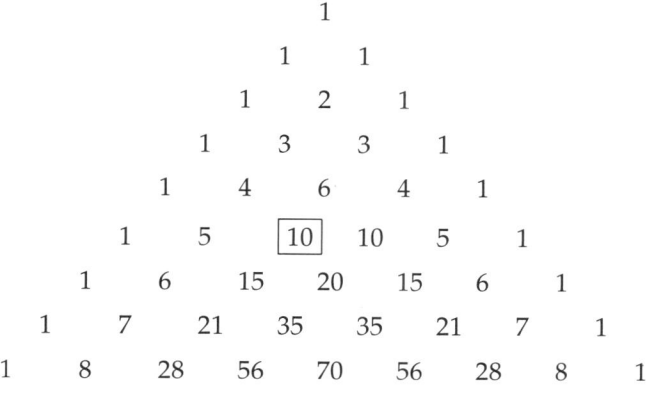

Abb. 4.4: Pascalsches Dreieck

Berechnung des Binomialkoeffizienten. Betrachten wir zur Bestimmung von $\binom{5}{2}$ ein kleines Gedankenexperiment: Starten wir in der Wurzel des Baumes, dann bedeutet eine Anzahl von zwei Erfolgen bei fünf Bernoulli-Experimenten in dem Baum zweimal in Richtung „Erfolg" und dreimal in Richtung „Niete" zu wandern. Ist das letzte Experiment ein Erfolg, dann müssen sich vorher genau ein Erfolg und drei Nieten eingestellt haben. Im Falle einer Niete im letzten Experiment müssen sich vorher die zwei Erfolge zugetragen haben. Es gilt also:

$$\binom{5}{2} = \binom{4}{2} + \binom{4}{1}$$

Da es nur einen Pfad ohne eine Niete bzw. ohne einen Erfolg gibt, können wir die Berechnungsregeln über die Binomialkoeffizienten aufstellen:

$$\binom{n}{0} = \binom{n}{n} = 1, \quad \binom{n}{x} = \binom{n-1}{x} + \binom{n-1}{x-1} \quad \text{für} \quad 0 < x < n \wedge n > 1$$

und als **Pascalsches Dreieck**[4] anordnen, wie in Abbildung 4.4 zu sehen ist. Den Binomialkoeffizienten $\binom{n}{x}$ finden wir im Dreieck als Eintrag $x + 1$ der Zeile $n + 1$, zum Beispiel ist $\binom{5}{2} = 10$. Berechnet wird ein Koeffizient oft nach der Formel:

$$\binom{n}{x} = \frac{n!}{x! \cdot (n-x)!} \quad \text{mit} \quad n! = 1 \cdot 2 \cdot 3 \cdot \ldots \cdot n$$

Im Zähler steht die Anzahl der Möglichkeiten (Permutationen) n Elemente anzuordnen. Da für das erste Element n Plätze, für das zweite $(n-1)$ Plätze

---

4 BLAISE PASCAL (1623–1662), großer Mathematiker.

usw. zur Verfügung stehen, gibt es insgesamt $n \cdot (n-1) \cdot \ldots \cdot 1 = n!$ Permutationen. Liegen nur zwei unterschiedliche Arten von Elementen vor, dann sind zwei Anordnungen, bei denen zum Beispiel zwei „Erfolge" die Plätze tauschen, nicht zu unterscheiden. Deshalb muss die Permutationsanzahl $n!$ durch die Anzahl der Permutationen der x „Erfolgs"-Elemente, also durch $x!$, und durch die Anzahl der Permutationen der $n-x$ „Misserfolgs"-Elemente, also auch noch durch $(n-x)!$, dividiert werden. Zum Beispiel ist: $\binom{5}{2} = 5!/(2! \cdot 3!) = 5 \cdot 4/2 = 10$.

4.1.3 Binomialverteilung

Wir können jetzt die verschiedenen Steinchen zur Wahrscheinlichkeitsfunktion der **Binomialverteilung** zusammenfügen:

Definition 4.3: Binomialverteilung

Die Wahrscheinlichkeitsfunktion der Anzahl der Erfolge S von n unabhängigen Bernoulli-Experimenten mit dem Parameter p ist gegeben durch

$$P(S = s) = \binom{n}{s} \cdot p^s \cdot (1-p)^{n-s}, \quad s = 0, 1, \ldots, n$$

Man sagt, die Zufallsvariable S ist binomialverteilt mit den Parametern n und p oder die Verteilung der Zufallsvariablen S ist die Binomialverteilung mit n und p. Abkürzend schreiben wir: $S \sim \text{binom}(n,p)$. Für den Spezialfall $n = 1$, heißt die Verteilung auch Bernoulli-Verteilung.

Zur Berechnung von Werten der Wahrscheinlichkeitsfunktion einer binomialverteilten Zufallsvariablen besitzt R die Funktion `rbinom()` mit den Parametern x für die Anzahl der Erfolge, `size` für die Versuchsanzahl und `prob` für die Erfolgswahrscheinlichkeit eines einzelnen Versuches. Wählen wir als Wahrscheinlichkeit die relative Häufigkeit aus dem Apothekenbeispiel: prob=29/50 sowie size=50, dann können wir die Wahrscheinlichkeitsfunktion schnell darstellen, siehe Abbildung 4.6.

75
```
>n<-50; s<-0:n; p<-29/50
 f.s<-dbinom(x=s,n,p=p)
 plot(s,f.s,type="h")
```

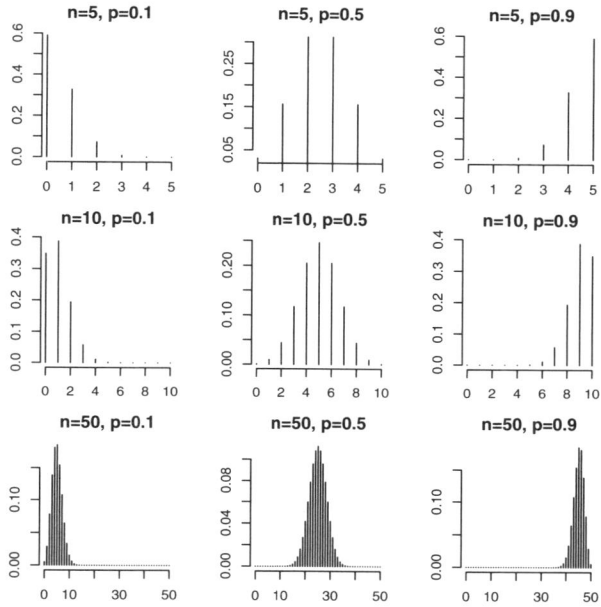

Abb. 4.5: Wahrscheinlichkeitsfunktionen von Binomialverteilungen

Die Wahrscheinlichkeit für x=29 Erfolge bei 50 Versuchen und einer Erfolgswahrscheinlichkeit von 29/50 berechnen wir durch:

```
>dbinom(x=29,50,p=29/50)
```

und erhalten den Wert:

```
[1] 0.1137206
```

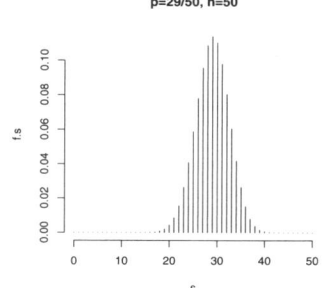

Abb. 4.6: Binomialverteilung

Die glockenförmige Gestalt der Modellverteilung passt zu den Simulationsergebnissen:

Das Zentrum liegt bei 29, und ebenfalls passt der vorgeschlagene Wert an der Stelle 29 von etwa 11%.

Nach der Lage interessiert sich der Statistiker für die Variabilität. Wir erkennen, dass die Wahrscheinlichkeiten zu den Rändern hin so stark abfallen, dass oberhalb von 39 und unterhalb von 19 kaum noch Masse zu erkennen ist. Für die Vorstellung zeigt die Abbildung 4.5 die Wirkung verschiedener Parameterkonstellationen.

Für den näheren Vergleich der Modellwelt mit unseren Simulations-ergebnissen bieten sich mehrere Vorgehensweisen an. Wir könnten zu den bekannten deskriptiven Maßen theoretische Gegenstücke entwickeln und entsprechende Größen vergleichen. Hierauf werden wir etwas später zurückkommen. Auch könnten wir in einem gemeinsamen Plot eine simu-lierte Verteilung und eine Modellverteilung für den optischen Vergleich ge-genüberstellen. Doch wählen wir zuvor eine dritte Strategie, denn mit die-ser lässt sich zugleich die Frage beantworten: Wie groß sind die Chancen, bei einem Anteil von $p \cdot 100\%$ gut beratender Unternehmen in einer Stich-probe nur s_0 oder weniger anzutreffen?

4.1.4 Verteilungsfunktion

Aus der deskriptiven Statistik ist uns die empirische Verteilungsfunktion bekannt, → Abschnitt 2.3, S. 52. Sie zeigt uns, mit welcher relativen Häufigkeit eine Merkmalsausprägung kleiner oder gleich einer vorgegebenen Aus-prägung beobachtet wurde und ermöglicht die Ermittlung von relativen Häufigkeiten für Ausprägungsbereiche. Dieser Ansatz führt uns zur Ver-teilungsfunktion einer Zufallsvariablen.

Definition 4.4: Verteilungsfunktion

Die Verteilungsfunktion $F_X(x)$ einer Zufallsvariablen X ist definiert als

$$F_X(x) = P(X \leq x) \qquad \text{mit} \qquad x \in \mathbb{R}$$

Mit F_X können wir Wahrscheinlichkeiten für Bereiche der x-Achse, also für Teilmengen von $\mathbb{R}$, berechnen.

Werte der Verteilungsfunktion einer binomialverteilten Zufallsvariablen werden mit R mit `pbinom()` ermittelt. Für die Grundgesamtheit der Apo-theken können wir zum Beispiel annehmen, dass 70% eine gute Beratung erteilen. Dann errechnet sich die Wahrscheinlichkeit für Realisationen klei-ner oder gleich $s_0 = 29$ in einer Stichprobe vom Umfang $n = 50$ mittels einer Binomialverteilung mit den Parametern $n = 50$ und $p = 0.7$ durch Zugriff auf die Verteilungsfunktion: $P(X \leq 29) = F_X(29; n = 50, p = 0.7)$ oder per Rechner durch:

77   `>pbinom(29,size=50,p=0.70)`

Wir erhalten `0.04776384` als Resultat. Eine grobe Darstellung der mo-noton wachsenden Verteilungsfunktion – ähnlich der Abbildung 4.7 – lie-fern folgende Anweisungen.

8

```
>n<-50; s<-0:n
 F.s<-pbinom(0:n,n,p=0.7)
 plot(s,F.s,type="s")
```

Falls also der Erfolgsanteil (gute Beratung) in der Grundgesamtheit 70% beträgt, erhält man nur mit einer Wahrscheinlichkeit von ca. 5% eine Stichprobe mit 29 oder weniger guten Beratungen. Mit Hilfe der Verteilungsfunktion lassen sich Wahrscheinlichkeiten für beliebige Ereignisse berechnen.

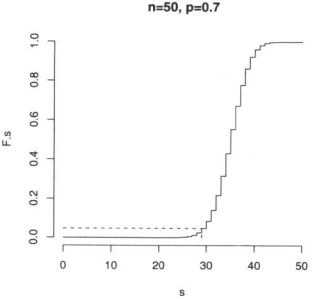

Abb. 4.7: Binomialverteilung

Satz 4.2: Ermittlung von Wahrscheinlichkeiten mit F_X

Für die Berechnung von Wahrscheinlichkeiten gelten folgende Regeln:

$$
\begin{aligned}
P(X \leq x) &= F_X(x) \\
P(X > x) &= 1 - F_X(x) \\
P(X < x) &= F_X(x) - P(X = x) \\
P(X \geq x) &= (1 - F_X(x)) + P(X = x) \\
P(x_1 < X \leq x_2) &= F_X(x_2) - F_X(x_1) \\
P(X = x) &= F_X(x) - \lim_{\varepsilon \to 0} F_X(x - \varepsilon)
\end{aligned}
$$

Beispiel. Nehmen wir an, in der Grundgesamtheit gelte ein Erfolgsanteil von 29/50. Wie wahrscheinlich ist dann eine Realisation zwischen einschließlich 27 und 31, die Grenze eingeschlossen? Diese Werte waren die Quartile des Simulationsergebnisses. Das Ergebnis können wir unterschiedlich berechnen:

$$
\begin{aligned}
P(27 \leq X \leq 31) &= P(X \leq 31) - P(27 < X) \\
&= P(X \leq 31) - P(27 \leq X) + P(X = 27) \\
&= F_X(31) - F_X(27) + f_X(27) \\
&= F_X(31) - F_X(26)
\end{aligned}
$$

Übrigens kann die Wahrscheinlichkeit auch mit Hilfe der Wahrscheinlichkeitsfunktion berechnet werden: $P(27 \leq X \leq 31) = f_X(27) + \ldots + f_X(31)$. Rechnerunterstützt ermitteln wir

9

```
>print(pbinom(31,50,29/50)-pbinom(26,50,29/50))
 print(sum(dbinom(27:31,size=50,p=29/50)))
```

In beiden Fällen erhalten wir 0.5258371 ausgegeben. Die Wahrscheinlichkeit beträgt also ca. 50%, in das durch die Quartile des Simulationsexperiments definierte Intervall zu fallen. Diese Beobachtung stützt die Brauchbarkeit der Modellierung, →S. 95, mittels der Binomialverteilung.

Quantile. In vielen Situationen werden Punkte auf der x-Achse nicht vorgegeben, sondern gesucht. Zu einer Wahrscheinlichkeit p soll durch „Umkehrung" die zugehörige Stelle, das p-Quantil, ermittelt werden.

Definition 4.5: p-Quantil

Das p-Quantil ist die kleinste Realisation x, für die $P(X \leq x) \geq p$ gilt.

Das p-Quantil begrenzt also das kürzeste, links offene Intervall, in dem sich die Zufallsvariable X mit einer Mindestwahrscheinlichkeit von p realisieren wird. Quasi als Probe können wir zur Wahrscheinlichkeit 0.5258371 berechnen:

80
```
>qbinom(0.5258371,50,29/50)
```
und erhalten 29 zurück.

Realisationen und Modell. Wie unterscheiden sich die Wahrscheinlichkeiten der Binomialverteilung von den simulierten Häufigkeiten? Für die unterstellten Bedingungen haben wir für die Anzahl von Erfolgen die Binomialverteilung abgeleitet.

Um ein Gespür dafür zu bekommen, inwieweit Realisationen variieren werden, bieten wir nun dem Leser die Möglichkeit der Simulation von Stichproben aus binomialverteilten Grundgesamtheiten. Wir zeichnen dazu Wahrscheinlichkeits- und Verteilungsfunktion einer binomialverteilten Zufallsvariablen und stellen diese ihren simulierten Pendants gegenüber. Für eine spezielle Stelle s_0 lassen sich die Wahrscheinlichkeiten $f(s_0), F(s_0), (1 - F(s_0))$ ablesen. Durch Schieber können p, n, s_0 und der Zufallsstart gewählt werden, siehe Abbildung 4.8.

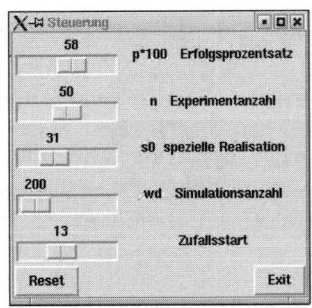

Abb. 4.8: Schieber für Parameter

81
```
>binomial.experiment()
```

Mit den Einstellungen aus Abbildung 4.8 können wir beispielsweise den Output von Abbildung 4.9 hervorrufen. Wie man sieht, ist der Unterschied nicht sehr groß, die Modellierung ist also gar nicht schlecht. Dem Betrachter fällt sicher auf, dass die Übereinstimmung von Theorie und Simulationsergebnissen bei der Verteilungsfunktion „besser" zu sein scheint. Dies ist kein Zufall, sondern hat einen theoretischen Hintergrund, auf den wir hier aber nicht eingehen wollen.

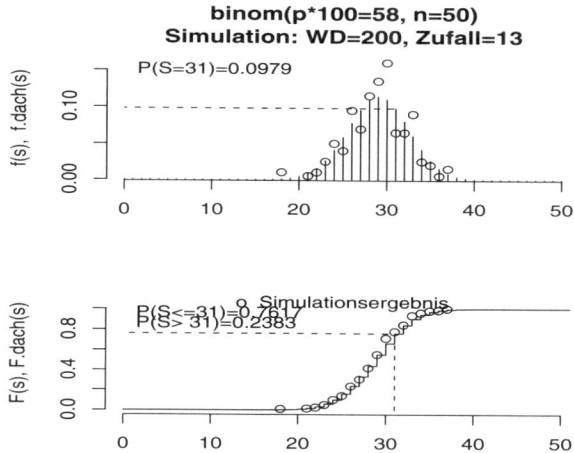

Abb. 4.9: Binomialverteilung mit Simulation

4.1.5 Erwartungswerte

Die Summe S der Erfolge von n unabhängigen Bernoulli-Experimenten mit gleichem p ist binomialverteilt mit n und p. Wahrscheinlichkeiten einzelner oder mehrerer Erfolgsanzahlen lassen sich mittels Wahrscheinlichkeits- oder Verteilungsfunktion berechnen. $f_S(s)$ besitzt ein Zentrum mit viel Wahrscheinlichkeitsmasse, mit Entfernung vom Zentrum fallen die Wahrscheinlichkeiten ab. Ist p groß, realisieren sich eher große Erfolgsanzahlen, ist p klein, eher kleine. Für $p = 0.5$ ist f_S symmetrisch. In diesem Abschnitt werden wir uns mit der Frage befassen, wie wir Lage und Variabilität der Binomialverteilung vermessen können. Dazu werden wir zuerst Erwartungswerte einführen.

Beispiel Kreditrückzahlungserwartungen. Kreditinstitute vergeben bekanntlich Kredite. Dabei kommt es vor, dass ein Kreditnehmer Pleite macht und das geliehene Geld nicht mehr zurückzahlen kann. Solche Risiken für den Geldgeber werden bei der Kreditvergabe abgeschätzt und zum Beispiel in die Zinssätze eingearbeitet. Banken führen eine Bonitätsprüfung durch und erfragen beispielsweise von der Schufa sogenannte Score-Werte. Mit diesen Einschätzungen können Antragsteller in Risiko-Klassen eingeteilt und zu erwartende Verluste abgeschätzt werden. Für jeden einzelnen Vertrag und jede Menge von Kreditverträgen stellen sich die Fragen: Wie groß ist der zu erwartende Verlust? Wie stark wird der Verlust aufgrund von Zahlungsausfällen schwanken?

Intuitive Erwartungen. In Geldfragen geht nichts über ein gutes Gespür. Angenommen wir (als Bank) hätten für eine Vertrags-Klasse mit hohem Risiko festgestellt, dass von 100 ausgegebenen 100 000 €-Krediten 19 gar nicht, 51 zur Hälfte und nur 30 vollständig zurückgezahlt worden sind. Dann beträgt die durchschnittliche Rückzahlung $\bar{x}$:

$$\bar{x} = 0 \cdot \frac{19}{100} + 50\,000 \cdot \frac{51}{100} + 100\,000 \cdot \frac{30}{100} = \frac{2\,550\,000}{100} + \frac{3\,000\,000}{100} = 55\,500$$

Geldeinheiten. Für einen neuen Vertrag dieser Klasse werden wir ebenfalls eine Rückzahlung von 55 500 € erwarten und außerdem erwarten wir, dass die Modellwelt ein Konzept zur Abbildung dieses Gedankens bereithält.

Wir können auf Basis der Erfahrungen zur Modellierung des Rückzahlungsbetrages die Zufallsvariable R mit

$$P(R = r) = \begin{cases} 0.19 & \text{für} \quad r = \quad\quad\ 0 \\ 0.51 & \text{für} \quad r = \quad 50\,000 \\ 0.30 & \text{für} \quad r = \ 100\,000 \end{cases}$$

definieren, bei der wir als Wahrscheinlichkeiten die beobachteten, relativen Häufigkeiten verwenden. Für diese 3-Punkt-Verteilung lässt sich entsprechend dem Schema zur Mittelwertberechung schreiben:

$$0 \cdot P(R = 0) + 50\,000 \cdot P(R = 50\,000) + 100\,000 \cdot P(R = 100\,000) = 55\,500$$

Der Erwartungswert. Dieser die Zufallsvariable R charakterisierende Wert heißt **Erwartungswert** von R.

Definition 4.6: Erwartungswert einer diskreten Zufallsvariablen

Der Erwartungswert einer diskreten Zufallsvariablen X mit den Realisationen $x_1, x_2, \ldots, x_n$ ist gegeben durch:

$$E(X) = \sum_{j=1}^{n} x_j \cdot P(X = x_j) = \sum_{j=1}^{n} x_j \cdot p_j$$

Für eine Funktion $g(X)$ definieren wir ihre Erwartung durch:

$$E(g(X)) = \sum_{j=1}^{n} g(x_j) \cdot P(X = x_j) = \sum_{j=1}^{n} g(x_j) \cdot p_j$$

Für die Berechnung des Erwartungswertes haben wir die Idee der Mittelwertbildung aus der deskriptiven Statistik in die Modellwelt übertragen, indem wir relative Häufigkeiten durch Wahrscheinlichkeiten ersetzt haben.

Mit der Übertragung des Mittelwertkonzeptes ist auch unmittelbar einsichtig, dass der so definierte Erwartungswert zur Beschreibung der Lage einer Verteilung geeignet ist.

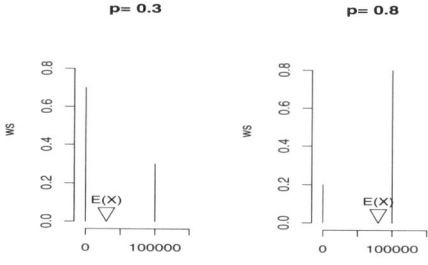

Abb. 4.10: Erwartungswerte zweier 2-Punkte-Verteilungen

Beispiel 2-Punkt-Verteilung. Einen 100 000 €-Kreditvertrag der Klasse mit einem Score-Wert von 0 können wir durch die Zufallsvariable K_0 beschreiben. Sie sei 2-Punkte-verteilt und soll mit Wahrscheinlichkeit 34.75% den Wert 0 und mit Wahrscheinlichkeit 65.25% den Wert 1 annehmen. Denn ein Score-Wert von 1 000 wird im Bankenbereich als Ausfallwahrscheinlichkeit von 0.85%, ein Wert von 0 als 34.75 prozentige Wahrscheinlichkeit für den Ausfall interpretiert. Der Erwartungswert $E(K_0)$ ist dann:

$$E(K_0) = 0 \text{ €} \cdot 0.3475 + 100\,000 \text{ €} \cdot 0.6525 = 65\,250 \text{ €}$$

Der Erwartungswert befindet sich zwischen 0 und 100 000 und teilt das Intervall [0, 100 000] im Verhältnis der Wahrscheinlichkeiten:

$$\frac{E(X) - 0}{100\,000 - E(X)} = \frac{0.6525}{0.3475}$$

Wenn wir die Stäbe der Wahrscheinlichkeitsfunktion aus einem homogenen Material konstruieren, repräsentiert der Erwartungswert die x-Koordinate des Schwerpunktes.

Der Erwartungswert beschreibt uns für einen einzelnen Kreditvertrag die Lage der 2-Punkt-Verteilung und für viele gleichartige Vorgänge haben wir einen Weg gefunden, die zu erwartenden Rückzahlungen und damit die Verluste abzuschätzen. Erforderlich ist es natürlich noch, die Unsicherheiten der Rückzahlungen zu quantifizieren. Bevor wir Variabilitäts-Überlegungen für mehrere Verträge unter die Lupe nehmen, wollen wir die Linearitätseigenschaft des Erwartungswertes herausarbeiten und den Erwartungswert der Binomialverteilung ermitteln.

Skalierung. Welche Auswirkungen hat ein Wechsel der Einheit auf den Erwartungswert? Für die Vorstellung können wir uns dazu an die Umstellung von DM auf € erinnern und Wirkungen auf die Risikoberechnungen einer Kreditabteilung überlegen. Intuitiv darf eine solche Veränderung nur zu einer Umskalierung führen. Ausgehend von der Definition folgt, dass die möglichen Realisationen linear in den Erwartungswert eingehen. Deshalb können wir als Satz formulieren:

Satz 4.3

Hat die Zufallsvariable X die Wahrscheinlichkeitsfunktion $P(X = x_j) = p_j$, dann ist der Erwartungswert von $aX + c$ gegeben durch:

$$E(aX + c) = \sum_j (ax_j + c) \cdot p_j = a \cdot \sum_j x_j \cdot p_j + c = a \cdot E(X) + c$$

Hierbei kann a, c aus $\mathbb{R}$ gewählt werden.

Beispiel. Mit Hilfe dieses Satzes können wir für einen Kreditvertrag den Erwartungswert für die Rückzahlungen auf eine Bernoulli-verteilte Zufallsvariable $X \sim \texttt{binom}(1, p = 0.6525)$ zurückführen.

$$E(K_0) = E(100\,000 \cdot X) = 100\,000 \cdot E(X)$$

Die Zufallsvariable X beschreibt, ob ein gewährter Kredit zurückgezahlt wird ($X = 1$) oder nicht ($X = 0$). Allgemein ist der Erwartungswert einer Bernoulli-verteilten Zufallsvariablen gegeben durch:

$$X \sim \texttt{binom}(1, p) \Rightarrow E(X) = 0 \cdot (1 - p) + 1 \cdot p = p$$

4.1.6 Erwartungswert der Binomialverteilung

Anzahl problemloser Kreditverträge. Betrachten wir mehrere betragsgleiche Verträge gleicher Risikoklasse. Für ein Kreditinstitut ist es eine zentrale Frage, mit welcher Anzahl von problemlosen Kreditverträgen in Abhängigkeit von der Rückzahlungswahrscheinlichkeit zu rechnen ist.

Zur explemplarischen Lösung führen wir für jeden Vertrag eine Zufallsvariable ein. Sei

$$X_j := \begin{cases} 1 & \text{Kredit } j \text{ wird zurückgezahlt} \\ 0 & \text{Kredit } j \text{ wird nicht zurückgezahlt} \end{cases}$$

und zur Vereinfachung angenommen $p = P(X = 1) = 3/4$ die Rückzahlungswahrscheinlichkeit. Sind die einzelnen Verträge voneinander unabhängig, bildet die Abfolge der Zufallsvariablen X_j einen Bernoulli-Prozess, und wir wissen, dass die Anzahl der erfolgreichen Verträge dann binomialverteilt sein muss. Für einen vergebenen Kredit ergibt sich nach dem Berechnungsschema, dass $0 \cdot 0.25 + 1 \cdot 0.75 = 0.75$ Verträge zurückgezahlt werden. Es ist von unseren Überlegungen her einleuchtend, dass zwei unabhängige gleich große Verträge einer Risikoklasse auch zu einem doppelt so großen Erwartungswert führen müssen. Damit muss für $S_2 = X_1 + X_2$ gelten:

$$E(S_2) = E(X_1 + X_2) = E(X_1) + E(X_2) = 2 \cdot E(X_1) = 2 \cdot 0.75 = 1.5$$

Entsprechend muss sich bei n unabhängigen Verträgen eine erwartete Anzahl der Verträge ohne Ausfall von $E(S_n) = n \cdot E(X_1) = n \cdot 0.75$ ergeben.

Anwendung. In der Abbildung 4.11 ist für $n = 10$ die Wahrscheinlichkeitsfunktion von S_{10} mit dem nach diesen Überlegungen ermittelten Erwartungswert als gestrichelte Linie dargestellt.

```
>n<-10; p<-0.75
 f.x<-dbinom(0:n,n,p)
 plot(0:n,f.x,type="h")
 abline(v=n*p, lty=2)
```

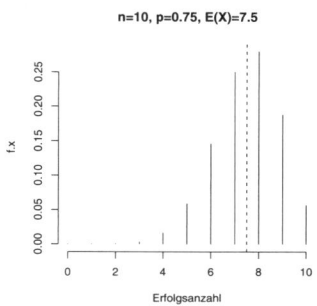

Bei einer Erfolgswahrscheinlichkeit von $p = 0.75$ und 10 Verträgen werden sich im Schnitt nur 7.5 als problemlos erweisen.

Abb. 4.11: $E(X)$ bei `binom()`

Zur Bestätigung sei der Erwartungswert der Binomialverteilung als Satz angegeben.

Satz 4.4: Erwartungswert der Binomialverteilung

Ist S_n binomialverteilt mit n und p, also $S_n \sim \text{binom}(n, p)$, dann ergibt sich der Erwartungswert von S_n als:

$$E(S_n) = \sum_{s_j} s_j \cdot P(S_n = s_j) = \sum_{j=0}^{n} j \cdot \binom{n}{j} p^j (1-p)^{n-j} \overset{(*)}{=} np$$

Das Ergebnis np muss sich nach den obiger Plausibilitätsüberlegungen einstellen. Interessierte können dieses, also $(*)$, auch formal beweisen.

4.1.7 Additivitätseigenschaft des Erwartungswertes

Rückzahlungserwartungen bei Kreditverträgen. Kreditabteilungen können mit Hilfe von Rückzahlungswahrscheinlichkeiten jetzt Erwartungswerte für Anzahlen erfolgreicher Kreditverträge gleicher Risikoklassen berechnen. Bei der Entwicklung des Konzeptes haben wir herausgefunden, dass sich die Erwartungen einzelner Verträge zu der Erwartung der Menge der Verträge zusammenfassen lassen.

Hiernach können wir auch einzelne Vertragssummen zu einer Gesamtsumme zusammenfassen und aus den einzelnen Erwartungswerten durch Addition den Gesamterwartungswert berechnen.

Beträgt die Rückzahlungswahrscheinlichkeit von 10 unabhängigen Verträgen vom Umfang 100 000 € beispielsweise $p = 0.75$ dann erwarten wir als Zahlungssumme aus den Verträgen:

$$
\begin{aligned}
\text{E}(\text{Rückzahlungen}) \;&=\; \text{E}\,(100\,000 \cdot X_1 + \cdots + 100\,000 \cdot X_{10}) \\
&=\; 100\,000 \cdot \text{E}\,(X_1 + \cdots + X_{10}) \\
&=\; 100\,000 \cdot \text{E}(S_n) = 100\,000 \cdot 10 \cdot 0.75 = 750\,000
\end{aligned}
$$

Additivitätssatz. Folgender Satz bescheinigt, dass für Erwartungswerte in der Modellwelt genau die Additivitäts-Eigenschaften gelten, die sich am Beispiel mehrerer Kreditverträge als plausibel herausgestellt haben.

Satz 4.5

Für die Zufallsvariablen $X_1, \ldots, X_n$ mit $\text{E}(X_1), \ldots, \text{E}(X_n)$ gilt:

$$
\text{E}(X_1 + \cdots + X_n) = \text{E}(X_1) + \cdots + \text{E}(X_n)
$$

Weiter gilt für reelle Konstanten $a_1, \ldots, a_k \in \mathbb{R}$:

$$
\text{E}\Big(\sum_{j}^{k} a_j \cdot X_j \Big) = \sum_{j}^{k} a_j \cdot \text{E}(X_j)
$$

Der Erwartungswert einer Linearkombinationen von Zufallsvariablen ist also gerade gleich der Linearkombination der Erwartungswerte.

Verteilung der Summe binomialverteilter Zufallsvariablen. Mit diesem Satz können wir die Erwartungswerte von Summen berechnen. Im Falle unabhängiger binomialverteilter Zufallsvariablen können wir unter der Bedingungen, dass der Parameter p bei allen Experimenten identisch ist, darüber hinaus sogar die exakte Verteilung der Summe angeben:

$$
S_m \sim \texttt{binom}(m, p), \quad S_n \sim \texttt{binom}(n, p), \quad S_m \text{ und } S_n \text{ unabhängig}
$$
$$
\Rightarrow \quad S_{m+n} := S_m + S_n \quad \text{mit} \quad S_{m+n} \sim \texttt{binom}(m + n, p)
$$

Gemäß des Satzes beträgt der Erwartungwert der Summe S_{m+n} genau $(m + n)p$, die wir als Summe der einzelnen Erwartungwerte $mp + np$ berechnen können. Zusätzlich lässt sich die Verteilung der Summe S_{m+n} exakt angeben: $\texttt{binom}(m + n, p)$. Wenn nämlich die Erfolgsanzahlen von m unabhängigen Bernoulli-Experimenten verteilt sind gemäß $\texttt{binom}(m, p)$ und weitere n gemäß $\texttt{binom}(n, p)$, dann können auch die $m + n$ Bernoulli-Experimente zusammengefasst werden, und es folgt für die Verteilung der Erfolgsanzahl $\texttt{binom}(m + n, p)$.

4.1.8 Binomialverteilung und Variabilität

Variabilitäten von Erfolgsanzahlen. Mit dem Wissen um Erwartungswerte können Kreditabteilungen grobe Liquiditätsberechnungen anstellen. Doch reflektiert ein Durchschnitt in keiner Weise die Unterschiedlichkeit oder Variabilität mehrerer Realisationen eines Zufallsvorgangs. Beispielsweise regnet es manchmal selbst in der Wüste, ebenso können auch Kredite guter Kunden platzen oder dubiose Kreditverträge vollständig zurückgezahlt werden. Aus diesem Grunde wird sich eine kluge Bank näher mit Variabilitäten auseinandersetzen. Für eine Menge gleich großer unabhängiger Kreditverträge gleicher Risikoklasse kommt man über die Auswertung der Verteilungsfunktion der passenden Binomialverteilung zu brauchbaren Aussagen. Wollen wir jedoch Variabilitäten unterschiedlicher Risikoklassen zusammenfassen, benötigen wir einen alternativen Ansatz: Wie lassen sich die Variabilitäten der Realisationen von Zufallsexperimenten einfach und zweckmäßig vermessen?

Der Blick zur deskriptiven Statistik fördert Begriffe wie Spannweite, Interquartilsabstand (IQR) und Stichprobenvarianz ans Tageslicht. Der erste Kandidat berücksichtigt nur die Extremwerte. Seine getrimmte Version – IQR – ist leicht interpretierbar und damit eher brauchbar, führt jedoch zu Rundungsfragen: Was sollte man zum Beispiel im Falle binom($n = 1, p$) als Maß abliefern? Deshalb greifen wir auf den klassischen Vertreter, das Gegenstück zur Stichprobenvarianz zurück. Dieses Maß besitzt seine Existenzberechtigung wesentlich durch seine angenehmen theoretischen Eigenschaften. Zur Vermessung der Variabilität lässt sich analog zur Stichprobenvarianz die Varianz einer Zufallsvariablen festlegen.

Definition 4.7: Varianz

Die Varianz Var(X) einer diskreten Zufallsvariablen X mit den Ausprägungen $x_1, x_2, \ldots, x_n$ ist gegeben durch:

$$\text{Var}(X) = \text{E}((X - \text{E}(X))^2) = \sum_{j}^{n} (x_j - \text{E}(X))^2 \cdot P(X = x_j)$$

Oft wird die Varianz durch σ^2 abgekürzt. Die Wurzel aus der Varianz heißt Standardabweichung. Für sie wird häufig der griechische Buchstabe σ verwendet: $\sigma = \sqrt{\text{Var}(X)}$.

Die Varianz einer diskreten Zufallsvariablen erhalten wir also folgendermaßen:

1. Bilde Differenz jeder möglichen Realisation zum Erwartungswert, um Unterschiedlichkeiten zu erfassen,

2. quadriere Differenzen, damit sich Werte mit unterschiedlichen Vorzeichen nicht kompensieren,

3. gewichte mit Eintrittswahrscheinlichkeiten, damit häufige Realisationen stärker repräsentiert sind,

4. summiere, um einen zusammenfassenden Wert zu erhalten.

Durch das Quadrieren stellt sich eine Einheit – z.B. $€^2$ – ein, die kaum fassbar ist. Deshalb geht man für Interpretationen immer zur Wurzel der Varianz, der Standardabweichung (σ_X) über. Mit dieser macht es beispielsweise Sinn, das **einfache zentrale Schwankungsintervall** einer Zufallsvariablen X: $[E(X) - \sigma_X, E(X) + \sigma_X]$ oder das k-fache: $[E(X) - k\sigma_X, E(X) + k\sigma_X]$ zu betrachten. Für die Binomialverteilung erhalten wir:

Satz 4.6: Varianz der Binomialverteilung

$$X \sim \texttt{binom}(n, p) \quad \Rightarrow \quad \text{Var}(X) = n \cdot p \cdot (1 - p)$$

Wird die Varianz als Funktion von p aufgefasst, entpuppt sich diese Funktion als nach unten geöffnete Parabel mit den Nullstellen 0 und 1:

$$
\begin{aligned}
g(p) &= np(1 - p) = n(p - p^2) \\
&= n\left(-\left(p - \frac{1}{2}\right)^2 + \frac{1}{4}\right)
\end{aligned}
$$

Für $p = 0$ oder $p = 1$ ist die Variabilität 0, für $p = 0.5$ ist sie am größten. Die nebenstehende Abbildung 4.12 zeigt $g(p)$ für $n = 1$.

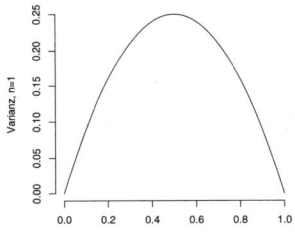

Abb. 4.12: Varianz

Anwendung. Nehmen wir an, dass ein Produktionsverfahren ein gutes Produkt mit einer Wahrscheinlichkeit von $29/50$ hervorbringt und nacheinander produzierte Produkte voneinander unabhängig sind. Dann erwarten wir bei einer Produktion von 500 Produkten $np = 500 \cdot 29/50 = 290$ gute Produkte bei einer Standardabweichung von $\sqrt{np(1 - p)} = \sqrt{500 \cdot 29/50 \cdot 21/50} = \sqrt{121.8} = 11.04$. Für das zweifache zentrale Schwankungsintervall ergibt sich $[268, 312]$.

Varianz der Rückzahlungen unterschiedlicher Verträge. Was tun, wenn Verträge mit unterschiedlichem p und unterschiedlicher Variabilität aggregiert werden sollen? Da die Varianz einer binomialverteilten Zufallsvariablen mit dem Parameter n gerade das n-fache der Varianz von $\texttt{binom}(1, p)$ ist, liegt wieder die Vermutung einer Additivitätseigenschaft nahe. In der Tat gilt

Satz 4.7: Varianz einer gewichteten Summe

Für k Zufallsvariablen $X_1, \ldots, X_k$ mit den Varianzen $\sigma_1^2, \ldots, \sigma_k^2$ und die reellen Zahlen $a_1, \ldots, a_k, c$ gilt:

$$\mathrm{Var}(a_1 X_1 + \cdots + a_j X_k + c) = a_1^2 \sigma_1^2 + \cdots + a_k^2 \sigma_k^2,$$

sofern die Zufallsvariablen unabhängig sind.

Nach diesem Satz führen Streckungen des Maßstabs um den Faktor a zur Veränderung der Varianz um a^2. Verschiebungen verändern dagegen die Variabilität in keiner Weise. Für die Standardabweichung der Summe von k unabhängigen Zufallsvariablen $X_1, \ldots, X_k$ folgt:

$$\sigma_{X_1 + \cdots + X_k} = \sqrt{\sigma_1^2 + \cdots + \sigma_k^2}$$

Jetzt sind die Fragen zur Kreditvergabe fast völlig beantwortet. Wir sind mit dem letzten Hinweis in der Lage, für unterschiedlich riskante Verträge die zu erwartende Anzahl von unproblematischen Fällen sowie die Standardabweichung als Maß der Unsicherheit zu berechnen. Auch können wir – wie schon oben gezeigt – durch Multiplikation mit den Vertragssummen die Überlegungen auf Zahlungsströme übertragen. Wollen wir für den Fall unterschiedlicher Rückzahlungswahrscheinlichkeiten auch noch Schwankungsintervalle finden, so hilft uns der Satz von CHEBYSHEV. Vergleiche hierzu auch die Ausführungen im Kapitel 6 „Parameterschätzungen", → S. 205.

Mindestwahrscheinlichkeiten zentraler Schwankungsintervalle. Der Satz von CHEBYSHEV kann in unterschiedlicher Form aufgeschrieben werden. Für unsere Zwecke reicht folgende

Satz 4.8: CHEBYSHEV

Für eine Zufallsvariable X mit endlicher Varianz σ_X^2 gilt:

$$P(\mathrm{E}(X) - k \cdot \sigma_X < X < \mathrm{E}(X) + k \cdot \sigma_X) \geq 1 - \frac{1}{k^2}$$

Mit diesem Satz steht uns ein allgemein einsetzbares Instrument zur Abschätzung zentraler Schwankungsintervalle zur Verfügung.

Für mehrere Verträge haben wir nun das Rüstzeug, um sowohl für die Anzahl wie auch für die aggregierten Vertragssummen auf Basis von Erwartungswerten und Varianzen Wahrscheinlichkeiten abschätzen, mit denen vorgegebene (Liquiditäts-) Grenzen eingehalten werden.

4.1.9 Verteilung von Mittelwerten

Rückzahlungswahrscheinlichkeit von Krediten. Abschließend haben wir uns noch mit dem Problem zu befassen, inwieweit wir den Wahrscheinlichkeiten aufgrund der Schufa-Information überhaupt trauen können. Diese Frage führt uns zu einem ganz zentralen Zusammenhang, der in allen möglichen Situationen im Umgang mit Daten relevant ist.

Stellen wir uns vor, dass Kunden in Risikoklassen zutreffend eingeordnet worden sind. Dann liegt aufgrund vergangener Verträge für jede Klasse ein Erfahrungswissen vor, mit dem wir die vorliegenden Wahrscheinlichkeiten vergleichen können. Modellieren wir n Vertragserfolge einer Klasse durch eine Folge von n unabhängigen Bernoulli-verteilten Zufallsvariablen X_j mit $j = 1, \ldots, n$. Wie oben soll $X_j = 1$ für einen problemlosen Vertrag stehen. Für die betrachteten Verträge wird also angenommen, dass sie unabhängig und mit demselben Risiko behaftet sind. Dann gilt für das Mittel $\overline{X} = \sum_j^n X_j / n$:

$$\mathrm{E}(X_1 + \cdots + X_n) = np \quad \Rightarrow \quad \mathrm{E}(\overline{X}) = \frac{1}{n} \cdot \mathrm{E}(X_1 + \cdots + X_n) = \frac{np}{n} = p$$

Für die Varianz des Mittelwertes finden wir wegen unterstellter Unabhängigkeit:

$$
\begin{aligned}
\mathrm{Var}(\overline{X}) &= \mathrm{Var}\left(\frac{1}{n}(X_1 + \cdots + X_n)\right) \\
&= \frac{1}{n^2} \cdot \mathrm{Var}(X_1 + \cdots + X_n) = \frac{1}{n} \cdot \overline{\mathrm{Var}(X_j)}
\end{aligned}
$$

Die Varianz des Mittels ergibt sich also durch Division des Mittels der Varianzen durch n. Da die Verteilungen aller X_j als identisch angenommen wurden, sind auch alle Varianzen gleich, so dass das Mittel $\sigma_{\overline{X}}$ gilt:

$$\sigma_{\overline{X}}^2 = \frac{\sigma^2}{n} \quad \text{mit} \quad \sigma^2 = \mathrm{Var}(X_j)$$

Diesen Zusammenhang fassen wir in einem nicht nur für Bernoulli-verteilte Zufallsvariablen gültigen Gesetz zusammen.

Satz 4.9: $\sqrt{n}$-Gesetz

Sind die Zufallsvariablen $X_j, j = 1, \ldots, n$, identisch und unabhängig mit dem Erwartungswert $\mathrm{E}(X)$ und der Standardabweichung σ verteilt, dann gilt für die Standardabweichung $\sigma_{\overline{X}}$ des Mittelwerts $\overline{X}$:

$$\sigma_{\overline{X}} = \frac{\sigma}{\sqrt{n}}$$

Im Falle unserer identisch unabhängig Bernoulli-verteilten Zufallsvariablen erhalten wir

$$\sigma_{\overline{X}} = \sqrt{\frac{\text{Var}(X_j)}{n}} = \sqrt{\frac{p(1-p)}{n}}$$

Anwendung. Die Erwartung für den Durchschnitt $\overline{X}$ ist also gerade die fragliche Wahrscheinlichkeit p. Mit wachsendem Erfahrungsschatz n verringert sich gleichzeitig die Variabilität des Durchschnitts, sodass damit auch für jedes k das k-fache Schwankungsintervall immer kleiner wird. Eine Abschätzung erhalten wir über CHEBYSHEV. Zu einer vorgegebenen Sicherheit von 99% bestimmen wir $k = 10$:

$$0.99 = 1 - \frac{1}{100} = 1 - \frac{1}{10^2} =: 1 - \frac{1}{k^2}$$

und erhalten unter Anwendung des Satzes 4.8 auf die Zufallsvariable $\overline{X}$:

$$P\left(p - 10 \cdot \sqrt{\frac{p(1-p)}{n}} < \overline{X} < p + 10 \cdot \sqrt{\frac{p(1-p)}{n}} \right) \geq 1 - \frac{1}{10^2}$$

$$\Rightarrow P\left(\overline{X} - 10 \cdot \sqrt{\frac{p(1-p)}{n}} < p < \overline{X} + 10 \cdot \sqrt{\frac{p(1-p)}{n}} \right) \geq 0.99$$

$$\Rightarrow P\left(\overline{X} - 10\sqrt{\frac{.25}{n}} < p < \overline{X} + 10\sqrt{\frac{.25}{n}} \right) \geq 0.99$$

$$\Rightarrow P\left(\overline{X} - \frac{5}{\sqrt{n}} < p < \overline{X} + \frac{5}{\sqrt{n}} \right) \geq 0.99$$

Mit einer Wahrscheinlichkeit von mindestens 99% wird sich der Mittelwert im Intervall $[p - 5/\sqrt{n}, p + 5/\sqrt{n}]$ realisieren. Umgekehrt wird im Schnitt in mindestens 99 von 100 Fällen das Intervall $[\overline{x} - 5/\sqrt{n}, \overline{x} + 5/\sqrt{n}]$ den Parameter p überdecken.

Anwendung. Wir sind also in der Lage, das unbekannte p mit vorgegebener Sicherheit einzufangen. Und wir können aufgrund der alten Verträge zum Beispiel das Intervall $[\overline{x} - 5/\sqrt{n}, \overline{x} + 5/\sqrt{n}]$ berechnen und schauen, ob das p der Klasse im Intervall liegt. Dieser Ansatz ist im Prinzip funktionsfähig, erfordert jedoch ein äußerst umfangreiches Erfahrungswissen, sprich: großes n, wie auch die folgende Simulation verdeutlichen wird. Zur besseren Abschätzung eines unbekannten Parameters p sei an dieser Stelle auf die Ausführungen im Kapitel 6 über „Schätzen" verwiesen, → S. 189.

Schwankungsintervall und n. Wie schnell verringert sich die Breite des zentralen Schwankungsintervalls mit wachsendem Stichprobenumfang? Aus den Realisationen eines Bernoulli-Prozesses werden für $n = 2, 3, \ldots$ die Mittelwerte der Erfolge berechnet und in Abhängigkeit von n dargestellt. Zu der gewünschten Überdeckungschance s für den Parameter p kann aus $s = 1 - 1/k^2$ ein Wert für k ermittelt und mit Hilfe von Chebyshev in Abhängigkeit von n um die realisierten Mittelwerte ein Intervall $[\bar{x} - k \cdot \sigma, \bar{x} + k \cdot \sigma]$ berechnet und gezeichnet werden. So ergeben sich für die Untergrenzen, die Mittel und die Obergrenzen drei Verlaufslinien. Der Anwender kann den Erfolgsprozentsatz, den maximalen Stichprobenumfang und die Überdeckungschance für den Parameter p wählen. Die x-Achse wird logarithmisch skaliert.

83   >p.est()

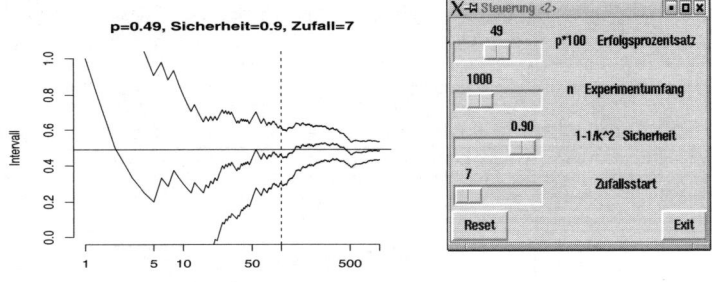

Abb. 4.13: Einfangen von p und Steuerung

Werfen wir einen Blick auf das Ergebnisbild, das links in Abbildung 4.13 zu sehen ist. Die drei zackigen Linien zeigen uns die Entwicklung der Intervalluntergrenze, des Mittels und der Obergrenze. Die Stelle $n = 100$ beschreibt die Berechnungen aufgrund der ersten 100 Realisationen. Dort lesen wir beispielsweise grob als Grenzen die Werte 0.3und 0.6 ab, der Mittelwert liegt bei etwa 0.47. Mit zunehmenden Zahl von Bernoulli-Experimenten wird das Intervall für den Parameter p immer enger. Laut Formel geht der Stichprobenumfang mit dem Kehrwert seiner Wurzel in die Berechnung der Intervallgrenzen ein. Folglich muss für die Halbierung der Intervalllänge der Stichprobenumfang vervierfacht werden. Dieser Zusammenhang ist uns im $\sqrt{n}$-Gesetz begegnet.

4.2 Verschiedene diskrete Verteilungen

4.2.1 Die hypergeometrische Verteilung

Bei Befragungen wird sinnvollerweise nicht das Prinzip **Ziehen mit Zurücklegen** angewendet. Denn mehrfache Befragungen von Merkmalsträgern führen zu einer Kostensteigerung ohne Informationsgewinn. Deshalb ist die Frage zu untersuchen, welche Vorteile **Ziehen ohne Zurücklegen** mit sich bringt. Fragen wir beispielsweise vor einer Wahl 20 Personen, ob sie die bisherige Regierungspartei wählen wollen, ist die Anzahl der Ja-Antworten in der Stichprobe binomialverteilt mit $n = 20$ und $p = $„Anteil der Ja-Antworter in der Grundgesamtheit," sofern „Ziehen mit Zurücklegen" eingesetzt wird. Genauer gesagt, sofern bei jeder Auswahl einer Person jede die gleiche Wahrscheinlichkeit besitzt, gefragt zu werden. Wie aber ist die Anzahl der Ja-Antworter verteilt, wenn wir „Ziehen ohne Zurücklegen" befragen?

Die hypergeometrische Verteilung kommt bei Anwendung des Prinzips „Ziehen ohne Zurücklegen" ins Spiel. Enthält beispielsweise eine Grundgesamtheit von 36 Personen 22 Männer und wird für eine Befragung eine Zufallsstichprobe vom Umfang $k = 20$ „ohne" Zurücklegen gezogen, dann ist die Anzahl der Männer in der Stichprobe hypergeometrisch verteilt. Die prinzipiellen Fragen zu Wahrscheinlichkeiten beobachtbarer Anzahlen ändern sich gegenüber der Binomialverteilung nicht. Allerdings verkomplizieren sich manche Berechnungen, da diese die Gegebenheiten, die sich mit jedem Zug ändern, berücksichtigen müssen. Doch dafür haben wir ja Rechner. Die Unterschiede zwischen den beiden Verteilungen verringern sich mit Verkleinerung des Stichprobenumfangs oder mit Vergrößerung der Grundgesamtheit.

Beispiel Schlemmermenü. Sie wollen ihren Freunden ein Schlemmermenü kredenzen. Als Vorspeise soll jedem eine halbe Avocado gereicht werden. Sie haben 25 Früchte eingekauft und testen vorsichtshalber 5 Stück mit dem Ergebnis, dass 2 nicht für ein Essen verwendbar sind. Es folgt die Frage: Wie groß ist die Wahrscheinlichkeit, $x = 2$ unbrauchbare in dem Test auszuwählen, wenn m der $m + n = 25$ gekauften Elemente zu fest, faul oder geschmacklos sind.

Weitere Beispiele. Das Finanzamt will Zahnärzten verstärkt auf den Zahn fühlen und überprüfen, ob angegebene Anschaffungen auch wirklich in den Arbeitsräumen angabengemäß zu finden sind. Von den $m + n$ Praxen werden k untersucht und in x Fällen werden Verstöße festgestellt. Wieder stellt sich die Frage nach der Wahrscheinlichkeit für x Vergehen, falls insgesamt n Unternehmen korrekte Angaben gemacht haben. Weitere Beispiele lassen sich durch Variation des Einsatzfeldes mit den markanten Eigenschaften „endliche Grundgesamtheiten, Elemente mit dichotomem Merkmal" und „Ziehen ohne Zurücklegen" konstruieren:

- Fahrgäste in einem Bus, die ein oder kein gültiges Ticket besitzen – ein Kontrolleur befragt k der $m + n$ Personen,

- Vereinsmitglieder, die eine Aktion des Vorstands unterstützen oder nicht – der Vorstand macht eine stichprobenartige Meinungsumfrage,

- Reisegruppe, deren Mitglieder eine bestimmte Sehenswürdigkeit sehen wollen oder nicht – der Reiseleiter befragt zur Programmerstellung einen Teil der Gruppe,

- Siedlung von Einfamilienhäusern, die mit oder ohne Schwarzarbeit erstellt wurden – eine Kontrolle kann zunächst k der $m + n$ Häuser ins Auge fassen,

- Zahlen der Lotterie 6 aus 49, welche am nächsten Samstag gezogen werden oder nicht – die 6 von einem Spieler angekreuzten Zahlen lassen sich als Stichprobe ohne Zurücklegen ansehen,

- Fußballmannschaft, deren Spieler gedopt sind oder nicht – der Verband wählt immer einige für einen Dopingtest aus,

- Kunden, die an einem Produkt interessiert sind oder nicht – ein Vertreter hat bereits k seiner $m + n$ Kunden besucht,

- Qualitätskontrolle, bei der aus einer Menge von Produkten eine Stichprobe überprüft wird.

Sind Parameter der Grundgesamtheit nicht bekannt, ergeben sich Schätzprobleme. Zum Beispiel interessiert oft der Anteil der Elemente in der Grundgesamtheit, die eine besondere Eigenschaft besitzen. Dieser kann über den Anteil in der Stichprobe abgeschätzt werden. In diesem Abschnitt werden wir uns jedoch auf die Wahrscheinlichkeitsfunktion beschränken und die Parameter als bekannt unterstellen.

Als Modell für die geschilderten Situationen können wir uns eine Urne mit $m + n$ Kugeln vorstellen, von denen m **m**armorweiß und n **n**achtschwarz sind. Es werden $k < m + n$ Kugeln ohne Zurücklegen gezogen und die weißen Kugeln (x) gezählt. Wie groß ist die Wahrscheinlichkeit für genau x, mehr als x sowie weniger oder gleich x weiße Kugeln in der Stichprobe?

Es gibt $\binom{m}{x}$ Möglichkeiten, aus den m weißen Kugeln der Urne x weiße Kugeln zu auszuwählen. $\binom{n}{k-x}$ ist die Anzahl der Möglichkeiten, von den n schwarzen Kugeln $k - x$ zu ziehen. Damit liefert $\binom{m}{x} \cdot \binom{n}{k-x}$ die Anzahl der verschiedenen Möglichkeiten, bei einem Stichprobenumfang von k genau x weiße Kugeln zu erwischen. Andererseits existieren insgesamt $\binom{m+n}{k}$ verschiedene Stichproben vom Umfang k. Mit diesen Überlegungen erhalten wir die Wahrscheinlichkeitsfunktion von X, der Anzahl der weißen Kugeln in der Stichprobe.

Definition 4.8: Hypergeometrische Verteilung

Eine diskrete Zufallsvariable X heißt hypergeometrisch verteilt, falls sie die Wahrscheinlichkeitsfunktion $f(x)$ mit:

$$f(x) = P(X = x) = \frac{\binom{m}{x} \cdot \binom{n}{k-x}}{\binom{m+n}{k}} \qquad x \in T;$$

besitzt; $T \subseteq \mathbb{N}$ umfasst die Realisationen mit positiver Wahrscheinlichkeit und ist durch $T = \{\max(0, k-n), \ldots, \min(k, m)\}$ festgelegt. Wir schreiben kurz: $X \sim$ hyper(m, n, k).

Berechnungen. Wahrscheinlichkeitsfunktionswerte der hypergeometrischen Verteilung berechnen wir mit Hilfe der Funktion dhyper(x,m,n,k). Der erste Parameter steht für die freie Variable – den weißen Kugeln in der Stichprobe –, der zweite für die Anzahl der weißen, der dritte für die Anzahl der schwarzen Kugeln in der Grundgesamtheit und der vierte für den Stichprobenumfang.

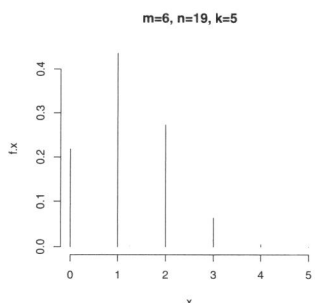

Abb. 4.14: dhyper()

Unterstellen wir für das Beispiel „Schlemmermenü", →S. 117, dass von den 25 gekauften Früchten 6 für ein Essen nicht verwendbar sind, dann können wir bei einem Stichprobenumfang von 5 die Wahrscheinlichkeit für 2 schlechte Früchte berechnen durch dhyper(x=2,m=6,n=19,k=5). Eine Darstellung der Wahrscheinlichkeitsfunktion, siehe Abbildung 4.14, erhalten wir mit geringem Aufwand:

```
>m<-6;n<-19;k<-5;x<-0:k
 f.x<-dhyper(x,m,n,k)
 plot(x,f.x,type="h")
```

Beispiel Lotto. Mit der hypergeometrischen Verteilung lässt sich die exakte Wahrscheinlichkeit für 6 richtige Kreuze beim 6-aus-49-Lotto berechnen:

$$P(6 \text{ richtige Kreuze}) = \frac{\binom{6}{6}\binom{43}{0}}{\binom{49}{6}} = \frac{1}{\binom{49}{6}} = 0.00000007151124$$

Am Rechner erhalten wir den Kehrwert dieser Wahrscheinlichkeiten durch:

85

```
>f.x<-dhyper(x=6,m=6,n=43,k=6)
  1/f.x
```

Ergebnis: [1] 13983816. Wer hätte gedacht, dass die Chance bei nur etwa 1 zu 14 Millionen liegt?

	Stichprobe	nicht gezogen	Σ
Typ 1	x	$m - x$	m
Typ 2	$k - x$	$n - k + x$	n
Σ	k	$m + n - k$	$m + n$

Tab. 4.1: 2×2-Tabelle

Kontingenztabellen. Für 2×2-Kontingenztabellen können wir feststellen, wie wahrscheinlich beobachtete Zelleninhalte unter der Annahme sind, dass die Zellen zufällig gefüllt werden, die Ränder jedoch vorgegeben sind. Hierzu ordnen wir die Angaben der Summenspalte einer gedachten Grundgesamtheit zu und die der ersten Spalte interpretieren wir als Charakteristika einer Stichprobe. Nun können wir die hypergeometrische Verteilung mit den Parametern m, n, k, deren Zuordnung der Tabelle aus Abbildung 4.1 entnommen werden kann, einsetzen. Der Inhalt der Zelle (1,1) repräsentiert die Anzahl der beobachteten „Treffer" in der Stichprobe. Falls die Beobachtung x oder eine kleinere nach der hypergeometrischen Verteilung sehr selten eintritt, folgern wir: Die Stichprobe (erste Spalte) passt nicht zu der Grundgesamtheit (letzte Spalte) oder übertragen: die Verteilungen der Spalten unterscheiden sich – die Einträge der Tabelle deuten auf eine Abhängigkeitsstruktur hin.

Beziehung	Raub	Mord	Σ
verwandt	627	254	881
bekannt	5010	99	5109
Σ	5637	353	5990

Preis pro Seite	GUT	Note SCHLECHTER	Σ
< 3 Cent	4	5	9
> 3 Cent	3	7	10
Σ	7	12	19

Abb. 4.15: Drucker und Straftaten

Beispiel Druckerpatronen. Lohnen sich teure Patronen? Diese Frage beschäftigt jeden PC-Benutzer. Zu diesem Thema zeigt die rechte 2×2-Kontingenztabelle von Abbildung 4.15, in der Testurteile und Kosten pro

Schwarz-Weiß-Seite gegenübergestellt sind, eine Zusammenfassung eines Ergebnisses von Stiftung Warentest [2002, S. 20 ff.].

Sind die Merkmale wohl unabhängig? Was ist von dem Kontingenzkoeffizienten zu halten? Kann sich ein solches Ergebnis auch mit großer Wahrscheinlichkeit bei Unabhängigkeit der Merkmale einstellen? Zur Klärung können wir – wie beschrieben – die hypergeometrische Verteilung einsetzen. Mit dem Rechner starten wir

```
>KT.hyper(initial.m.n.k.n11=c(9,10,7,4))
```

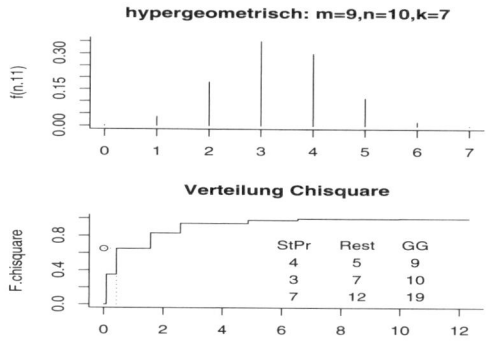

Abb. 4.16: Verteilung der χ^2-Statistik

und erhalten die Abbildung 4.16. Diese zeigt die 2×2-Kontingenztabelle der Druckerpatronen klein eingeblendet und die Wahrscheinlichkeitsfunktion der zugehörigen hypergeometrischen Verteilung, welche bei festen Rändern die Verteilung des Zellenwertes oben links beschreibt. Unten ist die Verteilungsfunktion der χ^2-Statistik abgebildet. Die für diese Größe benötigten Wahrscheinlichkeiten sind durch Transformation der Wahrscheinlichkeiten aus dem oberen Bild berechnet worden. Die zu der Beobachtung (Zellenwert 4) gehörenden Stellen sind durch gestrichelte Linien hervorgehoben. Hiernach deuten die Daten nicht besonders auf eine Abhängigkeit hin. Später lernen wir in diesem Zusammenhang den χ^2-Test kennen, vergleiche Kapitel „Testen", → S. 283.

Beispiel Verbrechensstatistiken. Als zweites Beispiel seien ausgewählte Gewalttaten der Opfer-Täter-Beziehung gegenübergestellt, vergleiche die linke Tabelle von Abbildung 4.15. Wir finden, dass $X \leq 627$ nur mit einer kaum von 0 verschiedenen Wahrscheinlichkeit unter der Annahme zufälliger Zellenfüllungen auftritt

```
>phyper(627,m=881,n=5109,k=5637)
```

Dieses liefert genau `8.684407e-143` $= 8.684407 \cdot 10^{-143}$, also praktisch 0. Das Ergebnis werten wir so, dass die Verhältnisse in der ersten Spalte nicht zur Verteilung des rechten Randes passen bzw. als Indiz dafür, dass Delikttyp und Opfer-Täter-Beziehung nicht unabhängig sind.

Eigenschaften der hypergeometrischen Verteilung. Erwartungswert und Varianz einer hypergeometrisch verteilten Zufallsvariablen X sind gegeben durch

$$E(X) = k \cdot \frac{m}{m+n} \qquad Var(X) = k \cdot \frac{m}{m+n} \cdot \left(1 - \frac{m}{m+n}\right) \cdot \frac{m+n-k}{m+n-1}$$

Wir erkennen, dass der Erwartungswert mit dem einer binomialverteilten Zufallsvariablen mit den Parametern k und $m/(m+n)$ übereinstimmt. Die Varianz erscheint etwas komplizierter. Doch erkennt das scharfe Auge die strukturelle Verwandtschaft zur Formel der Varianz der Binomialverteilung. Die Abweichung ist gerade die Konsequenz aus den unterschiedlichen Ziehungsprinzipien.

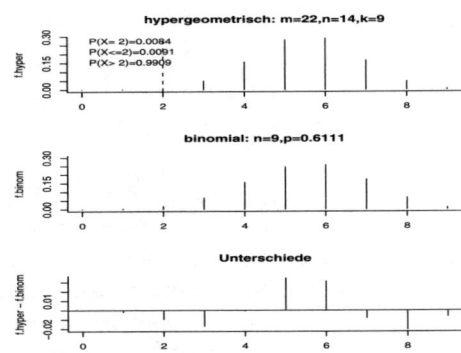

Abb. 4.17: Binomial- und hypergeometrische Verteilung

Verteilungsvergleich. Es wurde argumentiert, dass sich hypergeometrische und Binomialverteilung für bestimmte Parameterszenarien (m und n groß) kaum unterscheiden. Die Strukturen von Erwartungswert und Varianz stützen diese These. Wie groß sind denn nun die Unterschiede?

Zur Klärung zeichnen wir die Wahrscheinlichkeitsfunktionen der beiden Verteilungen sowie die Differenzen der Wahrscheinlichkeiten. Der Anwender kann mit dem folgenden Aufruf per Schieber die Parameter m, $m/(m+n)$, m, n und k variieren und die Wirkungen studieren.

```
>hyper.to.binom()
```

88

Der erste Plot von Abbildung 4.17 zeigt die Wahrscheinlichkeitsfunktion der hypergeometrischen Verteilung, der zweite die der Binomialverteilung und der dritte die Differenzen der Wahrscheinlichkeiten. Wir erkennen an den Beträgen der Differenzen, dass schon bei der Konstellation $(m = 22, n = 14, k = 9)$ die Abweichungen zwischen den beiden Verteilungen sehr klein sind.

4.2.2 Von der Binomial- zur Poisson-Verteilung

Auslastungsfragen. Im ökonomischen Alltag führen Unterauslastungen zu Gewinneinbußen. Deshalb muss das Angebot von Kapazitäten geeignet geplant werden. Mit wie vielen Patienten muss morgens ein Arzt rechnen? Wie viele Telefonanrufe werden in der nächsten Stunde in einem Call-Center eintreffen? Wie viele Kunden werden heute am Geldautomaten Geld abheben? Wie groß ist die Anzahl der Störungen, auf die sich die technische Abteilung einstellen muss? Wie viele Personen werden für die nächste Lotto-Ziehung sechs richtige Kreuze machen? In diesem Abschnitt werden wir zur Modellierung von Situationen, in denen die Anzahl von Nachfrageereignissen bedeutsam ist, die **Poisson-Verteilung**, benannt nach SIMÉON DENIS POISSON (1781–1840), kennenlernen.

Ein Modellierungsschritt. Für eine Modellierung können wir ein Gedankenexperiment durchführen: Stellen wir uns zur Frage der Patientenanzahl vor, ein Arzt habe 5 000 Patienten, die unabhängig voneinander mit einer Wahrscheinlichkeit von $p = 1/100$ an einem bestimmten Tag wegen Krankheit oder zum Routine-Check ihren Arzt aufsuchen. Dann ist die Anzahl der Arztbesuche pro Tag binomialverteilt mit $n = 5\,000$ und $p = 1/100$. Also sind pro Tag $np = 5\,000 \cdot 0.01 = 50$ Patienten zu erwarten bei einer Varianz von $np(1 - p) = 5\,000 \cdot 0.01 \cdot 0.99 = 49.5$

$$\text{Var(Anzahl} \mid n = 5\,000, p = 0.01) = 49.5$$

Mit Hilfe dieser Größen lassen sich Grenzen für beispielsweise das zweifache zentrale Schwankungsintervall ermitteln und der Arzt kann so die Arbeiten für seine Helferinnen planen. Der hier interessierende Aspekt wird deutlich, wenn wir als zweite Situation eine Praxis mit doppelter Patientenanzahl jedoch halb so großer Besuchswahrscheinlichkeit betrachten. Dann beträgt die erwartete Patientenzahl wieder genau 50 und als Varianz ermitteln wir $10\,000 \cdot 1/200 \cdot 199/200 = 50 \cdot 199/200$:

$$\text{Var(Anzahl} \mid n = 10\,000, p = 0.005) = 49.75$$

Wie auch per Vergleich der Wahrscheinlichkeitsfunktionen überprüft werden kann, stimmen für kleine p-Werte die Verteilungen der Ereignisanzahlen fast überein, wenn die Erwartungswerte gleich sind. Interessanterweise sind die Varianzen ebenfalls ungefähr so groß wie die Erwartungswerte.

Als Approximation kann für kleine p-Werte die Grenzverteilung verwendet werden, die sich für $p \to 0$ und $np \to \lambda$ ergibt.

$$P(\text{Anzahl} = x) = \binom{n}{x} p^x (1-p)^{n-x} \xrightarrow[\substack{p \to 0}]{\substack{np \to \lambda}} \frac{\lambda^x \cdot e^{-\lambda}}{x!}$$

Diese Grenzverteilung, die Verteilung der seltenen Ereignisse, heißt **Poisson-Verteilung.** Mit etwas umformerischem Geschick wird der Leser die Grenzverteilung bestätigen können.

Zur Veranschaulichung verfahren wir ähnlich wie bei der Gegenüberstellung von der hypergeometrischen und der Binomialverteilung, indem wir die Wahrscheinlichkeitsfunktionen von Poisson- und Binomialverteilung und deren Differenz zeichnen. Verschiedene Parameter lassen sich wieder variieren.

89 `>binom.to.poisson()`

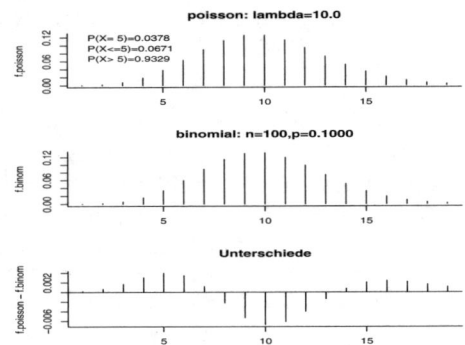

Abb. 4.18: Binomial- und Poisson-Verteilung

Für $\lambda = 10$ bzw. $n = 100, p = 0.1$ sind die Abweichungen schon äußerst klein. Es folgt eine genaue Festlegung.

Definition 4.9: Poisson-Verteilung

Eine diskrete Zufallsvariable X heißt Poisson-verteilt, wenn ihre Wahrscheinlichkeitsfunktion durch

$$P(X = x) = \frac{\lambda^x \cdot e^{-\lambda}}{x!} \qquad x = 0, 1, \dots$$

gegeben ist. Wir schreiben kurz: $X \sim \text{pois}(\lambda)$.

Erwartungswert und Varianz der Poisson-Verteilung sind stimmig mit unseren Vorüberlegungen, denn für die Poisson-Verteilung gilt

$$E(X) = \lambda \qquad \text{und} \qquad \text{Var}(X) = \lambda$$

Als Fingerübung sei eingefügt

$$E(X) = \sum_{x=0}^{\infty} x \cdot \frac{\lambda^x \cdot e^{-\lambda}}{x!} = \lambda \sum_{x=1}^{\infty} \frac{\lambda^{(x-1)} \cdot e^{-\lambda}}{(x-1)!} = \lambda \sum_{y=0}^{\infty} \frac{\lambda^y \cdot e^{-\lambda}}{y!} = \lambda$$

Die Poisson-Verteilung hängt nur von dem Parameter λ ab. Er wird zurecht auch als Ankunftsrate bezeichnet, denn er beschreibt die zu erwartende Anzahl der ankommenden Elemente (Patienten, Kunden, Störungen, Autos usw.) für den betrachteten Zeitraum.

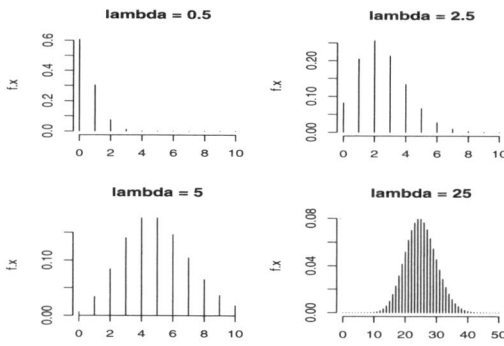

Abb. 4.19: Verschiedene Poisson-Verteilungen

Anwendung. Als Illustration seien Darstellungen verschiedener Poisson-Verteilungen eingeblendet. Man erkennt, dass sich mit wachsendem λ wieder die Form einer Glocke herausbildet. Die Wahrscheinlichkeitsfunktion der Poisson-Verteilung können wir mit R schnell zeichnen

```
>lambda<-5; x<-0:max(10,2*lambda)
 f.x<-dpois(x,lambda)
 plot(x,f.x,type="h")
```

In der Abbildung 4.19 sehen wir Funktionen zu vier verschiedenen Parametern.

Feuerwehreinsätze. Eine kleine Löschabteilung in Bielefeld[5] musste in den letzten Jahren durchschnittlich pro Jahr 42 Einsätze leisten, wie von

---

5 http://www.feuerwehr-bielefeld.de/ff/framesff/frameff05.html

ihrer Internetseite zu erfahren ist. Auf wie viele Einsätze sollte sich die Abteilung pro Jahr einstellen? Wie wir wissen, kann zum Beispiel ein defektes elektrisches Gerät einen Brand und damit einen Alarm auslösen. Betrachten wir die Wohnungen des Einsatzgebietes, die Bewohner oder die elektrischen Geräte als auslösende Einheiten für einen Alarm, dann bietet sich folglich an, diese als unabhängige Bernoulli-Experimente mit kleiner Brandverursachungswahrscheinlichkeit p zu modellieren. Für die Anzahl der Einsätze pro Jahr verwenden wir deshalb die Poisson-Verteilung.

Unter der Annahme, dass als Modell die Poisson-Verteilung passt und die Gegebenheiten sich in den verschiedenen Jahren nicht gravierend verändern, modellieren wir für $X_{\text{Jahr}} :=$ Einsätze in einem Jahr $\sim$ Poisson($\lambda = 42$). Beispielsweise können wir hiermit die Wahrscheinlichkeit

$$P(\lambda - k \cdot \sqrt{\lambda} \leq X_{\text{Jahr}} \leq \lambda + k \cdot \sqrt{\lambda}) = P(29 \leq X_{\text{Jahr}} \leq 54) \approx 95\%$$

für das zentrale Schwankungsintervall $[29, 54]$ berechnen.

91
```
>lambda<-42; k<-2; step<-k*sqrt(lambda)
 lim<-floor(c(lambda-step,lambda+step))
 ws<-ppois(lim[2],lambda)-ppois(lim[1]-1,lambda)
 cat("lambda:",lambda,"k:",k,"Grenzen:",lim,"WS:",ws)

lambda: 42 k: 2 Grenzen: 29 54 WS: 0.9546926
```

Wenn λ stimmt und die Verhältnisse konstant bleiben, kann mit einer Wahrscheinlichkeit von über 95% von einer Einsatzhäufigkeit zwischen 29 und 55 ausgegangen werden. Über die Stellschrauben λ und k lässt sich weiterhin studieren, inwieweit veränderte Mittel und Sicherheitsanforderungen (k) das Intervall beeinflussen.

Für die Planung von Einsatzkräften stellt sich weiter die Frage, ob sich Aussagen über kürzere Perioden ableiten lassen. Intuitiv folgern wir: Wenn in einem Jahr λ_{Jahr} Einsätze zu erwarten sind, werden wir pro Tag $\lambda_{\text{Jahr}}/365$ Alarme erwarten. Setzen wir $T = 365$, führt uns diese Überlegung für einen Tag zu der Modellierung

$$P(x \text{ Ereignisse pro Tag}) = \frac{(\lambda_{\text{Tag}})^x \cdot e^{-\lambda_{\text{Tag}}}}{x!} \quad \text{mit} \quad \lambda_{\text{Tag}} = \frac{\lambda_{\text{Jahr}}}{365}$$

und formulieren als Vermutung:

$$\langle \text{Ereignisse in } (0, T) \rangle \sim \text{pois}(\lambda) \Rightarrow \langle \text{Ereignisse in } (0, t) \rangle \sim \text{pois}(\lambda t/T)$$

Diese Folgerung trifft unter der Bedingungen zu, das sich die Struktur des Prozesses nicht ändert, der die Ereignisse erzeugt. Wir wollen an dieser Stelle nicht in eine vertiefende formale Diskussion eintreten. Denn mit der Vorstellung, dass sich die Zahl der Einsätze als Aggregation vieler einzelner unabhängiger Bernoulli-Experimente mit kleiner Eintrittswahrscheinlichkeit ergibt, können wir die Poisson-Verteilung für beliebige Intervalllängen begründen.

Es könnte der Einwand auftauchen, dass die Brandverursachungswahrscheinlichkeiten für verschiedene Objekte unterschiedlich sein dürften. Jedoch können wir die Bauten in Risikoklassen einordnen, wie beispielsweise Altbau, Neubau, Einfamilien-, Mehrfamilienhäuser usw. Für jede dieser Klassen ließe sich ein spezielles Poisson-Modell anpassen. Die Zahl aller Brände oder Alarme ergibt sich durch Addition der einzelnen. Folgender Satz liefert die Gewissheit, dass diese Gesamtanzahl wieder Poisson-verteilt ist.

Satz 4.10: Summation Poisson-verteilter Zufallsvariablen

Sind die Zufallsvariablen $X_1, \ldots, X_n$ unabhängig Poisson-verteilt mit den Parametern $\lambda_1, \ldots, \lambda_n$, dann ist die Summe der Variablen Poisson-verteilt mit $\lambda = \lambda_1 + \cdots + \lambda_n$:

$$X_1, \ldots, X_n \overset{\text{unabhängig}}{\sim} \texttt{pois}() \quad \Rightarrow \quad \sum X_i \sim \texttt{pois}(\lambda_1 + \cdots + \lambda_n)$$

Also bestärkt uns auch dieser Weg darin, Brandereignisse oder Alarm mittels einer Poisson-Verteilung zu modellieren. Vielleicht wird beim Leser der Kinderwunsch nun wieder aufkeimen, den Beruf des Feuerwehreinsatzleiters anzustreben.

4.3 Stetige Modellwelt

Die bisher vorgestellten Verteilungen besitzen zwei Gemeinsamkeiten: Erstens gehören sie in die Abteilung der **diskreten Modelle**. Zweitens wird dem Leser nicht entgangen sein, dass die Erscheinungsbilder für viele Parameterkonstellationen einander sehr ähneln. In der Mitte ist viel Wahrscheinlichkeitsmasse zu finden und zu beiden Seiten verringern sich die Realisierungschancen. Die meisten Darstellungen zeigten nur ein Maximum und zum Teil eine starke Symmetrie um den Erwartungswert. Mit der Normalverteilung lernen wir ein Modell kennen, das mit seiner Glockenstruktur wie ein Hut auf verschiedene Verteilungen passt. Warum das so ist, werden wir in diesem Abschnitt erforschen. Die Normalverteilung stellt als weitere Besonderheit ein **stetiges** Modell dar. Bisher haben wir nur Zufallsvariablen betrachtet, deren Realisationen in der Menge der ganzen Zahlen zu finden sind. Wie lassen sich jedoch beispielsweise Wartezeiten oder Ausdehnungen beschreiben, die sich zufällig in einem Intervall realisieren können? Hier benötigen wir das Konzept stetiger Zufallsvariablen. Die für diesen Typ oft intensiv diskutierten mathematischen Feinheiten werden wir möglichst sparsam einbringen, da Ideen und Gebrauchswerten erste Priorität eingeräumt wird vor Beweisen und anderen formal korrekten Ableitungen.

4.3.1 Stetige Gleichverteilung

Beispiel Parkplatzsuche. Zur Einführung in die Welt der stetigen Verteilungen bedienen wir uns der Gleichverteilung. Wer kennt das nicht? Zeitpunkt: Samstag, gegen Mittag, und es ist noch schnell etwas im Supermarkt einzukaufen. Natürlich: Parkplatz überfüllt! Sie sehen in einem Parkplatzteil ein Auto starten – ihre Chance! Zur Modellierung der Nummer des einen frei werden Stellplatzes von insgesamt n Plätzen bietet sich die **diskrete Gleichverteilung** an. Sei X_{dG} eine Zufallsvariable mit

$$X_{dG} := \text{Nummer des frei werdenden Platzes}$$

mit

$$P(X_{dG} = x) = \frac{1}{n}, \quad x = 1, \ldots, n$$

Aus Symmetriegründen folgt sofort der Erwartungswert:

$$E(X_{dG}) = \frac{\text{Obergrenze} + \text{Untergrenze}}{2} = (n+1)/2,$$

welcher die zu erwartende zum Eingang zurückzulegende Wegstrecke widerspiegeln mag.

Dieser diskreten Situation können wir eine Straße mit einem Parkstreifen gegenüberstellen. Eines der auf diesem Streifen parkenden Autos macht für uns erfreulicherweise Platz. Wie lässt sich hierfür ein geeignetes Modell finden? Ein Rettungsversuch des diskreten Ansatzes besteht darin, die zur Verfügung stehende Strecke in ganze Meter oder Zentimeter zu zerstückeln und dann den Ort des frei werdenden Platzes anhand seiner vorderen Grenze zu lokalisieren. Gehen wir wieder von einer Gleichverteilung aus, besitzt die Wahrscheinlichkeitsfunktion eine Gestalt, wie sie in Abbildung 4.20 zu sehen ist.

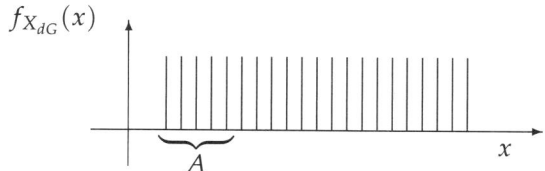

Abb. 4.20: Diskrete Gleichverteilung: Wahrscheinlichkeitsfunktion

Die Wahrscheinlichkeit, einen Parkplatz im Bereich A zu ergattern, bekommen wir durch Addition der Wahrscheinlichkeiten der Realisationen in A. Aber dieser Vorschlag überzeugt nicht. Der intuitiv einleuchtende Übergang zu einem stetigen Modell führt uns zu einer glatten Darstellung wie in Abbildung 4.21.

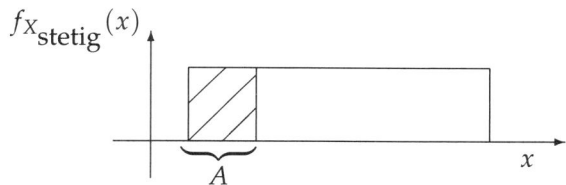

Abb. 4.21: Stetige Gleichverteilung: Dichtefunktion

Die Wahrscheinlichkeit für den Bereich A muss dem Anteil der gestreiften Fläche an der Gesamtfläche entsprechen. Wählen wir den Maßstab der y-Achse so, dass die Gesamtfläche gerade 1 ist, liefert uns die gestreifte Fläche die Wahrscheinlichkeit für eine Realisation in A.

Die so definierte Funktion heißt **Dichtefunktion.** Es ist zu beachten, dass nur vertikale Flächenstreifen der Dichte als Wahrscheinlichkeiten interpretierbar sind, nicht dagegen der Wert der Funktion an einer Stelle. Solch einen Gebrauch kennt der Leser bereits vom Histogramm, → S. 35, dem klassischen Gegenstück der Dichtefunktion aus der Datenanalyse.

Den Übergang von diskreten zu stetigen Modellen können wir auch anhand der Verteilungsfunktion überlegen. Im diskreten Fall bekommen wir eine Treppenfunktion, im stetigen eine stetige Linie:

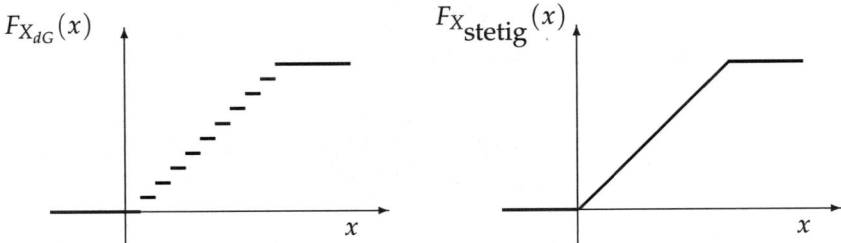

Abb. 4.22: Diskrete und stetige Gleichverteilung: Verteilungsfunktionen

In beiden Fällen lassen sich mit Hilfe der Verteilungsfunktion Wahrscheinlichkeiten für Intervalle bestimmen:

$$P(X \leq x) = F_X(x) \qquad \text{oder} \qquad P(a < X \leq b) = F_X(b) - F_X(a)$$

Damit haben wir die stetige Zufallsvariable per Pausibilitätsüberlegungen eingeführt.

Definition 4.10: Stetige Zufallsvariable

Gegeben sei eine Zufallsvariable X, für die gilt:

$$P(X \leq x) = F_X(x) \quad x \in \mathbb{R}$$

Dann heißt X stetige Zufallsvariable, wenn $F_X(x)$ stetig und monoton steigend ist und gilt: $F_X(-\infty) = 0$ und $F_X(\infty) = 1$.

Die Verteilungsfunktion bildet den Dreh- und Angelpunkt für Wahrscheinlichkeitsberechnungen. Die Dichtefunktion oder kurz Dichte eignet sich weniger zur Berechnung von Wahrscheinlichkeiten als eher zur Analyse von Strukturen. Bei diskreten Modellen ergibt sich die Verteilungsfunktion durch Kumulation der Wahrscheinlichkeiten der Wahrscheinlichkeitsfunktion. Umgekehrt lassen sich die Funktionswerte der Wahrscheinlichkeitsfunktion als Differenzen der Verteilungsfunktionswerte benachbarter Sprungstellen wiederfinden. Durch Übergang zu stetigen Modellen wird aus Summation Integration und aus Differenzenbildung Differentiation. Für mathematisch Interessierte sei erwähnt, dass wir Wahrscheinlichkeiten als Integrale über die Dichte ermitteln können:

$$F_X(x) = P(X \leq x) = \int_{-\infty}^{x} f_X(t)\, dt$$

Andererseits finden wir eine Dichte einer stetigen Zufallsvariablen in der Regel durch Ableitung der Verteilungsfunktion:

$$f_X(x) = F'(x)$$

Für die richtige Interpretation von Dichten sei noch einmal an den Umgang mit Histogrammen erinnert. Jetzt können wir die stetige Gleichverteilung festlegen.

Definition 4.11: *a-b*-**Gleichverteilung**

Besitzt eine stetige Zufallsvariable X die Verteilungsfunktion F_X:

$$F_X(x) = \begin{cases} 0, & x \leq a \\ (x-a)/(b-a), & a < x \leq b \\ 1, & b < x \end{cases}$$

und die Dichtefunktion

$$f_X(x) = \begin{cases} 1/(b-a), & a < x \leq b \\ 0, & \text{sonst} \end{cases},$$

dann heißt X *a-b*-**gleichverteilt**. Wir schreiben kurz: $X \sim \text{unif}(a,b)$.

Erwartungswert und Varianz. Die Konzepte von Erwartungswert und Varianz bzw. Standardabweichung werden für stetige Zufallsvariablen sinngemäß definiert.

Definition 4.12: Erwartungswert und Varianz

Sei X eine stetige Zufallsvariable. Dann heißt

$$\begin{aligned} \text{E}(X) &= \int_{-\infty}^{\infty} x f_X(x)\, dx && \text{Erwartungswert von } X, \\ \text{Var}(X) &= \int_{-\infty}^{\infty} (x - \text{E}(X))^2 f_X(x)\, dx && \text{Varianz von } X \text{ und} \\ \text{E}(g(X)) &= \int_{-\infty}^{\infty} g(x) f_X(x)\, dx && \text{Erwartungswert von } g(X), \end{aligned}$$

sofern die Integrale existieren.

Stellen wir uns eine Dichte als physikalisches Gebilde vor, dann liegt der Erwartungswert gerade im Schwerpunkt des Systems bzgl. der x-Koordinate. Im Falle der Gleichverteilung gilt:

$$X \sim \text{unif}(a,b) \quad \Rightarrow \quad \text{E}(X) = \frac{a+b}{2} \quad \text{und} \quad \text{Var}(X) = \frac{(b-a)^2}{12}$$

Diese Behauptung werden Leser, die sich mit Integralen auskennen, schnell auch formal verifizieren können.

4.3.2 Über Summen zur Normalverteilung

Umsatzplanung. Betrachten wir als Beispiel eine Gaststätte. Jeder Wirt denkt am Ende eines Tages über das Ergebnis in seiner Kasse nach. Wenn dem Wirt der Kassenbetrag zu gering erscheint, wird er versuchen, die Tageseinnahmen abzuschätzen. Hierzu muss er herauszufinden, in welchem Bereich die Einnahmen eines Tages schwanken, am besten welche Verteilung der Tagesumsatz besitzt.

Der Umsatz lässt sich auf einzelne Gäste zurückführen, die Speisen und Getränke verzehren und eventuell weitere Serviceleistungen in Anspruch nehmen. Wenn wir den vorher unbekannten Umsatz jedes Gastes mittels einer Zufallsvariablen beschreiben:

$$X_j := \text{Umsatz von Kunden } j, \quad j = 1, \ldots, n$$

dann ist für die Summe G_n der n einzelnen Umsätze gegeben durch:

$$G_n = X_1 + \cdots + X_n$$

Aus den täglichen Erfahrungen ist die Verteilung der einzelnen Zufallsvariablen X_j bekannt. Wie aber sieht die Verteilung von G_n aus?

Für viele Planungsfragen interessiert zunächst immer ein zentraler Orientierungspunkt, eine Lageinformation. Der Erwartungswert ist hierfür oft geeignet und wir stellen fest:

$$E(G_n) = \sum E(X_i)$$

Standardabweichungen geben Hinweise auf Unsicherheiten oder Variabilitäten. Für unabhängige Gäste berechnen wir weiter: $\sigma_{G_n} = \sqrt{\sum \text{Var}(X_i)}$. Aber erst eine genaue Kenntnis der Verteilung erlaubt die Berechnung von Schwankungsintervallen zu vorgegebenen Wahrscheinlichkeiten oder eines Prozentpunktes, der mit vorgegebener Sicherheit über- bzw. unterschritten wird.

Vermutung. Die Poisson-Verteilung wurde über die (gedankliche) Aggregation einzelner Ereignisse mit sehr kleinen Eintrittswahrscheinlichkeiten eingeführt. Bei der Poisson-Verteilung haben wir beobachtet, dass sich mit wachsendem Parameter immer deutlicher eine Glockenkurve herausbildet. Ähnliches können wir bei der Binomialverteilung, $\texttt{binom}(n, p)$, mit wachsendem Parameter n beobachten. Obwohl in beiden Fällen Ereignisse gezählt werden und es sich um diskrete Zufallsvariablen handelt, könnte sich bei der Summation der Umsätze ein ähnlicher Effekt einstellen. Was sagt die Intuition des Lesers? Welche Verteilung ergibt sich durch die Summation gleichverteilter Zufallsvariablen?

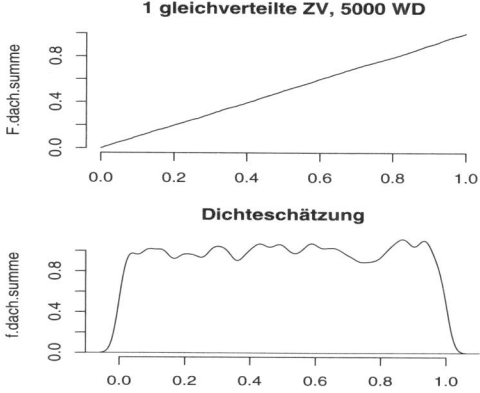

Abb. 4.23: Geschätzte Dichte der Gleichverteilung

Summen gleichverteilter Zufallsvariablen. Zum Studium der Auswirkung eines Summationsprozesses werden wir in diesem Abschnitt Simulationen mit der Gleichverteilung durchführen. Hierzu berechnen wir wiederholt die Summe der Werte einer Stichprobe vom Umfang n aus einer im Intervall $[0, 1]$ gleichverteilten Grundgesamtheit. Für jeden Wert von n erhalten wir eine empirische Verteilung, zu der wir eine Dichtespur zeichnen werden.

```
>sum.zv()
```

Zwei von den vielen möglichen Ergebnissen wollen wir präsentieren. Für $n = 1$ liegt eine Stichprobe aus einer Gleichverteilung vor, vergleiche Abbildung 4.23. Für $n = 25$ muss das Mittel bei 12.5 liegen, und wir erhalten zum Beispiel das Bild 4.24 auf S. 134. Wir erkennen auch hier die Gestalt einer Glocke. Die Simulation zeigt uns: Je größer n gewählt wird, umso mehr nähert sich die empirische Verteilung einer Gaußschen Glocke[6], einer **Normalverteilung** an.

Wir können vermuten: Wenn dieses Phänomen für die Summe gleichverteilter Zufallsvariablen gilt, dann wird es auch für andere Verteilungen zutreffen. In der Tat hat die Theorie gezeigt, dass Summation von stetigen Zufallsvariablen unter recht schwachen Annahmen zur Normalverteilung führt. Wird die Anzahl der Summanden erhöht und wird eine Standardisierung durchgeführt, nähert sich die Verteilung immer mehr der Grenzverteilung, der sogenannten **standardisierten Normalverteilung,** an.

---

6 CARL FRIEDRICH GAUSS (1777–1855), großer deutscher Mathematiker und Physiker.

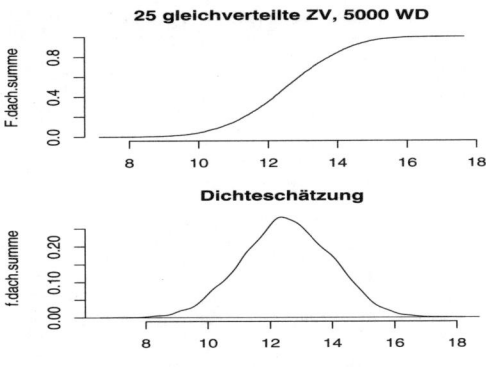

Abb. 4.24: Summation von Gleichverteilungen

Definition 4.13: Normalverteilung

Eine stetige Zufallsvariable heißt normalverteilt, wenn sich ihre Dichte $f_X(x)$ schreiben lässt als:

$$f_X(x) = \frac{1}{\sqrt{2\pi\sigma^2}} \cdot e^{-\frac{(x-\mu)^2}{2\sigma^2}}, \quad \mu \in \mathbb{R}, \quad \sigma \in \mathbb{R}^+$$

Wir schreiben kurz: $X \sim N(\mu, \sigma^2)$ oder auch `norm(mu, sigma)`. Für $\mu = 0$ und $\sigma = 1$ heißt die Zufallsvariable **standard normalverteilt**, und oft wird für diese Zufallsvariable der Buchstabe Z, für die Dichte $\phi(z)$ und für die Verteilungsfunktion $\Phi(z)$ verwendet.

Eigenschaften der Normalverteilung. Die Dichten von Normalverteilungen besitzen eine Glockenform, deren Zentrum durch den Parameter μ angegeben wird. Der zweite Parameter σ ist gerade die Standardabweichung und steuert die Breite der Glocke. Durch Variation von μ wird also die Lage der Glocke verändert, μ ist also eine **Lageparameter**, während sich eine Veränderung von σ in einer Streckung bzw. Stauchung der x-Achse auswirkt. σ ist also ein **Skalenparameter**.

Standardisierung. In der Statistik besteht der Zweck von **Standardisierungen** in dem Herausarbeiten von Eigenschaften, die unabhängig von Lage und Streuung sind. Durch den Übergang von Beobachtungen x_i zu den standardisierten Werten $z_i = (x_i - \bar{x})/s$ erhalten wir Größen, die ein Mittel von 0 und eine Standardabweichung von 1 besitzen, und es können sich so Eigenschaften zeigen, die sonst durch Lage oder Streuung verdeckt werden. Als eine Folge können wir auch die Strukturen ganz unterschiedlicher Datensätze vergleichen.

„Standardisierung" ist bei der Normalverteilung eine ganz besonderes Thema. Hierfür gibt es **erstens** eine mehr formale Begründung, denn wir können die Verteilung der standardisierten Zufallsgröße Z mit

$$Z = \frac{X - \mu}{\sigma}$$

sofort angeben: norm(0,1), also die Standardnormalverteilung. **Zweitens** folgt für Berechnungen, dass gilt:

Satz 4.11: $X \sim \text{norm}(\mu, \sigma) \Rightarrow$

$$
\begin{aligned}
F_X(x) = P(X \le x) &= P\left(\frac{X-\mu}{\sigma} \le \frac{x-\mu}{\sigma}\right) \\
&= P\left(Z \le \frac{x-\mu}{\sigma}\right) = \Phi\left(\frac{x-\mu}{\sigma}\right)
\end{aligned}
$$

Wir können also alle Wahrscheinlichkeiten normalverteilter Zufallsvariablen mit Hilfe der Standardnormalverteilung berechnen. Deshalb ist in vielen Statistik-Büchern zur Normalverteilung auch nur eine einzige Tabelle mit Wahrscheinlichkeiten der Standardnormalverteilung abgedruckt. Je nach Bedarf lässt sich zwischen X und Z hin- und herspringen, denn es gilt:

Satz 4.12

$$X \sim \text{norm}(\mu, \sigma) \quad \Rightarrow \quad Z = \frac{X-\mu}{\sigma} \sim \text{norms}(0,1)$$

$$Z \sim \text{norm}(0,1) \quad \Rightarrow \quad X = \sigma Z + \mu \sim \text{norm}(\mu, \sigma)$$

Generationen von Studenten mussten Normalverteilungsaufgaben mittels Standardisierungs- bzw. Restandardisierungsoperationen lösen. Mit R können viele der einfachen Aufgaben direkt abgefragt werden, so lässt sich beispielsweise $F_X(500; \mu = 504, \sigma = 2)$ ausrechnen durch:

```
>pnorm(500,504,2)
```

Auch können wir uns schnell eine Tabelle für zentrale Schwankungsintervalle verschaffen:

```
>mu<-504; sigma<-2; k<-1
 cbind(k=k,"Untergrenze"=mu-k*sigma,
       "Obergrenze"=mu+k*sigma,
       "P(-k sigma<X<k sigma)"=pnorm(k)-pnorm(-k))
```

	k	Untergrenze	Obergrenze	P(-k sigma<X<k sigma)
[1,]	1	502	506	0.6826895
[2,]	2	500	508	0.9544997
[3,]	3	498	510	0.9973002
[4,]	4	496	512	0.9999367

Drittens folgt aus dem Zusammenhang zwischen beliebig- und standardnormalverteilten Zufallsvariablen, dass die Graphen ihrer Dichten bis auf Lage und Skalierung völlig identisch sind. Es lassen sich alle Normalverteilungsdichten durch Verschiebung und Stauung bzw. Streckung aufeinander abbilden. Die Darstellungen von Normalverteilungsdichten weisen deshalb immer dieselbe typische Glocke auf, siehe Abbildung 4.25.

95
```
>mu<-10; sigma<-2
 x<-seq(mu-4*sigma,mu+4*sigma,length=100)
 f.x<-dnorm(x,mu,sigma)
 plot(x,f.x,type="l")
```

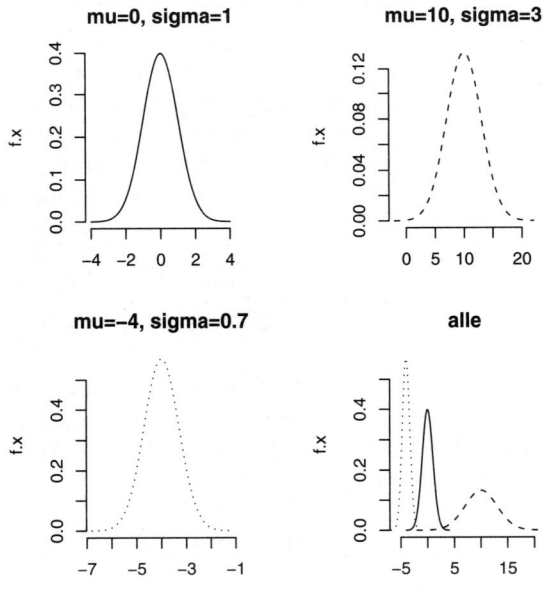

Abb. 4.25: Drei Normalverteilungen

Ein zentrale Grenzwertsatz. Von großer Bedeutung sind sogenannte **zentrale Grenzwertsätze**. Diese machen eine Aussage über die Grenzverteilung von standardisierten Stichprobenmitteln, wenn der Stichprobenumfang gegen unendlich wächst. Eine einfache Version ist die folgende:

Satz 4.13: Zentraler Grenzwertsatz

Gilt für die unabhängigen Zufallsvariablen $X_1, \ldots, X_n$

$$E(X_i) = \mu \quad \text{und} \quad \text{Var}(X_i) = \sigma^2 \quad \text{für} \quad i = 1, \ldots, n,$$

dann strebt die Verteilung der standardisierten Summe S_n

$$S_n = \frac{\sum_i X_i - n\mu}{\sqrt{n\sigma^2}} = \frac{\overline{X} - \mu}{\sigma/\sqrt{n}}$$

gegen die **standardisierte Normalverteilung:** $S_n \to Z$.

Die experimentell untersuchte Wirkung der Summation von Zufallsvariablen wird in dem zentralen Grenzwertsatz der Wahrscheinlichkeitstheorie zusammengefasst. Da Additionsprozesse an vielen Stellen auftreten, bildet dieser Satz ein bedeutendes Fundament für die gesamte Statistik, und wir treffen die Normalverteilung an sehr vielen Stellen an. In Fällen endlich vieler Summanden können wir die Normalverteilung als Approximation verwenden.

Es sei noch ergänzt, dass auch das Mittel unabhängiger Zufallsvariablen, selbst wenn sie unterschiedliche Mittel und Varianzen besitzen, gegen eine Normalverteilung strebt. Werden unabhängige normalverteilte Zufallsvariablen addiert, ist das Ergebnis exakt normalverteilt. Andererseits macht der Satz für Zufallsvariablen, die keinen Erwartungswert besitzen, keine Aussagen.

Im Rechnerexperiment haben wir Realisationen von Summen von Zufallsvariablen aus `unif(0,1)` gebildet. Mit Standardisierungstransformationen hätten sich die Bilder mit wachsender Wiederholungszahl n der Standardnormalverteilung immer mehr angenähert. Ohne Transformation nähert sich die Verteilung der Summe einer Normalverteilung mit dem Mittel $\mu = n \cdot 0.5$ und der Varianz $\sigma^2 = n \cdot 1/12$ an, da die Varianz der 0-1-Gleichverteilung gerade $1/12$ beträgt. Dem zentralen Grenzwertsatz ist zwar nicht zu entnehmen, wie schnell sich der Annäherungsprozess vollzieht, jedoch haben wir schon bei einer Summandenzahl von 25 die Glockenform sehr deutlich erkennen können.

Haben Sie schon einmal versucht, das Gewicht eines Ferkels festzustellen?[7] Dabei kann man lernen, dass exakte Messungen in der Regel fast unmöglich sind. Immer gibt es eine Reihe kleinster Gründe, die zu einer Abweichung führen. Stellen wir uns vor, dass bei jedem Messvorgang eine Reihe unabhängiger Fehlerursachen mitspielen und dass sich diese Fehler zu einem Gesamtfehler addieren, dann liegt es nahe, Messfehler als normal-

---

7 Ehrlich gesagt haben dies die Autoren auch noch nicht versucht, doch erfüllt schon die Vorstellung hier ihren Zweck.

verteilt zu modellieren. Solche Überlegungen führen bei vielen statistischen Modellierungen zu der Annahme normalverteilter Störungen.

Beispiel Gaststättenumsatz. Aus den Ausführungen über die Normalverteilung folgt, dass der Gesamtumsatz eines Tages G_n approximativ durch $\text{norm}(\mu_{G_n}, \sigma^2_{G_n})$ modelliert werden kann. Für den Parameter μ_{G_n} können Mittelwerte aus der Vergangenheit und für $\sigma^2_{G_n}$ alte Stichprobenvarianzen als Ersatzwerte verwendet werden. Es gilt für unabhängig identisch verteilte Zufallsgrößen X_j:

$$G_n = \sum X_j \Rightarrow \quad G_n \overset{\text{approx.}}{\sim} \quad \text{norm}(\mu_{G_n} = n \cdot \text{E}(X_1), \sigma_{G_n} = \sqrt{n \cdot \text{Var}(X_1)})$$

Einleuchtenderweise hängt die Lage der Verteilung von der Anzahl der Kunden und ihren mittleren Umsatzbeiträgen ab. Sofern an bestimmten Tagen das Verhalten der Kunden ähnlich ist, kann aufgrund der Erfahrungswerte in Abhängigkeit von n die Umsatzverteilung abgeschätzt werden. Befindet sich später die erzielte Tageseinnahme außerhalb des 2-fachen zentralen Schwankungsintervalls $[\mu_{G_n} - 2 \cdot \sigma_{G_n}, \mu_{G_n} + 2 \cdot \sigma_{G_n}]$, könnte ein Prüfer und sollte der Wirt der Gaststätte stutzig werden – oder?

Um einen solchen Check zu erleichtern, sei ein Vorschlag zur Berechnung des k-fachen Schwankungsintervalls angeboten:

```
>mu.x<-30;   var.x<-81; n<-100;   k.fach<-2
mu<-mu.x*n; sd<-(var.x*n)^0.5
cat("P(Summe im zentralen Schwankungsintervall)=",
    1-2*pnorm(mu-k.fach*sd,mu,sd))
```

Beispiel Wahlverhalten. Wird vor einer Wahl eine Umfrage vom Umfang 1 000 durchgeführt, dann ist bei einer einfachen Zufallsstichprobe mit Zurücklegen die Anzahl der Wähler der Partei XYZ binomialverteilt mit $n = 1\,000$ und $p =$„Anteil der XYZ-Wähler." Sehen wir den Zählvorgang als Summation über die einzelnen Antworten an, dann müssten wir die Normalverteilung für Wahrscheinlichkeitsberechnungen einsetzen können – oder?

Approximation der Binomialverteilung. Da eine $\text{binom}(n, p)$-verteilte Zufallsvariable sich als Summe n unabhängiger $\text{binom}(1, p)$-verteilter Zufallsvariablen interpretieren lässt, muss sich mit wachsendem n bei der Binomialverteilung die Glockenkurve einstellen. Für die praktische Anwendung hilft folgender Approximationszusammenhang:

Satz 4.14: Binomial- → Normalverteilung

Ist $X \sim \texttt{binom}(n, p)$, F_X die Verteilungsfunktion von X und $Z \sim N(0, 1)$ und Φ die Verteilungsfunktion von Z, dann gilt:

$$P(X \leq x) = F_X(x) \approx P\left(Z \leq \frac{x + 0.5 - np}{\sqrt{np(1-p)}}\right) = \Phi\left(\frac{x + 0.5 - np}{\sqrt{np(1-p)}}\right)$$

Es sei angemerkt, dass der Summand 0.5 im Zähler **Stetigkeitskorrektur** heißt und den Fehler durch den Wechsel von einem diskreten zu einem stetigen Modell vermindert. Anschaulich verschiebt diese Zugabe die x-Achse um eine halbe Einheit, mit der Wirkung, dass die approximierende Funktion mehr durch die Sprungstellen von F_X und nicht die Stufenmitten verläuft. Es wird empfohlen, die Approximation nur zu verwenden, sofern $np \geq 10$ und $n(1 - p) \geq 10$ erfüllt sind.

Approximation von Poisson-Verteilung. Entsprechende Argumentation greift für die Poisson-Verteilung, sodass wir schreiben können:

Satz 4.15: Poisson- → Normalverteilung

Ist $X \sim \texttt{pois}(\lambda)$, F_X die Verteilungsfunktion von X und $Z \sim N(0, 1)$ und Φ die Verteilungsfunktion von Z, dann gilt:

$$F_X(x) = P(X \leq x) \approx \Phi\left(\frac{x + 0.5 - \lambda}{\sqrt{\lambda}}\right)$$

Der Erwartungswert λ sollte größer als 10 sein.

Was helfen in der Praxis Grenzverteilungen, wenn nur endlich viele Zufallsvariablen zur Summation anstehen? Sind die angegebenen Faustregeln zur Approximation akzeptabel?

QQ-Plots. Inzwischen hat der Leser verschiedene Verteilungsmodelle kennengelernt und erfahren, dass es zwischen diesen (Approximations-)Beziehungen gibt. Aussagen über die Güte der Approximation erscheinen jedoch vage. Deshalb wollen wir mit QQ-Plots Vergleiche durchführen. Im deskriptiven Teil wurden QQ-Plots bereits eingesetzt, um die empirische Verteilung von zwei Stichproben gegenüber zu stellen, →S. 88. Folgerichtig lassen sich mit einem QQ-Plot eine empirische und eine Modellverteilung oder zwei Modelle auf Unterschiedlichkeit per Augenmaß prüfen. Wir legen fest:

> **Definition 4.14: QQ-Plot zum Modellvergleich**
>
> Gegeben seien zu einer Menge von Wahrscheinlichkeiten $\{p_1, \ldots, p_k\}$ die Quantile x_{p_i} einer Zufallsvariablen X und die Quantile y_{p_i} von Y. Dann heißt der Plot der Punktepaare (x_{p_i}, y_{p_i}) QQ-Plot.

Sind zwei Modelle so gut wie identisch, werden die Punktepaare $(x_{p_i} \mid y_{p_i})$ nahe der Geraden $y = x$ liegen. Unterscheiden sie sich nur in der Lage, wird eine angepasste Gerade eine Steigung von 1 aufweisen, und der Achsenabschnitt wird dem Lageunterschied entsprechen. Skalierungsunterschiede finden in der Geradensteigung ihren Niederschlag. Alle weiteren Strukturunterschiede führen dazu, dass die Punkte des QQ-Plots nicht auf einer Geraden liegen.

Verteilungsvergleich. Wie stark unterscheiden sich Poisson-, Binomial- und Normalverteilung? Zum paarweisen Vergleich von Binomial-, Normal- und Poisson-Verteilung erstellen wir drei QQ-Plots. Über Schieber können die Parameter n und p der Binomialverteilung gewählt werden, als Parameter für die Poisson-Verteilung wird dann $\lambda = np$ verwendet. Da sich eine beliebige Normalverteilung durch eine lineare Transformation in eine Standardnormalverteilung überführen lässt, tragen wir die Quantile der Binomial- und Poisson-Verteilung nur gegen die der Standardnormalverteilung ab.

97 `>binom.norm.pois()`

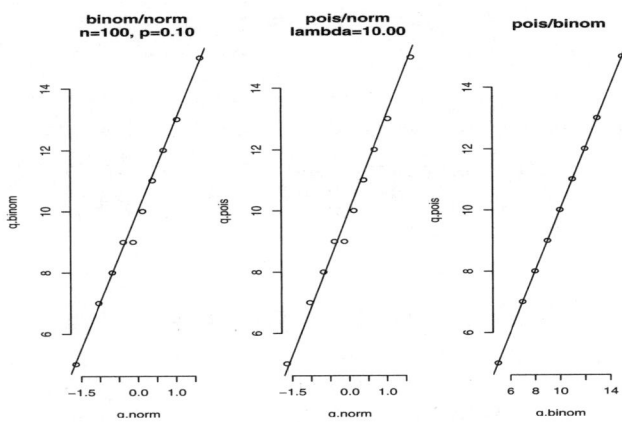

Abb. 4.26: QQ-Plots zum Verteilungsvergleich

Wir erhalten für ausgewählte Parameter n und p sowie $\lambda = np$ Graphiken wie in Abbildungen 4.26. Dadurch, dass sich die diskreten Zufallsvariablen nur ganzzahlig realisieren können, liegen die Punkte des QQ-Plots auf einer Treppenlinie. Trotzdem erkennen wir, dass die Punkte recht gut um die Geraden herum pendeln.

4.3.3 Wartezeitverteilungen

Zeit ist Geld. Wer weiß das nicht? Trotzdem verbringen wir laufend Zeit mit Warten. Im privaten Bereich müssen wir geduldig an der Supermarktkasse, am Fahrkartenschalter oder beim Arzt die Behandlung der Mitwartenden vor uns abwarten. Aber auch in beruflichen Zusammenhängen prägen Wartesituationen, zum Beispiel bei Taxifahrern oder Pannenhelfern den Alltag mit entsprechender ökonomischen Relevanz. Deshalb sind Fragen zur Wartezeit oder besser nach der Verteilung der Wartezeit bis zum nächsten Ereignis und Fragen nach der Verteilung von summierten Wartezeiten sehr bedeutsam.

In diesem Abschnitt wollen wir zunächst ein einfaches diskretes Wartezeitmodell mit der **geometrischen Verteilung** vorstellen. Durch eine unendliche Verkürzung der betrachteten diskreten Zeitintervalle gelangen wir zur **Exponentialverteilung,** → Abschnitt 4.3.4. Die Summation mehrerer exponentialverteilter Wartezeiten weist den Weg zur **Erlang-Verteilung,** die – oh Wunder – wieder gegen die **Normalverteilung** strebt.

Beispiel Taxifahrer. Stellen wir uns einen wartenden Taxifahrer vor. Dieser denkt zum Zeitvertreib über das Warten nach und sucht ein Modell, mit dem er sein Warten beschreiben kann. Zur Vereinfachung betrachtet er zehn Minutenintervalle und setzt fest:

$$V^* := \text{Anzahl der Intervalle bis zum nächsten Auftrag}$$

Unter der Annahme, dass die Intervalle voneinander unabhängig sind und das Auftauchen eines Auftrags in einem Intervall mit der Wahrscheinlichkeit p auftritt, entspricht V^* der Anzahl der Intervalle bis zum ersten Erfolg in einem Bernoulli-Prozess mit dem Parameter p. Die Zählgröße V^* soll dabei den Erfolgsversuch mitzählen, so dass folgt:

$$
\begin{aligned}
P(V^* = 1) &= p \\
P(V^* = 2) &= p(1 - p) \\
\cdots & \quad \cdots \\
P(V^* = v) &= p(1 - p)^{v-1}
\end{aligned}
$$

V^* führt uns zur geometrischen Verteilung.

Definition 4.15: Geometrische Verteilung

Hat eine diskrete Zufallsvariable V^* bzw. V die Wahrscheinlichkeitsfunktion

$$P(V^* = v) = p(1-p)^{v-1}, \qquad v = 1, 2, \ldots$$

bzw.

$$P(V = v) = p(1-p)^{v}, \qquad v = 0, 1, 2, \ldots$$

dann heißt V^* bzw. V geometrisch verteilt.

Während mit V^* alle „Versuche" einschließlich des Erfolgsversuches gezählt werden, berücksichtigt V nur die „Fehlversuche". Es gilt: $V^* = V + 1$. Für V schreiben wir kurz: $V \sim$ geom(p). Es sei darauf hingewiesen, dass $P(V = v)$ bzw. $P(V^* = v)$ mit v exponentiell sinkt.

Satz 4.16

Für die geometrische Verteilung gilt:

$$E(V^*) = \frac{1}{p}, \qquad \text{Var}(V^*) = \frac{1-p}{p^2}$$

bzw.

$$E(V) = \frac{1}{p} - 1 = \frac{1-p}{p}, \qquad \text{Var}(V) = \frac{1-p}{p^2}$$

Für den Eindruck seien die Wahrscheinlichkeitsfunktionen von V für zwei Parameter in Abbildung 4.27 gezeigt. Eigene Versuche lassen sich anstellen mit den folgenden Anweisungen:

98

```
>p<-0.3; x<-0:20; f.x<-dgeom(x,p)
plot(x,f.x,type="h")
```

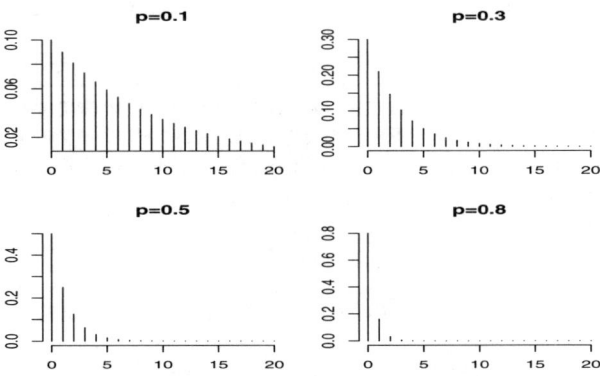

Abb. 4.27: $f(x)$ geometrischer Verteilungen

Mit dieser Verteilung lassen sich Wartezeiten beschreiben, die auf unabhängige Bernoulli-Experimente mit gleichem p zurückgehen. Als spielerische Anwendung können wir mit der geometrischen Verteilung das Warten V_M auf die 6 beim Mensch-ärgere-Dich-nicht-Spiel modellieren: $P(V_M = v) = (1/6) \cdot (5/6)^{v-1}$.

Bespiel Überraschungseier. Eine ökonomisch relevante Anwendung kann sich für Marketing-Abteilungen im Zusammenhang mit Überraschungsprodukten ergeben. Als Beispiel sollen Kinderüberraschungseier dienen. In diesen werden bekanntlich immer wieder kleine Serien von Figuren versteckt. Nun die Frage: Wie viele Käufe müssen im Schnitt für eine komplette Serie getätigt werden?

Gehen wir in einem Gedankenexperiment von einer Serie mit vier verschiedenen Figuren aus, die mit gleicher Wahrscheinlichkeit in den Eiern versteckt sind. Der erste Kauf bringt mit Wahrscheinlichkeit $p_1 = 1$ einen Erfolg, nämlich ein neues Teil. Für die zweite Figur beträgt danach die Erfolgswahrscheinlichkeit

$$p_2 = \frac{3}{4},$$

da 75% der Eier eine Figur beinhalten, die sich von der zuerst gezogenen unterscheidet. Haben wir zwei verschiedene Figuren gesammelt, reduziert sich die Wahrscheinlichkeit pro Zug für einen weiteren Erfolg auf $p_3 = 2/4$ und für das die Serie komplettierende Teil auf $p_4 = 1/4$. Es gibt also vier verschiedene Sammelsituationen, die nacheinander auftreten und durch geometrische Verteilungen beschrieben werden können.

Schreiben wir V_i^* für die diskrete Wartezeit bzw. die Anzahl von Käufen für die i-te zu sammelnde Figur, dann folgt:

$$V_i^* \sim 1 + \text{geom}(p_i)$$

Zu diesen Zufallsvariablen gehören vier Erwartungswerte, die für die Antwort zu addieren sind, und wir berechnen:

$$\text{E}(V_1^*) + \ldots + \text{E}(V_4^*) = \frac{1}{p_1} + \ldots + \frac{1}{p_4} = 1 + \frac{4}{3} + \frac{4}{2} + \frac{4}{1} = 8\frac{1}{3}$$

Es müssen also im Mittel 8 1/3 Käufe getätigt werden.

4.3.4 Von geometrisch zu exponential

Wird sich mit dem letzten Abschnitt der nachdenkliche Taxifahrer zufrieden geben? Sicher nicht. Er möchte bestimmt der stetig fließenden Zeit gerecht werden. Dieses kann er durch Verkürzung der Intervalle erreichen.

Wenn der Taxifahrer statt jede zehn Minuten alle fünf Minuten oder in noch kürzeren Abständen notiert, ob ein Auftrag eingegangen ist, dann wird sich mit der Intervallverkürzung ein immer feineres Bild abzeichnen, und bei unendlich kleinen Intervallen werden sich letztlich stetige Verläufe ergeben. Wir wollen diese Frage experimentell angehen:

99 >geo.to.exp()

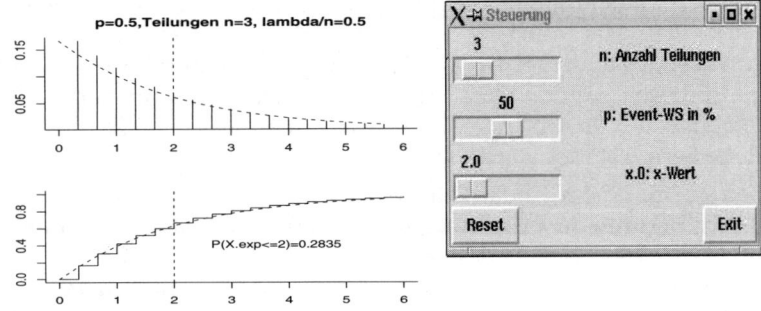

Abb. 4.28: Von der geometrischen zur Exponentialverteilung

Wie an den Schiebern aus Abbildung 4.28 zu sehen ist, kann die Anzahl der Teilungen – zum Beispiel eines gedachten Zehn-Minutenintervalls – und der Parameter p variiert werden. Eine Ergebnisgraphik ist links in Abbildung 4.28 dargestellt. Wir sehen, dass schon bei drei Teilungen die Darstellung der Verteilungsfunktion nahe derjenigen für unendlich viele Teilungen (siehe gestrichelte Linie) verläuft. Mit wachsender Teilungsanzahl verringern sich die Abstände. Als Grenzverteilung stellt sich die Exponentialverteilung ein.

Definition 4.16: Exponentialverteilung

Besitzt eine stetige Zufallsvariable W die Dichtefunktion

$$f_W(w) = \lambda \cdot e^{-\lambda \cdot w} \quad w \geq 0 \quad \lambda > 0$$

dann heißt W exponentialverteilt mit dem Parameter λ. Wir schreiben kurz: $W \sim \exp(\lambda)$.

Eigenschaften der Exponentialverteilung. Die Dichte einer Exponentialverteilung ist eine fallende Exponentialfunktion. Die Abbildung 4.29 enthält zu verschiedenen Parametern die Dichtedarstellungen. Alle sind von gleicher Struktur und lassen sich durch Skalierungsoperationen aufeinander abbilden:

00

```
>x<-(0:100)/5; lambda<-0.5
f.x<-dexp(x,lambda)
plot(x,f.x,type="l")
```

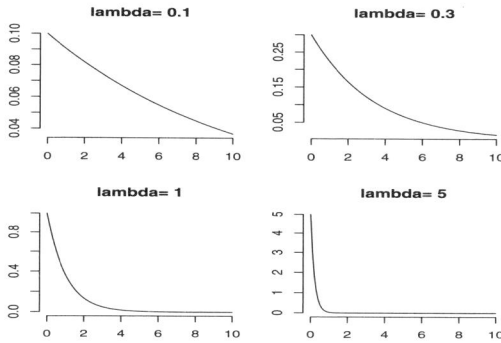

Abb. 4.29: Dichten von Exponentialverteilungen

Wir geben wieder Erwartungswert und Varianz an.

Satz 4.17

Für eine exponentialverteilte Zufallsvariable W mit Parameter λ gilt:

$$E(W) = \frac{1}{\lambda} \qquad \mathrm{Var}(W) = \frac{1}{\lambda^2}$$

Unser Taxifahrer kann also seine mittlere Wartezeit $\overline{w}$ ermitteln und hat mit $\exp(\lambda = 1/\overline{w})$ ein stetiges Wartemodell gefunden.

4.3.5 Von Poisson zu Exponential

Beispiel Feuerwehr. In Fortsetzung des Beispiels zu den Feuerwehralarmen, → S. 125, ergibt sich aus der Perspektive der Einsatzkräfte automatisch die Frage nach der Verteilung der Wartezeit bis zum nächsten Alarm. Interessanterweise lässt sich von der Modellierung mit der Poisson-Verteilung ein Bogen zur Exponentialverteilung spannen und die Frage beantworten, wie die Wartezeit bis zum nächsten Alarm verteilt ist.

Betrachten wir einen Poisson-Prozess, für den sich die Anzahl X der Ereignisse in einem Intervall $(0, w)$ mit einer Poisson-Verteilung beschreiben lässt. Dann ist

$$P(X = 0) = \frac{(\lambda w)^0 \cdot e^{-\lambda w}}{0!} = e^{-\lambda w}$$

die Wahrscheinlichkeit dafür, dass sich kein Ereignis in dem Intervall $(0, w)$ einstellt. Wir müssen also mit Wahrscheinlichkeit $e^{-\lambda w}$ länger als bis w auf das erste Ereignis warten. Damit ist die Wahrscheinlichkeit für eine Wartezeit W kleiner w gegeben durch

$$P(W \leq w) = F_W(w) = 1 - e^{-\lambda w}, \qquad w \geq 0$$

Zu dieser findet man durch Ableitung die Dichte

$$f_W(w) = \lambda e^{-\lambda w}, \qquad w \geq 0$$

– die schon bekannte Dichte der Exponentialverteilung.

Unter idealisierten Bedingungen lässt sich bei einer Alarmrate von 42 pro Jahr die Wartezeit durch die Exponentialverteilung $f(w) = 42e^{-42w}$ modellieren, im Schnitt ist demnach alle

$$E(W) = \frac{1}{42} = \frac{8.7}{365}$$

Jahre oder alle 8.7 Tage mit einem Alarm zu rechnen.

Wir haben damit zwei Erkenntnisse gewonnen. Erstens sind die Zwischenankunftszeiten von Ereignissen eines Poisson-Prozesses exponentialverteilt, und zweitens ist mit $F_T(t) = 1 - e^{-\lambda t}$ die Verteilungsfunktion der Exponentialverteilung gefunden.

Satz 4.18

Ist W exponentialverteilt mit dem Parameter λ, dann ist die Verteilungsfunktion von W für $w \geq 0$ gegeben durch:

$$F_W(w) = 1 - e^{-\lambda w}$$

Beispiel Bergwerksunfälle. Ein prominenter Datensatz enthält die Zeitpunkte von Kohlegrubenunglücken in Großbritanien aus der Zeit von 1851 bis 1962, bei denen jeweils mindestens zehn Menschen ums Leben kamen, [ANDREWS/HERZBERG, 1985]. Mit den notierten 191 Unglücken ergibt sich ein durchschnittlicher Abstand von $111/191 = 0.5842$ Jahre. Zeichnen wir durch das Histogramm der Daten die Dichte der Exponentialverteilung

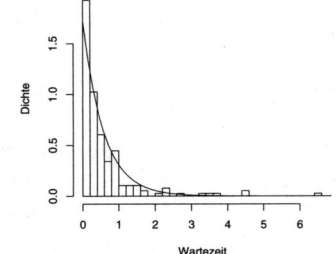

$$f(w) = 191/111 \cdot e^{-191/111 w}$$

so erhalten wir Abbildung 4.30.

Abb. 4.30: Unfälle und exp ( )

01
```
>w<-diff(coal[,1])
x<-seq(0,7,length=50)
y<-dexp(x,191/111)
hist(w,prob=T,nclass=30)
lines(x,y)
```

Wie wir sehen, ist die Anpassung erstaunlich gut.

4.3.6 Summe exponentialverteilter Zufallsvariablen

Karussell. Stellen Sie sich vor, Sie seien Karussell-Besitzer. Um die Kosten niedrig zu halten, starten Sie das Karussell erst, wenn alle $n = 16$ Kabinen belegt sind. Wie ist die Wartezeit verteilt, wenn die Zeiten zwischen der Ankünfte zweier Kunden unabhängig sind und die Zwischenzeiten sich gut mit einer Exponentialverteilung mit dem Parameter λ beschreiben lassen?

Bezeichnet W_i die „Wartezeit für Kunde i", dann gilt $E(W_i) = 1/\lambda$ und die erwartete Gesamtwartezeit S_n ist gegeben durch:

$$E(S_n) = E(W_1 + \cdots + W_n) = \frac{1}{\lambda} + \cdots + \frac{1}{\lambda} = \frac{n}{\lambda}$$

Doch welche Verteilung ergibt sich für S_n? Ohne Beweis sei verraten: Die Gesamtwartezeit ist **gamma-verteilt** mit den Parametern $n = 16$ und λ. Für ganzzahlige Werte n heißt diese Verteilung auch **Erlang-Verteilung**.[8]

Satz 4.19

Sind die Zufallsvariablen $W_1, \ldots, W_n$ unabhängig exponentialverteilt mit λ, dann ist ihre Summe Erlang-verteilt mit n und λ.

Die Dichte einer Gamma-Verteilung ist schnell gezeichnet.

02
```
>n<-3; lambda<-2.5
curve(dgamma(x,n,lambda),0,3*n/lambda)
```

Die Dichten der Abbildung 4.31 bestätigen, dass sich für $n = 1$ der Verlauf einer Exponentialverteilung ergibt. Mit wachsender Summandenzahl bildet sich immer mehr die schon bekannte Glockengestalt heraus. Auch wenn sich die einzelnen asymmetrischen Dichten der Exponentialverteilungen völlig von der Normalverteilung unterscheiden, geht wieder die

---

8 AGNER KRARUP ERLANG (1878–1929), dänischer Mathematiker

Summe der Zufallsvariablen gegen die Normalverteilung. Man sagt: „Summation glättet!" Unterschiede im Detail gleichen sich durch die Summation aus und führen zu glatteren Verläufen (der Dichte der Summe).

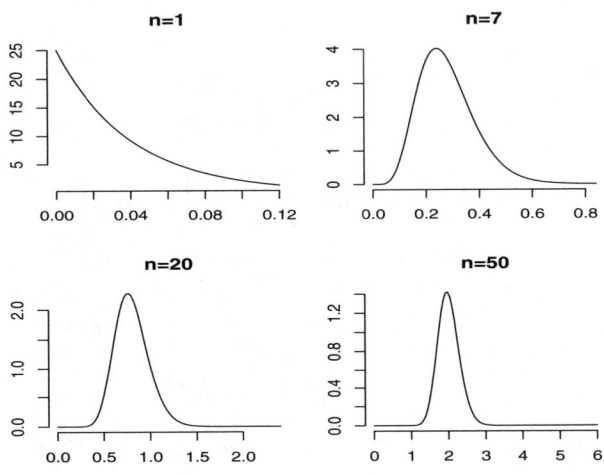

Abb. 4.31: Dichten verschiedener Gamma-Verteilungen

4.3.7 GLIVENKO und CANTELLI

Die Leser, die bis zu dieser Seite gelesen haben, sollen noch auf einen zentralen Satz hingewiesen werden, der eine Aussage macht über den Zusammenhang von empirischer Verteilungsfunktion und der Verteilungsfunktion der Grundgesamtheit, aus dem die Stichprobe gezogen worden ist.

Satz 4.20: GLIVENKO und CANTELLI

Eine Grundgesamtheit sei beschrieben durch die Verteilungsfunktion $F(x)$. Dann gilt für die empirische Verteilungsfunktion $\hat{F}(x)$ einer Stichprobe aus dieser Gesamtheit:

$$P(\sup_x |F(x) - \hat{F}(x)| \leq \epsilon) \overset{n \to \infty}{\to} 1$$

Die Wahrscheinlichkeit, dass die größte Abweichung zwischen $F(x)$ und $\hat{F}(x)$ kleiner wird als irgendeine kleine Zahl ϵ, geht für $n \to \infty$ gegen 1. Lax formuliert, nähert sich also die empirische Verteilung mit wachsendem Stichprobenumfang immer mehr der wahren Verteilung an. Aus diesem Grunde entwickeln wir ein großes Vertrauen in die Richtigkeit von Folgerungen aus genügend großen Stichproben.

Zusammenfassung

Eine Zufallsvariable repräsentiert das noch unbekannte nummerische Ergebnis eines Zufallsvorgangs, und Verteilungsmodelle beschreiben die Unterschiedlichkeit ihrer Realisationen. Verteilungsmodelle sind das theoretische Gegenstück zu empirischen Verteilungen. In diesem Kapitel wurden eine Reihe diskreter und stetiger Modelle und Zusammenhänge ihrer Kenngrößen vorgestellt:

- Das wichtigste Instrument zur Beschreibung von Verteilungsmodellen ist die Verteilungsfunktion $F(x) = P(X \leq x)$. Für stetige Zufallsvariablen ist $F(x)$ stetig, für diskrete eine Treppenfunktion. Mit $F(x)$ lassen sich Wahrscheinlichkeitsfragen zu dem Modell beantworten.

- Das Pendant zum Histogramm ist die Dichtefunktion $f(x)$. Mit ihr ergibt sich $P(a \leq X \leq b)$ als Fläche unter f_X von a bis b. Im diskreten Fall lassen sich Wahrscheinlichkeiten für einzelne Realisationen an der Wahrscheinlichkeitsfunktion ablesen: $f(x) = P(X = x)$. Für eine stetige Zufallsvariable ist dagegen immer $P(X = x) = 0$.

- Ein Maß für die Lage einer Verteilung ist der Erwartungswert $E(X)$. Die Varianz (das zweite zentrale Moment: $\text{Var}(X) = E(X^2) - [E(X)]^2$) oder deren Wurzel werden oft zur Vermessung der Variabilität verwendet. Es gilt: $E(X + Y) = E(X) + E(Y)$ und bei Unabhängigkeit: $\text{Var}(X + Y) = \text{Var}(X) + \text{Var}(Y)$. Das $\sqrt{n}$-Gesetz sagt: $\sigma_{\overline{X}} = \sigma_X / \sqrt{n}$.

- Die Erfolgsanzahl von n unabhängigen Bernoulli-Experimenten mit gleicher Erfolgswahrscheinlichkeit p ist binomialverteilt mit n und p. Die Poisson-Verteilung approximiert eine Binomialverteilung mit großem n und kleinem p. Das Warten auf den ersten Erfolg folgt einer geometrischen Verteilung. Auswahlprozesse ohne Zurücklegen führen zur hypergeometrischen Verteilung.

- Die Exponentialverteilung dient zur Modellierung von Wartezeiten bei stetiger Zeit. Standardisierte Mittel, zum Beispiel gleich- oder exponentialverteilter Zufallsvariablen, gehen laut dem zentralen Grenzwertsatz gegen die Standardnormalverteilung. Als eine Folge kann die Normalverteilung auch zur Approximation von Binomial- oder Poisson-Verteilung verwendet werden.

Aufgaben

1. Wiederhole das Experiment von Seite 95 und beschreibe die Abhängigkeit der sich ergebenden Graphiken von den Parametern.

2. Sei X die Anzahl unproblematischer Verträge aus einer Menge von zehn abgeschlossenen einer Kreditklasse. Wie ist X verteilt? Sei Y die Anzahl der „nicht" erfolgreichen, wie ist Y verteilt? Zeichne $f_Y(\cdot)$, falls die Rückzahlungswahrscheinlichkeit eines Vertrages 0.8 beträgt. Wie groß ist die Wahrscheinlichkeit, dass nicht mehr als fünf Verträge erfolgreich sein werden? Wie groß sind E(X) bzw. E(Y), wie Var(X) bzw. Var(Y)? Nehmen wir an, es werden nur Kredite vom Umfang 10 000 € vergeben; welchen Rückzahlungsverlust erwarten wir bei den zehn Verträgen, bei welcher Standardabweichung?

3. Welcher Wahrscheinlichkeitsbaum lässt sich zu der Frage „Wahrscheinlichkeit genau einer Sechs beim Wurf zweier Würfel" zeichnen und wie wird aus diesem die gesuchte Wahrscheinlichkeit (10/36) berechnet?

4. Bei einem Kundendienst für Geschirrspüler treffen an einem Tag durchschnittlich 4.2 Reparaturanfragen ein. Aus Erfahrung weiß man, dass sich zur Modellierung der Fallanzahlen pro Tag eine Poisson-Verteilung mit Erwartungswert 4.2 eignet.

   a) Wie lautet die Wahrscheinlichkeitsfunktion der Poisson-Verteilung zur Modellierung der Fallanzahlen pro Tag und wie lässt sich diese mit R graphisch darstellen?

   b) Abbildung 4.32 zeigt die Verteilungsfunktion des Poisson-Modells aus a). Wie wahrscheinlich ist es nach diesem Modell, dass pro Tag
   - mehr als 6 Anfragen,
   - weniger als 3 Anfragen,
   - zwischen $\lambda - \sqrt{\lambda}$ und $\lambda + \sqrt{\lambda}$ Fälle eintreffen, wobei λ der Parameter der Poisson-Verteilung ist? Diese gefragten Größen sollen Sie aus der nebenstehenden, graphischen Darstellung ermitteln! Wie lassen sich die Antworten mit R finden?

   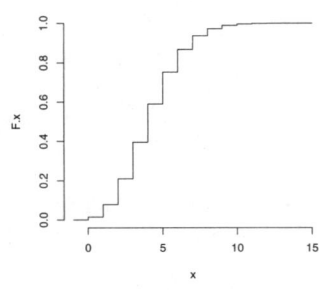

   Abb. 4.32: $F(x)$, pois

   c) Wenn sich zehn Reparaturanfragen gesammelt haben, wird ein Techniker losgeschickt. Es hat sich gezeigt, dass ein Drittel der defekten Geräte nicht zu reparieren ist, ein zweites Drittel eine umfangreiche Reparatur erfordert und der Rest der Defekte mit geringem Aufwand (z.B. Reinigung des Abwasserschlauches) behebbar ist. Welches Modell schlagen Sie zur Modellierung der Anzahl nicht zu reparierender Geräte von zehn noch nicht untersuchten Reparaturanfragen vor? Spezifizieren Sie alle Modellparameter! Welche Annahmen liegen dieser Modellierung zugrunde?

d) Betrachten wir nun einen Zeitraum von zwei Wochen mit zehn Arbeitstagen. Welches Modell schlagen Sie für die Anzahl der Reparaturanfragen für diesen Zeitraum vor? Begründen Sie den Vorschlag.

e) Verstopfte Abwasserschläuche kommen häufig vor. Die Erfahrung sagt, dass bei jeder dritten Anfrage vom Typ „mit geringem Aufwand reparierbar" der Schlauch verstopft ist. Wie berechnet man die Wahrscheinlichkeit dafür, dass der Mechaniker mehr als zehn Anfragen bearbeiten muss, bis er einen verstopften Schlauch antrifft? Berechnen Sie diese Wahrscheinlichkeit mit R.

f) Gemäß Aufgabenteil c) lassen sich die Defekte drei Klassen zuordnen. Weiterhin können wir Fehler in Elektronik-Fehler und sonstige unterteilen. Teilt man drittens Anfragen in Garantiefälle und Nicht-Garantiefälle auf, so ergeben sich aufgrund dieser drei Kriterien insgesamt k Kombinationsmöglichkeiten. Wie groß ist k?

5. Ein Puddinghersteller hat in einem Supermarkt einen Stand aufgebaut, um die Akzeptanz einer neuen Puddingsorte zu testen. Die Praktikantin Auguste Bötker bekommt die Aufgabe, hereinkommenden Kunden eine Probe anzubieten und das Ergebnis des Geschmackstests festzuhalten. Zehn der ersten 30 Kunden finden die Probe „großartig", weitere zehn bewerten sie als „geschmacklos" und die übrigen geben eine mittlere Bewertung ab.

a) Durch welche Verteilung lässt sich der Test einer einzelnen Person bzgl. der Einordnung in die alternativen Klassen „großartig" oder „nicht großartig" modellieren? „nicht großartig" setzt sich dabei aus der mittleren Bewertung und der Bewertung „geschmacklos" zusammen.

b) Wie ist bei den nächsten fünf Kunden die Anzahl derjenigen verteilt, die „großartig" ankreuzen, sofern die Verhältnisse der ersten 30 Kunden als typisch angesehen werden können.

c) Wie groß ist die Wahrscheinlichkeit dafür, dass zwei der nächsten fünf Kunden **nicht** das Urteil „großartig" vergeben?

d) In einer Stunde besuchen etwa 100 Kunden den Teststand. Wie viele Kunden (X) sind dabei bei welcher Varianz zu erwarten, die „geschmacklos" ankreuzen, wenn die anfangs geschilderten Verhältnisse als repräsentativ angesehen werden können?

e) Die Kunden werden ab Mittag von 1 beginnend durch nummeriert. Es sei W die Nummer des ersten Kunden, der die Probe „großartig" findet. Wie ist W verteilt?

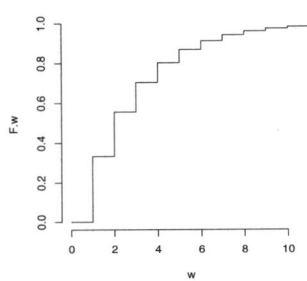

f) Abbildung 4.33 zeigt die Verteilungsfunktion von W. Wie groß ist $P(W \geq 3)$ gemäß der Graphik?

g) Geben Sie $E(W)$ an.

Abb. 4.33: $F_W(w)$

h) Sei S die Anzahl der Kunden unter den 456 Testkunden eines Tages, die die Probe als „großartig" einstufen. Durch welche Normalverteilung lässt sich die Verteilung von S ganz gut approximieren? Wie groß ist demnach $P(S \leq 152)$?

6. Nach dem Zentralen Grenzwertsatz gehen unter schwachen Bedingungen die Verteilung des standardisierten arithmetischen Mittels für $n \to \infty$ gegen die Standardnormalverteilung. Das wollen wir experimentell überprüfen, indem wir aus der Exponentialverteilung wiederholt Stichproben ziehen und jeweils die Mittelwerte berechnen. Für Stichproben vom Umfang n=10 und wd=100 Wiederholungen erhalten Sie einen Vektor der 100 Mittelwerte durch:

103

```
>n<-10; wd<-100; mittel<-rep(0,wd)
 for(i in 1:wd) mittel[i]<-mean(rexp(n))
```

a) Machen Sie sich ein Bild von dem neuen Datensatz `mittel`, indem Sie dann Funktionen wie `hist()`, `boxplot()`, `summary()` einsetzen. Zeichnen Sie auch eine empirische Verteilungsfunktion.

b) Auf jeden Fall sollten Sie mittels `qqnorm(mittel)` die generierten Daten `mittel` den Quantilen der Normalverteilung gegenüberstellen. Welche Auswirkung hat eine Veränderung der Wiederholungszahl `wd` und ein veränderter Stichprobenumfang `n` auf den QQ-Plot? Ab welchem Stichprobenumfang ist die Verteilung des Mittels kaum noch von der einer Normalverteilung zu unterscheiden?

c) Was ändert sich an den Graphiken, wenn die Mittelwerte standardisiert werden:

104   `>mittel.std<-(mittel-mean(mittel))/sd(mittel)`

7. Studierende wurden in einer Statistikvorlesung nach ihren monatlichen Ausgaben befragt. Extreme Antworten über 1 000 € wurden aussortiert. Im Mittel ergab sich ein Wert von 416.30 € bei einer Standardabweichung von 177.85 € angegeben. Eine Normalverteilung mit den Parametern $\mu = 416$ und $\sigma = 178$ scheint die Grundgesamtheit gut zu charakterisieren.

a) Wie groß ist nach dem Modell die Wahrscheinlichkeit dafür, dass der Verbrauch eines Studierenden 416 € nicht übersteigt, dass der Verbrauch unter 238 € liegt und dass er größer ist als 772 €?

b) Wo liegt das zentrale Schwankungsintervall, zu dem eine Wahrscheinlichkeit von 95.45% gehört?

c) Welcher Erwartungswert und welche Varianz gehören zu dem Modell, das sich ergibt, wenn wir von Euro zu Cent übergehen?

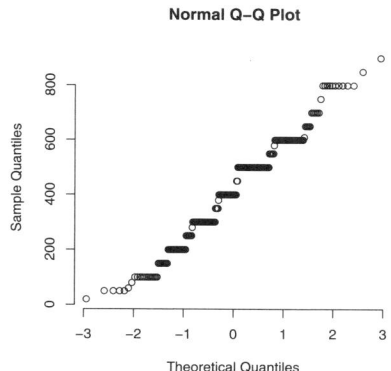

Abb. 4.34: QQ-Plot

d) Die Abbildung 4.34 zeigt einen QQ-Plot, in dem die Daten gegenüber Prozentpunkten der Standardnormalverteilung abgetragen sind. Was spricht für, was gegen ein Normalverteilungsmodell?

5 Casino-Statistik

„Höchstwahrscheinlich gibt es heute Regen!", oder „Es ist völlig unwahrscheinlich, dass wir im Lotto sechs Richtige haben!", oder auch „Sehr
wahrscheinlich wird während der nächsten Kinovorstellung ein Han-
dy klingeln!" Sie kennen solche Sätze, in denen im alltäglichen Leben
das Wort „wahrscheinlich" irgendeine Art von Unwissenheit, Unsicherheit oder Chance ausdrückt. Tiefer gehende Auseinandersetzungen über
unsichere Phänomene erlaubt unsere Umgangssprache dagegen kaum,
obwohl wir immer wieder Entscheidungen unter Unsicherheit fällen
müssen: „Lohnt sich für mich in diesem Jahr eine Grippeimpfung? Hat
der Zug ausnahmsweise keine Verspätung, sodass ich mich beeilen sollte? Wird mein Auto die Urlaubsfahrt überstehen? Macht es Sinn, bei dem
gegenwärtigen Jackpot das Glück zu wagen?"

In der Statistik dienen Wahrscheinlichkeiten dazu, die Unsicherheit
des Ausgangs von Zufallsexperimenten zu modellieren, → Abschnitt 5.2.
Der Wahrscheinlichkeitsbegriffs ist Baustein eines in sich geschlossenen,
stimmigen Gebäudes, der Wahrscheinlichkeitsrechnung, → Abschnitt 5.4. In
diesem Kapitel nimmt der Leser an einer Führung durch dieses Gebäude
teil, sodass er nach dem Rundgang sachverständig mit Wahrscheinlichkeiten umgehen kann.

Für den praktischen Gebrauch ist zweierlei erforderlich. Einerseits
ist das Hantieren mit Wahrscheinlichkeiten zu lernen, → Abschnitt 5.3.
Da Wahrscheinlichkeiten „Modellierungen" von Chancen, Unsicherheiten und Risiken darstellen, kann es keine „richtigen", sondern nur
geeignetere oder weniger passende Wahrscheinlichkeiten geben. Deshalb müssen zweitens zur Beschreibung realer Begebenheiten geeignete Wahrscheinlichkeiten „ausgewählt" werden. Bei vielen Glücksspielen
finden wir plausible Festlegungen, → Abschnitt 5.6. Beispielsweise erhält der
Vorschlag allgemeine Zustimmung, für die verschiedenen Ausgänge eines Würfelwurfes 1/6 anzusetzen. Aus diesem Grunde setzen wir in diesem Kapitel Glücksspiele zur Demonstration ein. Darüber hinaus wird
der Leser mit den Werkzeugen der Wahrscheinlichkeitsrechnung und
der Kombinatorik seine Spielstrategien überprüfen können, → Abschnitte 5.7
und 5.6. Das wird viele interessieren, denn selbst in unserer aufgeklärten
Zeit ist der Drang ungebrochen, mit Lotterien Reichtum zu erlangen.

5.1 Würfelfragen

Eine Würfelfrage von CHEVALIER DE MÉRÉ. Schon seit Jahrhunderten versuchen viele Leute, durch Glücksspiele reich zu werden. Jedoch fehlte lange Zeit das Wissen, um Fragen zu klären wie die von CHEVALIER DE MÉRÉ: Ist beim Würfeln mindestens eine Sechs in vier Würfen mit einem fairen Würfel wahrscheinlicher als das Auftreten von mindestens zwei Sechsen in 24 Würfen mit zwei fairen Würfeln?

Der Chevalier bot in den Salons immer Wetten über den Ausgang von Würfelexperimenten an. Lange und lukrativ hatte er die Wette: „mindestens eine Sechs bei vier Würfen" offeriert. Da er damit offensichtlich mehr Louisdors gewann als verlor, sank die Bereitschaft mit ihm zu spielen. Da dachte er sich eine zweite Wette aus: „mindestens einmal Pasch Sechs bei 24 Würfen mit zwei Würfeln." Nach seinen Überlegungen sollte dieses Spiel für ihn ähnlich erfolgreich verlaufen. Aber die Louisdors schmolzen dahin. Der Chevalier machte die Mathematik verantwortlich und beschwerte sich bei den berühmtesten Mathematikern seiner Zeit. So kam das Würfelproblem des CHEVALIER DE MÉRÉ in die Statistik.

Wer die Muße besitzt, kann durch 10 000-faches Werfen von Würfeln zu einer Antwort kommen. Beginnen wir mit einem Experiment zur Simulation der Frage von MÉRÉ. Hierdurch erhalten wir eine empirische Antwort und können so theoretische Ergebnisse vergleichen.

Dazu werfen wir wiederholt vier virtuelle Würfel und stellen fest, ob mindestens eine Sechs erscheint. Ebenso würfeln wir mit zwei Würfeln und ermitteln in Serien der Länge 24, ob Pasch sechs vorkommt. Wenn wir die relativen Erfolgshäufigkeiten gegen die durchgeführten Wiederholungen plotten, bekommen wir Verläufe, wie in der Abbildung 5.1. Dieses Experiment lässt sich durch Aufruf von `exp.mere()` durchführen, bei dem der Zufallsstart wie auch die Anzahl der Einzelversuche variierbar sind.

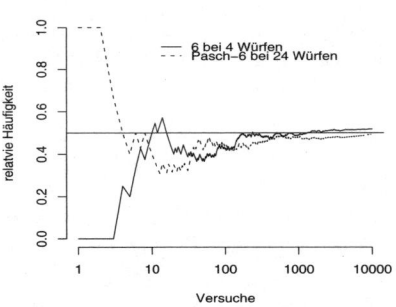

Abb. 5.1: 10 000 Simulationen

105　`>exp.mere()`

Nach Abbildung 5.1 liegt die Wahrscheinlichkeit für eine Sechs mit vier Würfeln knapp über 0.5, wogegen diejenige für Pasch sechs einem Wert etwas unter 0.5 zustrebt. Können wir dieses Ergebnis glauben? Sollte man besser noch mehr Versuche unternehmen?

Im Gegensatz zu Experimenten in einem richtigen Casino werden eigene Würfelexperimente nicht zur Zahlungsunfähigkeit führen. Jedoch kann die Zeit zur Durchführung manueller Versuche viel besser für Rechnerexperimente und zum Studium dieses Kapitels genutzt werden. Hierdurch wird der Leser eine begründete Antwort auf die MÉRÉSCHE und andere Fragen bekommen.

5.2 Wahrscheinlichkeit — was ist das?

Wahrscheinlichkeit einer vier beim Spiel: „Mensch ärgere dich nicht". In diesem Abschnitt wollen wir zur Beantwortung der MÉRÉSCHEN Würfel-Frage ganz einfach beginnen und gleichzeitig Schritt für Schritt das Gebäude der Wahrscheinlichkeiten kennenlernen. Es wäre doch wohl gelacht, wenn wir nicht mit ein paar soliden Überlegungen das Rätsel des schon längst verstorbenen Adeligen lösen könnten. Betrachten wir zum Aufwärmen das einmalige Würfeln eines Würfels anhand des bekannten Brettspiels: „Mensch ärgere dich nicht."

Dort gibt es immer wieder Situationen, in denen man mit seinem nächsten Würfelwurf genau eine bestimmte Augenzahl erreichen will. Sei es, dass man hierdurch einen seiner Kegel in Sicherheit bringen oder einen fremden herauskegeln kann. Nehmen wir an, es sei eine Augenzahl von vier erforderlich. Wie großs ist die Wahrscheinlichkeit, dass beim nächsten Wurf eine Vier kommt? Natürlich $1/6$, denn es gibt sechs verschiedene, gleich wahrscheinliche Möglichkeiten, und nur eine liefert das gewünschte Ergebnis. Wie lässt sich diese Würfelsituation im Gebäude der Wahrscheinlichkeiten beschreiben?

Zufallsexperiment und Wahrscheinlichkeiten. Ein Experiment mit zufälligem Ausgang wird als **Zufallsexperiment** bezeichnet. Die möglichen elementaren Ausgänge heißen **Ergebnisse** oder **Elementarereignisse**. Die Menge dieser Ergebnisse heißt **Ergebnismenge (Ereignisraum, Stichprobenraum)** und wird oft mit Ω bezeichnet. Elementarereignisse werden durch einelementige Teilmengen der Ergebnismenge repräsentiert. Mehrere Elementarereignisse können zu nicht elementaren Ereignissen zusammengefasst werden. Jedem Elementarereignis wird als **Wahrscheinlichkeit** so eine Zahl zwischen 0 und 1 zugeordnet, dass die Summe der Wahrscheinlichkeiten gerade 1 ergibt.[9] Wir wollen für Wahrscheinlichkeit den Buchstaben P verwenden. Ereignisse lassen sich ebenso durch (kurze) **Aussagen** charakterisieren und werden im Folgenden durch große Buchstaben

---

9 Aus Gründen der Einfachheit wollen wir uns hier nur Zufallsexperimente vorstellen, die endlich viele Ausgänge besitzen.

oder verständliche Kürzel abgekürzt. So bezeichnet also $P(A)$ die Wahrscheinlichkeit, die dem Ereignis oder der Aussage A zugeschrieben wird. Bezeichnet A das Ereignis, dass beim Würfeln eine Sechs aufgetreten ist, notieren wir dieses also auch durch $P(\text{„6 wurde gewürfelt"})$.

Wahrscheinlichkeiten beim Würfelwurf. Einen Würfel, für den die Wahrscheinlichkeiten der verschiedenen Augenzahlen gleich groß, also 1/6 sind, wollen wir als fairen Würfel bezeichnen. Die Menge Ω der Ergebnisse hat für das einmalige Werfen eines Würfels folgende Gestalt:

$$\Omega = \{ \boxed{\cdot}, \boxed{\because}, \boxed{\therefore}, \boxed{::}, \boxed{\vdots\cdot}, \boxed{:::} \}$$

Wir legen also als Wahrscheinlichkeiten für die elementaren Ereignisse fest.

$$P(\text{„Würfel zeigt Augenzahl } j\text{"}) = 1/6 \quad \text{mit} \quad j = 1, \ldots, 6$$

Die Summe dieser Wahrscheinlichkeiten beträgt gerade 1.

Diese Eigenschaft ist zweckmäßig. Denn wir können die Wahrscheinlichkeiten als zu erwartende Eintrittshäufigkeiten interpretieren und diese sollten sich zu 100% aufaddieren. Die im Folgenden beschriebenen Zusammenhänge für Wahrscheinlichkeiten gelten ebenso für relative Häufigkeiten. Dadurch kann der Leser Ausdrücke mit einem P im Bereich der relativen Häufigkeiten interpretieren und die Stimmigkeit überprüfen.

Festlegung von Wahrscheinlichkeiten. Warum wird beim Würfel immer wieder ohne Einspruch 1/6 als Wahrscheinlichkeit für die Elementarereignisse festgesetzt? Als objektives Argument lässt sich die Symmetrie eines Würfels anführen; es ist aus physikalischen Gründen nicht einzusehen, dass eine Seitenfläche Vorrang hat. Deshalb muss für jede Seitenfläche die Wahrscheinlichkeit gleich groß sein. Die Betrachtung von solchen Symmetrieeigenschaften führt uns beim Würfel und vielen anderen Spielsituationen zum sogenannten **Gleichmöglichkeitsmodell:** Besitzt ein Zufallsexperiment n gleich mögliche Ausgänge, dann wird jedem Ausgang die Wahrscheinlichkeit $1/n$ zugeordnet. Das Gleichmöglichkeitsmodell liefert natürlich keine gute Modellierung von Situationen, bei denen beispielsweise ein gezinkter Würfel im Spiel ist. In einem solchen Fall können wir wiederholt würfeln (z.B. 1 000 Würfe) und die sich einstellenden relativen Häufigkeiten als Wahrscheinlichkeiten verwenden. Als dritte Möglichkeit könnten wir unsere Einschätzung verwenden oder eine Person (z.B. einen Experten) bitten, uns seine Vorstellungen über die Chancen zu nennen. Diese drei Ansätze führen zu dem **logischen,** dem **frequentistischen** und dem **subjektivistischen Wahrscheinlichkeitsbegriff** und in der Regel zu unterschiedlichen Wahrscheinlichkeiten. Glücklicherweise haben sich die Regeln der Wahrscheinlichkeitsrechnung bei allen drei Ansätzen unabhängig von der Festsetzungsart für das Operieren mit Wahrscheinlichkeiten bewährt.

Werfen wir zum Abschluss dieses Abschnitts 6 000 virtuelle Würfel und betrachten wir eine Häufigkeitstabelle.

```
>set.seed(9)
 table(sample(1:6,6000,replace=T))
```

Das Ergebnis lautet:

```
   1    2    3    4    5    6
 992  993 1009  995  998 1013
```

Die beobachteten Werte liegen alle in der Nähe von 1 000, und mit einer Wahrscheinlichkeit von 1/6 sind ja bei 6 000 Versuchen gerade 1 000 für jede Augenzahl zu erwarten.

5.3 Rechnen mit Wahrscheinlichkeiten

In diesem Abschnitt wollen wir einige einfache Würfelfragen studieren und zusammentragen, welche Regeln für Wahrscheinlichkeiten gelten.

Wahrscheinlichkeiten für „keine sechs". Während des Spiels „Mensch-ärgere-dich-nicht" fallen uns verschiedene einfache Fragen zu Wahrscheinlichkeiten bestimmter Ergebnisse ein. Wie groß ist die Wahrscheinlichkeit, dass keine sechs gewürfelt wird? Offensichtlich erscheint die Antwort auf die Frage, wie wahrscheinlich eine Augenzahl aus $\{1, 2, \ldots, 6\}$ ist. Und wie groß ist die Wahrscheinlichkeit, dass sich bei zwei Würfen zwei Sechsen ergeben? Als allgemein akzeptiert nehmen wir an, dass eine Wahrscheinlichkeit eine Zahl zwischen 0 und 1 ist.

Wir wollen hier dem Symmetrieargument und damit dem **Gleichmöglichkeitsmodell** folgen und antworten auf die erste Frage: 5/6 ist die Wahrscheinlichkeit, keine sechs bei einem Wurf zu erhalten. Dieser Bruch ist als erwartete relative Häufigkeit der günstigen Ausgänge interpretierbar. Allgemein gilt im Gleichmöglichkeitsmodell für ein Ereignis A:

$$P(A) = \frac{\text{Anzahl der günstigen Ausgänge für } A}{\text{Anzahl der möglichen Ausgänge}}$$

Das Ergebnis lässt sich jedoch auch anders ermitteln. Wenn die Chance für eine sechs gerade 1/6 beträgt, muss für die Alternative 5/6 übrigbleiben:

$$P(\text{„keine sechs"}) = 1 - P(\text{„sechs gewürfelt"}) = 1 - 1/6 = 5/6$$

Gegenwahrscheinlichkeit. Zur Berechnung einer Wahrscheinlichkeit kann es vorteilhaft sein, zunächst die Wahrscheinlichkeit für das Gegenteil der interessierenden Aussage zu betrachten. So lassen sich eine Reihe von auf den ersten Blick schwierig erscheinenden Wahrscheinlichkeiten ermitteln.

Regel 1: Gegenwahrscheinlichkeit
Die Wahrscheinlichkeit für $P(A)$ ergibt sich mit Hilfe der Wahrscheinlichkeit für die gegenteilige Aussage bzw. für das Gegenereignis oder **Komplement** $\overline{A}$ von A durch:

$$P(A) = 1 - P(\text{Komplement}(A)) = 1 - P(\overline{A})$$

Damit kennen wir jetzt zwei Wege, um die Wahrscheinlichkeit für „keine 6 ist eingetreten" auszurechnen. Der erste führt über die Gegenwahrscheinlichkeit. Bedeutet $W_{1..5} := $ „keine 6" und $W_j := $ „j gewürfelt", dann folgt:

$$P(W_{1..5}) = 1 - P(\overline{W_{1..5}}) = 1 - P(W_6) = 1 - 1/6 = 5/6$$

Zweitens kann durch Zurückführung auf die Wahrscheinlichkeiten der elementaren Ereignisse dasselbe Ergebnis erzielt werden:

$$\begin{aligned} P(W_{1..5}) &= P(W_1 \text{ oder } W_2 \text{ oder } W_3 \text{ oder } W_4 \text{ oder } W_5) \\ &= P(W_1) + P(W_2) + \ldots + P(W_5) = 5/6 \end{aligned}$$

Verknüpfung von Aussagen. Offensichtlich haben wir im letzten Beispiel mit Aussagen „operiert", indem wir einzelne Aussagen mittels einer *oder*-Operation verknüpft haben. W_1 *oder* W_2 ist dann wahr, wenn entweder W_1 oder W_2 wahr sind. Dann wurde die *oder*-Verknüpfungen aufgebrochen. Dieses erfordert, dass folgende Operationen zulässig sind:

Regel 2a: Wahrscheinlichkeit der Vereinigung schnittleerer Aussagen
Sind zwei Aussagen bzw. Ereignisse A_1 und A_2 so, dass sie keine gemeinsamen Versuchsausgänge umfassen, gilt:

$$P(A_1 \text{ oder } A_2) = P(A_1) + P(A_2)$$

Kurz können wir diese Regel auch beschreiben durch:

$$A_1 \cap A_2 = \emptyset \quad \Rightarrow \quad P(A_1 \cup A_2) = P(A_1) + P(A_2)$$

In dieser Kurzform bezeichnet $\emptyset$ die leere Menge bzw. eine Aussage, die niemals eintreffen kann. Das Zeichen $\cap$ bedeutet: die Aussagen rechts und links von $\cap$ (Schnittmenge) müssen erfüllt sein. Die Aussage $A_1 \cup A_2$ (Vereinigung) ist dagegen schon erfüllt, wenn A_1 oder A_2 erfüllt ist.[10]

---

10 Wahrscheinlichkeiten können sowohl auf Basis von Aussagen als auch auf Ereignismengen

Betrachten wir zwei Ereignisse, die sich überschneiden:

$W_G :=$ „Augenzahl gerade" und $W_{1,2,3} :=$ „1, 2 oder 3 gewürfelt"

Die Wahrscheinlichkeit der Vereinigung von W_G und $W_{1,2,3}$ muss $5/6$ betragen. Denn nur die Augenzahl 5 ist von der Vereinigung nicht abgedeckt. Damit $P(W_2)$ nicht doppelt in die Berechnung von $P(W_G \cup W_{1,2,3})$ einfließt, muss $P(W_G) + P(W_{1,2,3})$ um $P(W_2)$ vermindert werden. Es muss also gelten:

$$\frac{5}{6} \overset{!}{=} P(W_G \cup W_{1,2,3}) = P(W_G) + P(W_{1,2,3}) - P(W_2)$$

Die allgemeine Regel für die Wahrscheinlichkeit der Vereinigung von Aussagen lautet:

Regel 2b: Wahrscheinlichkeit der Vereinigung zweier Aussagen
Für zwei Aussagen bzw. Ereignisse A_1 und A_2 gilt:

$$P(A_1 \cup A_2) = P(A_1) + P(A_2) - P(A_1 \cap A_2)$$

Das sichere bzw. das unmögliche Ereignis. Wir wissen, dass bei einem einmaligen Wurf eines Würfels mit Sicherheit eine Augenzahl zwischen 1 und 6 erscheinen wird. Für dieses sichere Ereignis W_s lässt sich schreiben:

$$1 = 6 \cdot \frac{1}{6} = P(W_1) + \ldots + P(W_6) = P(W_1 \cup \ldots \cup W_6) = P(W_s)$$

Die Aussage $W_1 \cup \ldots \cup W_6$ ist immer wahr und muss deshalb die Wahrscheinlichkeit 1 besitzen. Das Gegenteil oder Komplement des sicheren Ereignisses ist das unmögliche Ereignis mit der Wahrscheinlichkeit:

$$P(\emptyset) = P(\overline{W_s}) = P(\overline{W_1 \cup \ldots \cup W_6}) = 1 - P(W_1 \cup \ldots \cup W_6) = 1 - 1 = 0$$

$P(\cdot)$ muss also erfüllen:

Regel 3: Wahrscheinlichkeit für das sichere und unmögliche Ereignis

$$P(\emptyset) = 0 \quad \text{und} \quad P(\Omega) = 1$$

Wahrscheinlichkeit für zwei Sechsen beim Würfeln. Der Mensch freut sich beim Mensch-ärgere-Dich-nicht-Spiel besonders dann, wenn er mehrere Sechsen hintereinander würfelt. Wie wahrscheinlich ist es, dass sich

---

eingeführt werden. Beide Darstellungsweisen sind äquivalent, doch erlaubt die Vorstellung von Ereignismengen Symbole der Mengenlehre wie $\cup, \cap, \subset$ usw. zu verwenden. Hier werden je nach Situation Aussagen oder Ereignisse betrachtet.

bei zwei Würfen beispielsweise zwei Sechsen einstellen? Da unter den 36 gleich wahrscheinlichen Ausgängen nur ein einziger die Bedingung „Pasch Sechs" erfüllt, muss die Antwort auf Basis des Gleichmöglichkeitsmodells lauten: 1/36. Dieses Ergebnis erhalten wir ebenso, wenn wir die Wahrscheinlichkeit für eine Sechs quadrieren: $1/36 = 1/6 \cdot 1/6$. Verallgemeinern wir diesen Zusammenhang, dann ergibt sich:

Regel 4: Wahrscheinlichkeiten unabhängiger Zufallsexperimente
Sind zwei Zufallsexperimente unabhängig und bezieht sich die Aussage A_1 auf das erste und A_2 auf das zweite Zufallsexperiment, so gilt:

$$P(A_1 \text{ und } A_2) = P(A_1) \cdot P(A_2)$$

Zum Merken bieten wir eine Kurzform an:

$$A_1, A_2 \text{ unabhängig} \quad \Rightarrow \quad P(A_1 \cap A_2) = P(A_1) \cdot P(A_2)$$

Das Gebäude der Wahrscheinlichkeitstheorie bietet uns einen Wahrscheinlichkeitsbegriff, der die aufgestellten Forderungen erfüllt. Als Fundament dienen die Axiome der Wahrscheinlichkeitsrechnung.

5.4 Axiome der Wahrscheinlichkeitsrechnung

Bisher wurden Wahrscheinlichkeiten zweckmäßig für die vorgestellten Situationen eingeführt und wünschenswerte Eigenschaften als Regeln aufgestellt. Stabilität und Vertrauen erhält ein aus solchen Fragmenten konstruiertes Gebäude dadurch, dass nachweislich keine Widersprüche existieren und es sich auf wenige definierte Annahmen gründet. KOLMOGOROFF hat zu diesem Zweck 1933 eine axiomatische Einführung des Wahrscheinlichkeitsbegriff vorgestellt. Dessen Eigenschaften entsprechen unserer Intuition und sind bereits im letzten Abschnitt, → S. 159 ff, erarbeitet worden.

Definition 5.1: Axiome der Wahrscheinlichkeit

$P(\cdot)$ heißt Wahrscheinlichkeit, wenn P zu jedem Ereignis, also zu jeder Teilmenge A des Ereignisraums Ω, genau eine Zahl $P(A)$ mit den folgenden Eigenschaften zuordnet:

Axiom 1: $0 \leq P(A)$

Axiom 2: $P(\Omega) = 1$

Axiom 3: $A_i \cap A_j = \emptyset \quad \Rightarrow \quad P(A_i \cup A_j) = P(A_i) + P(A_j)$

Auf der Grundlage dieser Axiome lässt sich nun das Gebäude der Wahrscheinlichkeiten errichten.[11]

---

11 Da in dieser Abhandlung „Statistik" und damit Anwendungsfragen für reale Situationen im Vordergrund stehen sollen, werden Fragen mathematischer Konstruktion nur dann betont,

5.5 Zusammengesetzte Ereignisse

Mindestens eine Sechs bei vier Würfen. In einer der MÉRÉSCHEN Würfelsituationen wurde ein Würfel viermal hintereinander geworfen und die Frage gestellt, wie wahrscheinlich es ist, dass mindestens eine Sechs auftritt. Gleichbedeutend ist ein gleichzeitiger Wurf mit vier Würfeln. Als Menge der elementaren Ergebnisse ergibt sich:

$$\Omega_4 = \{ \; \boxed{\cdot}\boxed{\cdot}\boxed{\cdot}\boxed{\cdot}, \; \boxed{\cdot}\boxed{\cdot}\boxed{\cdot}\boxed{\therefore}, \dots, \; \boxed{::}\boxed{::}\boxed{::}\boxed{::} \; \}$$

Wir können diese Menge mit ihren $6^4 = 1\,296$ Elementen vollständig niederschreiben und durch Auszählen feststellen, in wie vielen Fällen eine Sechs auftaucht.

Mindestens eine Sechs bei zwei Würfen. Für zwei Würfel gibt es einen eleganteren Weg. In diesem Fall lässt sich die Menge der Elementarereignisse als Tabelle anordnen.

$$\Omega_2 = \{ \quad \dots \quad \}$$

Aus dieser Tabelle erkennen wir unmittelbar, dass in elf Fällen mindestens eine Sechs auftritt. Also gilt:

$$P(\text{„mindestens eine Sechs bei zwei Würfen"}) = 11/36$$

Dieses Ergebnis müsste sich auch mit Hilfe der Eigenschaften der einzelnen Würfel ermitteln lassen. Denn die Aussage ist wahr, falls der eine *oder* der andere *oder* beide Würfel eine Sechs anzeigen. Wir können mit

$$^wW_j := \text{„Würfel } w \text{ zeigt } j\text{"}$$

schreiben:

$$P(\text{„mindestens eine Sechs bei zwei Würfen"}) = P(^1W_6 \text{ oder } ^2W_6)$$

Für die *oder*-Operation lässt sich jedoch nicht das Axiom 3 anwenden, da $^1W_6$ mit $^2W_6$ im Fall von Pasch sechs gleichzeitig eintreten können.

---

wenn es die lokale Fragestellung voranbringt. So werden wir hier auch nicht weiter Fragen von Ereignisräumen mit unendlich vielen Elementarereignissen und notwendigen Verbesserungen des dritten Axioms nachgehen.

Vereinigung von Ereignissen. Betrachten wir die zwei Ereignisse A_1 und A_2. Falls es Versuchsausgänge gibt, die sowohl in A_1 und A_2, also in den beiden Ereignissen, enthalten sind, ist die Wahrscheinlichkeit für das Ereignis A_1 *oder* A_2 kleiner als die Summe der einzelnen Wahrscheinlichkeiten. Zur Korrektur sind die doppelt gezählten elementaren Ereignisse abzuziehen. Als Satz formuliert erhalten wir:

Satz 5.1: Wahrscheinlichkeit der Vereinigung zweier Aussagen

Allgemein gilt für $A_1, A_2 \subseteq \Omega$:

$$P(A_1 \text{ oder } A_2) = P(A_1) + P(A_2) - P(A_1 \text{ und } A_2)$$

Mit den Zeichen der Mengenlehre notieren wir dieses durch:

$$P(A_1 \cup A_2) = P(A_1) + P(A_2) - P(A_1 \cap A_2)$$

Dieser Zusammenhang lässt sich durch ein sogenanntes Venndiagramm verdeutlichen.[12] Die Abbildung 5.2 zeigt links eines zur Darstellung der Schnittmenge, rechts werden Ereignisse beim Werfen eines Würfels dargestellt.

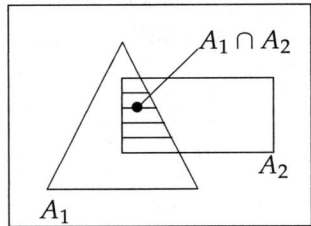 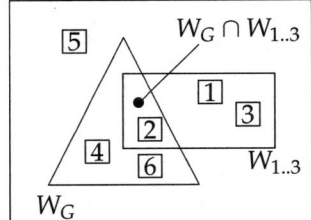

Abb. 5.2: Venndiagramme

Steht W_G dafür, dass eine gerade Augenzahl eingetreten ist, und $W_{1..3}$ für eine Augenzahl 1, 2 oder 3, dann folgt:

$$
\begin{aligned}
P(W_G \text{ oder } W_{1..3}) &= P(W_G) + P(W_{1..3}) - P(W_G \text{ und } W_{1..3}) \\
&= 1/2 + 1/2 - P(W_2) = 1 - 1/6 = 5/6
\end{aligned}
$$

Da nur die Augenzahl fünf nicht mit W_G oder $W_{1..3}$ abgedeckt ist, kann das Ergebnis mit dem Gesetz von der Gegenwahrscheinlichkeit überprüft werden. Die Situation wird im rechten Diagramm von 5.2 dargestellt.

---

12 Venndiagramme werden zur Demonstrationen von Schnitt- und Vereinigungsmengen in der Mengenlehre gezeichnet.

Mindestens eine Sechs bei zwei Würfen. Durch Anwendung des Satzes zur Berechnung von Wahrscheinlichkeiten vereinigter Aussagen und dem Wissen, dass die Wahrscheinlichkeit für Pasch sechs genau $1/36$ beträgt, erhalten wir:

$$P(^1W_6 \cup {}^2W_6) \;=\; P(^1W_6) + P(^1W_6) - P(^1W_6 \cap {}^2W_6)$$
$$=\; 1/6 + 1/6 - 1/36 = 11/36$$

Dieses Ergebnis stimmt mit dem durch Auszählen erhaltenen überein.

Mindestens eine Sechs bei drei Würfen. Damit kennen wir zwei Strategien, um die Wahrscheinlichkeit mindestens einer Sechs in drei Würfen herauszufinden: durch Auflistung und Auszählung der Menge der Elementarereignisse und durch Auswertung von $P(^1W_6 \cup {}^2W_6 \cup {}^3W_6)$. Zu dem zweiten Weg lässt sich anhand eines Venndiagramms überlegen, dass gilt:

Satz 5.2

Für drei beliebige Ereignisse $A_1, A_2, A_3 \subseteq \Omega$ gilt:

$$P(A_1 \cup A_2 \cup A_3) \;=\; P(A_1 \cap A_2 \cap A_3) + P(A_1) + P(A_2) + P(A_3)$$
$$- P(A_1 \cap A_2) - P(A_2 \cap A_3) - P(A_1 \cap A_3)$$

Hiermit folgt: $P(^1W_6 \cup {}^2W_6 \cup {}^3W_6) = 1/216 + 3 \cdot 1/6 - 3 \cdot 1/36 = 91/216$

Mindestens eine Sechs bei vier Würfen. Der zuletzt beschrittene Weg wird mit zunehmender Ereignisanzahl unhandlicher. Deshalb wollen wir nun nach dem Prinzip des Auszählens unter Verwendung des Satzes der Gegenwahrscheinlichkeit vorgehen: Nach dem Gleichmöglichkeitsmodell gibt es bei einem Wurf von zwei Würfeln 6^2 verschiedene Ergebnisse. Bei diesen tritt in 5^2 Fällen keine Sechs auf. Werden drei Würfel geworfen, erhalten wir $5 \cdot 5 \cdot 5 = 125$ Möglichkeiten ohne eine Sechs und bei vier Würfeln erhöht sich deren Anzahl auf 5^4: Also gilt:

$$P(\text{„keine 6 bei 4 Würfeln"}) = \frac{5^4}{6^4} = \frac{625}{1\,296}$$

Nun können wir auch die erste MÉRÉSCHE Frage beantworten:

$$P(\text{„mindestens eine 6 bei 4 Würfeln"}) \;=\; 1 - P(\text{„keine 6 bei 4 Würfeln"})$$
$$=\; 1 - 625/1\,296 = 0.5177469$$

Wenn wir mit vier Würfeln einmal würfeln, beträgt die Wahrscheinlichkeit für mindestens eine Sechs ungefähr 51.8%. Dieses Ergebnis stimmt mit unserem Simulationsergebnis überein.

Offensichtlich gilt:

$$P(\text{„keine sechs bei vier Würfen"}) \;=\; \frac{5^4}{6^4} = \left(\frac{5}{6}\right)^4$$

$$=\; \left[P(\text{„keine sechs bei einem Wurf"})\right]^4$$

Auf diesen Zusammenhang werden wir unter der Überschrift „unabhängige Zufallsvorgänge" noch eingehen.

Wer hätte das gedacht? Aus der Graphik von Abbildung 5.3 lässt sich die Wahrscheinlichkeit mindestens einer Sechs bei verschiedenen Wurfanzahlen ablesen:

107

```
>p<-1/6; w<-0:20; p.sechs<-1-(1-p)^w
 plot(w, p.sechs, type="h", lty=2);  abline(h=0.5)
 points(4, 1-(1-p)^4, type="h")
```

Anwendungen. Die folgende Tabelle listet eine Reihe von Anwendungssituationen auf. Der Leser möge überlegen, bei welchen Beispielen die Übertragung der Würfelsituation sinnvoll erscheint und aus welchen Gründen die anderen Beispiele nur näherungsweise geeignet sind. Die Erfolgswahrscheinlichkeit muss natürlich nicht immer 1/6 sein.

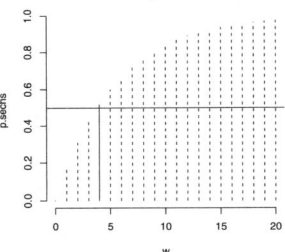

Abb. 5.3: Mindestens eine Sechs

Bereich	Wahrscheinlichkeit dafür, dass mindestens ein(e)
Medizin	Person einer Gruppe keine Antikörper gegen Windpocken hat
Sport	Läufer beim 100 m Endlauf einen Fehlstart verursacht
Kultur	Handy während einer Theatervorstellung klingelt
Feste	Teilnehmer ein bestimmtes Getränk nicht mag
Reisen	Person einer Reisegruppe den Reisezielort schon kennt
Lebensmittel	Apfel einer Palette faul ist
Produktion	Glühbirne einer Produktion defekt ist
Verkehr	neues Auto wegen der Elektronik im ersten Jahr liegen bleibt
Kurse	Teilnehmer zu spät kommt

Tab. 5.1: Anwendungen zu $1 - P(\overline{A})^k$

5.6 Kombinatorik für das Gleichmöglichkeitsmodell

Das Gleichmöglichkeitsmodell liefert uns elegant für viele Spielsituationen Wahrscheinlichkeiten. So können wir zum Beispiel die Wahrscheinlichkeit für sechs richtige Kreuze beim 6-aus-49-Lotto angeben: Offensichtlich gibt es eine günstige Ankreuzmöglichkeit, sodass wir die Wahrscheinlichkeit für den 6-er Gewinn als Kehrwert der Anzahl aller Möglichkeiten bekommen. Leider ist diese Anzahl doch nicht so offensichtlich und wir müssen uns ein wenig mit der sogenannten Kombinatorik befassen. Zweckmäßig ist es, zunächst anhand von Laborsituationen kombinatorische Fragestellungen zu überlegen und diese in einem zweiten Schritt auf konkrete Fragen, wie die Lotto-Frage, zu übertragen. Als Labor dient eine Urne, aus der Kugeln gezogen werden.

Betrachten wir eine Urne mit n nummerierten Kugeln. Dann können wir aus dieser k Kugeln gemäß vier unterschiedlicher Vorgehensweisen ziehen: Wir können eine gezogene Kugel vor dem nächsten Zug sofort wieder in die Urne zurücklegen oder aber nicht, also **mit** oder **ohne Zurücklegen** ziehen. Außerdem können wir die gezogenen Nummern in der Ziehungsreihenfolge notieren oder nur notieren, welche Kugeln gezogen worden sind. Für den Lottogewinn ist beispielsweise die Reihenfolge irrelevant und die Kugeln werden bekanntermaßen nicht wieder zurückgelegt. Die vier Prinzipien mit ihren Möglichkeiten lassen sich in einer kleinen Tabelle zusammenfassen:

	Reihenfolge beachten mit	ohne
ohne Zurücklegen	$(n)_k$	$\binom{n}{k}$
mit Zurücklegen	n^k	$\binom{n+k-1}{k}$

Tab. 5.2: Möglichkeiten nach Ziehungsprinzipien

Die Einträge müssen erklärt werden. Ziehen wir unter Beachtung der Reihenfolge mit Zurücklegen (Feld unten links), erhalten für jeden Zug n Möglichkeiten, die zu multiplizieren sind. Eine Telefonanlage, die anhand von drei Ziffern Anrufe weiter verteilt, kann beispielsweise $10 \cdot 10 \cdot 10 = 1\,000$ Anschlüsse adressieren. Bei drei Würfen eines Würfels können sich $6 \cdot 6 \cdot 6 = 6^3$ Ausgänge einstellen.

Wir können aber auch ohne Zurücklegen unter Beachtung der Reihenfolge ziehen. Dann verringert sich die Anzahl der Kugeln mit jedem Zug um

1 und wir erhalten als Anzahl der Möglichkeiten:

$$(n)_k := n \cdot (n-1) \cdots (n-k+1)$$

Das Ziehen der Lottozahlen gehört in diese Gruppe, wenn während der Ausspielung die Reihenfolge notiert wird. Werden auf diese Weise alle Kugeln gezogen, dann erhalten wir eine Reihenfolge der Elemente, kurz Permutation. Die Anzahl aller **Permutationen** von n Elementen ist folglich: $n! = 1 \cdot 2 \cdots n$.

In der Zeitung lesen wir in der Regel die Lottoergebnisse aufsteigend sortiert. Die Reihenfolge ist verloren gegangen. Mehrere noch unsortierte Ziehungsergebnisse führen zu einem einzigen Ergebnis ohne Beachtung der Reihenfolge. Also ergibt sich im Feld rechts oben die Anzahl der Möglichkeiten aus der des Feldes links oben durch Division durch die Anzahl der verschiedenen Reihenfolgen, die zu einem Ergebnis ohne Reihenfolge führen. Wir müssen die Anzahl $(n)_k$ durch die Anzahl der Permutation von k teilen und erhalten den uns schon von der Binomialverteilung bekannten Binomialkoeffizienten

$$\binom{n}{k} = \frac{(n)_k}{k!} = \frac{n \cdots (n-k+1)}{k!} = \frac{n!}{(n-k)!k!}$$

→ S. 100 bzw. S. 98. Es gibt $\binom{n}{k}$ Möglichkeiten, aus einer Menge von n Elementen k Elemente auszuwählen.

Für das letzte Feld stellen wir uns vor, dass wir die notierten Nummern der gezogenen Kugeln aufsteigend sortieren. Dann können wir einen Ausgang so beschreiben: 3-mal Nummer 1, 5-mal Nummer 2 usw. Die einzelnen Anzahlen lassen sich durch entsprechende Anzahlen von 0-en repräsentieren. Zur Trennung der 0-en verschiedener Nummern fügen wir jeweils eine 1 ein. Mit dieser Konstruktion können wir äquivalent fragen: Wie viele Möglichkeiten gibt es, $n-1$ Einsen (Grenzen) auf $(n-1)+k$ Positionen zu verteilen. Der Tabelleneintrag folgt mit

$$\binom{(n-1)+k}{n-1} = \binom{(n-1)+k}{k} = \binom{n+k-1}{k}$$

Als Anwendung liefert diese Formel die Antwort auf die Frage: Wie viele Möglichkeiten gibt es, 30 Musikstücke aus einem Vorrat von 20 auszuwählen, wobei die Reihenfolge nicht interessiert?

5.7 Wahrscheinlichkeiten und Bedingungen

Stellen Sie sich vor, Sie wollen sich ein neues Auto kaufen und Sie haben sich schon fast entschieden. Plötzlich fällt ihnen ein TÜV-Report in die

Hände, in dem ihr Favorit schlecht abschneidet. Solche Zusatzinformationen können Ansichten ändern. Oder denken Sie an einen Kriminalbeamten, der einen Verdächtigen nach der Überprüfung des Alibis ausschließt. Drittens wird der Hinweis, dass gezinkte Würfel im Spiel sind, bei den Mitspielern nicht ohne Wirkung bleiben. Auch im Gebäude der Wahrscheinlichkeiten wird mit Zusatzinformationen und Bedingungen operiert. Hiervon handelt dieser Abschnitt.

Auswirkungen von Bedingungen. Im alltäglichen Leben werden uns ständig zusätzliche Informationen geboten, die wir in unsere Überlegungsprozesse einfließen lassen können. Betrachten wir als Beispiel den Wurf zweier fairer Münzen. Wie groß ist die Wahrscheinlichkeit für „Kopf,Kopf" und für „Zahl,Zahl", kurz: KK bzw. ZZ? Mit dem Gleichmöglichkeitsmodell und dem Ereignisraum:

$$\Omega = \{ZZ, ZK, KZ, KK\}$$

erhalten wir:

$$P(KK) = P(ZZ) = 1/4$$

Wie lautet die Antwort, wenn wir die Zusatzinformation bekommen, dass mindestens eine Münze Kopf zeigt? Betrachten wir den Ereignisraum Ω, dann sehen wir, dass durch die Zusatzinformation nur noch drei von vier Möglichkeiten infrage kommen:

$$\Omega = \{ZZ, \quad \underbrace{ZK, KZ, KK}_{} \quad \}$$

Bedingung: eine Münze Kopf

Unter dieser Einschränkung steigt die Wahrscheinlichkeit für KK auf $1/3$ an, denn in einem von drei (als gleich wahrscheinlich angenommenen) Fällen trifft das Ereignis KK zu. ZZ kann dagegen gar nicht mehr auftauchen. Durch die Zusatzinformation verengt sich die Bezugswelt von Ω auf Ω_K mit:

$$\Omega_K = \{ZK, KZ, KK\}$$

Die Reduktion von Ω auf Ω_K lässt sich mit nebenstehendem Venndiagramm illustrieren. Wie sind die Wahrscheinlichkeiten für den Ereignisraum Ω_K anzupassen? Für ZK, KZ und KK können nicht die alten Wahrscheinlichkeiten in die reduzierte Welt übernommen werden, da ihre Summe nur $3/4$ liefert.

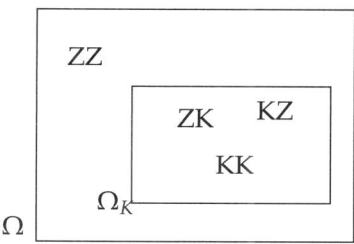

Erst eine Normierung – Division durch die Summe: 3/4 – sichert eine Gesamtwahrscheinlichkeit von 1 für das sichere Ereignis zu Ω_K und liefert uns für KK mit der Zusatzinformation die schon vorgeschlagene Wahrscheinlichkeit. Es muss gelten:

$$P_{\Omega_K}(KK) = \frac{1/4}{3/4} = \frac{1}{3}$$

Für ZZ muss dagegen die Wahrscheinlichkeit auf 0 fallen, weil ZZ gar nicht in Ω_K enthalten ist. Da ZZ und Ω_K schnittleer sind, muss sich ergeben: $P_{\Omega_K}(ZZ) = 0 = 0/(3/4)$.

Mord im Orientexpress. Stellen Sie sich vor, im Orientexpress ist ein Mord passiert. Wenn Sie zufällig einen der n Fahrgäste des Zuges auswählen, beträgt die Wahrscheinlichkeit, den Täter zu ziehen $1/n$. Sie bekommen den Hinweis, dass der Täter ein Mann ist. Dann würden Sie zur Ermittlung des Täters natürlich aus der Menge der n_m Männer ziehen und mit Wahrscheinlichkeit $1/n_m$ den Täter erwischen. Würden Sie eine der n_f Frauen näher befragen, wissen Sie aufgrund der Vorinformation, dass für diese die Täterwahrscheinlichkeit 0 sein muss. Mit Verarbeitung der Vorinformation reduzieren sich die Bezugsmengen, und es verändern sich die Wahrscheinlichkeiten für bestimmte Ereignisse.

Raucher und Geschlecht. Tabelle 5.3 zeigt eine Gegenüberstellung der Merkmale „Geschlecht" und „Rauchverhalten" in Deutschland.

Geschlecht	Raucher	Nichtraucher	Summe
Männer	14.8	25.2	40
Frauen	11.2	28.8	40
Summe	26.0	54.0	80

Tab. 5.3: Geschlecht und Rauchen (Angaben in Millionen)

Der Anteil der Raucher beträgt $26/80 = 0.325$. Wenn wir uns nur auf die Männer beziehen, steigt die relative Häufigkeit auf $14.8/40 = 37\%$, wogegen wir für die Frauen eine Quote von $11.2/40 = 28\%$ ermitteln. Kürzen wir relative Häufigkeiten mit h ab und schreiben wir für die Wörter: „unter der Bedingung, dass" einen senkrechten Strich (" | "), dann gilt:

$$h(\text{Raucher} \mid \text{Mann}) = \frac{14.8}{40} = \frac{14.8/80}{40/80} = \frac{h(\text{Raucher } und \text{ Mann})}{h(\text{Mann})}$$

Der Nenner des letzten Bruches entspricht unserer Normierungsüberlegung. Damit liegt folgende Festlegung nahe:

Definition 5.2: Bedingte Wahrscheinlichkeit

Gegeben seien zwei Ereignisse A und B mit $P(B) \neq 0$. Dann heißt

$$P(A \mid B) = \frac{P(A \cap B)}{P(B)}$$

Wahrscheinlichkeit von Ereignis A unter Bedingung B.

Für die so definierte **bedingte Wahrscheinlichkeit** gelten genauso wie im unbedingten Fall alle Gesetze der Wahrscheinlichkeitsrechnung. Außerdem ist diese Festlegung zweckmäßig, da sie genau unsere Intuition reflektiert. Für unser Münzwurfbeispiel können wir berechnen:

$$P(KK \mid \text{„eine zeigt Kopf''}) = \frac{P(KK \cap \text{„eine zeigt Kopf''})}{P(\text{„eine zeigt Kopf''})} = \frac{1/4}{3/4} = 1/3$$

und

$$P(ZZ \mid \text{„eine zeigt Kopf''}) = \frac{P(ZZ \cap \text{„eine zeigt Kopf''})}{P(\text{„eine zeigt Kopf''})} = \frac{0}{3/4} = 0$$

sowie mit $M1 : Z$ für „Münze 1 zeigt Zahl'':

$$
\begin{aligned}
P(M1 : Z \mid \text{„eine zeigt Kopf''}) &= \frac{P(M1 : Z \cap \text{„eine zeigt Kopf''})}{P(\text{„eine zeigt Kopf''})} \\
&= \frac{1/4}{3/4} = 1/3
\end{aligned}
$$

Diese Ergebnisse entsprechen denjenigen, die wir durch Anwendung des Gleichmöglichkeitsmodells in der reduzierten Welt bekommen. Werden in dem Münzwurfbeispiel die Wahrscheinlichkeiten auf Basis vieler Münzwürfe durch relative Häufigkeiten ersetzt, erhalten wir ebenfalls stimmige Ergebnisse. Bedingte Wahrscheinlichkeiten bieten damit ein brauchbares Werkzeug, Vorinformationen zu verarbeiten.

Es gibt Situationen, in denen bedingte Wahrscheinlichkeiten nicht gesucht, sondern aus Erfahrung bekannt sind. Banken unterscheiden Risiko-Klassen für gegebene Kredite. Ist A das Ereignis, dass ein Kredit ausfällt und B die Klasse der bedenklichen Kunden, dann kennt man $P(A \mid B)$, wenigstens ungefähr. Auch kennt jede Bank die Quote $P(B)$ dieser Kunden, sodass sich die Wahrscheinlichkeit für das Ereignis „bedenklicher Kunden ∩ Ausfall des Kredits'' berechnen lässt. Durch Umstellung der Definition der bedingten Wahrscheinlichkeit erhalten wir folgenden Satz:

> **Satz 5.3: Allgemeiner Multiplikationssatz**
>
> Für beliebige Ereignisse A und B mit $P(A) > 0$ und $P(B) > 0$ gilt:
>
> $$P(A \cap B) = P(A \mid B) \cdot P(B)$$

Sei $A :=$ „Augensumme zweier Würfel ≤ 3" und $B :=$ „zweiter Würfels zeigt 1", dann folgt: $P(A) = 3/36, P(B|A) = 2/3$ und $P(A \cap B) = 3/36 \cdot 2/3 = 2/36$. In der Tat ist die Chance für eine Augensumme unter vier, und dass der zweite Würfel eine eins zeigt, gerade $2/36$. Ergänzend sei noch eine Anwendung aus dem Autosektor vorgestellt: $P(A)$ sei die Wahrscheinlichkeit für Anspring- / Startprobleme und $P(B|A)$ die aus Erfahrung bekannte Wahrscheinlichkeit einer defekten Benzineinspritzung, wenn ein Auto Startprobleme hat. Dann ergibt sich die Wahrscheinlichkeit für Startprobleme *und* Einspritzprobleme aus dem Multiplikationssatz. Ist $P(B|A) = 0.8$ und melden sich an einem Wintermorgen 30 von 100 Anrufern bei einem Autonotfalldienst mit Startproblemen, dann wird der Dienst mit $0.8 \cdot 30/100 = 24\%$, also ca. 24 Einsätzen rechnen, bei denen Startprobleme vorliegen und die Einspritzung muckt.

5.8 Abhängigkeit und Unabhängigkeit

Kriminalpolizei. Wie kann zum Beispiel die Kriminalpolizei Abhängigkeiten ausnutzen? In den letzten Abschnitten wurden „Bedingungen" in das Gebäude der Wahrscheinlichkeitstheorie eingearbeitet. Bedingte Wahrscheinlichkeiten erlauben die Integration von Zusatzinformationen in formale Ableitungen. Eine Interpretation besteht darin, dass durch Bedingungen der Bezugsrahmen eingeschränkt wird und sich bei Abhängigkeiten Wahrscheinlichkeiten ändern. Werfen wir einen Blick auf die folgende Kriminalstatistik, in der nur die Fälle zusammengeführt sind, bei denen der Täter entweder Verwandter oder flüchtiger Bekannter des Opfers war.

Täter ist: Tattyp	Verwandter	flüchtiger Bekannter	Summe
Raub	627	5 010	5 637
Mord	254	99	353
Summe	881	5 109	5 990

Tab. 5.4: Raub und Mord und Opfer-Täter-Beziehung

Falls die Zahlen als typisch oder repräsentativ betrachtet und andere Kategorien ausgeschlossen werden können, lassen sich cum grano salis mit den Einträgen Wahrscheinlichkeiten für neue Raub- und Mordfälle abschätzen:

$$P(\text{„Täter ist ein flüchtiger Bekannter des Opfers"}) = \frac{5\,109}{5\,990} \approx 5/6$$

Wird als Zusatzinformation berücksichtigt, dass es sich um Mord handelt, erhalten wir dagegen:

$$P(\text{„Täter ist ein flüchtiger Bekannter des Opfers"} \mid \text{„Mord"}) = \frac{99}{353} \approx 2/7$$

Mit kleinerer Wahrscheinlichkeit wird sich der Täter unter den flüchtigen Bekannten befinden, also mit höherer unter den Verwandten – sofern der Täterkreis auf diese beiden Gruppen eingeengt werden kann. Gefundene Abhängigkeiten können dazu veranlassen, Zusammenhänge zu modellieren und zu analysieren und für das vorliegende Problem einzusetzen.

Glücksspieler. Warum wünschen sich Glücksspieler keine Abhängigkeiten? Wenn wir an Glücksspiele denken, erwarten wir faire Gegebenheiten. Wir hoffen zum Beispiel, dass die Wahrscheinlichkeit für eine Sechs beim Mensch-ärgere-dich-nicht-Spiel für alle Spieler gleich ist, also „unabhängig" vom Spieler bzw. vom Wurf ist. Wir verlangen, dass die Wahrscheinlichkeit für das Ereignis „Würfel zeigt Augenzahl sechs" von dem Ereignis „Spieler xyz ist dran" unabhängig ist.

Diese Idee ist zweckgemäß in die Wahrscheinlichkeitstheorie unter der Bezeichnung **stochastische Unabhängigkeit** eingearbeitet worden. Beginnen wir mit der Unabhängigkeit von Ereignissen:

Definition 5.3: Stochastische Unabhängigkeit

Zwei Ereignisse A und B heißen (stochastisch) unabhängig, wenn gilt:

$$P(A \mid B) = P(A)$$

Ist ${}^1W_x := \text{„Würfel eins zeigt Augenzahl } x\text{"}$ und ${}^2W_y := \text{„Würfel zwei zeigt Augenzahl } y\text{"}$, dann sind diese beiden Ereignisse stochastisch unabhängig, da gilt:

$$P({}^2W_y \mid {}^1W_x) = \frac{P({}^2W_y \cap {}^1W_x)}{P({}^1W_x)} = \frac{1/36}{1/6} = \frac{1}{6} = P({}^2W_y)$$

Steht dagegen die Augensumme der beiden Würfel (S) fest, dann erhalten wir in Abhängigkeit von dieser unterschiedliche Wahrscheinlichkeiten für eine Sechs im zweiten Wurf. Für die Summe $S = 11$ erhalten wir beispielsweise:

$$P(^2W_6 \mid S = 11) \;=\; \frac{P(^2W_6 \cap S = 11)}{P(S = 11)} = \frac{1/36}{2/36} = \frac{1}{2} \neq P(^2W_6)$$

Mit der Vorstellung der Unabhängigkeit von Würfeln können wir die Wahrscheinlichkeit von „3-mal keine 6" ausrechnen.

$$
\begin{aligned}
P(\overline{^1W_6} \cap \overline{^2W_6} \cap \overline{^3W_6}) \;&=\; P(\overline{^1W_6} \mid \overline{^2W_6} \cap \overline{^3W_6}) \cdot P(\overline{^2W_6} \cap \overline{^3W_6}) \\
&=\; P(\overline{^1W_6}) \cdot P(\overline{^2W_6} \cap \overline{^3W_6}) \\
&=\; P(\overline{^1W_6}) \cdot P(\overline{^2W_6} \mid \overline{^3W_6}) \cdot P(\overline{^3W_6}) \\
&=\; P(\overline{^1W_6}) \cdot P(\overline{^2W_6}) \cdot P(\overline{^3W_6})
\end{aligned}
$$

Multiplikationssatz. Wie wahrscheinlich ist „viermal keine sechs"? Für vier Würfe ohne eine Sechs erhalten wir nach diesem Vorgehen eine Wahrscheinlichkeit von $(5/6)^4$. Dieses Ergebnis ist uns schon oben begegnet, doch jetzt können wir es aus der Annahme der Unabhängigkeit der einzelnen Würfel und dem Gleichmöglichkeitsmodell für jeden Würfel generieren. Wir fassen das Ergebnis in folgendem Satz zusammen:

Satz 5.4: Multiplikationssatz bei Unabhängigkeit

Zwei Ereignisse A und B sind genau dann unabhängig voneinander, wenn gilt:

$$P(A \cap B) = P(A) \cdot P(B)$$

Dieser Satz folgt unmittelbar aus der Definition und steht in Einklang mit Auszählergebnissen. Zum Beispiel gelangen wir durch Auszählen zu dem Ergebnis, dass die Wahrscheinlichkeit für Pasch sechs nur $1/36$ beträgt. $1/36$ lässt sich aber faktorisieren in $1/6 \cdot 1/6$, also gerade in die Wahrscheinlichkeiten der einzelnen Ereignisse. Festzuhalten bleibt, dass diese Multiplikationseigenschaft bei Unabhängigkeit zu einer rechnerischen Vereinfachung führt. Solche Vereinfachungen durch Faktorisierungen begegnen uns in vielen Bereichen der Statistik, bei denen Unabhängigkeit ins Spiel kommt.

Rauchen und Geschlecht. Sind Rauchen und Geschlecht unabhängig? In Deutschland leben gemäß Tabelle 5.3 zirka 40 Millionen Frauen und 40 Millionen Männer. Zusammen schätzt man die Anzahl der Raucher auf ungefähr 26 Millionen. Wir wählen zufällig eine Person aus. Wie groß müsste die Wahrscheinlichkeit sein, einen männlichen Raucher zu ziehen, wenn

die Ereignisse $M=$„Person ist ein Mann" und $R=$„Person ist ein Raucher"
unabhängig wären? Nach den Angaben gilt:

$$P(R) = \frac{26\,\text{Mio}}{80\,\text{Mio}} = 0.325 \qquad P(M) = \frac{40\,\text{Mio}}{80\,\text{Mio}} = 0.5$$

Bei Unabhängigkeit müsste sich ergeben $P(M \cap R) = 0.325 \cdot 0.5 = 0.1625$.
Die Werte anderer Kombinationen sind der Tabelle 5.5 zu entnehmen. Das
entspricht einer Anzahl von 80 Millionen $\cdot$ $0.1625 = 13$ Millionen Personen.
Diese Anzahl wird von der geschätzten Anzahl in Höhe von 14.8 Millionen
männlichen Rauchern um über 10% überschritten, sodass offensichtlich keine stochastische Unabhängigkeit vorliegt.

	R	NR	Σ
M	0.1625	0.3375	0.5
F	0.1625	0.3375	0.5
Σ	0.325	0.675	1

Tab. 5.5: relative Häufigkeiten bei Unabhängigkeit

Der Unabhängigkeitsbegriff führt uns zu einer Referenztabelle, an der
wir die wahren Verhältnisse messen können. Dieses ist ein erster Schritt
um Abhängigkeiten zu modellieren und zu quantifizieren.

5.9 Totale Wahrscheinlichkeit

Impfungen. Lohnt sich eine Impfung? Diese Frage kann sich jeder vor einer nahenden Grippewelle stellen. Ob sich eine Impfung für den einzelnen lohnt, hängt davon ab, ob für ihn eine Erkrankung verhindert werden
kann oder nicht. Aus Sicht von Krankenkassen führt diese Frage zu Kos-
tenüberlegungen. Als Grundlage sei das Bundesamt für Gesundheit der
Schweiz zitiert:

> „Mit der Grippeimpfung lässt sich das Risiko, an Grippe zu erkranken,
> erheblich reduzieren, jedoch nicht vollständig vermeiden. Die Wirk-
> samkeit der Impfung hängt in erster Linie vom Alter und der Im-
> munkompetenz der Geimpften sowie von der Übereinstimmung der
> Impfantigene mit den zirkulierenden Influenzaviren ab. Je nach Al-
> tersgruppe liegt die Feldwirksamkeit der Impfung zwischen 30 und

*90 Prozent. Sie ist bei jungen Erwachsenen höher (70–90%) als bei
älteren Personen (30–80%)."*[13]

Unter Wirksamkeit wird eine Reduktion der Erkrankungswahrscheinlichkeit verstanden.

Wenden wir uns der Gruppe der „jungen Erwachsenen" zu. Die Betrachtung einer solchen Teilgruppe der Bevölkerung können wir als Reduktion
der Bezugswelt ansehen und als Bedingung verarbeiten. Die Bedingung
„junge Erwachsene" blendet „ältere Erwachsene" aus dem Bezugsrahmen
aus. Dieser eingeschränkte Bereich kann weiter in die Mengen „geimpft"
und „nicht geimpft" zerlegt werden:

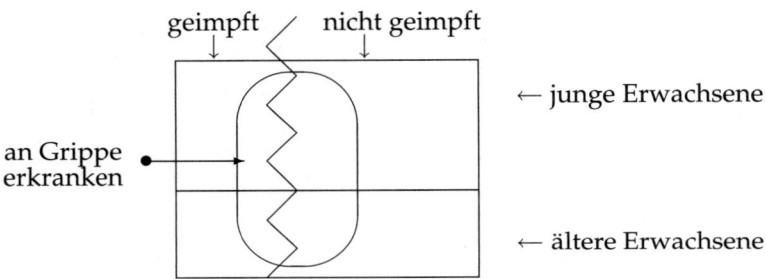

Wie können wir die durch eine Grippe verursachten Kosten für die Gruppe
der jungen Erwachsenen berechnen? Annähernd ergeben sich die Kosten
aus dem Produkt von Kosten pro Grippeerkrankung, Anzahl der Gruppen-
mitglieder und Erkrankungswahrscheinlichkeit. Mit den Festlegungen:

$$G_J := \text{„junge Erwachsene, erkrankt an Grippe"}$$
$$I_J := \text{„junge Erwachsene, geimpft"}$$
$$\overline{I_J} := \text{„junge Erwachsene, nicht geimpft"}$$
$$P_J(\cdot) := \text{„Wahrscheinlichkeit für die Gruppe der jungen Leute"}$$

können wir die Wahrscheinlichkeit für die Gruppe der jungen Leute umformen:

$$
\begin{aligned}
P_J(G_J) &= P_J(G_J \cap (I_J \cup \overline{I_J})) \\
&= P_J((G_J \cap I_J) \cup (G_J \cap \overline{I_J})) \\
&= P_J(G_J \cap I_J) + P_J(G_J \cap \overline{I_J}) \\
&= P_J(G_J \mid I_j) \cdot P_J(I_J) + P_J(G_J \mid \overline{I_J}) \cdot P_J(\overline{I_J})
\end{aligned}
$$

Zur Erklärung lässt sich bemerken, dass die Erkrankten entweder geimpft
oder nicht geimpft sind, also gilt: $G_J = ((G_J \cap I_J) \cup (G_J \cap \overline{I_J}))$. Die nächste

13 http://www.bag.admin.ch/grippe/grippe/d/arztbro_03.pdf

Umformung folgt aus dem dritten Axiom. Der letzte Schritt ergibt sich mit zweifacher Anwendung des allgemeinen Multiplikationssatzes. Wir fassen das erarbeitete Vorgehen in Satzform zusammen:

Satz 5.5

Für zwei beliebige Ereignisse A und B gilt:

$$P(A) = P(A \cap B) + P(A \cap \overline{B}) = P(A \mid B) \cdot P(B) + P(A \mid \overline{B}) \cdot P(\overline{B})$$

Wie können wir die erarbeitete Formel für die Kostenfrage interpretieren? Die Grippe-Kosten in der Gruppe der jungen Leute lassen sich aufteilen in einen Betrag für die geimpften und für die ungeimpften. $P_J(I_J)$ repräsentiert den Anteil der Geimpften, $P_J(G_J \mid \overline{I_J})$ die Stärke der Grippewelle und $P_J(G_J \mid I_J)$ im Vergleich zu $P_J(G_J \mid \overline{I_J})$ die Qualität des Impfstoffes, die maßgeblich von der Prognose des Grippevirenstammes abhängt. Das Bundesamt spricht für die jungen Leute von einer Feldwirkung von 70–80%. Nehmen wir pessimistisch 70% an, dass also die Wahrscheinlichkeit für eine Ansteckung eines Geimpften 30% der Wahrscheinlichkeit eines Ungeimpften beträgt, so folgt:

$$P_J(G_J \mid I_J) = 0.30 \cdot P_J(G_J \mid \overline{I_J})$$

und erhalten

$$
\begin{aligned}
P_J(G_J) &= P_J(G_J \mid I_J) \cdot P_J(I_J) + P_J(G_J \mid \overline{I_J}) \cdot P_J(\overline{I_J}) \\
&= 0.3 \cdot P_J(G_J \mid \overline{I_J}) \cdot (1 - P_J(\overline{I_J})) + P_J(G_J \mid \overline{I_J}) \cdot P_J(\overline{I_J}) \\
&= P_J(G_J \mid \overline{I_J}) \left(0.3 \cdot (1 - P_J(\overline{I_J})) + P_J(\overline{I_J}) \right) \\
&= P_J(G_J \mid \overline{I_J}) \left(0.3 + 0.7 \cdot P_J(\overline{I_J}) \right)
\end{aligned}
$$

Nach dieser Formel lassen sich für verschiedene Szenarien – also vorgegebene Grippewellenintensitäten $P_J(G_J \mid \overline{I_J})$ und Anteile von Nichtgeimpften $P_J(\overline{I_J})$ – Erkrankungswahrscheinlichkeiten in der Gruppe der jungen Erwachsenen $P_J(G_J)$ berechnen und darüber auch verursachte Kosten abschätzen.

Allgemeine Ansteckungswahrscheinlichkeit. Die Wahrscheinlichkeit der Ansteckung einer Person aus der Grundgesamtheit ohne Beachtung von Altersklassen lassen sich nach demselben Schema berechnen, wie wir $P_J(G_J)$ ermittelt haben. Mit

$G :=$ „Person erkrankt an Grippe"
$I :=$ „Person ist geimpft"
$\bar{I} :=$ „Person ist nicht geimpft"
$K :=$ „Person aus Gruppe der Kinder"
$J :=$ „Person aus Gruppe der jungen Leute"
$A :=$ „Person aus Gruppe der älteren Leute"
$P :=$ „Wahrscheinlichkeit über alle Gruppen"

erstellen wir die zusammenfassende Formel:

$$
\begin{aligned}
P(G) = \quad & P(G \mid I \cap K)P(I \cap K) + P(G \mid \bar{I} \cap K)P(\bar{I} \cap K) \\
& + P(G \mid I \cap J)P(I \cap J) + P(G \mid \bar{I} \cap J)P(\bar{I} \cap J) \\
& + P(G \mid I \cap A)P(I \cap A) + P(G \mid \bar{I} \cap A)P(\bar{I} \cap A)
\end{aligned}
$$

Falls die Grundgesamtheit sich in mehr als zwei Gruppen zerlegen lässt, gilt eine Verallgemeinerung des diskutierten Satzes, den wir dem Leser nicht vorenthalten wollen:

Satz 5.6: Satz von der totalen Wahrscheinlichkeit

Zerlegen die Mengen B_k mit $k = 1, \dots, K$ den Ereignisraum Ω, dann gilt

$$
P(A) = P(A \cap B_1) + \cdots + P(A \cap B_K) = \sum_{k=1}^{K} P(A \mid B_k) \cdot P(B_k)
$$

Unter Verwendung von bedingten Wahrscheinlichkeiten lassen sich, wie gezeigt, Kosteneffekte von Impfaktionen abschätzen. Die hier gewählte einfache Modellierung besitzt allerdings primär Demonstrationscharakter. In Entscheidungssituationen müssen selbstverständlich weitere Argumente, beispielsweise Nebenwirkungen medizinischer Maßnahmen, berücksichtigt werden.

Im nächsten Abschnitt wollen wir überlegen, wie eine Bedingung zu bewerten ist, die keinen Einfluss auf die Eintrittswahrscheinlichkeit eines Ereignisses hat.

5.10 Lernen aus Zusatzinformationen

Vom Symptom zur Ursache. Es gibt viele Bereiche, in denen wir einer Ursache aufgrund von Symptomen auf die Schliche kommen wollen, sei es, dass die Polizei einen Täter ermitteln möchte, ein Mediziner eine Krankheit identifizieren will oder das defekte Element eines nicht richtig funktionierenden Systems zu entlarven ist. Oft kennt man aus Erfahrung wichtige Zusammenhänge, die man im konkreten Fall mit den neusten Beobachtungen kombinieren möchte.

Ein fiktives Fahndungsbeispiel. Stellen wir uns eine polizeiliche Verkehrskontrolle zur Karnevalszeit vor. Eine wichtige Aufgabe besteht natürlich darin, alkoholisierte Autofahrer aus dem Verkehr zu ziehen. Ohne Zugriff lässt sich der Fahrstil von Autofahrern beobachten und müsste für die Auswahl von anzuhaltenden Autos hilfreich sein. Stellen wir uns vor, wir hätten aus langjähriger Erfahrung folgende Erkenntnisse gewonnen: Rosenmontag spät abends hat jeder 200-ste Autofahrer etwas getrunken, jeder zweite Fahrer unter Alkohol fährt leichte Schlangenlinien, aber auch jeder hundertste nüchterne Autofahrer. Setzen wir:

$A :=$ „Autofahrer alkoholisiert" und
$S :=$ „Autofahrer fährt Schlangenlinien",

dann interessiert für die Politik des Anhaltens: $P(A \mid S) = ?$

Mit dem bisherigen Wissen können wir umformen:

$$P(A \mid S) = \frac{P(A \cap S)}{P(S)} = \frac{P(S \mid A) \cdot P(A)}{P(S)}$$

Für Rosenmontag sagt die Erfahrung: $P(A) = 1/200$ und $P(S \mid A) = 0.5$. Andererseits lässt sich der Nenner umformen zu:

$$P(S) = P(S \cap A) + P(S \cap \overline{A}) = P(S \mid A) \cdot P(A) + P(S \mid \overline{A}) \cdot P(\overline{A})$$

Fassen wir die letzten Formeln zusammen, dann erhalten wir:

$$\begin{aligned} P(A \mid S) &= \frac{P(S \mid A) \cdot P(A)}{P(S \mid A) \cdot P(A) + P(S \mid \overline{A}) \cdot P(\overline{A})} \\ &= \frac{0.5 \cdot 0.005}{0.5 \cdot 0.005 + 0.01 \cdot 0.995} = \frac{0.0025}{0.007475} \approx 20\% \end{aligned}$$

Jeder fünfte Autofahrer, der Schlangenlinien fährt, dürfte also Probleme bei einer Blutprobe bekommen.

Satz von BAYES. Der Zusammenhang, den wir am Beispiel der Polizeikontrolle ausgenutzt haben, wurde 1763 von THOMAS BAYES veröffentlicht. Deshalb wird der Satz, der diese Technik beschreibt, als Satz von BAYES bezeichnet:

Satz 5.7: Satz von BAYES

Falls $A_1, \ldots, A_K$ eine Zerlegung von Ω bilden, dann gilt:

$$P(A_j \mid B) = \frac{P(B \mid A_j) \cdot P(A_j)}{\sum_{k=1}^{K} P(B \mid A_k) \cdot P(A_k)}$$

Wir sehen, dass sich Wahrscheinlichkeiten unter Bedingung B mittels Wahrscheinlichkeiten unter Bedingungen A_j und den unbedingten Wahrscheinlichkeiten von A_j berechnen lassen.

Zur Probe können wir diesen Zusammenhang an der Tabelle 5.3 über Raucher noch einmal überlegen. Wenn ein uns unbekannter Mann (M) hereinkommt, wie wahrscheinlich ist es, dass er ein Raucher (R) ist? Wir suchen also $P(\text{R} \mid \text{M})$ und wissen, dass $P(\text{M})=1/2$, $P(\text{M} \mid \text{R})= 14.8/26.0$ sowie $P(\text{M} \mid \overline{\text{R}})= 25.2/54.0$. Dann ist

$$
\begin{aligned}
P(\text{R} \mid \text{M}) &= \frac{P(\text{M} \mid \text{R}) \cdot P(\text{R})}{P(\text{M} \mid \text{R}) \cdot P(\text{R}) + P(\text{M} \mid \overline{\text{R}}) \cdot P(\overline{\text{R}})} \\
&= \frac{14.8/26 \cdot 26/80}{14.8/26 \cdot 26/80 + 25.2/54 \cdot 54/80} \\
&= \frac{14.8/80}{14.8/80 + 25.2/80} = \frac{14.8}{40} \approx 37\%
\end{aligned}
$$

Es kommt also das richtige Ergebnis heraus, denn nach den Angaben rauchen 37% aller Männer.

Philosophische Nachbemerkung. Neben direkten rechnerischen Anwendungen lässt sich der Satz von BAYES auch auf einer höheren Bedeutungsebene interpretieren: Die Wahrscheinlichkeiten $P(A_j)$ repräsentieren eine (Wahrscheinlichkeits-) Anfangsvorstellung über das Ereignis A_j. Dann kommt es zur Beobachtung B. Mit dieser modifizieren wir unsere Ansicht und hantieren nach der Beobachtung mit der neuen Weltsicht $P(A_j \mid B)$. Wenn am Anfang keine richtige Vorstellung existiert, können wir für die verschiedenen Ereignisse A_j eine Gleichverteilung annehmen. Mit der Zeit, also mit der Verarbeitung immer neuer Beobachtungen, modifizieren wir Schritt für Schritt unsere Vorstellung – letztlich durch wiederholte Anwendung der Bayesschen Formel – und kommen so zu einer immer besser passenden Verteilung für die uns interessierenden Ereignisse. Dem Leser wird schon aufgefallen sein, dass BAYES in der Überschrift des Kapitels 8 „Statistik und BAYES" auftaucht, → S. 255. Dort wird ausgiebig vorgeführt, wie sich mit Bayesscher Methodik (Vor-) Informationen zur Ausbildung neuer Vorstellungen und konkret zum Schätzen von Verteilungsparametern verwenden lassen.

5.11 Zusammengesetzte Zufallsexperimente

Die zweite MÉRÉSCHE **Frage — Pasch sechs bei 24 Würfen.** Wie wahrscheinlich ist es, bei 24 Würfen mit zwei Würfeln mindestens eine Doppelsechs zu werfen? Wir können uns vorstellen, dass sich das gesamte Zufallsexperiment aus 24 unabhängigen Zufallsvorgängen zusammensetzt. Die gesuchte Antwort muss sich deshalb auf Basis der Einzelexperimente finden lassen. Anhand dieser Frage wollen wir unser Verständnis von zusammengesetzten Zufallsexperimenten vertiefen.

Unabhängige Zufallsvorgänge. Das Zufallsexperiment „Werfen zweier Würfel" haben wir oben bereits als eine Folge von zwei Zufallsvorgängen angesehen und diese in Übereinstimmung mit der allgemeinen Intuition als unabhängig bezeichnet. Damit haben wir gemeint, dass sich die einzelnen Würfe in keiner Weise beeinflussen. Es gibt jedoch Würfelspiele, bei denen man mit mehreren Würfeln beginnt, dann je nach Ergebnis einige entfernt und mit den verbleibenden weiterwürfelt. Der zweite Wurf ist dann offensichtlich vom ersten abhängig. Zufallsvorgänge sind also nicht immer unabhängig voneinander. Die 24 Würfe der beiden Würfel zur MÉRÉSCHEN Frage sollen natürlich voneinander unabhängig sein. Diese Art von Unabhängigkeit führt uns zu folgender Definition:

Definition 5.4: Unabhängige Zufallsvorgänge

Zwei Zufallsvorgänge heißen unabhängig, wenn für alle möglichen Ereignisse A des ersten Zufallsvorgangs und für alle möglichen Ereignisse B des zweiten Zufallsvorgangs mit $P(B) > 0$ gilt:

$$P(A \mid B) = \frac{P(A \cap B)}{P(B)} = P(A) \quad \Leftrightarrow \quad P(A \cap B) = P(A) \cdot P(B)$$

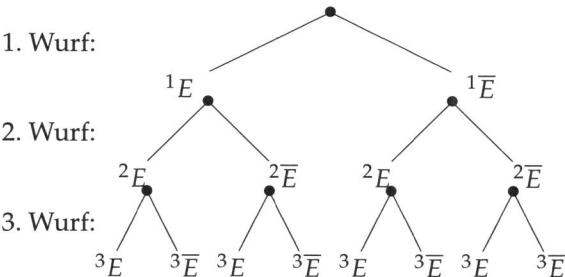

Abb. 5.4: Drei Würfe

Die Ausgänge des Gesamtexperimentes – den Stichprobenraum – können wir durch einen Baum charakterisieren. Schreiben wir ^iE (bzw. $^i\overline{E}$) dafür, dass bei Wurf i eine Doppelsechs (bzw. keine) auftritt, und betrachten wir nur drei Würfe, hat der Baum die in Abbildung 5.4 gezeichnete Gestalt.

Jeder Pfad charakterisiert einen Versuchsausgang des Gesamtergebnisses. Nur der Pfad ganz rechts umfasst ausschließlich Würfe ohne eine Doppelsechs. Unter der Annahme der Unabhängigkeit der einzelnen Würfe folgt für 24 Würfe:

$$P(\overline{E}_1 \cap \cdots \cap \overline{E}_{24}) = P(\overline{E}_1) \cdot \ldots \cdot \overline{P}(E_{24}) = \left(\frac{35}{36}\right)^{24} \approx 0.5085961$$

Die Antwort auf die zweite MÉRÉSCHE Frage lautet nunmehr: Die Wahrscheinlichkeit, bei 24 Würfen mit zwei Würfeln mindestens eine Doppelsechs zu bekommen, beträgt demnach ungefähr $1 - 0.5085961 = 0.4914039$, also zirka 49%. Nun ist klar, warum der CHEVALIER mit seiner zweiten Wette nicht glücklich wurde. Wie er die Wahrscheinlichkeiten errechnet hatte, ist uns leider nicht bekannt! Den Weg der Berechnung fassen wir unter dem Schlüsselwort **Pfadregel I** zusammen.

Satz 5.8: Pfadregel I

Gegeben sei ein aus mehreren einzelnen unabhängigen Zufallsexperimenten zusammengesetztes Zufallsexperiment und dessen Baumdarstellung. Dann entspricht jeder Ausgang des Gesamtexperiments einem Pfad im Baumdiagramm, und die Wahrscheinlichkeit für einen Pfad oder Experimentausgang berechnet sich durch Multiplikation der Wahrscheinlichkeiten des zugehörigen Pfades. Mit

$$^j A_{k_j} := \text{Ausgang } k_j \text{ im } j\text{-ten Zufallsexperiment} \quad \text{und} \quad j = 1, \ldots, J$$

folgt:

$$P(^1 A_{k_1} \cap {}^2 A_{k_2} \cap \cdots \cap {}^J A_{k_J}) = P(^1 A_{k_1}) \cdot P(^2 A_{k_2}) \cdot \ldots \cdot P(^J A_{k_J})$$

Aus Sicht des Gesamtexperimentes repräsentieren die Pfade also Elementarereignisse, sodass sich die Wahrscheinlichkeit für eine Realisation aus einer Menge von Pfaden durch Summation der Pfadwahrscheinlichkeiten – aus der zweiten Pfadregel – ergibt:

Satz 5.9: Pfadregel II

Die Wahrscheinlichkeit für ein Ereignis A eines aus unabhängigen Zufallsvorgängen zusammengesetzten Zufallsvorgangs ergibt sich aus der Summe der Pfadwahrscheinlichkeiten der Pfade, die zusammen das Ereignis bilden.

$$P(A) = \sum_{A \text{ enthält Pfad}_j} P(\text{Pfad}_j)$$

Zur Beantwortung der zweiten MÉRÉSCHEN Frage können wir mit dieser Pfadregel die gesuchte Wahrscheinlichkeit p_2 für einen Pasch sechs bei 24 Würfen mit zwei Würfeln berechnen:

$$p_2 = P(^1 E \cdots {}^{24} E) + P(^1 E \cdots {}^{23} E \cdot {}^{24}\overline{E}) + \ldots + P(^1\overline{E} \cdots {}^{23}\overline{E} \cdot {}^{24} E)$$

Viel eleganter ist jedoch der oben beschriebene Weg über die Gegenwahrscheinlichkeit:

$$p_2 = 1 - P(\overline{E})^{24} \approx 49\%$$

Mit diesen Ausführungen haben wir das intuitive Vorgehen bei der Diskussion der Binomialverteilung abgesichert, →S. 100. Dort haben wir ebenfalls Baumdiagramme aufgestellt und anhand dieser die Wahrscheinlichkeitsfunktion binomialverteilter Zufallsvariablen ermittelt. Pfadregeln und Baumdiagramme erleichern die Vorstellung von zusammengesetzten Zufallsvorgängen und helfen im Falle von unabhängigen Zufallsvorgängen bei der Berechnung von Wahrscheinlichkeiten.

Zur zweiten Würfelfrage. Die wahrscheinlichkeitstheoretischen Berechnungen zur zweiten MÉRÉSCHEN Frage bestätigen unser Simulationsergebnis. Wie die Wahrscheinlichkeit für ein Pasch Sechs mit der Anzahl der Würfe von zwei Würfeln wächst, zeigt folgendes Bild.

)8

```
>n<-1:40;p<-35/36;y<-1-p^n
plot(n,y,type="h", lty=2)
abline(h=0.5)
points(24,y[24],type="h")
```

Anwendungssituationen. Diesen Abschnitt beendet eine Tabelle mit Anwendungssituationen, die von der Struktur her mit der zweiten MÉRÉSCHEN Frage verwandt sind. Der Leser sei wieder aufgefordert, die Brauchbarkeit der Modellierung zu überlegen.

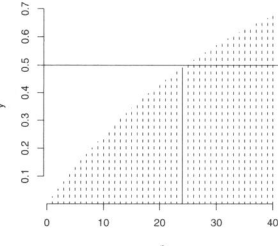

Abb. 5.5: $P(\text{„ein Pasch"})$

Bereich	Wahrscheinlichkeit dafür, dass mindestens
Medizin	ein Paar von 20 Ehepaaren die seltene Blutgruppe A$-$ besitzt
Handy	ein Paar von Gesprächspartnern den gleichen Handytyp hat
Umfrage	ein Paar unter 20 frisch Verliebten derselben Partei nahesteht
Gutachter	einmal zwei Gutachter Höchstpunktezahl vergeben
Polizei	bei n Streitereien beide Streithähne vorbestraft sind
Elfmeter	ein Schuss rechts oben hinzielt und der Torwart dieses geahnt hat
Tennis	eine Paarung mit zwei Linkshändern in einem Spiel stattfindet
Unfälle	einmal von n Fällen die Gegner dieselbe Versicherung haben
Roulette	einer von 10 Spielern zweimal hintereinander gewinnt

Tab. 5.6: Anwendungen für Pasch-6-ähnliche Ereignisse

Zusammenfassung

In diesem Kapitel wurden Zufallsexperimente, Ereignisse und Wahrscheinlichkeiten eingeführt und an Beispielen deren Gebrauch eingeübt.

- Zufallsexperimente werden durch die Menge der möglichen Ergebnisse, dem Stichproben- oder Ereignisraum Ω beschrieben. Ereignissen bzw. Teilmengen des Stichprobenraums werden Wahrscheinlichkeiten zugeordnet, die die Axiome der Wahrscheinlichkeitstheorie erfüllen.

- Diese Axiome und die abgeleiteten Zusammenhänge entsprechen den Regeln, die wir für relative Häufigkeiten kennengelernt haben, und stimmen mit unserer Erwartung überein.

- Kompliziertere Fragestellungen beispielsweise aus dem Bereich des Würfelns lassen sich mit den Rechenregeln der Wahrscheinlichkeiten berechnen. Besonders zu nennen sind das Gesetz der Gegenwahrscheinlichkeit: $P(A) = 1 - P(\overline{A})$, die Vorschrift zur Berechnung der Wahrscheinlichkeit von vereinigten Aussagen: $P(A \cup B) = P(A) + P(B) - P(A \cap B)$ und der Multiplikationssatz, der für unabhängige Ereignisse A, B sagt: $P(A \cap B) = P(A)P(B)$.

- In vielen Spielsituationen liefern uns das Gleichmöglichkeitsmodell und kombinatorische Überlegungen geeignete Wahrscheinlichkeiten. Dort unterscheiden wir „Ziehen mit" und „ohne Zurücklegen" sowie „mit" und „ohne Reihenfolge".

- Vor- oder Zusatzinformationen lassen sich mittels bedingter Wahrscheinlichkeiten modellieren. Bei stochastischer Unabhängigkeit – $P(A|B) = P(A \cap B)/P(B) = P(A)$ – sind bedingte und unbedingte Wahrscheinlichkeiten identisch und Zusatzinformationen bringen keinen Nutzen ein.

- Unbedingte Wahrscheinlichkeiten lassen sich mit dem Satz von der totalen Wahrscheinlichkeit aus bedingten Wahrscheinlichkeiten rekonstruieren. Der Satz von BAYES erlaubt aus einer Anfangsvorstellung $P(A_i)$ mittels Beobachtung B und bedingten Größen der Form $P(B|A_j)$ eine modifizierte Vorstellung abzuleiten: $P(A_i|B)$.

- Abfolgen von Zufallsexperimenten können mittels Bäumen dargestellt und Wahrscheinlichkeiten von Aussagen können anhand von Pfadmengen ermittelt werden.

Aufgaben

1. Je nach Zufallsstart ergeben sich im Experiment zu den MÉRÉSCHEN Fragen unterschiedliche Ergebnisse, →S. 156. Machen Sie mit Hilfe von `exp.mere()` verschiedene Experimente und geben Sie eine Einschätzung der Wahrscheinlichkeiten ab.

2. Welche Anzahlen des Ausgangs „Augenzahl eins" können sich theoretisch einstellen, wenn Sie 100 Würfe mit einem Würfel machen? Wie berechnen Sie mit Hilfe der Binomialverteilung die Wahrscheinlichkeit für weniger als 10 Ausgänge „Augenzahl eins"?

3. Wie ist Ω für den einmaligen Wurf einer Münze zu wählen, wie für das zweimalige Werfen?

4. Skizziere Ω für drei Würfelwürfe. Wie groß ist $P(\text{„Pasch sechs"})$? Wie ergibt sich diese Wahrscheinlichkeit aus $P(\text{„Ausgang sechs bei einem Wurf"})$?

5. Wie groß ist die Wahrscheinlichkeit beim Roulette, dass a) „Rot", b) „Rot oder Zahl größer 24" oder c) „Schwarz und Zahl gerade" gewinnt?

6. Wie groß ist die Wahrscheinlichkeit, dass eine zufällig gewählte Person heute Geburtstag hat? Wie groß ist die Wahrscheinlichkeit dafür, dass zwei zufällig gewählte Personen am gleichen Tag Geburtstag feiern können. Würden Sie darauf wetten, dass in einer Gruppe von 30 zufällig ausgewählten Personen mindestens zwei Personen am gleichen Tag feiern dürfen?

7. Wie lässt sich mit der Binomialverteilung bzw. mit dem Rechner die Wahrscheinlichkeit $P(\text{„keine sechs bei vier Würfen"})$ berechnen?

8. Wie groß ist die Wahrscheinlichkeit, dass von 10 Glühbirnen mindestens zwei Stück defekt sind, wenn $p = 0.01$ die Wahrscheinlichkeit für den Defekt einer einzelnen ist?

9. Betrachten wir die Anzahl der Möglichkeiten, k nummerierte Bälle auf n Körbe zu werfen. Wie viele Möglichkeiten gibt es, wenn die Reihenfolge der Korbtreffer interessiert und die Körbe beliebig viele Bälle aufnehmen können, wie viele, wenn jeder Korb maximal einen Ball enthalten darf? Was ändert sich an den Antworten, wenn uns die Reihenfolge nicht interessiert?

10. Die Augensumme zweier Würfel ist acht, wie groß ist die Wahrscheinlichkeit, dass Pasch vier gewürfelt worden ist?

11. Eine Studentenkneipe weiß aus Erfahrung dass 20% der Gäste, die ein Bier bestellen, auch eine Pizza ordern. Heute haben 70% ein Bier bestellt. Wie groß ist die Wahrscheinlichkeit, dass ein zufällig gewählter Gast eine Pizza und ein Bier in Auftrag gibt? Wie viele Pizzabestellungen sind bei 100 Gästen zu erwarten?

12. Über Wundstarrkrampf finden wir im Internet:

> *„Die Wirksamkeit der Impfung ist hoch: in einer amerikanischen Studie betrug die Sterblichkeit Ungeimpfter an Wundstarrkrampf erkrankter Personen 15%, diejenige von teilweise Geimpften (1 - 2 Impfdosen) 6%. Bei Personen, die irgendwann in ihrem Leben einmalig eine vollständige Grundimmunisierung (3 Dosen) erhalten hatten, gab es keine Todesfälle [GRUBER, 2000]."*[14]

Nach dieser Information ist es günstig, im Falle einer Erkrankung vorher geimpft worden zu sein. Bezeichnen wir die Menge aller an Tetanus erkrankten Personen mit Ω, von dieser die Teilmenge aller Geimpften mit I und die aller Gestorbenen mit G, dann können wir die Situation mit folgender Graphik veranschaulichen:

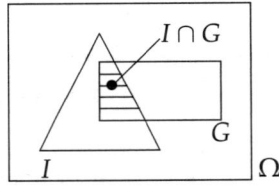

Die Studie liefert uns für bestimmte Mengen Prozentsätze. Weiter sei angenommen, dass 90% der Bevölkerung geimpft ist. Wenn wir jetzt zufällig eine Person auswählen, lassen sich die Angaben als Wahrscheinlichkeiten interpretieren. Wie lässt sich damit die Wahrscheinlichkeit für einen Todesfall berechnen?

13. Sind die Ausfallwahrscheinlichkeiten für bestimmte Autotypen bekannt, kann ein großer Autoverleiher unter Berücksichtigung der Verhältnisse in seiner Flotte Ausfallwahrscheinlichkeiten für ein zufällig gewähltes Auto berechnen und in seiner Werbung verwenden. Wie muss er vorgehen?

14. Wie gut ist ein (medizinischer) Test? Es gibt eine Reihe sehr wichtiger Fragestellungen, die sich mit BAYES bearbeiten lassen. Der Leser möge folgende Frage überlegen und mit Hilfe der Bayesschen Formel

---

14 http://www.impf-info.de → Impfung gegen Wundstarrkrampf

nachrechnen: Ein medizinischer Test arbeite zu 1% falsch, d.h. jede 100-ste Analyse führt genau zum falschen Ergebnis. Mit diesem Test wird versucht, eine seltene Krankheit (nur jeder 100-ste ist angesteckt) ohne unmittelbare Symptome zu identifizieren. p sei die Wahrscheinlichkeit, dass eine Person diese Krankheit hat, wenn der Test positiv ausfällt. Zeigen Sie, dass gilt: $p = 0.5$!

15. Wie oft müssen drei Würfel geworfen werden, damit die Wahrscheinlichkeit, mindestens einmal eine dreifache Sechs zu bekommen, größer als 50% wird. Fertigen Sie entsprechend der Abbildung 5.5, → S. 183, eine Graphik an.

6 Parameterschätzungen

„Sie brauchen keine Statistik, keine Mittelwerte, keine krückenhaften Sinnbilder. In hinreichend großen Verbänden sind sie selber die Statistik, die Summe aller Werte, ihre eigene Chronik."

FRANK SCHÄTZING, Der Schwarm

Modelle stehen im Mittelpunkt vieler Wissenschaften: Der Physiker diskutiert Atommodelle, der Biologe hat Modellvorstellungen von Zellen und Organismen, ein Globus ist ein Modell unserer Erde und auch die Ökonomie beschäftigt sich beispielsweise mit Wachstums- und Konjunkturmodellen. In der Statistik werden Zusammenhänge von Variablen mit Regressionsmodellen beschrieben: Zum Beispiel könnte uns interessieren, wie sich die Veränderung des Benzinpreises auf die gefahrenen Auto-km auswirkt. Die Zeitreihenanalyse bietet Modelle für Entwicklungen und Abhängigkeiten im Zeitablauf: es können Auftragseingänge modelliert und dann prognostiziert werden. Verteilungsmodelle dienen zur Beschreibung und Charakterisierung der Verteilung eines Merkmals in einer Grundgesamtheit. Ist eine abstrakte Beschreibung von „Größen von Kartoffeln, Gehälter von Managern, Lebensdauern von Automobilen, Kundenanzahlen oder Niederschlagsmengen von Gewittern" gefordert, ist die Aufgabe des Statistikers, ein **Verteilungsmodell** anzupassen.

Dieses Kapitel beschäftigt sich mit Verteilungsmodellen, genauer mit dem Weg zur Auswahl, Anpassung und Überprüfung geeigneter Modelle. Der Weg führt uns über die Datengrundlage, → Abschnitt 6.1, zur Auswahl von Modelltypen, → Abschnitt 6.2. Nach einigen grundsätzlichen Überlegungen zu Stichproben- und Schätzfunktionen, → Abschnitt 6.3, beschäftigen wir uns mit Methoden des Auffindens von Schätzfunktionen für Parameter, → Abschnitt 6.4. Den Abschluss bildet die Frage, inwieweit ein gefundenes Verteilungsmodell passt, → Abschnitt 6.5. Diese Punkte können mit folgenden Fragen verbunden werden:

1. Datengrundlage: Was fordern wir von Daten?

2. Modelltypauswahl: Wie finden wir einen passenden Modelltyp?

3. Stichproben- und Schätzfunktionen: Was charakterisiert sie?

4. Schätzen: Wie finden wir geeignete Modell-Parameter?

5. Überprüfung: Wie gut sind die gefundenen Modelle?

Diese fünf Fragen skizzieren den Weg durch das vorliegende Kapitel.

Beispiel Unfälle. Nach verschiedenen Umbauten eines Bielefelder Kreisverkehrs ergab sich auf den ersten Blick ein Anstieg der Unfälle. Abbildung 6.1 zeigt die Häufigkeiten von Unfallanzahlen pro Woche im Jahr 2002 und in der zweiten Hälfte von 2004.

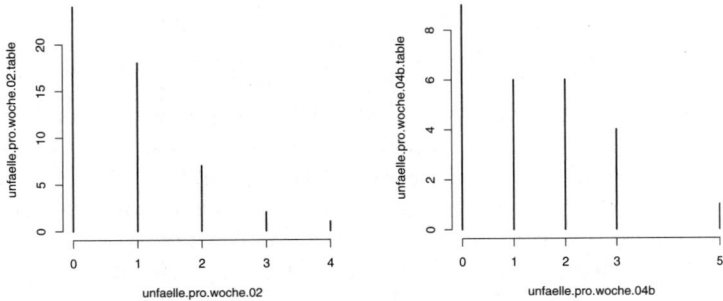

Abb. 6.1: Häufigkeiten der Unfälle pro Woche

Sofort stand die neue Ausgestaltung des Kreises auf dem Prüfstand: Ist der Verkehrsknotenpunkt gefährlicher geworden oder ist die festgestellte erhöhte Unfallzahl rein zufälliger Natur? Was meinen Sie? Zum Vergleich der Unfallintensitäten interessieren insbesondere die Fragen: „Wie können wir die durchschnittliche Anzahl der Unfälle pro Woche für die Verkehrssituation vor bzw. nach dem Umbau abschätzen?" und „Wie lassen sich die wöchentlichen Unfallzahlen beschreiben?" Die erste mit Ja oder Nein zu beantwortende Frage führt in der Statistik zu dem „statistischen Test," also zu Prozeduren zur Entscheidung über eine statistische Hypothese. Statistische Tests behandeln wir in Kapitel 9 „Testen", → S. 283. Die zweite Frage verlangt die Schätzung eines Parameters der Grundgesamtheit, während für die dritte ein Verteilungsmodell zu wählen ist und dessen Parameter zu schätzen sind. Schätzungen für verschiedene Zeiträume können wir dann zum Vergleich gegenüberstellen. Beginnen wir mit einigen Überlegungen zum Datenmaterial, denn auch für das Schätzen gilt das **GIGO**-Prinzip „garbage in / garbage out:" Wenn der Input nichts taugt, sind auch die berechneten Ergebnisse unbrauchbar!

6.1 Datengrundlage

Bevor wir uns den Methoden zur Auswahl eines Verteilungstyps, → S. 194, und zur Anpassung von Verteilungsmodellen, → S. 209, zuwenden, wollen wir in diesem Abschnitt ein paar Überlegungen zum Datenmaterial anstellen. Denn die Qualität der Daten entscheidet letztlich über die Qualität aller abgeleiteten Schlüsse. Müssen die Daten noch erhoben werden, können Qualitätsaspekte bei der Erhebung noch berücksichtigt werden. Liegen die Daten bereits vor, ist dieser Freiheitsgrad nicht mehr gegeben. In beiden Fällen ist jedoch für die Interpretation der Ergebnisse die Datenqualität zu beachten. Auf die Frage „Was wünscht sich der Statistiker?" werden vornehmlich drei Punkte genannt:

1. **Stichprobenumfang groß:** Je mehr Daten, je größer die Stichprobe, umso besser,

2. **Zufallsstichprobe:** der Prozess der Datenerhebung darf keine Strukturen erzeugen, die zu falschen Schlüssen führen,

3. **Messfehler klein:** es sollte die Größe, die zur Diskussion steht, möglichst exakt gemessen werden.

Wir wollen diese drei Punkte ein wenig ausführen.

Stichprobenumfang. Datenbeschaffung geht mit Geldausgaben einher. Deshalb besteht ein ökonomisches Interesse, einen möglichst kleinen Stichprobenumfang zu verwenden. Zur Festlegung des Stichprobenumfangs n sind also Kosten-Nutzen-Überlegungen anzustellen. Für die Nutzenseite ist zu klären, welche Genauigkeit zu erzielen ist und ob genügend Geld und Zeit bereitstehen. Liegen Daten bereits vor, ist damit auch eine Grenze für die Qualität der Ergebnisse gegeben. Formal kann die Auswirkung des Stichprobenumfangs daran erkannt werden, wie er Berechnungen beeinflusst. Zum Beispiel geht n beim $\sqrt{n}$-Gesetz nur zur Potenz 0.5 ein.

Zufallsstichprobe. Bei einer Umfrage sollten Personen aus der Grundgesamtheit so ausgewählt werden, dass jedes Element dieselbe Chance hat, in die Stichprobe einzugehen. Außerdem sollte die Auswahl einer speziellen Person keinen Einfluss darauf haben, welche weiteren Personen noch ausgewählt werden. Eine solche Erhebung nennt man eine **Zufallsstichprobe**. Es ist also nicht sinnvoll, für die Durchführung einer Befragung zu einer politischen Frage an einen einzigen Ort zu gehen und dort alle Besucher zu befragen. Denn die Chance ist sehr groß, dass an einem speziellen Ort Personen mit ähnlichen Einstellungen zusammentreffen. Andererseits ist es in praxi selten möglich, Stichprobenelemente nach dem Ideal einer Zufallsstichprobe auszuwählen. Stellen Sie sich vor, Sie sollten 100 Einwohner einer Kleinstadt befragen. Wie kommen Sie (legal) an das Einwohnerverzeichnis? Wer gehört eigentlich genau zu der Menge der Einwohner? Was machen Sie, wenn eine ausgewählte Person gerade Urlaub macht? Trotzdem orientieren wir uns im Folgenden an perfekten Zufallsstichproben, um die konzeptionellen Zusammenhänge zu begreifen. Im Einzelfall muss man überlegen, inwieweit sich Abweichungen von den Annahmen auf die Resultate auswirken (können).

Ziehungen unterscheiden wir in Ziehen „mit Zurücklegen" und „ohne Zurücklegen". Ziehen mit Zurücklegen ist mit etwas einfacheren Berechnungsausdrücken verbunden. Deshalb werden wir in der Regel bei endlichen Grundgesamtheiten vom Ziehen mit Zurücklegen ausgehen, auch wenn für kleine Grundgesamtheiten Ziehen ohne Zurücklegen etwas vorteilhafter ist.

Definition 6.1: Zufallsstichprobe

Gilt für eine Stichprobe $(X_1, \ldots, X_n)$ aus einer Grundgesamtheit G, dass jede Stichprobenvariable X_j wie die Grundgesamtheit verteilt ist und die Zufallsvariablen der einzelnen Stichprobenzüge unabhängig sind, bezeichnen wir diese Stichprobe als **einfache Zufallsstichprobe**. Für eine einfache Zufallsstichprobe schreiben wir auch

$$X_1, \ldots, X_n \overset{iid}{\sim} G$$

iid steht für **unabhängig identisch verteilt** (engl.: independently identically distributed). Ist der Verteilungstyp bekannt, schreiben wir statt G Kürzel wie: $\mathrm{pois}(\lambda)$, $\mathrm{norm}(\mu, \sigma^2)$ oder wir nennen die Verteilungsfunktion, zum Beispiel $F_X(x)$.

Unter der Überschrift **Auswahlverfahren** werden in der Statistik auch andere Erhebungsarten diskutiert, die nicht zu einer einfachen Zufallsstichprobe führen. Weiß man zum Beispiel, dass die Grundgesamtheit aus gleich vielen Männern und Frauen besteht, kann für den Befragungsprozess festgelegt werden, dass gleich viele Männer und Frauen zu befragen sind. Dann wird die Frauen-Quote in der Grundgesamtheit und in der Stichprobe übereinstimmen, und wir erhalten eine **Quotenstichprobe**. Auch könnte beispielsweise eine feste Anzahl von Personen von Stadtvierteln betrachtet werden. Sind die Stadtviertel bezüglich der Untersuchungsfrage unterschiedlich, ergibt sich eine sogenannte **Schichtenstichprobe**. In diesem Kapitel gehen wir jedoch von der Vorstellung aus, dass für unsere Studien eine *iid*-Stichprobe $(X_1, \ldots, X_n)$ vorliegt.

Für den Problemkreis „Kreisverkehr" liegen Daten bereits vor. Hier stellen wir uns vor, dass die Zeitabstände zwischen zwei Unfällen aus einer „gedachten" Grundgesamtheit gezogen worden sind. Die Grundgesamtheit ist also fiktiv, eben „gedacht," und nur wie in einem Gedankenexperiment existent. Damit wir die Zeitabstände als Zufallsstichprobe ansehen können, gehen wir davon aus, dass sich die einzelnen Zwischenunfallszeiten nicht beeinflusst haben und alle Bedingungen in den verschiedenen Beobachtungsintervallen konstant geblieben sind. Gegenreden können leicht geführt werden, denn es ist einsichtig, dass Unfallwahrscheinlichkeiten vom Wetter, der Jahreszeit, der Konjunktur, der Tageszeit und besonderen Gegebenheiten wie Karneval oder Sportereignissen abhängen werden. Als Vorteil der stark vereinfachenden Abstraktion erhalten wir bequem hantierbare Modelle, wie zum Beispiel das der Exponentialverteilung.

Messfehler. Oft ist es schwer, für einen vorgegebenen Zweck zu geeigneten Daten zu kommen. Soll zum Beispiel die Gefährlichkeit einer Straße „gemessen" werden, ist es schwierig, dieses nicht unmittelbar greifbare Konstrukt zu operationalisieren. Eine Möglichkeit besteht darin, Unfälle zu zählen. Doch was ist ein Unfall? Sollte man schwere und leichte oder aber Unfälle mit und ohne Personenschäden unterscheiden? Ist über die zu messende Größe eine Entscheidung gefallen, steht das praktische Messproblem an. Einigen sich beispielsweise Unfallbeteiligte schnell vor Ort, wird das Geschehene in der Regel nicht aktenkundig und entgeht damit einer Auswertung. Zeitpunkte und andere Fakten können falsch notiert oder fehlerhaft übertragen werden. Auch sind Angaben zur Schadenshöhe nur grob glaubwürdig. Auf dem Weg zum Datenmaterial gilt es, unterschiedlichste Schwierigkeiten und viele Quellen für Störungen zu überwinden, die von Definitionsproblemen bis hin zu Messfehlern durch den Messvorgang einer eindeutig beschriebenen Größe reichen können. Daher sind die zur Analyse anstehenden Daten mit Fehlern behaftet, die die Aussagekraft der Ergebnisse schmälern.

Es sei noch angefügt, dass in Situationen, in denen es eine klare Vorstellung über die Fehler gibt, diese zum Gegenstand einer statistischen Analyse oder wie in der Regressionsanalyse expliziter Bestandteil des statistischen Modells werden können. Die Forderung der Statistiker lautet klar zu benennen, was man messen will und wie gemessen wird. Wenn möglich, sollten bekannte Fehlerquellen ausgeschlossen werden. Bei der Interpretation von Berechnungsergebnissen müssen erkannte Fehlerquellen auf jeden Fall einbezogen werden.

Liegen Daten bereits vor, ist der Generierungsprozess der Daten zu hinterfragen und zu klären, inwieweit überhaupt Schlüsse möglich sind. Liegen Daten noch nicht vor, kann der Erhebungsprozess so entworfen werden, dass er entweder keine (oder möglichst geringe) fehlleitende Strukturen erzeugt oder aber nur solche, die sich wieder herausrechnen bzw. verwerten lassen.

Wir merken uns, dass die einzelnen Beobachtungen die Bedingungen einer einfachen Zufallsstichprobe erfüllen und möglichst viele Beobachtungen ohne große Fehler erhoben werden sollten.

6.2 Zur Identifikation des Modelltyps

Für den Bielefelder Kreisverkehr wollen wir ein Modell zur Beschreibung der Zeiten zwischen aufeinander folgenden Unfällen in 2002 suchen. Eng hiermit verbunden ist das Ansinnen, Modelle zur Modellierung der Unfallhäufigkeiten pro Woche auszuwählen. In beiden Fällen ergeben sich zwei Teilfragen:

1. Wie finden wir einen geeigneten Modelltyp?

2. Wie lassen sich Parameter geeignet festlegen?

In diesem Abschnitt widmen wir uns der Modelltypfrage. Werfen wir zunächst einen Blick auf die beobachteten Zwischenunfallszeiten.

109 `>boxplot(zwischen.unfalls.zeiten.02,horizontal=T)`

Die Abbildung 6.2 zeigt uns einen Boxplot der Zeiten zwischen den Unfällen aus dem Jahr 2002. Der Datensatz der Zwischenzeiten ist linkssteil bzw. rechtsschief, sodass für die „Wartezeit bis zum nächsten Unfall" eine asymmetrische, stetige Verteilung gesucht wird.

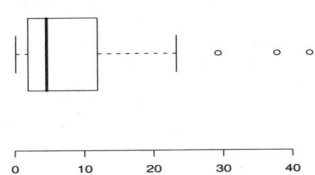

Abb. 6.2: Unfallzwischenzeiten

Eine zweite Repräsentation der Daten erhalten wir, wenn wir in den einzelnen Wochen die Anzahl der Unfälle zählen. Stellen wir die Häufigkeiten der beobachteten Anzahlen als Stabdiagramm dar, so erhalten wir – mittels

110 `>plot(unfaelle.pro.woche.02.table)`

– die Darstellung in der linken Hälfte von Abbildung 6.1, → S. 190. Für die Anzahlen pro Woche suchen wir natürlich ein diskretes Verteilungsmodell.

Für die Auswahl eines Modells gibt es verschiedene Ansätze. Am überzeugensten sind Modelle, für die sich inhaltliche Begründungen finden lassen. Daneben erhöhen gute Erfahrungen in vergleichbaren Situationen die Akzeptanz eines Vorschlags. Sind wir nur an einer guten Beschreibung interessiert, können wir uns auch von einer guten Anpassung lenken lassen.

Leitfaden zur Modelltypwahl. Für die Praxis sei zusammengefasst:

1. Suche substantielle Argumente und theoretische Gründe, die bestimmte Modelltypen nahelegen und andere ausschließen.

2. Betrachte nur Modelltypen, deren wesentliche Eigenschaften – wie die Menge der Realisationsmöglichkeiten oder die Gestalt – passen.

3. Suche Modelltypkandidaten, die sich in vergleichbaren Situationen bewährt haben.

4. Berechne Größen und erstelle Plots zur Aufdeckung verteilungsspezifischer Strukturen.

5. Checke gewählte Kandidaten zum Beispiel mittels QQ-Plots.

Den vierten Punkt wollen wir anhand von „Erkennungsplots" für die Poisson- und die Exponentialverteilung illustrieren.

Erkennungsplot für die Poisson-Verteilung. Zum Check der Poisson-Verteilung lässt sich schnell ein spezieller Erkennungsplot erstellen: Für die Wahrscheinlichkeitsfunktion der Poisson-Verteilung gilt:

$$f(x) = \frac{\lambda^x e^{-\lambda}}{x!} \quad \Rightarrow \quad \ln f(x) \qquad = x \ln \lambda - \lambda - \ln(x!)$$
$$\Rightarrow \quad \ln f(x) + \ln(x!) = -\lambda + x \ln \lambda$$

Tragen wir also $\ln f(x) + \ln(x!)$ gegen x ab, dann liegen im Falle einer Poisson-Verteilung die Punkte auf einer Geraden mit der Steigung $\ln \lambda$ und dem Achsenabschnitt $-\lambda$.

Setzen wir für $f(x)$ die relativen Häufigkeiten des Merkmals „Anzahl Unfälle pro Woche in 2002" ein, dann erhalten wir mit

11 `>poisson.erkennungsplot(unfaelle.pro.woche.02)`

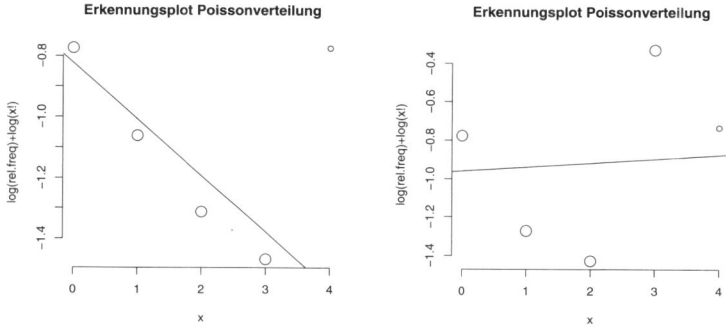

Abb. 6.3: `pois`-Erkennungsplots Datensatz bzw. Simulation

die linke Darstellung von Abbildung 6.3. In dieser Darstellung spiegeln die Größen der Punkte die absoluten Häufigkeiten der x-Werte wider. Der Punkt oben rechts basiert beispielsweise nur auf einer einzigen Woche, in der vier Unfälle beobachtet wurden. Wenn wir von diesem „Ausreißer" absehen, liegen die Punkte ganz gut auf einer Geraden. Dieses unterstützt den Vorschlag einer Poisson-Verteilung. Natürlich könnten auch Stichprobeneffekte im Spiel sein. Deshalb wollen wir schauen, wie Erkennungsplots für Stichproben ausfallen, die aus einer Poisson-verteilten Grundgesamtheit stammen.

112
```
>set.seed(7); poisson.erkennungsplot(rpois(50,0.8))
```

Mit dem Zufallsstart 7 erhalten wir beispielsweise die rechte Darstellung von Abbildung 6.3. Alternative Starts führen abweichenden Verläufen, sodass dieser Plot bei nur 50 Werten und einem λ von nur 0.8 leider noch keine starke Argumentation für die Poisson-Verteilung liefert.

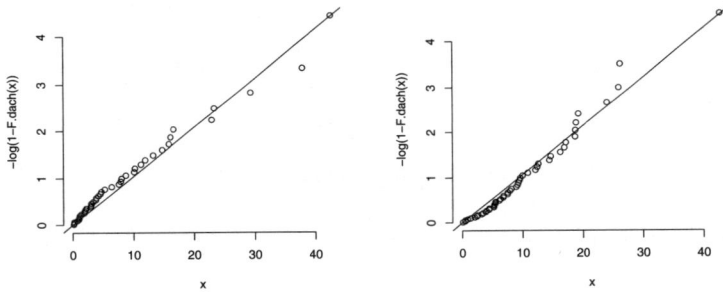

Abb. 6.4: exp-Erkennungsplots Datensatz bzw. Simulation

Erkennungsplot für die Exponentialverteilung. Wenden wir uns den Zwischenankunftszeiten zu. Welches Verteilungsmodell bietet sich für diese an? Verteilungen können wir nach äußerlichen Kriterien klassifizieren: gemäß des Bereichs positiver Dichte, Symmetrie bzw. Schiefe, Lage und Variabilität. Die Normalverteilung scheidet zur Modellierung der Zwischenzeiten aus, da ihre Dichte symmetrisch ist und sich die Realisierungsmöglichkeiten von $-\infty$ bis $+\infty$ erstrecken. Die Beta-Verteilung ist nur im Intervall $[0,1]$ definiert, sodass sich von den gängigen Verteilungen die Exponentialverteilung und Gamma-Verteilung anbieten. Für die Exponentialverteilung lässt sich wie für die Poisson-Verteilung ein Erkennungsplot erstellen:

$$F(x) = 1 - e^{-\lambda x} \Rightarrow 1 - F(x) = e^{-\lambda x} \Rightarrow -\ln(1 - P(X \leq x)) = \lambda x$$

Also liegen die Punktepaare $(x, -\ln(1 - P(X \le x)))$ auf einer Geraden mit Steigung λ und Achsenabschnitt 0. Wir setzen diesen Gedanken um

```
>exp.erkennungsplot(zwischen.unfalls.zeiten.02)
```

und erhalten als Ergebnis Abbildung 6.4. Die Punkte liegen erstaunlich gut auf einer Geraden, sodass die Exponentialverteilung als Modell in Betracht kommt. Dieser Vorschlag passt zur Modellierung der Unfallzahlen pro Woche mittels eines Poisson-Modells. Denn wird die Steigung von ca. 10% als Vorschlag für λ verwendet, dann würde sich pro Woche eine Unfallrate von ungefähr $7 \cdot 10\% = 0.7$ ergeben, also ungefähr der Wert des Achsenabschnitts aus dem Poisson-Erkennungsplots.

Wie im Abschnitt über die Poisson-Verteilung beschrieben, sind die Zwischenankunftszeiten von Ereignissen, die gemäß eines Poisson-Prozesses erzeugt werden, exponential- und die Anzahlen von Ereignissen in einem festen Zeitintervall Poisson-verteilt. Auch hier wollen wir die Stabilität des Verfahrens prüfen:

```
>set.seed(7)
 exp.erkennungsplot(rexp(50,.1))
```

Im Gegensatz zum Poisson-Erkennungsplot erweist sich jener zum Check der Exponentialverteilung als viel stabiler und ist zur Unterstützung der Modellauswahlentscheidung besser geeignet.

QQ-Plots. Aus dem Achsenabschnitt des Erkennungsplots zur Poisson-Verteilung ergibt sich ein Schätzvorschlag für $\hat{\lambda}$ von ungefähr 0.8. Die Steigung der im Erkennungsplot zur Exponentialverteilung eingezeichneten Linie beträgt grob 0.1, die wir als Schätzung für den Modellparameter heranziehen können.

Damit haben wir voll spezifizierte Modelle vorliegen, und wir können die Wahrscheinlichkeitsfunktion der Darstellung der relativen Häufigkeiten gegenüberstellen. Üblicher ist es, alternativ in einem QQ-Plot Modellquantile mit empirischen Quantilen zu vergleichen. Wenn das Modell passt, müssen die Punkte nahe der Linie $y = x$ liegen. Besonders elegant sind QQ-Plots zur Überprüfung von „Normalverteilungsannahmen:"

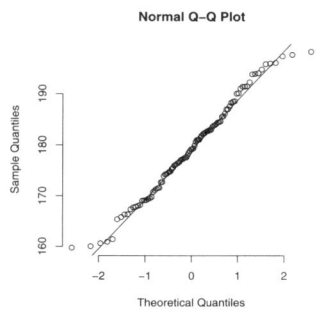

Abb. 6.5: qqnorm-Plot

QQ-Plots zur Normalverteilung. Normalverteilungen lassen sich durch lineare Transformationen (durch Standardisierung) in die Standardnormalverteilung überführen. Aus diesem Grund ergibt sich auch eine Gerade, wenn korrespondierende Quantile von zwei unterschiedlichen Normalverteilungen (x_p, y_p) gegeneinander abgetragen werden. Ebenso müssen die Quantile einer Stichprobe aus irdendeiner Normalverteilung gegen entsprechende Quantile der Standardnormalverteilung gezeichnet nahe einer Geraden liegen.

Satz 6.1: QQ-Plots von Normalverteilungen

Wird eine Stichprobe aus einer Normalverteilung mit den Parametern μ und σ^2 gezogen und werden die Quantile der Stichprobe in einem QQ-Plot zugehörigen Quantilen aus N(0,1) gegenübergestellt, dann werden die Punkte nahe einer Gerade liegen, die durch den Punkt $(0,\mu)$ verläuft und die Steigung σ besitzt.

Mit diesem Verfahren können wir prüfen, ob die Normalverteilung als Modell in Frage kommt. Für eigene Versuche eignet sich:

115
```
>stpr<-rnorm(n=100,mean=180,sd=10)
 qqnorm(stpr); qqline(stpr)
```

Wir erhalten für den Zufallszahlenstart 13 die Abbildung 6.5, → S. 197.

Fazit. Zur Identifikation von Verteilungstypen haben wir in diesem Abschnitt einige graphische Verfahren kennengelernt. Die größte Bedeutung besitzen die zuletzt angesprochenen QQ-Plots zum Check einer Normalverteilungsannahme. Für die Interpretation solcher Graphiken sowie anderer aus Stichproben berechneter Größen, wie beispielsweise Parameterschätzungen, muss der Stichprobeneffekt bedacht werden. Zur Einschätzung durch Ziehungsprozesse verursachter Variabilitäten können Stichproben aus künstlichen Grundgesamtheiten untersucht werden. Die Diskussion um die Identifikation der Poisson-Verteilung sollte hier als Beispiel dafür dienen, dass die Wahl des Verteilungstyps Argumente und Erfahrung erfordert und ein Automatismus in die Irre führen kann. Ein ungeeigneter Modelltyp kann nicht durch das theoretisch beste Schätzverfahren kompensiert werden. Im Beispiel „Unfallhäufigkeiten eines Kreisverkehrs" lagen die Daten bereits vor. Bevor wir auf die Schätzung von Parametern zu sprechen, → S. 209, kommen, wollen wir uns allgemein mit Eigenschaften von Stichproben- und Schätzfunktionen befassen. Später werden wir im Kapitel 9 „Testen" unter der Überschrift „Anpassungstests" Verfahren kennenlernen, die uns objektive Maße der Anpassungsqualität bescheren, → S. 300.

6.3 Stichproben- und Schätzfunktionen

Im letzten Abschnitt haben wir zur Modellierung der Unfallzwischenzeiten die Exponentialverteilung ausgewählt. Wie sich Modellparameter festsetzen lassen, diskutieren wir im nächsten, → S. 209. Jetzt stehen allgemein Eigenschaften von Stichprobenfunktionen im Mittelpunkt. Mit diesen Funktionen werden – wie der Name ausdrückt – neue Größen aus Stichproben, beispielsweise zur Schätzung von Parametern, gewonnen. Als besondere Kandidaten betrachten wir $\overline{X}$ und S^2 und zeigen, wie man per Simulation Stichprobenfunktionen untersuchen kann. Zu Beginn legen wir fest:

> **Definition 6.2: Stichprobenfunktion**
>
> Wird aus einer Stichprobe $(X_1, \ldots, X_n)$ eine neue Größe $\hat{\theta}$ berechnet, so ist $\hat{\theta} = \hat{\theta}(X_1, \ldots, X_n)$ eine Funktion der Stichprobe, und wir bezeichnen sie als **Stichprobenfunktion**.

Der Mittelwert einer Stichprobe oder die Stichprobenvarianz sind also Stichprobenfunktionen. Solange sich die Stichprobe noch nicht realisiert hat, sind Stichprobenfunktionen Zufallsvariablen. Wie bei anderen Verteilungen interessieren wir uns für Erwartungswert und Standardabweichung zur Charakterisierung der Verteilung von Stichprobenfunktionen. Noch besser ist es, wenn für Stichprobenfunktionen die genaue Verteilung angegeben werden kann. Diese Eigenschaften werden relevant, wenn eine Stichprobenfunktion zur Abschätzung eines Parameters der Grundgesamtheit dient.

> **Definition 6.3: Schätzfunktion**
>
> Eine Stichprobenfunktion zur Schätzung eines unbekannten Parameters einer Grundgesamtheit nennen wir auch **Schätzfunktion**.

6.3.1 Eigenschaften von Schätzfunktionen

Zur Entdeckung wichtiger Eigenschaften von Stichproben- bzw. Schätzfunktionen gehen wir von einem fiktiven Beispiel aus: Stellen wir uns vor, wir wollten den Erwartungswert einer Poisson-verteilten Grundgesamtheit per Stichprobe $(X_1, \ldots, X_n)$ abschätzen. Dieses ist gleichbedeutend mit der Schätzung des Parameters λ der Poisson-Verteilung, da für die Poisson-Verteilung gilt: $\mathrm{E}(X) = \lambda$.

Beispiel. Welche der fünf folgenden Funktionen sollten wir aus welchem Grund zur Schätzung des Mittelwertes der Grundgesamtheit heranziehen?

Liste der Schätzfunktionen:

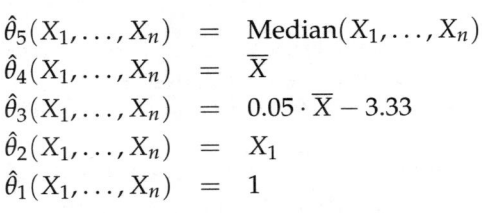

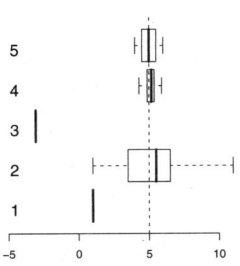

n=20, wd=20, lambda=5, seed=7

$$\hat{\theta}_5(X_1, \ldots, X_n) = \text{Median}(X_1, \ldots, X_n)$$
$$\hat{\theta}_4(X_1, \ldots, X_n) = \overline{X}$$
$$\hat{\theta}_3(X_1, \ldots, X_n) = 0.05 \cdot \overline{X} - 3.33$$
$$\hat{\theta}_2(X_1, \ldots, X_n) = X_1$$
$$\hat{\theta}_1(X_1, \ldots, X_n) = 1$$

Für die Anschauung simulieren wir Realisationen dieser Stichprobenfunktionen.

Abb. 6.6: $\hat{\theta}_i$-Realisationen

Dazu ziehen wir wiederholt Stichproben aus einer Poisson-Verteilung, berechnen die Werte der Stichprobenfunktionen und stellen die Werte für die fünf Funktionen als Boxplots dar:

116

```
>exp.est.fns()
```

Abbildung 6.6 zeigt eine mögliche Ergebnisgraphik. $\hat{\theta}_1$ liefert immer den Wert 1 und reagiert in keiner Weise auf die Stichprobe. $\hat{\theta}_2$ besitzt eine sehr große Variabilität, dafür erscheint die Lage brauchbar. $\hat{\theta}_3$ hat zwar eine geringe Variabilität, liegt aber völlig daneben. $\hat{\theta}_4$ realisiert sich in der Umgebung der gesuchten Stelle, die Lage ist passend und die Variabilität nicht sehr groß. $\hat{\theta}_5$ besitzt die Eigenschaft, fast nur ganzzahlige Werte hervorzubringen, in der Realität werden jedoch Parameter von Poisson-verteilten Grundgesamtheiten auch nicht ganzzahlig sein. $\hat{\theta}_4$ ist damit unter den fünf Vertretern offensichtlich am besten geeignet.

Zur Beurteilung einer Schätzfunktion $\hat{\theta} = \hat{\theta}(X_1, \ldots, X_n)$ sind zwei Aspekte zu unterscheiden:

1. Wie klein ist die Variabilität von $\hat{\theta}$?

2. Wie groß ist der (erwartete) Fehler von $\hat{\theta}$?

Gute Schätzfunktionen sollten einerseits eine sehr geringe Variabilität besitzen, andererseits sollten sie mit hoher Wahrscheinlichkeit einen Wert in der Nähe des unbekannten Parameters abliefern. Diese beiden Überlegungen lassen sich in einem charakterisierenden Kriterium, dem **mittleren quadratischen Fehler**, vereinigen:

Definition 6.4: Mittlerer quadratischer Fehler

Der mittlere quadratische Fehler ist definiert als:

$$\text{MQF}(\hat{\theta}, \theta) = \text{E}\left[\left(\hat{\theta}(X_1, \ldots, X_n) - \theta\right)^2\right]$$

Dieser Fehler setzt sich additiv zusammen aus der Varianz von $\hat{\theta}$ und dem Quadrat des zu erwartenden Fehlers $E(\hat{\theta} - \theta) = E(\hat{\theta}) - \theta$, denn es gilt:

$$MQF(\hat{\theta}, \theta) = \left[E(\hat{\theta}) - \theta\right]^2 + Var(\hat{\theta})$$

Wir führen für die Diskussion folgende Begriffe ein:

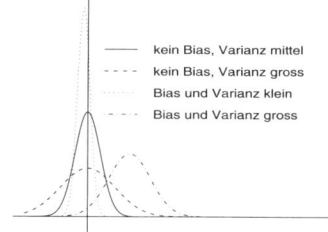

Abb. 6.7: Schätzfunktionen

Definition 6.5: Bias, Effizienz, Standardfehler, Konsistenz

Die Abweichung des Erwartungswertes einer Schätzfunktion von dem gesuchten Parameter $E(\hat{\theta}) - \theta$ heißt **Bias**. Es ist also erstrebenswert, dass der Bias gerade 0 ist. In diesem Fall heißt die Schätzfunktion $\hat{\theta}$ **erwartungstreu**. Geht der Bias für wachsenden Stichprobenumfang gegen 0, ist $\hat{\theta}$ **asymptotisch erwartungstreu**. Stehen zwei Schätzfunktionen zur Diskussion, die beide einen Bias von 0 besitzen, werden wir natürlich die **effizientere**, diejenige mit dem geringeren **Standardfehler** $\sqrt{Var(\hat{\theta})}$, vorziehen. Soll zwischen einem erwartungstreuen Vorschlag und einem nicht erwartungstreuen mit jedoch geringerem Standardfehler gewählt werden, können wir anhand des MQF entscheiden und ggf. auch einen kleinen Bias in Kauf nehmen. Geht der MQF für $n \to \infty$ gegen 0, heißt eine Schätzfunktion **konsistent im quadratischen Mittel**.

Schätzfunktionen, bei denen mit wachsendem Stichprobenumfang der Bias oder der Standardfehler nicht verschwindet, sind wenig attraktiv. Im Gedächtnis muss auf jeden Fall die bildliche Vorstellung haften bleiben, wie sie in Abbildung 6.7 zum Ausdruck kommt. Begriffe wie Bias, Konsistenz oder Standardfehler sind erforderlich, um Eigenschaften von Schätzfunktionen objektiv vergleichen zu können.

6.3.2 Die Stichprobenfunktionen $\overline{X}$ und S^2

Im letzten Abschnitt haben wir einige Kriterien zur Beurteilung von Schätzfunktionen kennengelernt. Diese lassen sich in manchen Situationen leicht ausrechnen, in anderen nur abschätzen. Da in viele Schätzfunktionen das Stichprobenmittel eingeht und wir für Stichproben in der Regel routinemäßig Mittelwert und Stichprobenvarianz berechnen, wollen wir $\overline{X}$ und S^2 einmal näher betrachten. Dabei gehen wir – wie schon erwähnt – von einer einfachen Zufallsstichprobe $(X_1, \ldots, X_n)$ aus.

Momente von $\overline{X}$. Für das Stichprobenmittel einer durch X charakterisierten Grundgesamtheit gilt:

$$E(\overline{X}) = E(X) \quad \text{und} \quad \text{Var}(\overline{X}) = \text{Var}(X)/n$$

Ebenfalls können wir die Erwartungswerte linearer Transformationen von $\overline{X}$ sofort angeben:

$$E(a\overline{X} + b) = aE(\overline{X}) + b \quad \text{und} \quad \text{Var}(a\overline{X} + b) = a^2\text{Var}(\overline{X}),$$

Hiermit erhalten wir zu unseren Beispielschätzfunktionen $\theta_1, \ldots, \theta_4$ die in Tabelle 6.1 aufgeführten Momente.

$\hat{\theta}_i$	$E(\hat{\theta}_i)$	$\text{Var}(\hat{\theta}_i)$	$f_{\hat{\theta}_i}$
$\hat{\theta}_1 = 1$	1	0	Einpunktverteilung
$\hat{\theta}_2 = X_1$	λ	λ	Poisson(λ)
$\hat{\theta}_3 = \overline{X}/20 - 3.33$	$\lambda/20 - 3.33$	$\text{Var}(X)/(400n)$	?
$\hat{\theta}_4 = \overline{X}$	λ	$\text{Var}(X)/n$	?
$\hat{\theta}_5 = \text{Median}(X)$	?	?	?

Tab. 6.1: Momente der Beispielsschätzfunktionen

$\hat{\theta}_2$ und $\hat{\theta}_4$ sind also erwartungstreu, und $\hat{\theta}_4$ ist konsistent, da die Varianz von $\hat{\theta}_4$ für $n \to \infty$ verschwindet. Die Tabelleneinträge bestätigen die Erkenntnisse aus der Abbildung 6.6, → S. 200, dem Leser sei empfohlen, dieses zu überprüfen.

Verwenden wir $\overline{X}$ als Schätzfunktion zur Schätzung des Mittels der Grundgesamtheit, dann ist also die Schätzfunktion $\overline{X}$ für μ erwartungstreu, und es folgt:

$$\text{MQF}(\overline{X}, \mu) = [E(\overline{X}) - \mu]^2 + \text{Var}(\overline{X}) = \text{Var}(\overline{X}) = \text{Var}(X)/n$$

Beispiel Poisson-Verteilung. Dieses gilt auch im Fall Poisson-verteilter Grundgesamtheiten. Die Schätzfunktion $\overline{X}$ ist zur Schätzung des Parameters λ einer Poisson-Verteilung erwartungstreu und konsistent. Für unser Beispiel „Verkehrskreisel" können wir den Parameter λ des Poisson-Modells also durch das Stichprobenmittel erwartungstreu schätzen und erhalten:

$$\text{MQF}(\overline{X}, \lambda) = \frac{\text{Var}(X)}{n} = \lambda/n$$

Bei einem Beobachtungszeitraum von $n = 52$ Wochen und einem unterstellten Parameterwert von 0.7 erhalten wir:

$$\text{MQF}(\overline{X}, \lambda = 0.7) = 0.7/52 = 0.0135$$

und einen Standardfehler von $\sqrt{0.7/52} \approx 0.116$.

Momente von S^2. Für die Stichprobenfunktion $S^2 = \frac{1}{n-1} \sum_i (X_i - \overline{X})^2$ gilt:

$$
\begin{aligned}
\mathrm{E}(S^2) &= \mathrm{Var}(X) = \sigma^2 \\
\mathrm{Var}(S^2) &= \frac{1}{n} \cdot \left(\mathrm{E}[(X - \mathrm{E}(X))^4] - \frac{n-3}{n-1} \cdot \sigma^4 \right)
\end{aligned}
$$

Wir können also die Varianz der Grundgesamtheit σ^2 erwartungstreu durch die Schätzfunktion S^2 schätzen. Dieser Umstand ist die starke Begründung dafür, dass wir bei der Berechnung der Stichprobenvarianz die Summe der quadrierten Abweichungen vom Mittel nicht durch n, sondern durch $(n-1)$ dividieren. Die Schätzfunktion $D^2 = \sum(X_i - \overline{X})^2/n$ besitzt dagegen einen kleinen Bias:

$$
\mathrm{E}(D^2) = E\left(\frac{n-1}{n} \cdot S^2 \right) = \frac{n-1}{n} \cdot \sigma^2
$$

Die Varianz von S^2 haben wir nur zu Zwecken der Illustration angefügt.

Für bestimmte Verteilungen der Grundgesamtheit, wie der Normalverteilung, sind wir in der Lage, nicht nur Aussagen über Momente zu machen, sondern auch die exakte Verteilung von $\overline{X}$ anzugeben.

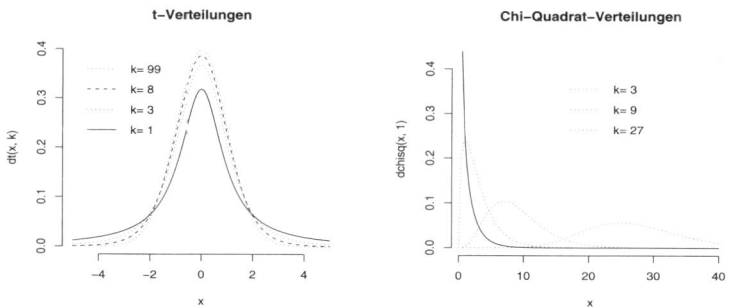

Abb. 6.8: Dichten von t- und χ^2-Verteilungen

Normalverteilungsfall. Der Fall normalverteilter Grundgesamtheiten nimmt in der Statistik eine zentrale Rolle ein. Dieses liegt einerseits an dem leichten formalen Umgang und andererseits daran, dass in Situationen, in denen sich Merkmale als Summationsergebnisse interpretieren lassen, die Normalverteilung als approximative Verteilung der Grundgesamtheit zur

Anwendung kommt. Deshalb fassen wir wesentliche Eigenschaften einiger Stichprobenfunktionen für die Ziehung aus normalverteilten Grundgesamtheiten stichpunktartig zusammen. In dieser Auflistung tauchen zwei neue Verteilungen auf, die t- und die χ^2-Verteilung, von denen wir uns anschließend noch einen kurzen Eindruck verschaffen.

Satz 6.2

Gegeben sei

$$(X_1, \ldots, X_n) \overset{iid}{\sim} \mathrm{norm}(\mu, \sigma).$$

Dann gelten folgende Verteilungsaussagen:

1. Stichprobenmittel:

$$\overline{X} \sim \mathrm{norm}(\mu, \sigma/\sqrt{n})$$

2. Stichprobenmittel mit μ und σ standardisiert:

$$\frac{\overline{X} - \mu}{\sigma/\sqrt{n}} \sim \mathrm{norm}(0, 1)$$

3. Summe der quadrierten Abweichungen vom Mittel:

$$(n - 1) \cdot S^2 = \sum_i (X_i - \overline{X})^2 \sim \sigma \cdot \chi^2_{k=n-1}$$

Hierbei steht $\chi^2_{k=n-1}$ für die Chi-Quadrat-Verteilung mit $k = n - 1$ Freiheitsgraden.

4. Stichprobenmittel mit μ und S standardisiert:

$$\frac{\overline{X} - \mu}{S/\sqrt{n}} \sim t_{k=n-1}$$

$t_{k=n-1}$ bezeichnet die t-Verteilung mit $k = n - 1$ Freiheitsgraden.

Zur Vorstellung wollen wir einen kurzen Blick auf Dichten von t- und χ^2-Verteilungen werfenSiehe dazu Abbildung 6.8, →S. 203. Mit wachsendem Parameter k – den **Freiheitsgraden** – streben ihre Formen gegen der Normalverteilung. Eine Darstellung zur t-Verteilung mit drei Freiheitsgraden („degrees of freedom", kurz: df) erhalten wir durch:

117 `>curve(dt(x,3),-5,5)`

Die Anweisung zeichnet die Dichte der χ^2-Verteilung mit df=3:

118 `>curve(dchisq(x,3),0.5,20)`

Approximative Verteilung von $\overline{X}$. Die für $\overline{X}$ aufgeführten Zusammenhänge gelten wegen des zentralen Grenzwertsatzes approximativ auch für nicht normalverteilte Grundgesamtheiten.[15] Besitzt die Grundgesamtheit eine Verteilung, die der Normalverteilung ähnelt, dann greift die Approximation schnell. Aber auch für schiefe Verteilungen, wie die Exponentialverteilung, ist die Verteilung des Mittels ab $n = 10$ schon recht nahe an der Normalverteilung. Dieser Fall wird experimentell im nächsten Abschnitt untersucht, → S. 206.

CHEBYSHEV. Mit dem Namen CHEBYSHEV[16] ist eine Ungleichung verbunden, mit der eine Mindestwahrscheinlichkeit für ein zentrales Schwankungsintervall einer Zufallsvariablen Y mit $E(Y) = \mu_Y$ und $Var(Y) = \sigma_Y^2$ angegeben werden kann. Es gilt:

$$P(|Y - \mu_Y| < k \cdot \sigma_Y) \geq 1 - \frac{1}{k^2}$$

Setzen wir für Y das Stichprobenmittel $\overline{X}$ ein, dann erhalten wir mittels einiger Umformungen ein Schwankungsintervall für $\overline{X}$:

$$P\left(\mu_X - k \cdot \frac{\sigma_X}{\sqrt{n}} < \overline{X} < \mu_X + k \cdot \frac{\sigma_X}{\sqrt{n}}\right) \geq 1 - \frac{1}{k^2}$$

Je größer k gewählt wird, umso breiter wird das Intervall. Gleichzeitig steigt die Mindestwahrscheinlichkeit, dass sich $\overline{X}$ in dem angegebenen Intervall $\left(\mu_X - k\sigma_X/\sqrt{n}, \mu_X + k\sigma_X/\sqrt{n}\right)$ realisiert, auf $1 - 1/k^2$ an.

Diese Ungleichung ist insofern sehr interessant, als dass sie uns den Konflikt zwischen Kosten, Genauigkeit und Sicherheit vor Augen führt:

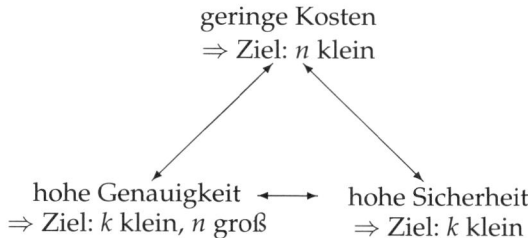

geringe Kosten
⇒ Ziel: n klein

hohe Genauigkeit ⟷ hohe Sicherheit
⇒ Ziel: k klein, n groß   ⇒ Ziel: k klein

Denn natürlich wünschen wir uns Aussagen, die möglichst scharf sind: Das Intervall für $\overline{X}$ sollte möglichst eng sein (Genauigkeit hoch). Dieses erfordert jedoch einen großen Stichprobenumfang n, der leider die Kosten hochtreibt. Außerdem sollte die Wahrscheinlichkeit für eine Aussage nahe bei 1 liegen. Diese Wahrscheinlichkeit wird groß, wenn k groß gewählt wird,

---

15 Genauer: ..., sofern die zu summierenden Zufallsvariablen eine endliche Varianz besitzen.
16 Vergleiche mit den Ausführungen auf Seite 113 im Kapitel 4 „Auf zur Modellierung".

was wieder zu einem breiten Intervall führt. Kommen wir einem Ziel näher, entfernen wir uns von mindestens einem anderen. Dieser Konflikt begegnet uns auch an anderen Stellen der Statistik, wir können ihm nicht ausweichen und müssen bereit sein, für hohe Qualität entsprechend zu zahlen.

6.3.3 Experimente zur Untersuchung von Stichprobenfunktionen

Eigenschaften von Stichprobenfunktionen bzw. Schätzfunktionen können oft nur mit Mühe formal festgestellt werden. Deshalb beschreiben wir in diesem Abschnitt Experimente, mit denen wir Verhaltensweisen von Stichprobenfunktionen bzw. Schätzfunktionen auf den Zahn fühlen können.

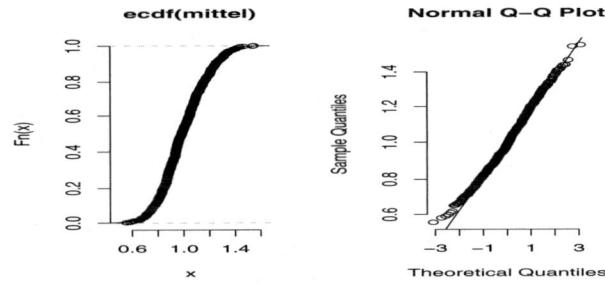

Abb. 6.9: $\hat{F}$ und qqnorm-Plot von Mitteln aus exp(1)

Ein Experiment zur Normalapproximation von $\overline{X}$. Wie schnell nähert sich beispielsweise das Mittel einer Stichprobe aus einer exponentialverteilten Grundgesamtheit für wachsenden Stichprobenumfang an die Normalverteilung an? Zur Klärung dieser Frage können wir wiederholt Stichproben aus exp(1) ziehen und einen QQ-Plot zeichnen, in dem die Stichprobenmittel Quantilen der Standardnormalverteilung gegenübergestellt werden. Mit R können wir diese Idee leicht in die Tat umsetzen:

119
```
>n<-10; wd<-1000; mittel<-numeric(wd)
for(i in 1:wd) mittel[i]<-mean(rexp(n))
qqnorm(mittel)
```

Die Funktion exp.exp.mittel() führt ebenfalls die gerade beschriebene Simulation durch und erlaubt dem Anwender dabei Stichprobenumfang, Wiederholungsanzahl und Zufallsstart per Schieber zu setzen. Ergänzend zum QQ-Plot wird außerdem noch die empirische Verteilungsfunktion der Mittelwerte erstellt.

120
```
>exp.exp.mittel()
```

Für n=30, wd =500 und seed=2 erhalten wir beispielsweise als Output die Graphiken der Abbildung 6.9, an denen wir sehen können, dass die Approximation der Verteilung des Stichprobenmittels durch eine Normalverteilung für einen Stichprobenumfang von 30 schon erstaunlich gut ist.

Die Verteilung von Stichprobenfunktionen bei bekannter Grundgesamtheit – Simulation. Für die Normalverteilung konnten wir Eigenschaften von Stichprobenfunktionen formal darstellen. Was aber kann man machen, wenn sich eine Stichprobenfunktion einer formalen Analyse entzieht? Kennen wir die Grundgesamtheit, können wir die Charakteristika von Stichprobenfunktionen mit Hilfe von Simulationen studieren. Beispielsweise könnte uns interessieren, wie der Median einer Stichprobe verteilt ist. Zur Schätzung des Parameters der Poisson-Verteilung hatten wir zwar diesen Kandidaten aufgrund seiner Ganzzahligkeit abgelehnt, aber vielleicht könnte er generell zur Schätzung des Medians einer Grundgesamtheit ein ernster Kandidat sein. Ist die Verteilung der Grundgesamtheit bekannt, können wir durch simulierte Stichprobenziehungen der Verteilung der Stichprobenfunktion in zwei Schritten auf die Spur kommen:

1. Ziehe wiederholt Stichproben aus der Grundgesamtheit und

2. untersuche dann die empirische Verteilung der Realisationen der Stichprobenfunktion.

Nach diesem Muster untersuchen wir nun die Frage: Wie unterscheiden sich die Verteilungen der Stichprobenfunktionen Median und Mittelwert im Falle einer Grundgesamtheit, die sich zu 80% aus $N(0,1)$ und zu 20% aus $N(0,\sigma^2)$ zusammensetzt? Hierzu ziehen wir Stichproben aus der Mischpopulation, berechnen jeweils Mittelwert und Median und zeichnen zu den Realisationen Dichtespuren.

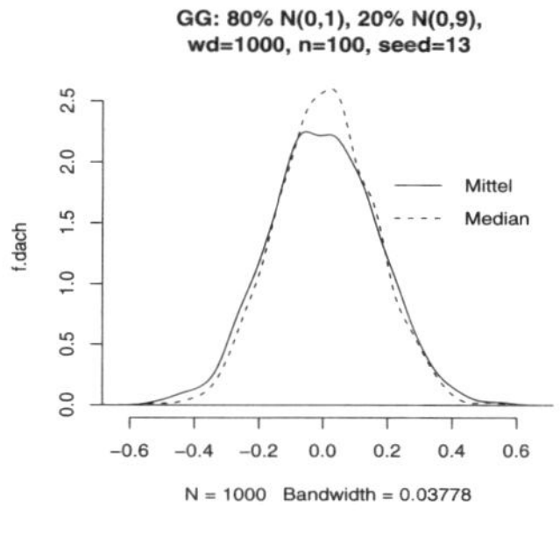

Abb. 6.10: $\hat{f}_{\text{Median}}$ und $\hat{f}_{\overline{X}}$

```
>exp.nv.mischung()
```

In der Abbildung 6.10 sehen wir zwei Dichtespuren. Die gestrichelte zeigt die empirische Verteilung der Mediane aus dem Experiment, die durchgezogene die der Mittelwerte. Die Mittelwerte streuen etwas breiter, und in der Mitte im Intervall $[-0.1, 0.1]$ haben sich offensichtlich mehr Mediane als Mittelwerte realisiert.

Der Median scheint also die Nase vorn zu haben: Seine Schwänze verlaufen flacher und um die Stelle 0 ist der Kurvenverlauf höher. Für unvermischte normalverteilte Grundgesamtheiten ist der Mittelwert die erste

Wahl. Wie das Experiment zeigt, gilt dieses bei „verunreinigten Gesamtheiten" nicht mehr unbedingt. Wenn sich diese einer formalen Analyse entziehen, können Experimente helfen, wie gerade gezeigt wurde.

Die Verteilung von Stichprobenfunktionen bei unbekannter Grundgesamtheit – Bootstrap. In der Realität ist das Problem noch schwieriger, da wir oft die genaue Verteilung der Grundgesamtheit nicht kennen. Dann können wir weder auf formalem Wege die Verteilung einer Stichprobenfunktion berechnen, noch diese durch simulierte Ziehungen aus der Grundgesamtheit approximieren.

Stellen wir uns zum Beispiel vor, dass wir den Median einer nicht normalverteilten Grundgesamtheit abschätzen wollen. Vielleicht ist für diesen Zweck der Stichprobenmedian geeignet. Welche Eigenschaften besitzt aber nun die Stichprobenfunktion Median($X_1, \ldots, X_n$)? In solchen Fällen helfen **Bootstrap**-Verfahren weiter, die sich durch folgende Schritte charakterisieren lassen:

Bootstrap-Algorithmus.

1. Ziehe mit Zurücklegen aus der vorliegende Stichprobe B sogenannte „Bootstrap-Stichproben" vom Umfang der ursprünglichen Stichprobe.

2. Werte für jede dieser B Bootstrap-Stichproben die Stichprobenfunktion aus.

3. Analysiere die empirische Verteilung der berechneten Stichprobenfunktionswerte.

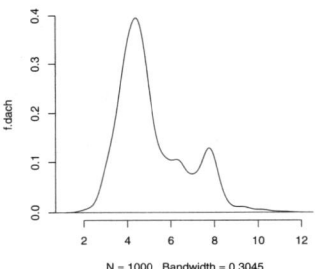

Abb. 6.11: Verteilung der Mediane

Diese Schritte können wir demonstrativ für eine Stichprobe umsetzen. Interessiert uns zum Beispiel die Verteilung des Medians der Zeiten zwischen Unfällen in 2002, dann können wir berechnen:

```
>x<-zwischen.unfalls.zeiten.02; stpr.funktion<-median
 B<-1000; result<-numeric(B); set.seed(17)
 for(b in 1:B){
   stpr<-sample(x,size=length(x),replace=TRUE)
   result[b]<-stpr.funktion(stpr)
 }
 plot(density(result),main="Dichtespur")
 summary(result)

  Min. 1st Qu.  Median   Mean 3rd Qu.    Max.
 2.050   4.005   4.600  5.114   5.810  11.200
```

Abbildung 6.11 zeigt uns eine zweigipfelige leicht rechtsschiefe Verteilung, wer hätte das erwartet?

Das Bootstrap-Verfahren geht von der Vorstellung aus, dass die vorliegende Stichprobe unsere Grundgesamtheit ausreichend gut repräsentiert. Dann simulieren wir viele neue Stichproben und können vergleichen, inwieweit die Stichprobenfunktion Werte nahe dem fraglichen Parameter aus der ursprünglichen Stichprobe hervorbringt. So könnten wir zum Beispiel versuchen, den Standardfehler der Schätzfunktion abzuschätzen:

```
>std.err.dach<-sd(result)
```

```
[1] 1.536516
```

Dieser Wert zeigt eine große Variabilität der Stichprobenfunktion an, wie aufgrund der Abbildung 6.11 schon zu vermuten ist.

Fazit. Stichprobenfunktionen werden durch Erwartungstreue, Bias, Standardfehler und Konsistenz charakterisiert. Für besondere Fälle – beispielsweise $\overline{X}, S^2$ bei Normalverteilungen – sind die Verteilungen von Stichprobenfunktionen bekannt. Andernfalls können Eigenschaften durch Simulationen oder den Einsatz von Bootstrap-Verfahren abgeschätzt werden.

6.4 Zur Konstruktion von Schätzfunktionen

Die vorigen Abschnitte haben Begriff, Idee und Eigenschaften von Schätzfunktionen vermittelt. Nun wollen wir uns mit Strategien befassen, Schätzfunktionen aufzufinden.

6.4.1 Parameterschätzung nach der Methode der Momente

Modelle werden entworfen, um reale Phänomene und Strukturen in einfacher Form zu beschreiben. Für den Gebrauch und das Verständnis von Modellen ist es vorteilhaft, dass in der Daten- und Modellwelt Größen mit verwandter Bedeutung anzutreffen sind. Dem Mittelwert eines Datensatzes entspricht der Erwartungswert oder der Stichprobenvarianz die Varianz eines Verteilungsmodells. Naheliegenderweise erhalten wir Schätzvorschläge für unbekannte Parameter eines Modells, indem wir ausgehend von modellspezifischen Beziehungen die Parameter als Funktion der Momente notieren und dann theoretische Momente durch ihre empirischen Pendants ersetzen. Dieses Vorgehen trägt die Überschrift: „Methode der Momente."

Beispiel Poisson-Verteilung. Die Diskussion der wöchentlichen Unfallanzahlen eines Bielefelder Kreisverkehrs hat uns zur Poisson-Verteilung geführt. Welchen Wert sollen wir für den Verteilungsparameter λ auswählen? In den betrachteten 52 Wochen von 2002 haben sich 42 Unfälle ereignet. Damit ergibt sich als durchschnittliche Unfallzahl pro Woche:

$$\bar{x} = 42/52 \approx 0.81$$

Da für eine Poisson-verteilte Zufallsvariable X gilt: $E(X) = \lambda$, können wir λ durch den Mittelwert abschätzen:

$$E(X) = \lambda \quad \Rightarrow \quad \hat{\lambda} = \bar{x}$$

und erhalten die voll spezifizierte Wahrscheinlichkeitsfunktion:

$$P(X = x) = \frac{0.81^x}{x!} \cdot e^{-0.81}, \quad x = 0, 1, 2, \ldots$$

Berechnungen auf Basis vorliegender Daten münden in einem „Schätzwert" für den unbekannten Parameter. Die Rechenvorschrift selbst haben wir als Schätzfunktion bezeichnet. Damit lautet die „Schätzfunktion" $\hat{\lambda}_{MM}(X_1, \ldots, X_n)$ zur Schätzung von λ der Poisson-Verteilung nach der Methode der Momente:

$$X_1, \ldots, X_n \overset{iid}{\sim} \text{pois}(\lambda) \quad \Rightarrow \quad \hat{\lambda}_{MM}(X_1, \ldots, X_n) = \overline{X}$$

Beispiel Exponentialverteilung. Bei der Poisson-Verteilung ist der Parameter mit dem Erwartungswert der Verteilung identisch. Wie gehen wir vor, wenn das nicht so ist? Zum Beispiel haben wir für die Zeiten zwischen zwei Unfällen als Modell eine Exponentialverteilung vorgeschlagen. Wie schätzen wir den Parameter λ der Exponentialverteilung nach der Methode der Momente?

Für eine exponentialverteilte Zufallsvariable X gilt: $E(X) = 1/\lambda$. Ersetzen wir $E(X)$ durch $\overline{X}$ und lösen wir diese Gleichung nach dem Parameter auf, erhalten wir die gesuchte Schätzfunktion:

$$E(X) = \frac{1}{\lambda} \quad \Rightarrow \quad \hat{\lambda} = \frac{1}{\overline{X}}$$

und es folgt:

$$X_1, \ldots, X_n \overset{iid}{\sim} \exp(\lambda) \quad \Rightarrow \quad \hat{\lambda}_{MM}(X_1, \ldots, X_n) = \frac{1}{\overline{X}}$$

Auf diese Weise erhalten wir als Modell für die Zwischenzeiten mit

124

```
>1/mean(zwischen.unfalls.zeiten.02)
```

den Wert [1] 0.1142708 und als vollspezifizierte Dichte

$$f(x) = 0.114 \cdot e^{-0.114 \cdot x}$$

nach Entfernen unbedeutender Nachkommastellen.

Beispiel Normalverteilung. Ein brauchbares Verfahren muss auf jeden Fall auch für das Lieblingskind der Statistik, die Normalverteilung, funktionieren. Deshalb ist die Frage zu klären: Wie bekommen wir Schätzungfunktionen für Parameter der Normalverteilung nach der Methode der Momente? Zusätzlich können wir an diesem Beispiel studieren, wie sich mehrere Parameter mit Hilfe der Momentenmethode finden lassen. Betrachten wir als Beispiel die Dateigrößen eines Rechners.[17]

Für den vorliegenden Datensatz suchen wir ein Modell. Da die Daten rechtsschief sind, werden wir gleich zu den logarithmierten Werten übergehen. Abbildung 6.12 zeigt einen Boxplot der logarithmierten Größen.

```
>x<-dateigroessen
  boxplot(log(x),
          horizontal=TRUE)
```

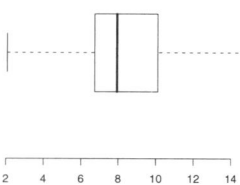

Abb. 6.12: log(Dateigrößen)

An die transformierten Daten wollen wir ein Normalverteilungsmodell anpassen.

Zur Bestimmung von zwei Parametern benötigen wir zwei Bedingungen, also noch ein zweites Moment. Wählen wir das zweite zentrale Moment, die Varianz, erhalten wir die Gegenüberstellungen:

$$\overline{X} \leftrightarrow E(X) = \mu \quad \text{und} \quad S^2 \leftrightarrow \text{Var}(X) = \sigma^2$$

Hiermit ergeben sich für (μ, σ^2) folgende Schätzfunktionen:

$$X_1, \ldots, X_n \overset{iid}{\sim} \text{norm}(\mu, \sigma) \quad \Rightarrow \quad \begin{cases} \hat{\mu}_{MM} &= \overline{X} \\ \hat{\sigma}^2_{MM} &= S^2 \end{cases}$$

---

17 Mit LINUX und R können Dateigrößen leicht ermittelt werden:
```
system("ls -alR|gawk 'print $5'>fs"); dateigroessen<-scan("fs").
```

Für die logarithmierten Dateigrößen erhalten wir eine angepasste Normalverteilung, deren Dichte zusammen mit einem Histogramm der Daten in Abbildung 6.13 zu sehen ist.

126

```
>x<-log(dateigroessen)
 hist(x, prob=T)
 m<-mean(x); sq<-var(x)
 curve(dnorm(x,m,sq^0.5),add=T)
 c("mu.hat"=m,"sigma.q.hat"=sq)
```

Die nummerischen Werte lauten:

```
    mu.hat  sigma.q.hat
  8.114931     5.348194
```

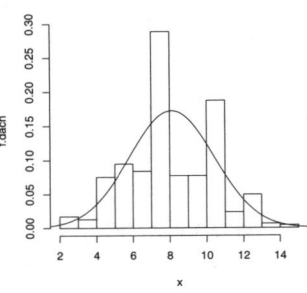

Abb. 6.13: log(Dateigrößen)

Nach der Abbildung 6.13 ist die Anpassung einer Normalverteilung nicht sehr überzeugend, sodass wir die Modellwahl noch einmal überdenken sollten.

Die Methode der Momente ist nicht eindeutig und kann zu unterschiedlichen Schätzfunktionen führen. Verwenden wir ausgehend von $\mathrm{Var}(X) = \mathrm{E}(X^2) - \mathrm{E}(X)^2$ zur Schätzung der Varianz

$$\hat{\sigma}^2_{MM,2} = \widehat{\mathrm{E}(X^2)} - \left[\widehat{\mathrm{E}(X)}\right]^2 = \frac{1}{n}\sum_{}^{n} X_i^2 - \overline{X}^2$$

ergibt sich mit

127

```
>sigma.q.dach.2<-mean(x*x)-mean(x)^2
```

das geringfügig andere Ergebnis: 5.337, das jedoch nahe dem ersten Vorschlag von 5.348 liegt. Stehen mehrere Wege zur Auswahl, sollte man nach dem **Prinzip der Einfachheit** den einfachsten Weg auswählen. Nach diesen Beispielanwendungen formulieren wir die Methode der Momente:

Definition 6.6:   Methode der Momente

Die Methode der Momente zur Schätzung von Verteilungsparametern besteht aus zwei Schritten:

1. Drücke die Parameter als Funktionen theoretischer Momenten aus,

2. ersetze die theoretischen durch Stichprobenmomente.

Beispiel Anteilswert schätzen.   Zur Probe wollen wir für die ersten drei Generationen der Ariane-Rakete der Frage nachgehen, wie groß die Wahrscheinlichkeit p für einen gelungenen Start ist. Es sei

$$X = \begin{cases} 1, & \text{falls Start gelingt} \\ 0, & \text{falls Start gelingt nicht} \end{cases}$$

Dann ist $X \sim$ Bernoulli(p). Tauchen bei n (unabhängigen) Startversuchen d Problemfälle auf, so schätzen wir p mittels der Schätzfunktion $\hat{p}_{MM}$:

$$\mathrm{E}(X) = 1 \cdot p + 0 \cdot (1 - p) = p \quad \Rightarrow \quad \hat{p}_{MM} = \overline{X}$$

In den Jahren 1979 bis 1989 wurden 28 Starts durchgeführt. Da es nur einen Problemfall gab, schätzen wir: $\hat{p}_{MM} = 27/28$.[18] Es sei bemerkt, dass der Leser im Kapitel 8 „Statistik und BAYES", → S. 255, verfeinerte Überlegungen zum Thema Erfolgswahrscheinlichkeiten von Raketenstarts findet.

Fazit. Die Methode der Momente führt oft zu brauchbaren Ergebnissen. Diese sind zudem auch Nicht-Statistikern vermittelbar. Nach der Methode der Momente erhalten wir recht einfach Schätzfunktionen, die oft mit denen nach dem ML-Prinzip ermittelten zusammenfallen, siehe dazu auch Tabelle 6.4, → S. 220.

6.4.2 Parameterschätzung nach der ML-Methode

Die Idee der Methode der Momente: „Wähle das Modell so, dass Erwartungswert und empirisches Moment übereinstimmen!", leitet sich aus dem Urziel der Modellanpassung ab. Fraglich ist jedoch, welches Charakteristikum zur Entscheidung genommen werden sollte: Neben dem Mittelwert könnte ebenso der Median, ein Quartil oder gar das 95%-Quantil Verwendung finden. Aus Sicht der Datenerhebung spricht für die Verwendung des Mittelwertes seine Einfachheit: Jedes vorliegende Datum geht mit gleicher Gewichtung linear ein. Warum bedarf es weiterer Methoden? Es gibt Situationen, bei denen ein MM-Schätzer unbrauchbare Ergebnisse hervorruft.

Momentenschätzer sind manchmal ungeeignet. Ein Bonbon-Hersteller will eine neue Schokoladensorte einführen. Um das Interesse der Kunden zu wecken, bietet er ein Gewinnspiel an: Jede Schokolade ist in eine Schutzfolie eingeschlagen, auf deren Innenseite eine Nummer aus $\{1, \ldots, m\}$ aufgedruckt ist. Zu jeder Nummer werden gleich viele Schokoladen hergestellt. Ein Käufer kann jetzt seine gekauften Schokoladen untersuchen und seine Schätzung für m beim Hersteller einreichen. Little Sweety kauft sich gleich drei Schachteln und entdeckt die Nummern 5, 2 und 23, deren Mittelwert 10 beträgt. Er überlegt, dass das Zufallsexperiment, eine bestimmte Nummer zu erwischen, durch eine diskrete Gleichverteilung mit den Realisationen $1, 2, \ldots, m$ modelliert werden kann. Weiter rechnet er: der Erwartungswert der Gleichverteilung beträgt $(m + 1)/2$, folglich lässt sich m nach

---

18 Bei den letzten 68 Starts der Ariane 4 keinen Fehlstart, siehe:
http://www.raumfahrer.net/raumfahrt/raketen/ariane4.shtml .

der Methode der Momente schätzen durch:

$$\hat{m}_{MM} = 2 \cdot \text{Mittelwert} - 1 = 2 \cdot 10 - 1 = 19$$

Dieser Vorschlag ist nicht überzeugend, denn den drei Beobachtungen ist zu entnehmen: $m \geq 23$. Die Methode der Momente ist also zur Abschätzung von m nicht geeignet.

Damit entsteht der Ruf nach einem alternativen, einsichtigen und möglichst universell verwendbaren Ansatz. Mit dem „Maximum-Likelihood-Prinzip" stellen wir in diesem Abschnitt eine Methode vor, die in der Regel zu sehr guten Schätzern führt. Für diskrete Verteilungen lässt sich so die Idee des Maximum-Likelihood-Prinzips formulieren: „Suche unter den zur Wahl stehenden Modellen dasjenige aus, bei dem die vorliegende Stichprobe die maximale Eintrittswahrscheinlichkeit besitzt!" Wir schauen also nicht, welches Moment am besten passt, sondern nach welchem Modell es am ehesten zu der vorliegenden Beobachtung kommen kann. Dieses Vorgehen zur Ermittlung von ML-Schätzern werden wir an einem ganz einfachen Beispiel demonstrieren.

Vampirologie. Professor Abronsius reist zum Studium von Vampiren mit seinem Assistenten Alfred nach Transsylvanien. Nach einer Theorie ist die Beißrate von Vampiren je nach Zustand unterschiedlich. Genauer werden drei Zustände unterschieden: „schlaff, normal" und „durstig". Für jeden dieser Zustände zeigt die folgende Tabelle, wie viele Opfer ein Vampir mit welcher Wahrscheinlichkeit pro Nacht aussaugt.

Anzahl Opfer	Verteilung bei Zustand		
	schlaff	normal	durstig
0	54%	10%	5%
1	35%	30%	20%
2	10%	40%	30%
3	1%	20%	45%
Σ	100%	100%	100%

Tab. 6.2: Beißverteilungen von Vampiren

Jede Spalte dieser Tabelle zeigt uns also eine Verteilung, deren Wahrscheinlichkeiten sich zu 100% summieren.

Alfred beschattet den Vampir Graf von Krolock und stellt fest, dass dieser in einer Nacht drei Personen zur Ader gelassen hat. Was meinen Sie, in welchem Zustand befindet sich der Vampir? Klarer Fall: Der Vampir ist

„durstig!" Denn im Zustand „durstig" beträgt die Wahrscheinlichkeit 45% für drei Opfer. Ein „träger" Vampire saugt dagegen an drei Opfern nur mit einer äußerst geringen Wahrscheinlichkeit und auch im „Normal"fall beträgt die Chance nur 20%.

Wir haben zur Ergebnisfindung aufgrund der Beobachtung eine Zeile ausgewählt und in dieser über den größten Wert einen Zustand bzw. Parameter abgelesen. Nennen wir die Verteilungen, die zu den Spalten gehören, $f_{schlaff}$, f_{normal} und $f_{durstig}$, und die Beobachtung x_1, können wir den Suchvorgang beschreiben durch:

1. Bestimme die Werte $f_{schlaff}(x_1), f_{normal}(x_1), f_{durstig}(x_1)$.

2. Suche Maximum von $\{f_{schlaff}(x_1), f_{normal}(x_1), f_{durstig}(x_1)\}$.

3. Gebe Zustand bzw. Parameter an, der zum Maximalwert gehört.

Die Zustände von Vampiren ändern sich bekanntlich nicht von Nacht zu Nacht, sondern halten sich immer eine längere Zeit. Das gibt Alfred die Chance, Graf von Krolock noch weitere Nächte zu beobachten. Nach insgesamt vier Nächten hat Alfred Graf die Opferanzahlen 3, 1, 2, 2 ermittelt. Was sagen Sie nun?

Zur Ermittlung des ML-Schätzers rechnen wir für jede der drei Verteilungen, die Wahrscheinlichkeit $L(\text{Zustand})$ für die vorliegende Beobachtungsreihe aus:

$$
\begin{aligned}
L(\text{schlaff}) &= f_{schlaff}(3) \cdot f_{schlaff}(1) \cdot f_{schlaff}(2) \cdot f_{schlaff}(2) \\
&= \tfrac{1}{100} \cdot \tfrac{35}{100} \cdot \tfrac{10}{100} \cdot \tfrac{10}{100} = \tfrac{3\,500}{100\,000\,000} \\[4pt]
L(\text{normal}) &= f_{normal}(3) \cdot f_{normal}(1) \cdot f_{normal}(2) \cdot f_{normal}(2) \\
&= \tfrac{20}{100} \cdot \tfrac{30}{100} \cdot \tfrac{40}{100} \cdot \tfrac{40}{100} = \tfrac{960\,000}{100\,000\,000} \\[4pt]
L(\text{durstig}) &= f_{durstig}(3) \cdot f_{durstig}(1) \cdot f_{durstig}(2) \cdot f_{durstig}(2) \\
&= \tfrac{45}{100} \cdot \tfrac{20}{100} \cdot \tfrac{30}{100} \cdot \tfrac{30}{100} = \tfrac{810\,000}{100\,000\,000}
\end{aligned}
$$

Die Nenner sind zwar recht groß, doch hat jetzt der „Normalzustand" die Nase vorn. Wir legen fest:

Definition 6.7: Likelihood-Funktion

Die Funktion $L(\theta; x_1, \ldots, x_n) = f_\theta(x_1) \cdots f_\theta(x_n)$ heißt Likelihood-Funktion.

Im Falle diskreter Verteilungen zeigt $L(\theta_0)$ an, wie wahrscheinlich die vorliegende Stichprobe ist, wenn der Parameter den Wert θ_0 hat. Der Buchstabe

L steht als Kürzel für das Wort Likelihood (Mutmaßlichkeit). Es sei aber betont, dass $L(\theta)$ als Funktion von θ keine Wahrscheinlichkeitsfunktion oder Dichtefunktion ist. Für die Beobachtungen $x_1, \ldots, x_n$ haben wir folgenden Algorithmus anzuwenden:

Definition 6.8: Likelihood-Prinzip

1. Berechne für jedes θ aus der Menge der möglichen Werte Θ:

$$L(\theta; x_1, \ldots, x_n) = f_\theta(x_1) \cdot f_\theta(x_2) \cdots f_\theta(x_n) \wedge \theta \in \Theta.$$

2. Suche Maximum der Menge: $\left\{ L(\theta; x_1, \ldots, x_n) \mid \theta \in \Theta \right\}$.

3. Gebe Parameter an, der zum Maximalwert gehört.

Damit ist das Prinzip erklärt, und es bedarf nur noch einiger Bemerkungen für den allgemeinen Umgang.

Unendlich viele Realisationsmöglichkeiten. Gibt es statt vier unendlich viele unterschiedliche Realisationsmöglichkeiten, können wir die oben vorgestellte Tabelle nicht mehr aufschreiben. Immerhin könnten wir zu jeder einzelnen Beobachtung die zugehörige Zeile aus der gedachten Tabelle untereinander notieren und dann die Werte der Spalten multiplizieren. Für unsere Daten bekommen wir die Tabelle 6.3.

Beobachtung	Parameterwert: schlaff	normal	durstig
3	1%	20%	45%
1	35%	30%	20%
2	10%	40%	30%
2	10%	40%	30%
L(Zustand): in 1/1 000 000	35	5 400	8 100

Tab. 6.3: Berechnung der Likelihood-Funktion für Beobachtungen 3,1,2,2

In der Tabelle 6.3 gehört jede Spalte zu einem Parameterwert. Nehmen wir einmal an, dass zur Modellierung des Beiß- und Saugverhaltens die Poisson-Verteilung mit $\lambda \in \{1, 2, 3\}$ passend ist. Bei Unterstellung einer Poisson-Verteilung erhalten wir für den Beobachtungsvektor $(x_1, \ldots, x_n)$ für jedes λ ein Produkt der Form:

$$L(\lambda) \quad = \quad f_\lambda(x_1) \cdot f_\lambda(x_2) \cdots f_\lambda(x_n)$$

$$= \frac{\lambda^{x_1} \cdot e^{-\lambda}}{x_1!} \cdot \frac{\lambda^{x_2} \cdot e^{-\lambda}}{x_2!} \cdots \frac{\lambda^{x_n} \cdot e^{-\lambda}}{x_n!} = \frac{\lambda^{x_1+\cdots+x_n} \cdot e^{-n\lambda}}{x_1! \cdots x_n!}$$

Das λ, das zu dem größten Produkt gehört, ist der gesuchte ML-Schätzer. Mit einem Rechner kann diese Formel leicht ausgewertet werden. Für `lambda=1` rechnen wir beispielsweise:

```
>x<-c(3,1,2,2); lambda<-1
 prod(dpois(x,lambda))
```

Entsprechend können wir alle möglichen λ-Werte probieren und erhalten:

```
L(1) = 0.0007631516
L(2) = 0.003578268
L(3) = 0.001679674
```

Als Ergebnis folgt: $\hat{\lambda}_{ML} = 2$

Stetiges Beobachtungsmerkmal. Wird zur Modellierung eine stetige Verteilung gewählt, bestimmen wir die Werte für die Funktion L ebenfalls durch Auswertung von

$$L(\theta) = f_\theta(x_1) \cdot f_\theta(x_2) \cdots f_\theta(x_n)$$

und finden so den ML-Schätzer. Am prinzipiellen Vorgehen ändert sich nichts. Anders ist jedoch, dass $L(\theta)$ für stetige Verteilungen nicht mehr als Wahrscheinlichkeit interpretiert werden darf, da Dichtewerte keine Wahrscheinlichkeiten repräsentieren. Ein hoher Wert von $L(\theta)$ bedeutet, dass bei Richtigkeit von θ die Wahrscheinlichkeit für eine Stichprobe in der Nähe der Beobachtung ebenfalls hoch ist.

Stetige Parametermenge. Eine weiter entwickelte Theorie über Vampire könnte die Variation des Beißparameters über ein Zahlenintervall erlauben. Hierdurch ergeben sich unendlich viele Spalten in unserer Tabelle. Auch wenn diese Tabelle nicht mehr aufgezeichnet werden kann, müssen nach dem ML-Prinzip alle (unendlich vielen) Spalten bzw. Produkte bedacht werden, um das Maximum von $L(\cdot)$ zu finden.

Graphische Maximierung. Wir müssen unterscheiden zwischen dem einfachen Prinzip der ML-Schätzung und der Durchführung, bei der der Maximierungsschritt schwierig sein kann. Ein einfacher Weg, das Maximum zu finden, besteht aus zwei Schritten:

1. Zeichne $L(\cdot)$ und

2. lese die Stelle des Maximums von $L(\cdot)$ ab.

Mit R setzen wir diese Punkte für die Poisson-Verteilung schnell um:

129

```
>x<-c(3,1,2,2)
lambda<-seq(.5,5,length=100); L<-rep(0,length(lambda))
for(i in seq(lambda)) L[i]<-prod(dpois(x,lambda[i]))
plot(lambda,L,type="l")
```

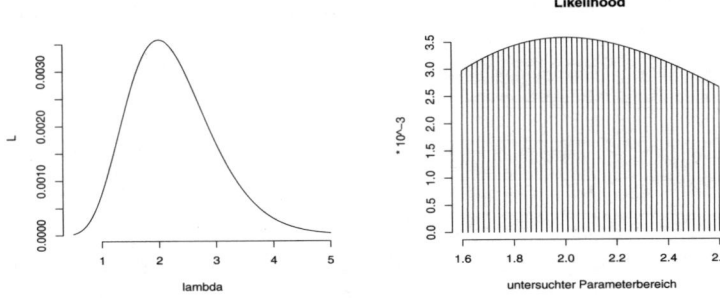

Abb. 6.14: Likelihood-Funktion, unterschiedliche Ausschnitte

Diese Anweisungen liefern die linke Graphik von Abbildung 6.14. Wem das Ergebnis noch nicht genau genug ist, kann den Bereich für λ eingrenzen und eine Ausschnittsvergrößerung anfertigen.

Hierbei hilft:

130

```
>exp.ml(c(3,1,2,2),"pois")
```

und es wird beispielsweise die rechte Graphik von Abbildung 6.14 entstehen.

Schätzfunktion. Zur Anpassung einer Verteilung an einen Datensatz mag es ausreichend sein, Schätzwerte zu ermitteln. Die Untersuchung von Eigenschaften einer Schätzfunktion erfordert indes ihre symbolische Beschreibung, also eine formale Niederschrift. Außerdem erspart eine einmal gefundene Schätzfunktion fallabhängige Maximierungen. Deshalb werden wir nun zeigen, wie sich eine ML-Schätzfunktion finden lässt. Für die Praxis reicht dem Anwender häufig eine Tabelle, aus der er zu den verschiedenen Verteilungen die Schätzfunktion ablesen kann.

Betrachten wir die Likelihood-Funktion $L(\theta)$, die es zu maximieren gilt. Dieses Maximierungsproblem können wir oft durch Logarithmieren vereinfachen, denn hierdurch ändert sich die Stelle des Maximums nicht. Da $L(\theta)$ ein Produkt aus Faktoren der Form $f(x_i)$ ist, wird $L(\theta)$ durch Logarithmieren in eine Summe überführt. Ist zudem der Parameterraum stetig und $L(x)$ differenzierbar, finden wir die Stelle des potentiellen Maximums durch Anwendung der Differentialrechnung.

Für die Exponentialverteilung erhalten wir beispielsweise die Likelihoodfunktion:

$$L(\lambda) = \lambda e^{-\lambda x_1} \cdots \lambda e^{-\lambda x_n} = \lambda^n e^{-\lambda \sum_i x_i}$$

Der Übergang zum Logarithmus beschert uns die logarithmierte Likelihoodfunktion $l(\lambda)$:

$$l(\lambda) = \ln L(\lambda) = \ln\left(\lambda^n e^{-\lambda \sum_i x_i}\right) = n \ln \lambda - \lambda \sum_i x_i$$

Deren Ableiten setzen wir gleich 0:

$$\frac{d\,l(\lambda)}{d\lambda} = n\frac{1}{\lambda} - \sum_i x_i \overset{!}{=} 0$$

Kleine Restarbeiten führen uns zum Maximum für die Realisationen $x_1, x_2, \ldots, x_n$:

$$\frac{n}{\hat{\lambda}} = \sum_i x_i \;\Rightarrow\; \frac{1}{\hat{\lambda}} = \overline{x} \;\Rightarrow\; \hat{\lambda} = \frac{1}{\overline{x}}$$

Wichtig ist es zu überprüfen, ob die gefundene Stelle auch wirklich ein Maximum und nicht etwa ein Minimum ist. Hierzu könnten wir prüfen, ob die zweite Ableitung an der gefundenen Stelle negativ ist. Außerdem muss immer ein Blick auf die Ränder des Parameterraums geworfen werden, denn der Maximalwert könnte auch auf dem Rand liegen. Bei der Exponentialverteilung überlegen wir indes: Für λ gegen 0 verschwindet $L(\lambda)$, und auch für $\lambda \to \infty$ geht L gegen 0. Da die Likelihood-Funktion sonst positiv und $L(\lambda)$ im Parameterraum mehrfach differenzierbar ist, kann es sich bei der einen gefundenen Stelle nur um ein Maximum handeln. Damit erhalten wir als „Schätzfunktion" für den Parameter der Exponentialverteilung:

$$X_1, \ldots, X_n \overset{iid}{\sim} \exp(\lambda) \quad\Rightarrow\quad \hat{\lambda}_{ML}(X_1, \ldots, X_n) = \frac{1}{\overline{X}}$$

Bonbonanzahl abschätzen. Dass Ableiten nicht immer zum Ziel führt, demonstriert das Bonbon-Beispiel mit seinem diskreten Parameterraum. Die unterstellte Gleichverteilung führt zu der Likelihood-Funktion

$$L(m) = \frac{1}{m} \cdot \frac{1}{m} \cdot \frac{1}{m} \quad\wedge\quad x_1, x_2, x_3 \in \{1, \ldots, m\}$$

$L(m)$ wird maximal groß, wenn m maximal klein gewählt wird. Hierbei muss m jedoch für jede Beobachtung x_i die Ungleichung $m \geq x_i$ erfüllen, sodass sich als Schätzfunktion

$$\hat{m}_{ML} = \max\{X_1, X_2, X_3\}$$

ergibt.

Mehrere Parameter. Bei der Normalverteilung sind mit μ und σ zwei Parameter im Spiel. Nach dem ML-Prinzip ist die Kombination von $(\hat{\mu}, \hat{\sigma})$ zu finden, für die

$$L(\mu, \sigma) = \prod_i^n \frac{1}{\sqrt{2\pi\sigma^2}} \cdot e^{-\frac{(x_i-\mu)^2}{2\sigma^2}}$$

maximal ist. Mit etwas Mühe erhalten wir die Schätzfunktionen:

$$X_1, \ldots, X_n \overset{iid}{\sim} \mathrm{norm}(\mu, \sigma) \quad \Rightarrow \quad \hat{\mu}_{ML} = \overline{X}, \qquad \hat{\sigma}_{ML} = \sqrt{S^2}$$

Fazit. Die Maximum-Likelihood-Methode beschert uns meist Schätzer mit sehr guten Eigenschaften. In der Tabelle 6.4 sind verschiedene ML-Schätzer zusammengestellt:

Verteilung	Parameter	Schätzfunktion	R-Ausdruck
binomial m bekannt	(m, p)	$\hat{p} = \overline{X}/m$	mean(x)/m
Poisson	λ	$\hat{\lambda} = \overline{X}$	mean(x)
geometrische (Anzahl Fehlversuche)	p	$\hat{p} = 1/(1+\overline{X})$	1/(1+mean(x))
exponential	λ	$\hat{\lambda} = 1/\overline{X}$	1/mean(x)
normal	(μ, σ)	$\hat{\mu} = \overline{X}; \hat{\sigma} = \sqrt{S^2}$	mean(x);var(x)

Tab. 6.4: ML-Schätzer wichtiger Verteilungen

Für die Binomialverteilung, Poisson-Verteilung, geometrische Verteilung und Exponentialverteilung führt die Methode der Momente zu identischen Schätzfunktionen. Im Bonbon-Beispiel hat sich ein ML-Schätzer ergeben, der dem MM-Schätzer überlegen ist.

6.4.3 Fragen an Schätzfunktionen

Welche Eigenschaften besitzen Schätzfunktionen, die mittels der Methode der Momente oder mittels Maximum Likelihood gefunden wurden? Aufgrund der Herleitungen erwarten wir für die gefundenen Vorschläge gute Eigenschaften. Wie am Beispiel deutlich wurde, kann ein MM-Schätzer auch mal unbrauchbar sein. ML-Schätzer sind in der Regel konsistent und wegen ihrer hohen Effizienz allgemein beliebt. In einfachen Fällen sind wir in der Lage, Bias und MQF auszurechnen und so die Qualität einer Schätzfunktion zu quantifizieren. Zum Beispiel können wir manchmal über die Kenntnis, wie das Stichprobenmittel in einen Schätzer eingeht, auf Eigenschaften der Stichprobenfunktion schließen. So ist der Standardfehler von $\hat{\lambda} = \overline{X}$ bei der Poisson-Verteilung nach dem $\sqrt{n}$-Gesetz umgekehrt proportional zur Wurzel des Stichprobenumfangs.

Für die Praxis sind Eigenschaften für $n \to \infty$ weniger interessant. Wichtiger ist es, eine Vorstellung davon zu haben, was sich im Bereich realer Größenordnungen abspielt. Hierdurch drängen sich drei Fragen in den Vordergrund, zu denen wir in diesem Abschnitt Demonstrationen anbieten. Wichtige Fragen an Schätzfunktionen:

- Wie schnell nähert sich ein Schätzer an den gesuchten Wert an?

- Wie unterschiedlich realisiert sich ein Schätzer?

- Wie stark wirkt sich die Schätzervariabilität auf das Modell aus?

Annäherung eines Schätzers an den gesuchten Wert. Gegeben sei eine standardnormalverteilte Grundgesamtheit. Wie verbessert sich der Schätzer mit wachsendem Stichprobenumfang? Hierzu gehen wir wie folgt vor:

1. Ziehe eine Stichprobe vom Umfang n aus `norm(0,1)`,

2. berechne für $m = 2, \ldots, n$ zu den Teilstichproben $(x_1, \ldots, x_m)$ die Schätzer $\hat{\mu}_m = \hat{\mu}_m(x_1, \ldots, x_m) = \overline{x}_m$ und $\hat{\sigma}_m^2 = \hat{\sigma}_m^2(x_1, \ldots, x_m) = s_m^2$,

3. verbinde in einer Graphik die Punkte $(\hat{\mu}_m, \hat{\sigma}_m^2)$ mit $m = 2, \ldots, n$ und

4. markiere mit Hilfslinien den Ort der wahren Parameter.

```
>exp.nv.est()
```

Dieser Aufruf liefert Bilder wie sie in Abbildung 6.15 bzw. 6.16, →S. 222, zu sehen sind. Eigene Versuche lassen sich mit auch mit einer Sparversion umsetzen,

```
>n<-1000; set.seed(13) ;stpr<-rnorm(n,mean=0,sd=1)
 mittel<-cumsum(stpr)/(1:n); plot(1:n,mittel,type="l")
```

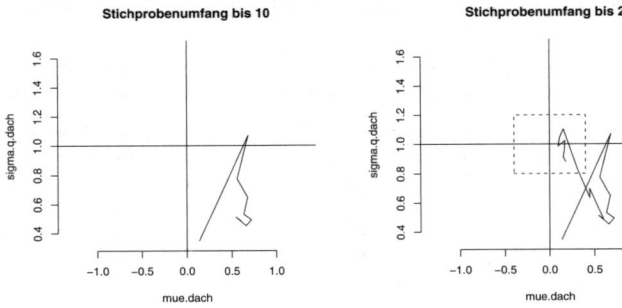

Abb. 6.15: Entwicklung bis 10 bzw. 20

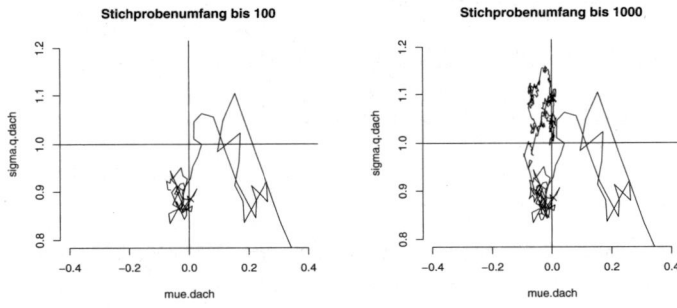

Abb. 6.16: Entwicklung bis 100 bzw. 1 000

die zum Beispiel für den Zufallszahlenstart 13 die Abbildung 6.17 hervorbringt. An dieser Graphik ist zu sehen, dass sich der Mittelwert mit wachsendem Stichprobenumfang dem Erwartungswert immer mehr annähert. Gleiches gilt für die Schätzung der Varianz der Grundgesamtheit.

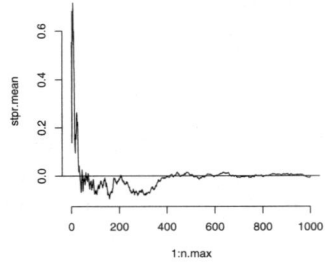

Abb. 6.17: Entwicklung von $\overline{X}$

Variabilität von Schätzern. Für einen fest vorgegebenen Stichprobenumfang interessiert uns die Bandbreite, in der Schätzergebnisse auftreten können. In der folgenden Demonstration wollen wir die Variabilität der Schätzfunktion $\hat{\lambda} = \hat{\lambda}(X_1, \ldots, X_n) = \overline{X}$ zur Schätzung des Parameters λ der Poisson-Verteilung sichtbar machen. Drei Schritte kennzeichnen das Vorgehen:

1. Ziehe wd Stichproben vom Umfang n aus einer Poisson-Verteilung mit Parameter `lambda`,

2. berechne für die einzelnen Stichproben $({}^j x_1, \ldots, {}^j x_n)$ die Schätzwerte der Schätzfunktion: $\hat{\lambda}_j = \hat{\lambda}_j({}^j x_1, \ldots, {}^j x_n) = \overline{x}_j, \quad j = 1, \ldots, $ wd und

3. zeichne mit den Realisationen einen Boxplot ergänzt um einen Jitterplot.

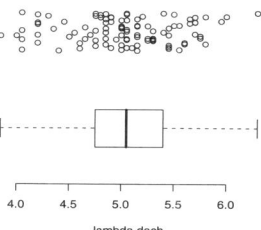

Abb. 6.18: $\overline{X}$ aus `pois(5)`

Die folgenden Anweisungen sehen etwas komplizierter aus, doch kann der Anwender Schritt für Schritt die Umsetzung der drei Punkte sehen und ggf. verändern.

```
># Parameter festlegen
n <- 20; wd <- 100; lambda<-5; set.seed(13)
# Stichproben als Spalten in X ablegen
X <- matrix(rpois(n*wd, lambda),n,wd)
# Schaetzer: apply(X,2,mean) berechnet Spaltenmittel
lambda.dach<-apply(X,2,mean)
# Graphik erstellen
y.j<-2+10*jitter(rep(0,wd))
plot(lambda.dach,y.j,ylim=c(.5,2.5),ylab="",axes=F)
boxplot(lambda.dach,horizontal=T,add=T)
```

Bei einem Stichprobenumfang von n=20 und bei wd=100 Wiederholungen besitzen die Schätzwerte eine fast symmetrische Verteilung, wie man der Abbildung 6.18 entnimmt. Der wahre Parameterwert 5 stimmt nicht ganz mit dem Median der Stichproben überein. Alle Schätzwerte liegen zwischen 3.85 und 6.3, also recht weit auseinander.

Variabilität des abgelieferten Modells. Zur Frage der Auswirkung von unterschiedlichen Schätzwerten lässt sich mit dem folgenden Experiment ein Blick auf die zugehörigen Modelldichten und Verteilungsfunktionen werfen. Als Demonstrationsobjekt haben wir die Exponentialverteilung ausgewählt. Wir setzen folgende Schritte um:

1. Ziehe wd Stichproben vom Umfang n aus einer Exponentialverteilung mit Parameter `lambda`,

2. berechne für die einzelnen Stichproben $({}^j x_1, \ldots, {}^j x_n)$ die Schätzwerte der Schätzfunktion:
$$\hat{\lambda}_j = \hat{\lambda}_j({}^j x_1, \ldots, {}^j x_n) = 1/\overline{X}_j,$$
$j = 1, \ldots,$ wd und

3. zeichne zu den Schätzern die Dichten und Verteilungsfunktionen.

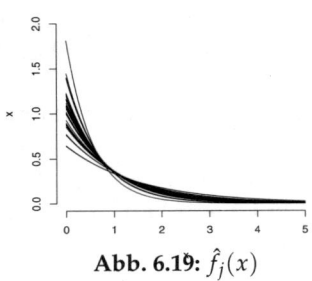

Abb. 6.19: $\hat{f}_j(x)$

134

```
># Experimentparameter festlegen
n <- 20; wd <- 30; lambda <- 1; set.seed(13)
# Stichprobe ziehen, Berechnungen durchfuehren
lambda.dach<-numeric(wd)
for(j in 1:wd){
  stpr<-rexp(n, lambda)
  lambda.dach[j]<-1/mean(stpr)
}
# Graphik erstellen
x<-seq(0,5,length=100)
plot(x,x,type="n",ylim=c(0,2))
for(j in 1:wd) lines(x,dexp(x,lambda.dach[j]))
```

Wie zu erwarten erkennt man in Abbildung 6.19, dass bei allen Dichten die Grundstruktur gleich ist. Die Werte der Dichten verlaufen an der Stelle 1 sehr dicht beieinander. Große Unterschiede ergeben sich für kleine x-Werte.

6.5 Check des gefundenen Modells

Bevor wir das Kapitel beenden, wollen wir noch auf wichtige Dinge hinweisen. Erstens sollte der Anwender nicht blind einer automatischen Anpassungsprozedur vertrauen, sondern immer über sein erarbeitetes Ergebnis nachdenken. Zweitens ist es lohnenswert, sich die Auswirkungen eines falsch gewählten Modelltyps vor Augen zu halten. Drittens können Ausreißer Schätzungen erheblich verfälschen.

6.5.1 Modellcheck

Nachdem ein Datensatz erhoben worden ist und der oder die Parameter geschätzt worden sind, halten wir ein – wie man sagt – voll spezifiziertes Modell in den Händen. Wie können wir überprüfen, ob das Modell passt?

Ein Weg besteht darin, empirische und theoretische Momente gegenüberzustellen. Auch ist es leicht, eine empirische und theoretische Verteilungsfunktion oder Wahrscheinlichkeitsfunktion und eine Häufigkeitstabelle in einer Graphik darzustellen. Im Kapitel 9 werden wir Tests zum Vergleich zweier Verteilungen kennenlernen, → S. 283.

An dieser Stelle wollen wir das Werkzeug QQ-Plot zum Vergleich von Empirie und Theorie besonders hervorheben. Denn es stellt empirische und theoretische Quantile einander gegenüber. Ist der Modellfit gut, müssen sich Punkte nahe der Diametralen ($y = x$-Linie) ergeben. Zur Demonstration erstellen wir einen QQ-Plot zu dem Datensatz Dateigrößen. An die logarithmierten Größen hatten wir eine Normalverteilung angepasst und wollen schauen, ob uns der QQ-Plot überzeugt. Im Falle der Normalverteilung erhalten wir einen QQ-Plot durch:

```
>qqnorm(log(dateigroessen))
 qqline(log(dateigroessen))
```

Der QQ-Plot 6.20 besitzt eine Struktur, die an eine Treppe erinnert. Da der Datensatz über 500 Werte enthält, wird die Treppe kaum auf Zufallseffekte zurückgehen. Weitere Analyseschritte, die eine Normalverteilung voraussetzen, dürfen deshalb nur mit Einschränkungen praktiziert bzw. interpretiert werden.

Mit dem QQ-Plot kann man übrigens auch die Randbereiche untersuchen und beispielsweise Ausreißer entdecken. Bei den Dateigrößen ist besonders der linke Rand eigentümlich.

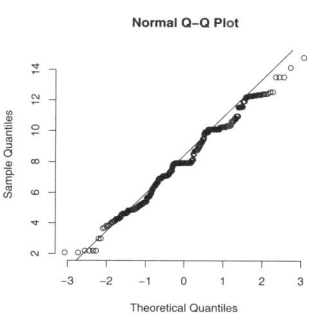

Abb. 6.20: log(Dateigrößen)

Ein falscher Modelltyp. Diese Situation wollen wir am Labortisch untersuchen. Was passiert, wenn wir auf Basis einer Stichprobe aus einer Beta-Verteilung eine Normalverteilung anpassen? beta-verteilte Zufallsvariablen können sich nur im Intervall $[0, 1]$ realisieren. Der Leser finden im Kapitel 8 „Statistik und BAYES" weitere Ausführungen zur Beta-Verteilung, → S. 276. Je nach Wahl der beiden Parameter a und b stellen sich unterschiedliche Dichten ein. $a = b$ führt zu symmetrischen Dichten, $a = b = 1$ erzeugt die 0-1-Gleichverteilung. Sind a und b kleiner 1 ergeben sich u-förmige Verläufe. Für $a > 1$ und $b > 1$ erhalten wir unimodale Dichten. In den verbleibenden Fällen ergeben sich s-förmige Gebilde. Wir definieren folgende

Schritte:

1. Wähle Parameter a und b einer Beta-Verteilung,

2. ziehe wd Stichproben vom Umfang n aus dieser Beta-Verteilung,

3. schätze jeweils Normalverteilungsparameter und

4. zeichne Dichte der Beta-Verteilung und die der angepassten Modelle.

Diese Punkte setzt die Funktion `exp.nv.an.beta()` um.

136 `>exp.nv.an.beta()`

Wir erhalten graphische Outputs, wie sie in Abbildung 6.21 zu sehen sind. Die Kringel zeigen die Dichten der Grundgesamtheiten.

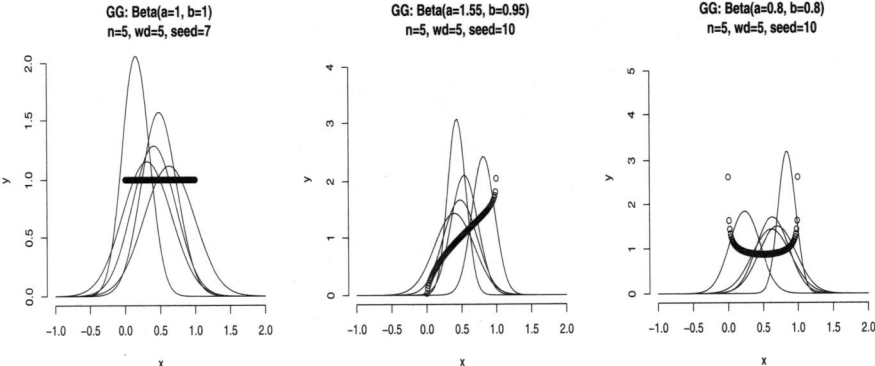

Abb. 6.21: Beispiele für an Beta-Verteilungen angepasste Normalverteilungen

Der Mechanismus passt Normalverteilungen an, obwohl ein Normalverteilungsmodell wirklich nicht brauchbar ist. Bestimmte Fehler in der Modelltypwahl sind offensichtlich nicht reparabel. Es könnte eingewendet werden, dass kein Mensch auf die Idee kommt, an Daten aus einer Beta(1,1)-Verteilung (also einer (0,1)-Gleichverteilung) ein Normalverteilungsmodell anzupassen. Dieses Beispiel sei also aus der Luft gegriffen, doch haben wir schon Schlimmeres erlebt!

Ausreißerwirkung. In der Realität werden immer wieder Ausreißer die Auswertung von Datenmaterial erschweren. Sie können auch zu falschen Schlüssen führen. Wie beeinflussen Ausreißer in einer normalverteilten Grundgesamtheit das angepasste Normalverteilungsmodell? Zur Untersuchung dieser Frage gehen wir wie folgt vor:

1. Aus einer Grundgesamtheit mit Elementen, die zu einem Anteil von $(1 - p)$ aus `norm(0,1)` und zu einem Anteil von p aus $\mathrm{norm}(\mu_{\text{Ausreißer}}, \sigma_{\text{Ausreißer}})$ besteht, ziehen wir wd Stichproben vom Umfang n.

2. Wir schätzen für jede Stichprobe ein Normalverteilungsmodell und

3. zeichnen die Dichte der Grundgesamtheit sowie die angepassten Normalverteilungsdichten.

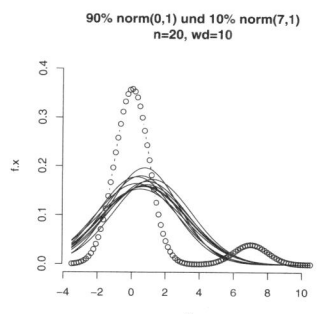

Abb. 6.22: Angepasste Dichten

```
>exp.outlier()
```

Abbildung 6.22 zeigt eine Ergebnisgraphik. Eine angepasste Normalverteilung kann natürlich nicht die Bimodalität der Grundgesamtheit wiedergeben. Es ist eine leichte Verschiebung sowie eine viel zu große Variabilität zu erkennen. Hier können Boxplots oder QQ-Plots helfen, stark abweichende Werte (Ausreißer) zu entdecken. Diese können dann vor der Schätzung entfernt werden.

6.5.2 Beispiel: Unfalldaten

Jetzt wird es Zeit, den angekündigten Vergleich der Jahre 2002 und 2004 für unsere Unfalldaten durchzuführen. Ausgehend von den Unfallzwischenzeiten passen wir für beide Jahre eine Exponentialverteilung an, indem wir die Schätzfunktion $\hat{\lambda} = 1/\overline{X}$ verwenden:

```
>lambda02<-1/mean(zwischen.unfalls.zeiten.02)
 lambda04<-1/mean(zwischen.unfalls.zeiten.04)
 cat("Jahr 2002: lambda02 =",lambda02)
 cat("Jahr 2004: lambda04 =",lambda04)
```

Wir erhalten die Ergebnisse:

```
Jahr 2002: lambda02 = 0.1142708
Jahr 2004: lambda04 = 0.1179916
```

Das Ergebnis verwundert ein wenig. War denn der Vorwurf erhöhter Unfälle aus der Luft gegriffen? Zur Prüfung zeichnen wir – wie empfohlen – QQ-Plots, in denen Daten und Modell gegenübergestellt werden:

```
>q.theo02<-rexp(100,lambda02)
 qqplot(zwischen.unfalls.zeiten.02,q.theo02)
```

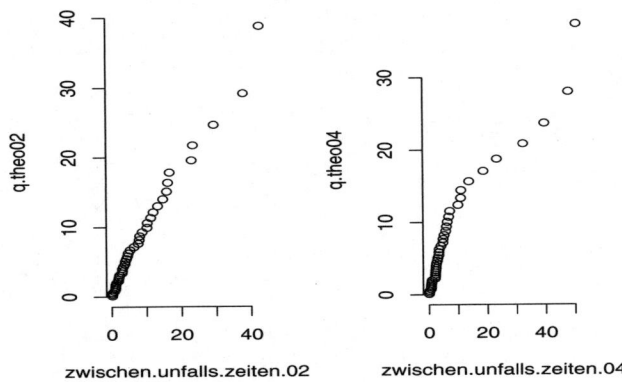

Abb. 6.23: QQ-Plots: Daten aus 2002 und 2004 gegen exp

140
```
>q.theo04<-rexp(100,lambda04)
 qqplot(zwischen.unfalls.zeiten.04,q.theo04)
```

Wir erkennen an der rechten Graphik von Abbildung 6.23, dass für das Jahr 2004 die Punkte kaum auf einer Geraden liegen. Deshalb wollen wir noch einen Blick auf die Zwischenzeiten in ihrer Abfolge werfen:

141
```
>plot(zwischen.unfalls.zeiten.04)
```

Wir erhalten die Abbildung 6.24, die uns zeigt, dass die ersten Zwischenzeiten deutlich größer waren als die späteren. Die Erklärung ist einfach: Da der Umbau des Kreisverkehrs erst in der Mitte des Jahres 2004 abgeschlossen war, muss für den Vergleich der Zeitraum bis August (oder bis September wegen der Sommerferien) ausgeschlossen werden. Wir wollen nur die Unfälle ab einschließlich September betrachten. Hierzu entfernen wir die ersten 14 Zwischenzeiten:

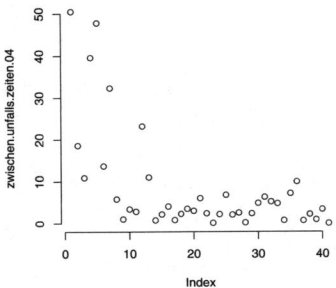

Abb. 6.24: Nach Reihenfolge

142
```
>z<-zwischen.unfalls.zeiten.04[-(1:14)]
 lambda04a<-1/mean(z)
 cat("lambda04a =",lambda04a)
```

und erhalten ab September 2004
`lambda04a = 0.3132309`
Dieser Wert für λ ist wesentlich größer. Zur Überprüfung folgt der QQ-Plot:

3

```
>q.exp<-rexp(100,lambda04a)
 qqplot(z,q.exp)
```

Der QQ-Plot 6.25 sieht ganz ordentlich aus, sodass wir das Exponential-Modell mit $\hat{\lambda} = 0.31$ akzeptieren können.

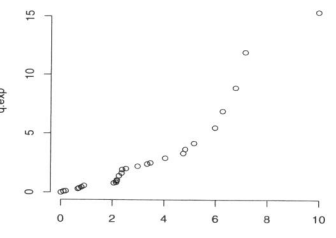

Abb. 6.25: z ab September 2004

Zur Absicherung wollen wir mittels der Bootstrap-Methode untersuchen, wie stark sich Stichprobeneinflüsse auf die Schätzung von λ, der Unfallintensität, auswirken.

44

```
>wd<-200; set.seed(13)
 n<-length(z); lambda.dach.vec<-numeric(n)
 for(i in 1:wd){
    stpr<-sample(z,size=n,replace=T)
    lambda.dach.vec[i]<-1/mean(stpr)
 }
 hist(lambda.dach.vec,prob=T,main="")
 rug(lambda.dach.vec); summary(lambda.dach.vec)
```

Min.	1st Qu.	Median	Mean	3rd Qu.	Max.
0.2371	0.2893	0.3183	0.3226	0.3465	0.4749

Verglichen mit der Schätzung von 2002 (0.114) erhalten wir in allen Fällen deutlich höhere Werte: Diese Untersuchungen deuten darauf hin, dass die vorliegenden Daten für die betrachteten Phasen durch Poisson-Prozesse beschrieben werden können. Die Unfallintensität hat sich zwischen 2002 und dem Zeitraum ab September 2004 erheblich erhöht, sodass neue Umbauten notwendig werden. Übrigens haben sich auch die Verantwortlichen der Sache angenommen. Im Frühsommer 2005 wurden die Fahrbahnmarkierungen verändert.

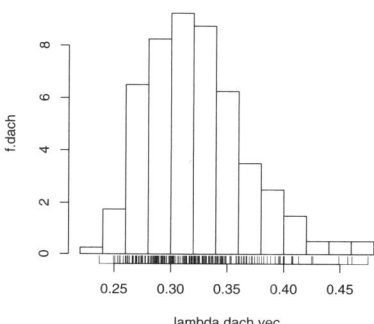

Abb. 6.26: $f_{\hat{\lambda}}$ geschätzt

Zusammenfassung

Wichtige Erkenntnisse dieses Kapitels fassen wir noch einmal zusammen:

- Das Festlegen eines Verteilungsmodells erfordert die Wahl eines Modelltyps und der Modellparameter.

- Wir sind hier von einfachen Zufallsstichproben ausgegangen. Ausreißer oder falsche Werte können Ergebnisse stark verzerren, sodass Stichproben ggf. daraufhin geprüft werden müssen.

- Inhaltlichen oder strukturellen Begründungen für eine Modelltyp sind überzeugender als ein guter Fit. Zum Erkennen einiger Verteilungen gibt es charakteristische Größen bzw. Graphiken.

- Stichprobenfunktionen Ermittlung von Parametern, heißen Schätzfunktionen und sind Zufallsvariablen: $\hat{\theta} = \hat{\theta}(X_1, \ldots, X_n)$.

- Eigenschaften von Schätzfunktionen sind: Erwartungstreue, mittlerer quadratischer Fehler und Konsistenz. Man ermittelt sie formal, durch Simulation oder durch Bootstrap-Methoden. Kosten, Genauigkeit und Sicherheit statistischer Aussagen stehen in einem Konflikt zueinander.

- $\overline{X}$ ist (bei endlichen Varianzen) approximativ normalverteilt und $\sqrt{n} \cdot (\overline{X} - E(X))/S$ approximativ t-verteilt. Dies ist für einige statistische Tests wichtig.

- Schätzer finden wir mit der Methode der Momente, indem wir empirische und theoretische Momente gleichsetzen. Bei der Maximum-Likelihood-Methode wird das Modell mit der größten Wahrscheinlichkeit bzw. Likelihood ausgewählt. Diese Maximierungsaufgabe wird oft über die Ableitung der logarithmierten Likelihood-Funktion gelöst.

- Dem Anwender muss bewusst sein, welche Wirkung ein wachsender Stichprobenumfang hat, dass oft nicht ein Parameter, sondern das geschätzte Modell relevant ist und dass Ausreißer die Ergebnisse verfälschen können. Deshalb ist das spezifizierte Modell zu hinterfragen, und es ist durch Plausibilitätsüberlegungen bzw. Graphiken wie QQ-Plots zu checken.

Aufgaben

1. Für die Diskussion der Nachtabschaltung von Ampeln wurden die nachts eintreffenden Autos in den Rotphasen gezählt. Ein Poisson-Modell wird für die eintreffenden Autos als geeignet angesehen. Schätzen Sie den Parameter λ der Poisson-Verteilung aufgrund der vorliegenden Daten:

Anzahl Autos in Rotphase	0	1	2	3	4
gezählte Häufigkeit	109	65	22	3	1

2. Im Rahmen eines Schulprojektes wurden die Geschwindigkeiten von Autos in einem Straßenabschnitt mit Höchstgeschwindigkeit 30 km/h gemessen. In den ersten zehn Minuten fielen folgende Werte (in km/h) an:

145

```
>x<-c(44,63,57,33,36,30,36,30,37)
```

An diese Daten soll ein Normalverteilungsmodell $\texttt{norm}(\mu,\sigma)$ angepasst werden.

   a) Wie lautet der MM-Schätzer für μ? Geben Sie die Schätzfunktion an und berechnen Sie den Schätzwert für die vorliegenden Daten.

   b) Welche Eigenschaften besitzt die Schätzfunktion

   $$g(X_1,\ldots,X_n) = (X_1 + X_3 + X_5 + \cdots + X_{n-1})/(n/2)$$

   zur Schätzung des Parameters μ? Es sei angenommen, dass n gerade ist und $n > 5$ gilt: Ist $g(\cdot)$ erwartungstreu? Welche Varianz besitzt $g(\cdot)$? Nimmt die Varianz von $g(\cdot)$ für wachsendes n zu? Wie ist der mittlere quadratische Fehler (MQF) definiert? Geben Sie den MQF von $g(\cdot)$ an! Ist $g(\cdot)$ konsistent (im quadratischen Mittel)? Ist die von Ihnen in a) vorgeschlagene Schätzfunktion besser als $g(\cdot)$? Antwort bitte mit einer Begründung versehen.

   c) Wegen $\text{Var}(X) = E(X^2) - E(X)^2$ können wir mit dem Ergebnis von a) und dem MM-Schätzer für $E(X^2)$ die Varianz schätzen. Nennen Sie: Schätzfunktion und Schätzwert für $E(X^2)$. Ermitteln Sie den Schätzwert für $\text{Var}(X)$.

   d) Skizzieren Sie eine Normalverteilungsdichte mit einer Skala, die zu den Ergebnissen aus a) und c) passt.

e) Bestimmen Sie aufgrund der in Abbildung 6.27 dargestellten Verteilungsfunktion einer an die beobachteten Geschwindigkeiten angepassten Normalverteilung die Wahrscheinlichkeit dafür, dass ein zufällig gewählter Autofahrer nicht schneller als erlaubt (30 km/h) fährt. Wie finden Sie mit Hilfe von R diese Antwort?

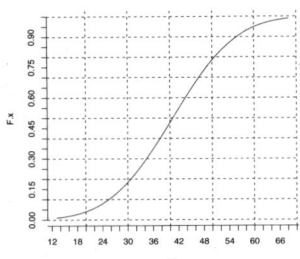

Abb. 6.27: Normalverteilung

3. Für die Unfälle auf dem Willy-Brandt-Platz wurden im Jahre 2004 folgende Zwischenunfallszeiten (also die Zeiten zwischen aufeinander folgenden Unfällen, gemessen in Tagen) festgestellt:

146
```
>daten<-c(.01,.11,.20,.67,.71,.75,.80,.90,1.00,2.06,2.15,2.17
,2.18,2.26,2.36,2.38,2.53,2.81,2.98,3.35,3.37,3.47,4.04,4.74
,4.82,5.17,5.76,5.98,6.27,6.77,7.14,9.97,10.88,10.98,13.74
,18.64,23.16)
```

An diese Daten soll eine Exponentialverteilung angepasst werden. Dazu ist der unbekannte Parameter λ zu schätzen. Dieses soll nach der ML-Methode geschehen. Wie lautet die Likelihood-Funktion (für eine Stichprobe vom Umfang $n = 37$)? Wie lautet die logarithmierte Likelihood-Funktion? Folgendes Bild zeigt die logarithmierte Likelihood-Funktion. Welcher Wert ergibt sich für $\hat{\lambda}_{ML}$ aus dieser Graphik? Wie kann man mit R die (logarithmierte) Likelihoodfunktion zeichnen?

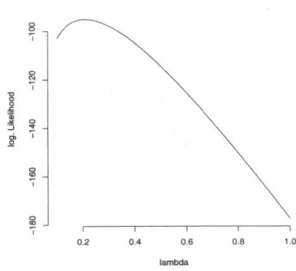

Abb. 6.28: log-Likelihood

4. Zu der Frage „Variabilität von Schätzern" wollen wir untersuchen, inwieweit sich Schätzungen für den Parameter λ der Poisson-Verteilung unterscheiden. Dazu können Sie mit den folgenden Anweisungen wiederholt Mittelwerte aus einer Poisson-verteilten Grundgesamtheit ziehen und die Ergebnisse darstellen.

147
```
># Experimentparameter festlegen
n <- 20; wd <- 100; lambda<-5; set.seed(13)
# Stichproben ziehen und Mittel berechnen:
```

```
lambda.dach<-rep(0,wd)
for(j in 1:wd)
    lambda.dach[j]<-mean(rpois(n, lambda))
# Darstellung:
boxplot(lambda.dach,horizontal=T)
rug(lambda.dach+rnorm(wd,,.1))
# alternativ:      plot(table(lambda.dach))
```

Plotten Sie mit `plot(table(lambda.dach))` auch die Häufigkeitstabelle. Kommentieren Sie die Ergebnisgraphiken. Überlegen Sie sich einen Gegenstandsbereich, für den die Poisson-Verteilung ein brauchbares Modell ist, jedoch der Parameter unbekannt ist. Wie groß muss ihrer Meinung nach der Stichprobenumfang sein, damit die Variabilität des Schätzers für den Problembereich genügend klein ist?

5. Der Datensatz `handy` enthält die Höhe von monatlichen Handy-Rechnungen von Studierenden: Passen Sie an die Daten ein Normalverteilungsmodell und zeichnen Sie Histogramm und Dichte:

148
```
>x<-handy; mu.dach<-mean(x); sd.dach<-sd(x)
hist(x,prob=TRUE)
# oder:
curve(dnorm(x,mu.dach,sd.dach),add=TRUE)
```

Diese Anpassung ist nicht sehr gut, deshalb sei vorgeschlagen, die Daten zu transformieren. Zum Beispiel legt `x<-handy^2` auf x die quadrierten Werte des Datensatzes ab. Logarithmierte Werte erhalten wir mittels: `x<-log(handy)`. Welche Transformation führt zu einem brauchbaren Normalverteilungsmodell? Überprüfen Sie die Modelle, indem Sie QQ-Plots erstellen und auswerten: `qqnorm(x)`.

6. Die Leitung eines Supermarktes weiß aus langer Erfahrung, dass die Ausgaben ihrer Kunden an einem Sonnabend sehr gut durch eine normalverteilte Zufallsvariable modelliert werden können. Eine Zufallsauswahl von zehn Kunden, die an einem Sonnabend in dem Supermarkt einkauften, ergab die folgenden Werte (in €):

149
```
>x<-c(36.92,32.72,60.84,48.38,51.28,77.74,8.28,
      4.98,1.28,4.58)
```

Aus Erfahrung weiß man, dass die Standardabweichung ungefähr $\sigma = 20$ beträgt.

a) Berechnen Sie den ML-Schätzer für das unbekannte Mittel μ der Normalverteilung.

b) Welche Schätzfunktionen ergeben sich nach der Methode der Momente zur Schätzung der Grenzen des einfachen zentralen Schwankungsintervall $[\mu - \sigma, \mu + \sigma]$?

c) Bestimmen Sie ein $(1 - \alpha)100\%$-Konfidenzintervall für die erwartete Kaufsumme eines Kunden für $\alpha = 0.05$. Nehmen Sie wieder an, dass die Standardabweichung in der Grundgesamtheit bekannt ist und 20 Euro beträgt.

d) Sei $X_i = 1$, falls die Kaufsumme von Person i unter 10 Euro liegt und $p = P(X_i = 1)$. Es soll p geschätzt werden. Geben Sie die Likelihood-Funktion für die vorliegende Stichprobensituation an! Skizzieren Sie außerdem die von ihnen gefundene Funktion und markieren Sie den ML-Schätzer!

e) Gegeben sei eine Stichprobe von Kaufsummen vom Umfang n. Welche Argumente sprechen für bzw. gegen $\hat{\mu}^* = X_{(1)} + X_{(n)}$ als Schätzer für μ? Welche der folgenden Aussagen sind richtig? „$\hat{\mu}^*$ ist erwartungstreu." „$\hat{\mu}^*$ ist nicht erwartungstreu." „$\hat{\mu}^*$ ist konsistent." „$\hat{\mu}^*$ ist nicht konsistent." „Der Standardfehler von $\hat{\mu}^*$ verringert sich mit wachsendem Stichprobenumfang." „Der Standardfehler von $\hat{\mu}^*$ vergrößert sich mit wachsendem Stichprobenumfang."

7 Konfidenzintervalle

„Vertrauen ist gut, Kontrolle ist besser."
LENIN
„Konfidenzintervalle gestatten beides."
DIE AUTOREN

Vor jeder politischen Wahl werden wir mit Umfrageergebnissen eingedeckt. Wer hat die Nase vorn? Politiker verwenden Hochrechnungen in ihren Wahlauseinandersetzungen, Medien füllen mit solchen Statistiken ihre Kolumnen und liefern den Bürgern Gesprächsstoff. Doch gehen diese Gruppen seriös mit den Angaben um? Was bedeuten die veröffentlichten Prozentsätze überhaupt? Inwieweit können wir ihnen trauen? Und nicht zuletzt: Welche Art von Informationen sind für vernünftige Entscheidungen eigentlich erforderlich?

Betrachten wir ein Beispiel: Eine Umfrage hat ergeben, dass 55% der Befragten für die Regierungspartei stimmen werden. Wunderbar, jedoch kann die Regierung nun sicher sein, dass sie die bevorstehende Wahl gewinnt? Vielleicht hat der Zufall die Hand im Spiel gehabt, und es sind nur 45% für eine Bestätigung der alten Regierung. Deshalb sind Aussagen, dass die Regierungspartei mit großer Sicherheit mehr als zum Beispiel 52% bekommt, sehr viel brauchbarer. Man möchte also Aussagen bekommen wie: Der Anteil der Wiederwähler bewegt sich im Bereich zwischen 52% und 100%. Diese Fragen führen uns zu dazu, Intervalle für Parameter der Grundgesamtheit – Konfidenzintervalle – statt punktuelle Schätzer zu betrachten. Dieses Kapitel stellt Idee und Technik der Konfidenzintervalle vor.

Die Auseinandersetzung mit der Punktschätzung hat uns verdeutlicht, dass der Schätzvorgang mit Variabilitäten verbunden ist, die sich deduktiv aus der Verteilung der Grundgesamtheit ableiten lassen und mit wachsendem Stichprobenumfang n abnehmen. Wir können bei Kenntnis der Grundgesamtheit den Standardfehler einer Stichprobenfunktion herausfinden, wie auch die Wahrscheinlichkeit, mit welcher sich ein Schätzer in einem bestimmten Bereich realisieren wird. Für eine feste Wahrscheinlichkeit ist die Größe des Bereichs umso kleiner, je größer n gewählt wird.

Bedauerlicherweise wird jedoch oft dieses kritische n nicht veröffentlicht, sodass die Variabilitätseigenschaften der Schätzung im Dunkeln bleiben. Doch selbst wenn der Stichprobenumfang genannt wird, bekommen wir meistens keine eingrenzende Aussage über die (Parameter der) Grundgesamtheit geliefert. Denn ein Punktschätzer wird den wahren Wert kaum treffen und damit sind zum Beispiel punktuelle Anteilsschätzungen für viele Schlussfolgerungen ungeeignet.

In Entscheidungssituationen interessiert uns dagegen, in welchen Bereichen sich ein Parameter mit „hoher Sicherheit" bewegt. Für das Ziel, die Meinung des Wahlvolks abzustecken, müssen wir also die Blickrichtung umdrehen und der Frage nachgehen: „Welche Grundgesamtheiten bzw. Parameterkonstellationen könnten die vorliegende Stichprobe erzeugt haben?" Induktiv wollen wir von der Beobachtung sehr zuverlässig auf Eigenschaften der Grundgesamtheit schließen und am liebsten Aussagen der Form: „Aufgrund der Beobachtung bewegt sich mit hoher Sicherheit der Wähleranteil für die Regierungspartei oberhalb von 50%" formulieren.

Vom logischen Standpunkt aus betrachtet ist eine Aussage über den Parameter einer Grundgesamtheit – wie $p > 50\%$ – entweder wahr oder falsch, sodass Sicherheitsüberlegungen irrelevant sind. Damit erscheint das Ziel unerreichbar. Die Statistik schlägt als Ausweg aus diesem Dilemma Konstruktionsvorschläge für Parameterintervalle vor, die in zum Beispiel 95 von 100 Fällen zu korrekten Aussagen über Parameter führen und nur in den verbleibenden 5% der Fälle zu falschen Aussagen. Vor der Auswertung einer Stichprobe lassen sich auf diese Weise Wahrscheinlichkeitsaussagen treffen. Nachdem die konkreten Beobachtungen vorliegen, ist dies nicht mehr möglich.

Aus der Stichprobe wird beispielsweise für Parameter p das Intervall in einer Weise ermittelt, dass die Wahrscheinlichkeit $P(\text{Untergrenze} \leq p \leq \text{Obergrenze})$ angegeben werden kann, wobei vor der Erhebung die Intervallgrenzen Zufallsvariablen sind. Zwar wissen wir nicht, ob ein realisiertes Intervall den wahren Parameter eingefangen hat, doch übertragen wir das Vertrauen, das wir der Prozedur entgegenbringen, auf das Ergebnis.

Im Folgenden ist unser treibendes Ziel, für Umfragen den unbekannten Anteilswert p einzufangen. Zum Einstieg in das Vokabular führen wir zunächst an dem Beispiel, den Median $\tilde{\mu}$ einer Grundgesamtheit zu fangen, das Vokabular um Konfidenzintervalle ein, → Abschnitt 7.1. Wichtige Fragen an Konfidenzintervalle werden in zwei weiteren Abschnitten, → Abschnitte 7.2, 7.5, behandelt. In folgenem Abschnitt betrachten wir ein Konstruktionsprinzip, → Abschnitt 7.3. Danach widmen wir uns Anteilswerten, → Abschnitt 7.4. Im Anschluss übertragen wir die gefundenen Erkenntnisse auf Konfidenzintervalle für die Parameter der Normalverteilung, → Abschnitt 7.6. und beenden die Auseinandersetzung mit einem Beispiel zur Abschätzung von Raucherrisiken, → Abschnitt 7.7.

7.1 Konfidenzintervall für den Median

Stellen Sie sich vor, Sie wollen ein technisches Gerät wie eine Digitalkamera erwerben. Dann werden Haltbarkeitseigenschaften einen großen Einfluss auf die Kaufentscheidung haben. Verschiedene Modelle können aufgrund ihrer mittleren Lebenserwartung klassifiziert werden. Doch wenn es einige Exemplare mit extrem langer Lebensdauer gibt, wird ein Mittelwert weniger hilfreich sein als zum Beispiel der Median. Deshalb ist es zweckmäßig, den Median oder zum Beispiel den Prozentpunkt $x_{0.1}$ zu betrachten. Ausgehend von diesem Problem führen wir nun in die Technik der Intervallschätzung ein.

Machen wir ein Gedankenexperiment. Aufgrund einer Stichprobe (X_1, X_2) bestehend aus $n = 2$ Beobachtungen können wir die Aussage A_2 formulieren:

$$A_2 := X_{(1)} \leq \tilde{\mu} \leq X_{(2)}$$

Liegen jedoch beide Beobachtungen links von $\tilde{\mu}$ oder beide rechts von $\tilde{\mu}$, ist die Aussage A_2 falsch. Dieses tritt in 50% der Fälle ein, sodass gilt:

$$P(A_2) = P(X_{(1)} \leq \tilde{\mu} \leq X_{(2)}) = 1 - 1/2 = 0.5$$

Für $n = 3$ Beobachtungen erhalten wir:

$$P(A_3) = P(X_{(1)} \leq \tilde{\mu} \leq X_{(3)}) = 1 - \frac{1}{2^2} = 0.75$$

denn A_3 ist falsch, wenn wieder alle Beobachtungen rechts oder links von $\tilde{\mu}$ liegen. Die Fehlerwahrscheinlichkeit beträgt also $2 \times 1/2^3 = 1/2^2$. Damit folgt für den allgemeinen Fall $n = n$:

$$P(A_n) = P(X_{(1)} \leq \tilde{\mu} \leq X_{(n)}) = 1 - \frac{1}{2^{n-1}}$$

Mit diesen wahrscheinlichkeitstheoretischen Überlegungen haben wir eine Aussage für den Median einer (stetig) verteilten Grundgesamtheit abgeleitet, die für $n = 11$ so verbalisiert werden kann: „Mit einer Wahrscheinlichkeit von 99,9% wird das Zufallsintervall, dass durch Minimum und Maximum einer Stichprobe vom Umfang $n = 11$ definiert ist, den wahren Median der Grundgesamtheit überdecken."

Hiermit ist es gelungen, eine Aussage für den unbekannten Parameter aufzustellen, die mit hoher Sicherheit zutrifft. Wird das Zufallsintervall durch eine konkrete Stichprobe realisiert, wird jedermann sehr großes Vertrauen in das berechnete Intervall haben. Wir legen fest:

Satz 7.1: Konfidenzintervall

Sei $X_1, \ldots, X_n$ eine einfache Zufallsstichprobe und seien $U = u(X_1, \ldots, X_n)$ und $O = o(X_1, \ldots, X_n)$ zwei Stichprobenfunktionen mit $u(\cdot) \leq o(\cdot)$. Dann heißt das Zufallsintervall $[U, O]$ Konfidenzintervall oder $100 \cdot (1 - \alpha)\%$-Konfidenzintervall für θ, falls gilt:

$$P(U \leq \theta \leq O) \geq 1 - \alpha = \gamma$$

Die Größe $\gamma = (1 - \alpha)$ heißt Konfidenzniveau, die Zufallsvariablen U und O heißen Konfidenzgrenzen.

Zur Illustration ziehen wir aus einer Exponentialverteilung wiederholt eine Stichprobe `stpr` vom Umfang n und realisieren das Konfidenzintervall `[min(stpr), max(stpr)]`. Dann zählen wir, wie häufig der Median eingefangen wird.

150

```
>n<-5;wd<-1000;set.seed(17);x.med<-qexp(.5);anz.in<-0
for(i in 1:wd){
    stpr<-rexp(n)
    anz.in<-anz.in+(min(stpr)<x.med & x.med<max(stpr))
}
cat("realle Ueberdeckungshaeufigkeit:",
    100*anz.in/wd, "%")
cat("theoretische Ueberdeckungshaeufigkeit:",
    100*(1-2^(1-n)), "%")
```

Wir erhalten:


```
realle Ueberdeckungshaeufigkeit: 93.7 %
theoretische Ueberdeckungshaeufigkeit: 93.75 %
```


und stellen eine große Nähe von Theorie und Experiment fest.

7.2 Was kostet der Wunsch?

Kaum hat man eine Lösung – hier das Konfidenzintervall – in der Hand, stellen sich eine Reihe von Fragen, oft fordernde Wünsche ein. In diesem Abschnitt wollen wir die meist gestellten diskutieren. Es wird uns auch gelingen, einige allgemeingültige Erkenntnisse zu gewinnen. Als Problemfeld dient uns das im vorigen Abschnitt eingeführte Konfidenzintervall für den Median.

7.2.1 Kann es nicht noch etwas vertrauenswürdiger sein?

Wir hatten gefunden, dass

$$P(X_{(1)} \leq \tilde{\mu} \leq X_{(n)}) = 1 - \frac{1}{2^{n-1}}$$

ist. Im Lichte der Definition des Konfidenzintervalls von Seite 238 heißt das, wir haben ein Konfidenzniveau von $\gamma = 1 - 1/2^{n-1}$. Dieses Konfidenzniveau können wir als Funktion von n, also $\gamma = \gamma(n)$ interpretieren. Wollen wir γ vergrößern, müssen wir n und damit den Stichprobenumfang vergrößern. Diese Erkenntnis gilt – leider – für alle noch vorzustellenden Konfidenzintervalle. Die Frage: „Was kostet der Wunsch (nach größerem Vertrauen)?" kann hier sehr direkt beantwortet werden. Es sind die Kosten der zusätzlichen Stichprobenelemente.

7.2.2 Kann es nicht etwas kürzer sein?

Die Gleichung

$$P(X_{(1)} \leq \tilde{\mu} \leq X_{(n)}) = 1 - \frac{1}{2^{n-1}}$$

bedeutet, dass sich der Median irgendwo zwischen $X_{(1)}$ und $X_{(n)}$ mit großer Vertrauenswürdigkeit befindet. Man hat den Eindruck, dass das Konfidenzintervall recht weit ist. Lassen sich auch kürzere Intervalle finden? Das Intervall $[X_{(2)}, X_{(n-1)}]$ wird gegenüber $[X_{(1)}, X_{(n)}]$ „enger" sein. Wie sieht es aber mit dem Vertrauen des Zufallsintervalls aus? Gesucht ist also γ_2 mit:

$$P(X_{(2)} \leq \tilde{\mu} \leq X_{(n-1)}) = \gamma_2$$

Das Gegenereignis zu $X_{(2)} \leq \tilde{\mu} \leq X_{(n-1)}$ lässt sich in vier disjunkte Ereignisse zerlegen:

$$
\begin{array}{llll}
A: & \tilde{\mu} < X_{(1)}, & B: & X_{(n)} < \tilde{\mu}, \\
C: & X_{(1)} < \tilde{\mu} < X_{(2)}, & D: & X_{(n-1)} < \tilde{\mu} < X_{(n)}
\end{array}
$$

Für die ersten beiden Ereignisse haben wir bereits einmal jeweils die Wahrscheinlichkeit $1/2^n$ berechnet. Für die Ereignisse C und D erhalten wir jeweils $n/2^n$. Die Argumentation geht dabei wie folgt: Alle bis auf eine der Variablen X_i ergeben Werte größer als $\tilde{\mu}$. Die eine kann auf n Weisen aus den Variablen ausgewählt werden. Also gibt es n günstige von 2^n Möglichkeiten die Bedingung 3. (C) zu erfüllen, sodass eine Wahrscheinlichkeit von $n/2^n$ folgt. Für die vierte geht die Argumentation analog, lediglich „kleiner" ist für „größer" zu setzen.

Damit ergibt sich:

$$P(X_{(2)} \leq \tilde{\mu} \leq X_{(n-1)}) = 1 - \left(\left(\frac{1}{2} \right)^{n-1} + n \cdot \left(\frac{1}{2} \right)^{n-1} \right)$$

Hier können wir sofort erkennen, was uns die „Verkürzung" des Konfidenzintervalls kostet. Der Schritt von $[X_{(1)}, X_{(n)}]$ zu $[X_{(2)}, X_{(n-1)}]$ reduziert das Vertrauen von $1 - 1/2^{n-1}$ um $n/2^{n-1}$. Auch hier gilt leider, diese Erkenntnis ist nicht auf das konkret untersuchte Konfidenzintervall beschränkt. Hohes Vertrauen und kurze Länge eines Konfidenzintervalls sind nicht gleichzeitig erreichbar.

7.2.3 Welches k zu vorgegebenem Konfidenzniveau γ?

Wenn eine Stichprobe vom Umfang n vorliegt und andererseits auch das Vertrauen γ vorgegeben ist, gilt es, ein k so zu bestimmen, dass

$$P(X_{(k)} \leq \tilde{\mu} \leq X_{(n-k+1)}) \leq \gamma = 1 - \alpha$$

ist. Die Relation $\leq$ ist der Tatsache geschuldet, dass k wie die Formel $1 - \sum_{i=0}^{k-1} \binom{n}{i} \left(\frac{1}{2} \right)^{n-1}$ nur bestimmte Werte annimmt.

Zu gegebenen γ bzw. α finden wir k mittels:

$$\sum_{i=0}^{k-1} \binom{n}{i} \left(\frac{1}{2} \right)^{n-1} < \alpha \leq \sum_{i=0}^{k} \binom{n}{i} \left(\frac{1}{2} \right)^{n-1}$$

Eine R-Funktion zur Ermittlung ist sicher rasch geschrieben. Ist kein Rechner zur Hand, mag die nachstehende Tabelle für kleine n hilfreich sein.

n \ $1-\alpha$	.90	.95	.975	.99	.995
10	2	2	2	1	1
11	3	2	2	1	1
12	3	3	2	2	1
13	4	3	3	2	2
14	4	3	3	2	2
15	4	4	3	3	2
16	5	4	4	3	3
17	5	5	4	3	3
18	6	5	4	4	3
19	6	5	5	4	4
20	6	6	5	4	4

Für größere n kann man auf die Näherung $k = (n-1)/2 - \lambda_{1-\alpha}/2\sqrt{n}$ zurückgreifen, wobei $\lambda_{1-\alpha}$ Prozentpunkt der Standardnormalverteilung ist.

7.3 Konstruktionsprinzip für Konfidenzintervalle

Die Definition eines Konfidenzintervalls, wie sie in Abschnitt 7.1, →S. 237, aufgeschrieben ist, wirft bei aller Klarheit die Frage auf, wo kommen denn die Zufallsvariablen U und O her? In dem Beispiel: „Konfidenzintervall für den Median $\tilde{\mu}$" bietet sich die Lösung $U = X_{(1)}$ und $O = X_{(n)}$ geradezu an. Wie aber steht es mit μ – Vorsicht, nur im Fall einer symmetrischen Verteilung greift die schnelle Bemerkung: mach es wie bei $\tilde{\mu}$ – oder bei p oder σ?

Hier wollen wir ein Konstruktionsverfahren vorstellen, das in vielen, leider nicht in allen Fällen zu einem Konfidenzintervall führt. Unsere Überlegungen konkretisieren wir zu der Aufgabe, für den Median $\tilde{\mu}$ ein Konfidenzintervall zum Niveau $1 - \alpha$ mit $\alpha > 0.5$ zu finden.

Sei X eine Zufallsvariable mit der Verteilungsfunktion $F(x)$. Startpunkt ist ein Schwankungsintervall für X:

$$P(x_u \leq X \leq x_o) = 1 - \alpha$$

Dabei sind x_u und x_o durch $x_u = F^{-1}(\alpha_u)$ und $x_o = F^{-1}(1 - \alpha_o)$ mit $\alpha_u + \alpha_o = \alpha$ festgelegt. Die nebenstehende Skizze verdeutlicht die Situation.

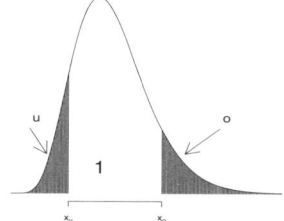

Abb. 7.1: α_u und α_o

Nun können wir schreiben:

$$x_u = \tilde{\mu} - (\tilde{\mu} - x_u) \qquad x_o = \tilde{\mu} + (x_o - \tilde{\mu})$$

Messen wir die Differenzen zu $\tilde{\mu}$ in Vielfachen des Streuungsmaßes σ, so ergibt sich

$$x_u = \tilde{\mu} - \lambda_u \sigma \qquad x_o = \tilde{\mu} + \lambda_o \sigma$$

Man beachte, dass die Größen λ_u, λ_o von α_u bzw. α_o abhängen:

$$\lambda_u = \lambda(\alpha_u) \qquad \lambda_o = \lambda(\alpha_o)$$

Setzen wir unsere Umformungen in die Formel für das Schwankungsintervall ein, so ergibt sich:

$$P(\tilde{\mu} - \lambda_u \sigma \leq X \leq \tilde{\mu} + \lambda_o \sigma) = 1 - \alpha$$

Ohne die Wahrscheinlichkeit zu ändern, können wir die Beschreibung des Ereignisses umformen:

$$\tilde{\mu} - \lambda_u \sigma \quad \leq X \leq \quad \tilde{\mu} + \lambda_o \sigma \quad | -\tilde{\mu} - X$$

$$-X - \lambda_u \sigma \;\le\; -\tilde{\mu} \;\le\; -X + \lambda_o \sigma \quad | \cdot (-1)$$
$$X + \lambda_u \sigma \;\ge\; \tilde{\mu} \;\ge\; X - \lambda_o \sigma$$
$$X - \lambda_o \sigma \;\le\; \tilde{\mu} \;\le\; X + \lambda_u \sigma$$

und damit folgt

$$P(X - \lambda_o \sigma \le \tilde{\mu} \le X + \lambda_u \sigma) \;=\; 1 - \alpha$$
$$P(X_u \le \tilde{\mu} \le X_o) \;=\; 1 - \alpha$$

Wir haben also ein Konfidenzintervall für $\tilde{\mu}$ gefunden. Voraussetzung ist hierbei, dass wir σ kennen und in der Lage sind, λ_u und λ_o zu bestimmen. Das ist nicht immer möglich, aber in vielen Fällen klappt es. Insbesondere gelingt dies im Falle der Normalverteilung wie wir später zeigen werden, → Abschnitt 7.4, Abschnitt 7.6, S. 242 bzw. S. 248.

Wir können den Zusammenhang zwischen Konfidenzintervall und Schwankungsintervall anhand Abbildung 7.2 verdeutlichen. Man erkennt die Regel: Wenn X einen Wert außerhalb des Schwankungsintervalls annimmt, dann überdeckt das mit diesem Wert konstruierte Konfidenzintervall den Parameter $\tilde{\mu}$ nicht und umgekehrt.

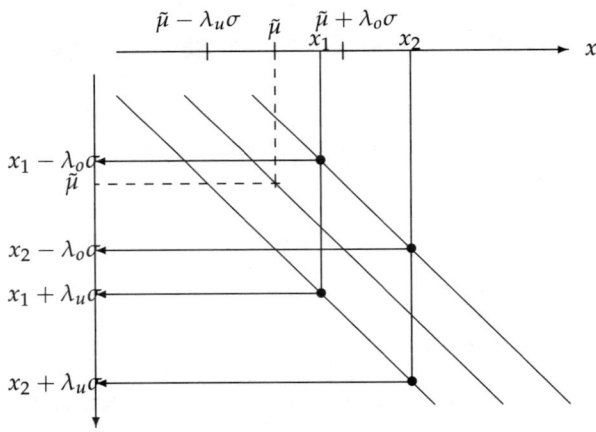

Abb. 7.2: Schwankungs- und Konfidenzintervall

7.4 Konfidenzintervall für einen Anteil p

Nachdem im Abschnitt 7.2, → S. 238, ein Konfidenzintervall für den Median einer Grundgesamtheit aufgestellt worden ist, kommen wir zur Intervallschätzung von Anteilen zurück. Dabei werden wir das Konstruktions-prinzip aus dem vorigen Abschnitt verwenden.

Stellen wir uns die Situation vor, dass bei einer Umfrage von 100 Personen 55 die Regierungspartei wählen wollen. Wie erhalten wir das $(1 - \alpha)$-Konfidenzintervall mit $\alpha = 0.05$? Wir modellieren: Gegeben sei die Stichprobe $X_1, \ldots, X_n$ mit:

$$X_i = \begin{cases} 1 & \text{Person } i \text{ will Regierungspartei wählen} \\ 0 & \text{sonst} \end{cases}$$

Dann gilt:

$$P(X_i = 1) = p \quad \text{und} \quad \mathrm{E}(X_i) = p$$

Damit ist $\hat{p} = \overline{X}$ Momentenschätzer für p, und es gilt mit Hilfe des zentralen Grenzwertsatzes approximativ:

$$Y := \frac{\hat{p} - p}{\sqrt{\dfrac{\hat{p}(1 - \hat{p})}{n}}} \overset{.}{\sim} \frac{\hat{p} - p}{\sqrt{\dfrac{p(1 - p)}{n}}} \sim N(0, 1)$$

Zur Abkürzung schreiben wir im Folgenden SE für den Standard-Fehler:

$$SE := \sqrt{\frac{\hat{p}(1 - \hat{p})}{n}}$$

Die Verteilung von Y ist damit approximativ bekannt, sodass sich für vorgegebene Werte a und b die Wahrscheinlichkeit für ein Schwankungsintervall für Y berechnen lässt:

$$P\left(a \leq \frac{\hat{p} - p}{SE} \leq b\right) = P(a \leq Y \leq b) \approx \Phi(b) - \Phi(a) \overset{!}{=} 1 - \alpha$$

Die Aussage $a \leq Y \leq b$ lässt sich so umstellen, dass p eingegrenzt wird:

$$a \leq \frac{\hat{p} - p}{SE} \leq b \quad \Leftrightarrow \quad -\hat{p} + a \cdot SE \leq -p \leq -\hat{p} + b \cdot SE$$

$$\Leftrightarrow \quad \hat{p} - a \cdot SE \geq p \geq \hat{p} - b \cdot SE$$

und wir erhalten mit $-a = z_{1-\alpha/2}$ und $b = z_{1-\alpha/2}$, wobei $z_{1-\alpha/2}$ das $(1 - \alpha/2)$-Quantil der Standardnormalverteilung ist:

$$P\left(\hat{p} - z_{1-\alpha/2} \cdot SE \leq p \leq \hat{p} + z_{1-\alpha/2} \cdot SE\right) \approx 1 - \alpha$$

Für $n \geq 100$ ist diese Approximation hinreichend gut, sodass wir mit

$$\left[\hat{p} - z_{1-\alpha/2} \cdot \sqrt{\frac{\hat{p}(1 - \hat{p})}{n}}, \ \hat{p} + z_{1-\alpha/2} \cdot \sqrt{\frac{\hat{p}(1 - \hat{p})}{n}}\right]$$

ein $(1 - \alpha)$-Konfidenzintervall für p gefunden haben.

Für diese geschilderte Beispielsituation, bei der 100 Personen befragt worden waren, erhalten wir für $\hat{p} = 0.55$ und $\alpha = 0.05$ das realisierte Konfidenzintervall:

$$
\begin{aligned}
KI &= [\hat{p} - z_{1-\alpha/2} \cdot SE, \hat{p} + z_{1-\alpha/2} \cdot SE] \\
&= \left[0.55 - 1.96 \cdot \sqrt{\frac{0.55(1-0.55)}{100}}, 0.55 + 1.96 \cdot \sqrt{\frac{0.55(1-0.55)}{100}} \right] \\
&= [0.452493, 0.647507]
\end{aligned}
$$

Die Berechnung stellt mit R keine große Herausforderung dar und kann, wie folgt, durchgeführt werden.

151
```
>p.dach<-0.55; n<-100; alpha<-0.05
 SE <- sqrt(p.dach*(1-p.dach)/n)
 p.dach +c(-1,1)* qnorm(1-alpha/2) * SE
```

Nach Realisation wird ein berechnetes Intervall den unbekannten Parameter überdecken oder nicht. Stellen wir uns jedoch vor, dass wiederholt eine Stichprobe gezogen und ein Konfidenzintervall berechnet wird, können wir das Konfidenzniveau als „Überdeckungshäufigkeit" interpretieren.

Ein Experiment. Zur Illustration wollen wir mit einem Experiment solche Intervalle simulieren. Wir ziehen zu der Frage: „Welche Konfidenzintervalle für p ergeben sich bei wiederholter Stichprobenziehung?" wiederholt Stichproben, berechnen jeweils Konfidenzintervalle und repräsentieren diese durch senkrechte Striche.

152
```
>exp.ki.p()
```

Zum Beispiel erhalten wir die Abbildung 7.3. Wir sehen, dass einige wenige Intervalle den Parameter nicht überdecken.

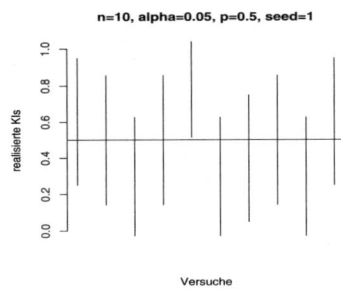

Abb. 7.3: Konfidenzintervalle

Konfidenzintervall für Anzahlen. Manchmal interessiert uns nicht der Anteil der Elemente mit einer bestimmten Eigenschaft, sondern die Anzahl dieser Elemente N^*. Da sich die Anzahl N^* von Elementen aus ihrem Anteil p^* in der Grundgesamtheit multipliziert mit der Elementanzahl der Grundgesamtheit N ergibt, ist ein $(1 - \alpha)$-Konfidenzintervall für N^* approximativ gegeben durch:

$$\left[N\hat{p} - N \cdot z_{1-\alpha/2} \cdot \sqrt{\frac{\hat{p}(1-\hat{p})}{n}}, \ N\hat{p} + N \cdot z_{1-\alpha/2} \cdot \sqrt{\frac{\hat{p}(1-\hat{p})}{n}} \right]$$

7.5 Fragen an Konfidenzintervalle

Hier greifen wir die in Abschnitt 7.2, →S. 238, diskutierten Fragen – eigentlich waren es dort eher naive Wünsche – wieder auf. Es wird sich zeigen, dass die in Abschnitt 7.2 gewonnenen Erkenntnisse – wie dort bereits angekündigt – wirklich allgemeiner Natur sind.

Das allgemeine Dilemma. In der Praxis will man ein möglichst hohes Konfidenzniveau, ein möglichst kurzes Intervall und einen möglichst kleinen Stichprobenumfang realisieren. Diese drei Größen stehen leider in einem Konfliktverhältnis zueinander. Dieses lässt sich aus der Abbildung 7.4 ablesen, die die Abhängigkeit der Intervalllänge vom Stichprobenumfang und Konfidenzniveau zeigt. Mit Hilfe von demo.n.alpha.len() lässt sich dieses „Handtuch" im Raum von allen Seiten betrachten.

>demo.n.alpha.len(p.dach=0.5)

Wir sehen: Für festes n wächst die Intervalllänge mit größer werdendem Konfidenzniveau $(1 - \alpha)$. Für festes $(1 - \alpha)$ verringert sich die Intervalllänge mit vergrößertem Stichprobenumfang. Der dritte Fall, von einer festen Länge auszugehen, ist mit etwas Mühe auch aus der Zeichnung abzulesen: n muss für ein größeres $(1 - \alpha)$ ansteigen.

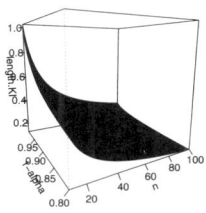

Abb. 7.4: Einfluß von $n, 1 - \alpha$

Stichprobenumfang ermitteln. Betrachten wir die Situation vor einer Wahl. Um das Wahlverhalten abzuschätzen, will eine Partei eine Umfrage in Auftrag geben. Damit die Umfrage „gesicherte" Ergebnisse erbringt, wird das Konfidenzniveau auf $1 - \alpha = 95\%$ festgesetzt. Weiter wird als Genauigkeitsmaß eine maximale Intervalllänge von zwei Prozentpunkten beschlossen. Wie groß muss der Stichprobenumfang n gewählt werden, damit die Vorgaben erfüllt werden?

Für die Intervalllänge IL ergibt sich aus dem Konfidenzintervall für Anteilswerte:

$$IL := \text{Obergrenze} - \text{Untergrenze} = 2 \cdot z_{1-\alpha/2} \cdot \sqrt{\frac{\hat{p}(1-\hat{p})}{n}}$$

Lösen wir diesen Zusammenhang nach n auf folgt:

$$n = \left(2 \cdot z_{1-\alpha/2} \cdot \frac{\sqrt{\hat{p}(1-\hat{p})}}{IL}\right)^2 = 4 \cdot \hat{p}(1-\hat{p}) \cdot \left(\frac{z_{1-\alpha/2}}{IL}\right)^2$$

Auf diese Weise berechnen wir beispielsweise für einen vorab geschätzten Anteilswert von 55%, $\alpha = 0.05$ und eine gewünschte Intervalllänge von 2-Prozentpunkten:

154
```
>IL<-0.02; alpha<-0.05; p.dach<-0.55
n<-4*p.dach*(1-p.dach)*(qnorm(1-alpha/2)/IL)^2
round(n)
```

Als Ergebnis folgt der Stichprobenumfang:

```
[1] 9508
```

Es müssen also rund 9 500 Personen befragt werden, um die genannten Bedingungen zu erfüllen. Bei Wahlfragen liegt oft ein vorab geschätzter Anteilswert vor. Ist das nicht der Fall, kann ein solcher durch eine kleine Stichprobe ermittelt werden. Eine zweite Möglichkeit besteht darin, den Anteil auf 0.5 zu setzen: Hierdurch wird der Faktor p.dach*(1-p.dach) maximal, sodass quasi der schlimmste Fall angenommen wird. Geht es für eine Partei um die 5%-Hürde, fällt der Stichprobenumfang viel kleiner aus:

155
```
>IL<-0.02; alpha<-0.05;
p.dach<-0.05
n<-4*p.dach*(1-p.dach)*
   (qnorm(1-alpha/2)/IL)^2
round(n)
```

Denn wir erhalten nun den Stichprobenumfang:

```
[1] 1825
```

Eine graphische Darstellung mag den Zusammenhang verdeutlichen. Die Anweisungen sind wegen ihres Umfang in einem Modul verborgen.

156
⟨zeichne Zusammenhang n gegen $1 - \alpha$ 259⟩

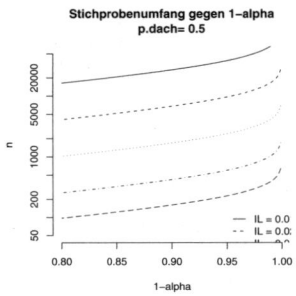

Abb. 7.5: KI: n gegen $1 - \alpha$

Genauigkeit ermitteln. Häufig werden Untersuchungen durch die bereitstehenden Gelder begrenzt. Mit vorher festgesetzten Kosten liegt auch der Stichprobenumfang fest. Wollen außerdem die Auftraggeber ein Konfidenzniveau von $1 - \alpha = 99\%$ sicherstellen, ist die Intervalllänge die resultierende Größe. Nehmen wir wieder $\hat{p} = 0.55$ an, so können wir die oben abgedruckte, nach IL aufgelöste Formel verwenden und berechnen für die Stichprobenumfänge 50, 100, 500, 1 000, 5 000, 10 000:

57
```
>alpha<-0.05; p.dach<-0.55
 n<-c( 50, 100,  500, 1000,  5000, 10000)
 IL<-2*qnorm(1-alpha/2)* sqrt(p.dach*(1-p.dach)/n)
 il<-signif(IL,3)
 IL <-format(il,digits=4)
 rbind(n,IL)
```
Wir erhalten die Intervalllängen:

```
    [,1]     [,2]     [,3]     [,4]     [,5]     [,6]
n   "50"     "100"    "500"    "1000"   "5000"   "10000"
IL  "0.2760" "0.1950" "0.0872" "0.0617" "0.0276" "0.0195"
```

Offensichtlich muss der Stichprobenumfang schon recht groß sein, um die Genauigkeit unter 5% zu drücken. Abbildung 7.6 visualisiert diesen Zusammenhang. Auch hier verbergen wir die Anweisungen für die Leser.

58 ≺*zeichne Zusammenhang IL gegen n* 258⟩

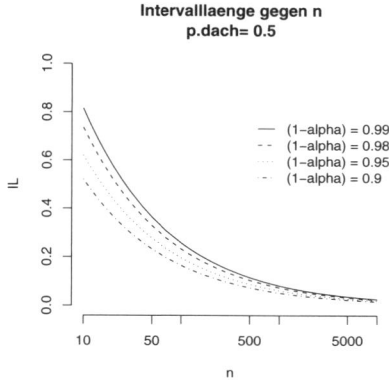

Abb. 7.6: KI: *IL* gegen *n*

Aussagensicherheit ermitteln. Als dritte Situation können wir uns vorstellen, dass bereits eine Umfrage durchgeführt worden ist. Damit liegt der

Stichprobenumfang n fest.

Weiter möchte man die Genauigkeit als die Intervalllänge vorgeben. Es ist also das Konfidenzniveau, bzw. die Überdeckungswahrscheinlichkeit zu ermitteln. Hierfür lösen wir die erste Gleichung nach dem z-Wert auf und erhalten:

$$z_{1-\alpha/2} = \frac{IL}{2} \cdot \sqrt{\frac{n}{\hat{p}(1-\hat{p})}} =: z$$

Für diesen berechneten z-Wert muss gelten:

$$\Phi(z) = 1 - \frac{\alpha}{2} \quad \Rightarrow \quad \alpha = 2 \cdot (1 - \Phi(z))$$

Auch diese Rechenaufgabe meistern wir für die angenommenen Werte $n = 1\,000$, $\hat{p} = 0.55$ und die verschiedenen Intervalllängen $IL = 0.03, 0.04, \ldots, 0.08$ schnell:

159
```
>n<-1000; IL<-0.01*c(3,4,5,6,7,8)
 z<-IL/2*sqrt(n/(p.dach*(1-p.dach)))
 alpha<-2*(1-pnorm(z))
 signif(rbind(IL,alpha),2)
```

Es ergibt sich folgender Vektor von Fehlerwahrscheinlichkeiten:

```
Tue Jan  3 16:10:26 2006
        [,1]  [,2]  [,3]   [,4]   [,5]   [,6]
IL      0.03  0.04  0.05  0.060  0.070  0.080
alpha   0.34  0.20  0.11  0.057  0.026  0.011
```

Also erhalten wir für 1000 Befragte eine Fehlerwahrscheinlichkeit von ca. 1% erst bei einer Intervalllänge größer als 8%.

7.6 Konfidenzintervalle für die Normalverteilung

Wir setzen – wie in Abschnitt 7.3, →S. 241, angekündigt – das dort vorgestellte Konzept zur Ermittlung von Konfidenzintervallen ein.

Ein Konfidenzintervall für μ**.** Entsprechend zu der Aufstellung eines Konfidenzintervalls für den unbekannten Anteil einer Grundgesamtheit p können wir auch ein Konfidenzintervall für den Parameter μ einer Normalverteilung mit den Parametern μ und σ^2 finden:

$$P\left(\overline{X} - t_{n-1,1-\alpha/2} \cdot \frac{S}{\sqrt{n}} \leq \mu \leq \overline{X} + t_{n-1,1-\alpha/2} \cdot \frac{S}{\sqrt{n}}\right) = 1 - \alpha$$

Für kleine Stichprobenumfänge $n < 100$ empfiehlt es sich, das $(1 - \alpha/2)$-Quantil $t_{n-1,1-\alpha/2}$ der t-Verteilung mit $n - 1$ Freiheitsgraden zu verwenden. Die t-Verteilung geht auf WILLIAM SEALEY GOSSET (1876–1937) zurück, der diese zur Qualitätsverbesserung des GUINNESS-Bieres fand. Die Verteilung ist auch als STUDENT-Verteilung bekannt, denn GOSSET durfte seine Erkenntnisse nur unter dem Pseudonym STUDENT veröffentlichen.

Für größere Stichproben weicht die t-Verteilung kaum noch von der Standardnormalverteilung ab, sodass der t-Wert durch den entsprechenden z-Wert ersetzt werden kann.

Die Struktur dieses Konfidenzintervalls entspricht der des Konfidenzintervalls für p und ist ebenfalls bei Konfidenzintervallen für einen Parameter anderer Verteilungen anzutreffen. Damit sich diese Struktur dem Leser einprägt, schreiben wir sie noch einmal allgemein für einen Parameter θ auf:

$$\left[\hat{\theta} - \text{Quantil}_{1-\frac{\alpha}{2}} \cdot \text{Standardfehler}(\hat{\theta}), \ \hat{\theta} + \text{Quantil}_{1-\frac{\alpha}{2}} \cdot \text{Standardfehler}(\hat{\theta}) \right]$$

Ein Konfidenzintervall für σ. Ohne weitere Herleitung sei ein Konfidenzintervall für die Varianz der Normalverteilung angegeben:

$$P \left(\frac{(n-1)S^2}{\chi^2_{n-1,1-\alpha/2}} \leq \sigma^2 \leq \frac{(n-1)S^2}{\chi^2_{n-1,\alpha/2}} \right) = 1 - \alpha$$

Hierbei ist $\chi^2_{n-1,\alpha/2}$ bzw. $\chi^2_{n-1,1-\alpha/2}$ der $\alpha/2$- bzw. der $(1 - \alpha/2)$-Prozentpunkt der Chiquadrat-Verteilung mit $n - 1$ Freiheitsgraden. Diese lassen sich mit R berechnen durch:

```
>alpha<-0.05
 chi.q<-qchisq(c(alpha/2,1-alpha/2),n-1)
```

Simultane Konfidenzintervalle. Besitzt ein Modell zwei Parameter (θ_1, θ_2), die geschätzt werden sollen, entsteht der Wunsch nach einem zweidimensionalen Konfidenzintervall, das den wahren Punkt (θ_1, θ_2) mit hoher Wahrscheinlichkeit überdeckt. Leider lassen sich die Konfidenzintervalle zum Niveau $(1 - \alpha)$ für die beiden Parameter nicht einfach zu einem gemeinsamen mit Konfidenzniveau $(1 - \alpha)$ zusammenfügen. Bei Unabhängigkeit der Aussagen der beiden Intervalle ergibt sich ein kleineres Konfidenzniveau, nämlich: $(1 - \alpha)^2$. Bei Abhängigkeit der Aussagen – wie bei den beiden Konfidenzintervallen zur Normalverteilung – müssen wir entweder die Konfidenzwahrscheinlichkeit genau berechnen oder auf eine Abschätzung ausweichen, die auf jeden Fall funktioniert.

Mit Hilfe des allgemein gültigen Zusammenhangs:

$$P(A \cap B) \ = \ 1 - P(\overline{A \cap B}) = 1 - P(\overline{A} \cup \overline{B})$$

$$= \ 1 - [P(\overline{A}) + P(\overline{B}) - P(\overline{A} \cap \overline{B})]$$
$$\geq \ 1 - [P(\overline{A}) + P(\overline{B})]$$

können wir setzen: „$A := $ KI für θ_1 überdeckt θ_1" und „$B := $ KI für θ_2 überdeckt θ_2", sodass bei einem Konfidenzniveau von jeweils $(1 - \alpha)$ für das gemeinsame Konfidenzintervall folgt:

$$P(A \text{ und } B) \geq 1 - \alpha - \alpha = 1 - 2\alpha =: 1 - \alpha^*$$

Wenn wir also ein gesamtes Konfidenzniveau von $1 - \alpha^*$ anstreben, können wir für die beiden Parameter einzelne Konfidenzintervalle mit einer Fehlerwahrscheinlichkeit von $\alpha = \alpha^*/2$ erstellen und die beiden Intervalle als Bedingung abliefern, vergleiche auch Kapitel 10 „Regression", → S. 317.

Fragen an Konfidenzintervalle zur Normalverteilung. Wie im Abschnitt über Anteilswerte, → S. 242, können natürlich auch zu den hier präsentierten Konfidenzintervallen Fragen nach dem notwendigen Stichprobenumfang, nach der sich ergebenden Intervalllänge oder nach dem Konfidenzniveau gestellt werden. Die Abhandlung dieser Fragen wird hier nicht vorgeführt, da keine neuen prinzipiellen Erkenntnisse auftreten. Der Leser sei aufgefordert, diese Fragen als Übung selbst zu bearbeiten.

7.7 Anwendung: Raucherrisiken

In einer Studie von HIRAYAMA [1981, 1984] über die Wirkung des Rauchens wurden eine große Anzahl von Frauen in fünf Gruppen geteilt und die Bronchialkarzinomsterbefälle ermittelt. Das Ergebnis ist folgender Tabelle zu entnehmen:

Abk.	Gruppe	n	Sterbefälle
Ia	Nichtraucherinnen Ehemann: Nichtraucher	21 895	32
Ib	Nichtraucherinnen Ehemann: Ex- / Wenig-Raucher	44 184	86
Ic	Nichtraucherinnen Ehemann: starker Raucher (> 19 Z.)	25 461	56
II	aktiv rauchende Frauen	17 366	106
III	Restgruppe	33 951	66

Tab. 7.1: Rauchbelastung und Sterbefälle

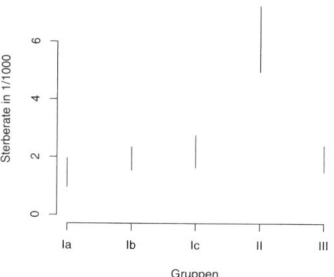

Abb. 7.7: KIs und Sterberate

Wir sehen in Abbildung 7.7 für die einzelnen Gruppen die sich ergebenden Konfidenzintervalle zum Niveau $1 - \alpha = 95\%$ Die Anweisungen des folgenden Codechunks sind in einem Modul versteckt. Sie sind natürlich in der das Buch begleitenden Anweisungsdatei enthalten.

1 ⟨*zeige Raucherdemo* 257⟩

Offensichtlich ist die Sterberate in der Gruppe II wesentlich höher als in den anderen. Die Entscheidungsfrage „Ist die Sterbrate aufgrund von Bronchialkrebs von aktiv rauchenden Frauen höher als in den anderen Gruppen?" wird jetzt sicher jeder mit Ja beantworten.

Solche Entscheidungen über Vermutungen führen uns zu statistischen Tests, die im Kapitel 9, → S. 283, behandelt werden. Weiter erkennen wir einen leichten Anstieg von Ia bis Ic. Dieser erscheint plausibel, kann aber nicht ohne weitere Überlegungen das Siegel **signifikant** bekommen. Inzwischen ist man sich einig, dass auch Passives Rauchen das Risiko erhöht [KAUR et al., 2004].

7.8 Caveat – Mahnung

Zwei Bemerkungen sollen dieses Kapitel beenden:

* Konfidenzintervalle dürfen nicht mit Schwankungsintervallen verwechselt werden. Bei Schwankungsintervallen wird die Wahrscheinlichkeit dafür berechnet, dass sich eine Zufallsvariable in einem bestimmten Intervall realisiert, die Grenzen sind fest und die Zufallsvariable steht in der Aussage zwischen den Grenzen: $P(a \leq X \leq b)$. In einem Konfidenzintervall sind die Grenzen Zufallsvariablen und der (unbekannte) Parameter befindet sich zwischen den Zufallsgrenzen:

$P(U \leq \theta \leq O) = 1 - \alpha$. Nach Realisation eines Konfidenzintervalls wird der Parameter überdeckt oder eben nicht.

- Konfidenzintervalle zu vorgegebenen Niveau $1 - \alpha$ sind nicht eindeutig. Zwar werden sehr häufig symmetrische Intervalle um einen Schätzer für den Parameter konstruiert. Doch ist dieses Vorgehen nicht zwingend, auch wenn es gern aus rechentechnischen und Interpretationsgründen gewählt wird. Außerdem gibt es noch ein sehr starkes Argument für symmetrische Intervalle: Ist die zugrundeliegende Verteilung unimodal und symmetrisch, sind die Intervalle zentriert um den Median der Verteilung auch die kürzesten.

Zusammenfassung

- Ein $(1 - \alpha)$-Konfidenzintervall für θ ist ein Zufallsintervall, das den unbekannten Parameter θ mit einer Wahrscheinlichkeit von $(1 - \alpha)$ überdeckt. Das realisierte Konfidenzintervall ist ein festes Zahlenintervall, das den Parameter enthält – oder eben nicht enthält.

- $[X_{(1)}, X_{(n)}]$ lässt sich als Konfidenzintervall für den Median verwenden. Mit n steigt die Überdeckungswahrscheinlichkeit, doch auch die erwartete Intervalllänge. Engere Intervalle für den Median erhalten wir durch $[X_{(k)}, X_{(n+1-k)}]$. Ein größeres k führt aber zu verringerter Sicherheit $(1 - \alpha)$. Kurze Intervalllänge, kleiner Stichprobenumfang und hohes Konfidenzniveau stehen also in einem Konfliktverhältnis zueinander.

- Oft besitzen Konfidenzintervalle die Struktur:

$$[\text{Lageschätzer} \pm \text{Streuungsschätzer} \cdot \text{Tabellenwert}]$$

- Für einen unbekannten Anteil p wurde ein approximierendes Konfidenzintervall vorgestellt, in das für große Stichprobenumfänge Prozentpunkte aus der Standardnormalverteilung eingehen. Weiter stellten wir für den Parameter μ ein Konfidenzintervall auf; hierfür benötigt man bei Stichprobenumfängen unter $n = 100$ die genaueren Prozentpunkte aus der t-Verteilung.

Aufgaben

1. Berechnen Sie 10-mal mit verschiedenen Zufallsstarts (`set.seed`) wie vorgeführt, → S. 238, Überdeckungshäufigkeiten und zeichnen Sie für diese einen Boxplot. Beschreiben Sie, was sie sehen.

2. Diese und die nächsten beiden Aufgaben beziehen sich auf den Abschnitt 7.2, → S. 238 f.

   Wie groß muss der Stichprobenumfang n gewählt werden, damit $[X_{(1)}, X_{(n)}]$ den Parameter $\tilde{\mu}$ mit einer Wahrscheinlichkeit von 90% überdeckt?

3. Zeigen Sie durch Argumentation, dass gilt:

$$P(X_{(k)} \leq \tilde{\mu} \leq X_{(n-k+1)}) = 1 - \sum_{i=0}^{k-1} \binom{n}{i} \left(\frac{1}{2}\right)^{n-1}$$

4. Es sind die Körpergrößen von 100 Personen gemessen worden. Wie groß ist k zu wählen, damit $[X_{(k)}, X_{(n-k+1)}]$ den Median mit einer Wahrscheinlichkeit von 90% einfängt?

5. Diese und die nächste Aufgabe beziehen sich auf den Abschnitt 7.4, → S. 242 f.

   Es wurden 200 Personen eines großen Vereins zu ihrem Wahlverhalten bei der Vereinspräsidentenwahl befragt. 110 wollen den Präsidenten wieder wählen. Berechnen Sie das 90%-KI für p, der Wiederwahlwahrscheinlichkeit.

6. Wiederholen Sie das Experiment von Seite 244 und erklären Sie, was die Überdeckungshäufigkeit mit der Setzung von α zu tun hat.

7. Diese Aufgabe bezieht sich auf Abschnitt 7.5, → S. 245 f.

   Für eine Produktion von Gläsern gilt eine Ausschussrate von $p_A =$ 10% als normal. Es wurden bei einer Serie von 200 Gläsern 30 defekte Gläser gefunden. Stellen Sie aufgrund dieser Stichprobe ein 90%-Konfidenzintervall für p auf. Bei welchem Stichprobenumfang ist p_A gerade nicht im 90%-Konfidenzintervall für p, sofern von $\hat{p} = 0.15$ ausgegangen wird?

8. Diese und die nächste Aufgabe beziehen sich auf Abschnitt 7.6, → S. 248 f.

   Führen Sie die Argumentation in Anlehnung zu Abschnitt 7.3 von Seite 241 f. durch, die vom Schwankungsintervall für $\overline{X}$ zum Konfidenzintervall für μ führt.

9. In einer Befragung von Studierenden wurde festgestellt, dass diese im Mittel 70 Bücher bei einer Standardabweichung von 20 besitzen. Stellen Sie ein 95%-Konfidenzintervall für den Mittelwert der Grundgesamtheit wie auch ein 95%-Konfidenzintervall für die Varianz auf.

10. Rechnen Sie die in Abbildung 7.7, → S. 251, dargestellten Konfidenzintervalle nach.

8 Statistik und BAYES

„When it is not in our power to determine what is true, we ought to follow what is most probable." RENE DESCARTES

In diesem Kapitel werden wir eine neue Sicht, eine neue Vorgehenswei-se beim Lösen statistischer Probleme kennen lernen. Diese sogenannte Bayessche Statistik erweitert unsere Möglichkeiten zur Problemanalyse und Problemlösung beträchtlich. Der Leser wird sich vermutlich fragen, warum denn in der üblichen Statistikausbildung die Bayessche Statistik eine eher marginale Rolle spielt. Dies ist um so verwunderlicher, da doch der Namensgeber Reverend THOMAS BAYES bereits 1763 in dem Aufsatz „An essay towards solving a problem in the doctrine of chances" die Fun-damente für diesen Ansatz legte.

In diesem Kapitel wird ein kleines Problem zum Euro zunächst „klas-sisch" angegangen, → Abschnitt 8.1, um dann zum Problem einen Bayes-schen Schätzer abzuleiten, → Abschnitt 8.2. Die Modellierung der Ausgangs-ansicht – „Prior" – wird im folgendem Abschnitt, → Abschnitt 8.3, vorge-stellt. Die Verwendung einer Beta-Verteilung als Prior und einige Eigen-schaften dieser Verteilung werden darauf vermittelt, → Abschnitt 8.4. Zum Schluss diskutieren wir mit der Thematik von Raketenstarts ein bedeu-tenderes Beispiel als zu Beginn dieses Kapitels, → Abschnitt 8.5.

8.1 Ein Problem in klassischer Sicht

8.1.1 Euro keine Zufallswährung?

Bald nach der Einführung des Euro tauchten unter den pro und contra Stel-lungnahmen auch Einlassungen wie der folgende Zeitungsausschnitt aus den Husumer Nachrichten (Frühstückszeitung des Verfassers dieser Zei-len) vom 1.10.02 auf.

Der Euro taugt nicht als Zufallswährung
„. . . Es verdichten sich Forschungsergebnisse, dass das angeblich grenzen-lose Geld bei der Verwendung als Zufallswährung an die Schranken seiner Tauglichkeit stößt. In drei von vier Tests fielen Ein-Euro-Münzen nach ei-nem Wurf viel häufiger mit dem Kopf nach oben als mit der Zahl. 600:400 pro Kopf stand es nach einem Großexperiment unparteiischer polnischer Sta-tistiker mit einem belgischen Ein-Euro-Stück. 151:109 für Kopf meldete die „Süddeutsche Zeitung" nach einem Redaktionsversuch mit 250 Durchgängen deutscher Prägung. Und das einzige Science-Center Schleswig-Holsteins, die

Flensburger „Phänomenta", erzielte im Auftrag unser Zeitung mit ebenfalls je 250 Würfen eine Mehrheit von 136 Treffern zugunsten des Adlers. Nur 109-mal zeigte sich Zahl.

Zwar kam bei einer zweiten „Phänomenta"-Studie mit 127-mal Zahl und 123-mal Adler ein gegenteiliges Resultat heraus – aber das ändert nichts am 3:1-Gesamtergebnis sämtlicher Analysen zugunsten der Seite mit dem Kopf.

Der Physiker und „Phänomenta"-Geschäftsführer Achim Englert kann sich das auch für ihn „erstaunliche" Rätsel nur so erklären: „Wenn Kopf häufiger fällt als Zahl, muss die Seite mit der Zahl schwerer sein." Kombiniere: Die die Oberfläche aushöhlende Prägung nehme „auf der Zahl-Seite offenbar weniger Masse weg als gegenüber."

Allerdings: „Um wirklich aussagekräftige Ergebnisse zu erhalten", verlangt die Wahrscheinlichkeitsrechnung nach Einschätzung Englerts Tausende von Würfen. Also dann: Feuer frei für den Selbstversuch in jedem Haushalt. "

Korrekturen. Leider sind dem Redakteur einige Ungereimtheiten in den Zahlen unterlaufen. Wir werden sie korrigieren, indem wir einen möglichst einfachen Fehler in den Ziffern unterstellen und diesen dann korrigieren.

Süddeutsche: 151+109 ist nie und nimmer 250, einfachster Fehler (nur eine falsche Ziffer) und seine Berichtigung, mache 151 zu 141.

Phänomenta: 136+109 ist nie und nimmer 250, einfachster Fehler (Übertragung von Süddeutscher) und seine Berichtigung mache 109 zu 114.

8.1.2 Zutreffend oder nicht? 1. Versuch

Im Artikel wird das Verhältnis von 3:1 für Kopf als Beweis gegen die Zufälligkeit des Euro herangezogen. Ein nochmaliges Lesen des Textes zeigt, dass wohl mindestens zwei verschiedene Prägungen von Ein-Euro Münzen im Spiel sind. Die polnischen Statistiker benutzten für ihre Experimente eine belgische Münze, es wurde zwar nicht explizit gesagt, aber wir dürfen sicher annehmen, dass die Süddeutsche und Phänomenta sich einer Münze mit deutscher Prägung bedienten. Obwohl bei den entsprechenden Experimenten sicher nicht vorher die Münze weitergegeben wurde, wollen wir einmal das Verhältnis 2:1 (nur die drei deutschen Experimente mit je 250 Würfen) betrachten. Wäre dies bei einer fairen Münze etwas Ungewöhnliches, etwas Seltenes?

Eine Simulation. In einer Simulation von zehn Serien à drei Experimente mit einem fairen (p=0.5) Stück

162

```
>set.seed(9191)
 matrix(rbinom(30,250,0.5),10,3)
```

erhalten wir

```
      [,1] [,2] [,3]
 [1,]  128  117  130
 [2,]  121  134  127
 [3,]  117  123  128
 [4,]  124  113  130
 [5,]  131  128  121
 [6,]  132  132  125
 [7,]  126  118  124
 [8,]  124  135  130
 [9,]  117  123  109
[10,]  125  129  128
```

Es ergab sich bei den zehn Versuchen :

Verhältnis	Anzahl
2:0	3
2:1	3
1:2	4

Ein Verhältnis von 2:1 kommt also bei unseren zehn Versuchen mit einer simulierten Münze – $P(\text{Kopf}'') = 1/2$ – immerhin dreimal vor, nicht gerade selten, wenn man noch die Ausgänge mit zwei Siegen und einem Unentschieden bedenkt.

Theorie. Was kann alles bei drei Experimenten passieren? Wenden wir unsere Erkenntnisse aus der Wahrscheinlichkeitsrechnung einmal auf unser Problem an.

Bei einem Experiment (n Würfe) können sich die in der nebenstehenden Tabelle angegebenen Ereignisse einstellen.

A:="Anzahl Kopf > Anzahl Zahl"
B:="Anzahl Kopf < Anzahl Zahl"
C:="Anzahl Kopf = Anzahl Zahl"

Für die Bestimmungen von $P(A), P(B), P(C)$ müssen wir eine Fallunterscheidung machen. Für die beiden Fälle „n gerade" und „n ungerade" ist in den folgenden Graphiken jeweils die Zahl der Köpfe bei einer Serie von n Würfen aufgetragen. np gibt den Erwartungswert an.

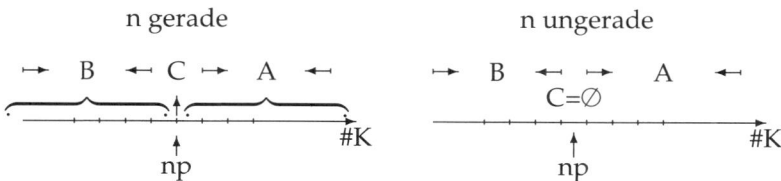

Für alle Ergebnisse $0, \ldots, m$, wobei m gegeben ist als $m = \lfloor \frac{n-1}{2} \rfloor$, tritt B ein. Die Binomialverteilung beschreibt die Verteilung der „Kopfzahl" bei n Würfen. Damit ergibt sich

$$P(B) = \sum_{i=1}^{m} \binom{n}{i} p^i (1-p)^{n-i}$$

Aus Symmetriegründen gilt bei einer idealen Münze ($p = 0.5$) gerade $P(A) = P(B)$.

Damit gilt

$$P(C) = 1 - (P(A) + P(B)) = 1 - 2P(B)$$

Jetzt betrachten wir drei Wiederholungen von n Münzwürfen. Für diese drei Experimente finden wir damit den folgenden Stichprobenraum.

$$\{ \text{AAA}, \text{AAB}, \text{ABA}, \text{BAA}, \text{AAC}, \text{ACA}, \text{CAA}, \text{ABB}, \quad \text{BAB}$$
$$\text{BBA}, \text{ACC}, \text{CAC}, \text{CCA}, \text{ABC}, \text{ACB}, \text{BAC}, \text{BCA}, \quad \text{CAB}$$
$$\text{CBA}, \text{BCC}, \text{CBC}, \text{CCB}, \text{BBC}, \text{BCB}, \text{CBB}, \text{BBB}, \text{CCC} \}$$

Dabei ist z.B. ABA zu lesen als: „Ereignis A im 1. Experiment
Ereignis B im 2. Experiment
Ereignis A im 3. Experiment"

Wie wahrscheinlich ist es, dass zweimal mehr Köpfe als Zahlen und einmal weniger Köpfe auftreten? Das Ereignis 2:1 für Kopf tritt ein bei $\{AAB, ABA, BAA\}$. Damit errechnet sich $P(2:1)$ zu $3 \cdot P(A)^2 P(B)$.

Anwendung. Betrachten wir unseren Fall $n = 250$. Wir haben den Fall „n gerade" vorliegen, m errechnet sich zu $m = 124$. Somit ergibt sich:

$$P(A) = P(B) = \sum_{i=0}^{124} \binom{250}{i} p^i (1-p)^{250-i}$$

Lassen wir es uns von R ausrechnen
163   `>pbinom(124,250,0.5)`
Das Ergebnis lautet:

```
[1] 0.4747939
```

Die gesuchte Wahrscheinlichkeit $P(2:1)$ lässt sich nun leicht ermitteln.
164   `>3*pbinom(124,250,0.5)^3`
Wir finden:

```
[1] 0.3210973
```

Durchaus in Übereinstimmung mit dem Wert $3/10 = 0.3$, den wir bei unserem kleinen Simulationsversuch gefunden hatten.

Das Ereignis C. Zeichnen wir uns den Verlauf von $P(2 : 1)$ in Abhängigkeit von n auf – natürlich überlassen wir die Arbeit wieder R:

5

```
>n <- 2:250
 m <- floor((n-1)/2)
 y <- 3*pbinom(m,n,0.5)^3
 plot(n,y,pch=18,bty="n")
```

... so erhalten wir die nebenstehende Graphik.

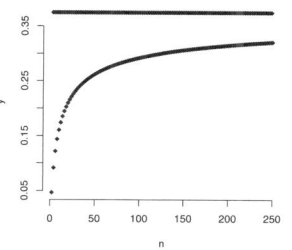

Abb. 8.1: Verlauf von $P(2 : 1)$

Das wahrscheinlich für viele auf den ersten Blick befremdliche Bild lässt sich leicht erklären. Die Graphik zeigt zwei Kurven. Die obere beschreibt den Fall n ungerade, die untere zeigt den Fall n gerade. Für ungerade n gilt $C = \emptyset$ und damit ist $P(C) = 0$. Daraus folgt, das $P(A) = P(B) = 0.5$ ist. Für gerade n dagegen ist $P(C) = \binom{n}{n/2}(1/2)^n$. Dieser Ausdruck geht zwar mit $n \to \infty$ gegen 0 – wie die Annäherung der beiden Kurven schön zeigt –, führt aber in unserem Fall noch zu einer noch deutlichen Abweichung von dem für ungerade n geltenden Wert von $P(2 : 1) = 3(1/2)^3 = 3/8 = 0.375$. Zur Erinnerung: Wir hatten für $n = 250$ den Wert $P(2 : 1) = 0.3210973$ gefunden.

Fazit. Die in dem Artikel eingenommene Haltung, dass das Ergebnis 3:1 für Kopf gegen die Annahme einer „Zufallswährung" spricht, können wir nicht teilen. Der berichtete empirische Befund ist bei Unterstellung eines fairen Euros ($p = 0.5$) durchaus nicht so selten, dass man dem Schiedsrichter abraten sollte, die Platzwahl mit seiner Hilfe vorzunehmen.

8.1.3 Zutreffend oder nicht: 2. Versuch

Anwendung der Binomialverteilung. Das n-malige Werfen einer Münze ist die Beobachtung eines Bernoulli-Prozesses mit dem Parameter p. Wie wir wissen, ist dann die Anzahl beobachteter Ausgänge „Kopf" binomialverteilt mit den Parametern n und p.

X_n bezeichne die Anzahl der Köpfe in einem Experiment von n-Würfen. Es treten in einem bestimmten Experiment k (z.B. $k = 141$) Köpfe auf, dann kann die Wahrscheinlichkeit $P(X \geq k)$ als ein Maß für die „Seltenheit" des beobachteten Befundes genommen werden. Dies gilt für den Fall $k > n/2$. Im anderen Fall leistet $P(X \leq k)$ die gleichen Dienste.

Die im Artikel geschilderten Experimente lassen sich dann zusammenfassen:

600:400	$P(X \geq 600) = \sum_{i=600}^{1000} \binom{1000}{i}(1/2)^{1000}$	1.3610^{-10}
141:109	$P(X \geq 141) = \sum_{i=141}^{250} \binom{250}{i}(1/2)^{250}$	0.02485
136:114	$P(X \geq 136) = \sum_{i=136}^{250} \binom{250}{i}(1/2)^{250}$	0.09200
123:127	$P(X \leq 123) = \sum_{i=0}^{123} \binom{250}{i}(1/2)^{250}$	0.42478

Fazit. Abgesehen vom letzten Versuch – den würden die Anhänger der Kopf-Mannschaft sicher auch als ein Unentschieden werten wollen – sind die gefundenen Wahrscheinlichkeiten, dies oder noch ein vorteilhafteres Ergebnis (Evidenz gegen $p = 1/2$) zu beobachten, bei dem angenommenen Modell doch recht klein. Schlussfolgerung: Wenn nicht beim Werfen gemogelt wurde, ist das Modell mit $p = 1/2$ unzutreffend. Der Vorwurf mangelnder Fitness für einen Bundesligaeinsatz scheint berechtigt.

8.1.4 Welches p?

Wenn denn der Euro vielleicht doch keine „Zufallswährung" ist, welcher Wert für $P(K)$ wäre dann zutreffend? Die in den Experimenten gefundenen Ergebnisse sollten etwas darüber aussagen. In der Tabelle gibt k_i die Anzahl „Kopf", z_i die Anzahl „Zahl" und n_i die Gesamtzahl der Würfe im i-ten Experiment an.

i	k_i	z_i	n_i	$\hat{p}_i$
1	600	400	1000	0.6000
2	141	109	250	0.5640
3	136	114	250	0.5440
4	123	127	250	0.4731

Die letzte Spalte enthält die Werte $\hat{p}_i = k_i/n$. Das Verhältnis von Anzahl Kopf zur Gesamtzahl der Würfe scheint ein geeigneter Kandidat für den gesuchten Wert $p = P(K)$.

Wo aber stehen wir nun? Selbst wenn wir die belgische Münze (Experiment 1) nicht berücksichtigen, so haben wir bei dem deutschen Euro-Stück immer noch ein eher verwirrendes Bild.

Da drängt sich die Frage auf, ob unser naives Vorgehen sich überhaupt rechtfertigen lässt. Gibt es eine theoretische Untermauerung unseres Tuns?

8.1.5 Ein Modell

Den Wurf einer Münze modellieren wir als ein Bernoulli-Experiment mit den beiden möglichen Ergebnissen: „Kopf oben" und „Zahl oben", d.h.

„Kopf nicht oben". Unterstellen wir, dass wir die Münze nicht wechseln, dann bildet die Abfolge der Würfe einen Bernoulli-Prozess.

Weiter führen wir eine Indikatorvariable (Zählvariable) ein

$$X_i = \begin{cases} 1 & A\text{: Kopf oben bei Wurf i} & P(A) = p \\ 0 & \overline{A}\text{: Kopf nicht oben bei Wurf i} & P(\overline{A}) = 1 - p \end{cases}$$

Damit können wir den empirischen Befund als Realisation einer Zufallsstichprobe

$$X_1, X_2, \ldots, X_{249}, X_{250}$$

auffassen. Allerdings haben wir das Ergebnis bereits als Realisation der Variablen

$$Y = \sum_{\nu=1}^{250} X_\nu$$

zusammengefasst vorliegen. Für eine Untersuchung über p ist es egal, ob wir uns auf die Stichprobe $X_1, \ldots, X_n$ oder die Variable $Y = \sum_{i=1}^{n} X_i$ stützen. Die Variable Y genügt bekanntlich (siehe Kapitel 4 „Auf zur Modellierung", → S. 91) einer Binomialverteilung mit den Parametern p und n. Unser Problem in den neuen Kontext übertragen, heißt: „Wie können wir eine Schätzung für das unbekannte p des Bernoulli-Prozesses finden?"

8.1.6 Zwei Lösungsvorschläge für das Schätzproblem

Erinnern wir uns an das Kapitel 6 „Parameterschätzungen", → S. 189, wo in die Schätzproblematik eingeführt wurde. Dort wurden zwei allgemeine Prinzipien vorgestellt, die wir speziell für unser Problem noch einmal zusammenfassend darstellen wollen.

1. Methode der Momente. Betrachte die mit den Parametern n und p binomialverteilte Zufallsvariable Y. Es gilt

$$E(Y) = np$$

Es liege eine Stichprobe $Y_1, Y_2, \ldots, Y_k$ vor. Setzen wir den Erwartungswert gleich seinem empirische Äquivalent dem Stichprobenmittel, so erhalten wir für den Erwartungswert $E(Y)$ das Stichprobenmittel $\overline{Y} = \frac{1}{k} \sum_{j=1}^{k} Y_j$. Damit kommt man zum Schätzer nach der Methode der Momente $\tilde{p} = \overline{Y}/n$.

Wir haben in den Experimenten bezüglich Y jeweils eine Stichprobe vom Umfang $k = 1$ vorliegen.

Satz 8.1: Momentenschätzer für p

$$\tilde{p} = \frac{Y}{n}$$

Damit haben wir eine erste Rechtfertigung unseres intuitiven Vorgehens.

2. Maximum Likelihood Schätzer. Die Wahrscheinlichkeit für eine Stichprobe $x_1, x_2, \ldots, x_{n-1}, x_n$ ist

$$P(X_1 = x_1, X_2 = x_2, \ldots, X_n = x_n) = p^{x_1}(1-p)^{1-x_1} p^{x_2}(1-p)^{1-x_2} \cdots p^{x_n}(1-p)^{1-x_n}$$

Kurz und knapp

$$\begin{aligned} P(X_1 = x_1, \ldots, X_n = x_n) &= \prod_{i=1}^{n} p^{x_i}(1-p)^{1-x_i} \\ &= p^{\sum_{i=1}^{n} x_i}(1-p)^{n-\sum_{i=1}^{n} x_i} = p^y(1-p)^{n-y} \end{aligned}$$

Dabei wurde $y = \sum_{i=1}^{n} x_i$ gesetzt, und es ergibt sich für p die Likelihoodfunktion

$$L(p; y) = \prod_{i=1}^{n} p^y(1-p)^{n-y}$$

Anwendung. Nachstehend zeigen wir den Graphen der Likelihood-funktion für die von der Süddeutschen Zeitung erhaltenen Werte (#K=141,#Z=109), den wir mit R berechnen. Zusätzlich haben wir in der Zeichnung den Schätzwert nach der Methode der Momente (141/250) durch ein auf der Spitze stehendes Dreieck markiert.

166
```
>n    <- 250
 yy <- 141
 x    <-seq(0,1,0.005)
 y    <-x^yy*(1-x)^(n-yy)
 plot(x,y,bty="n",type="l")
 points(yy/n,0,pch=6)
```

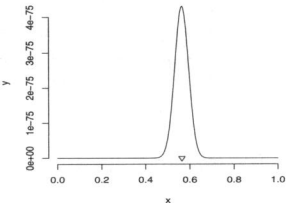

Abb. 8.2: Likelihood

Man erkennt zweierlei. Einmal, dass in unserem Beispiel die Likelihood-funktion ein ausgeprägtes Maximum hat. Dieses liegt andererseits genau an der durch den Schätzwert nach der Methode der Momente gekennzeichneten Stelle.

Der schnelle Schluss, dass im vorliegenden Problem – ermittle den Parameter p – die Schätzer nach der Methode der Momente und der Maximum Likelihood Schätzer identisch sind, lässt sich durch etwas Mathematik erhärten, → S. 263.

Hier wollen wir uns in unserer Vermutung durch einen weiteren Plot bestärken lassen. Wenn es stimmt, dass die beiden Schätzer übereinstimmen, dann müsste für $y = 0, \ldots, n$ der Graph von

$$\max(L(p;y), L(y/n;y))$$

die 45°-Gerade sein. Wie sagt der Kaiser? Schaun wir mal.

7   `>Lp.diff(250)`

Wegen der starken Unterschiede in der Größe der Maxima wurden die Werte in logarithmischer Skalierung aufgetragen.

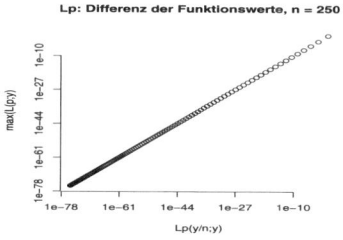

Abb. 8.3: $\max(L(p;y), L(y/n;y))$

Freibrief. Beide Ideen führen zu einem identisch Vorschlag, das unbekannte p zu ermitteln. y/n entspricht aber genau unserem „naiven" Berechnungsverfahren, denn die uns vorliegenden Zahlen k_i sind gerade die $\sum_{i=1}^{n} x_i = y$. Also können wir zwei theoretisch fundierte Methoden zu unserer Rechtfertigung heranziehen.

Exkurs: Herleitung des ML-Schätzers.   Aus der Likelihood

$$L(p;y) = \prod_{i=1}^{n} p^y (1 - p)^{n-y}$$

ergibt sich die Log-Likelihood, die sich mathematisch leichter bearbeiten lässt

$$\ln L(p;y) = y \ln p + (n - y) \ln(1 - p)$$

Da wir die Ableitungen der Log-Likelihood benötigen werden, wollen wir sie als erstes bestimmen.

$$\frac{d \ln L(p;y)}{dp} = \frac{y}{p} - \frac{n - y}{1 - p}$$

$$\frac{d^2 \ln L(p;y)}{dp^2} = -\frac{y}{p^2} - \frac{n - y}{(1 - p)^2}$$

Die 2. Ableitung ist immer negativ, das extremale p liefert also ein Maximum. Das maximierende p erhält man durch Nullsetzen der 1. Ableitung

$$\frac{y}{p} - \frac{n - y}{1 - p} = 0$$

Die Lösung dieser Gleichnug erfolgt auf dem Fuße

$$\frac{y}{\hat{p}} - \frac{n-y}{1-\hat{p}} = 0$$
$$(1-\hat{p})y = \hat{p}(n-y)$$
$$\hat{p} = \frac{y}{n}$$

Satz 8.2: ML-Schätzer für p

$$\hat{p} = \frac{Y}{n}$$

8.1.7 Das p aus den p's

Die Schätzformel nach der Methode der Momente $\tilde{p} = \overline{Y}/n$ eröffnet uns eine weitere Möglichkeit, die Frage nach dem Wert von p zu beantworten.

Nehmen wir an, die beiden Experimente im Science-Center seien mit derselben Münze durchgeführt worden. Dann dürfen wir $\overline{y} = (k_3 + k_4)/2$ berechnen und in die Schätzformel einsetzen. n ist die Anzahl aller Würfe, also $n = 500 = 250 + 250$. Wir erhalten $\overline{y} = 129.5 = (136 + 123)/2$ und damit für p den Vorschlag 0.518. Entsprechend könnten Mutige dies Verfahren auch auf die drei vermutlich mit einer deutschen Prägung durchgeführten Versuche anwenden und würden dann mit dem Vorschlag $0.533\overline{3}$ auftreten.

Findige Köpfe haben sicher schon bemerkt, dass man diese Ergebnisse auch bekommt, wenn man jeweils den Mittelwert der von p_3, p_4, bzw. p_2, p_3, p_4 berechnet.

Da der Artikel unspezifisch von dem Euro spricht, wollen wir das Verfahren auf alle uns vorliegenden Versuche anwenden. Wir erhalten dann 0.5682 (gerundet).

Fazit. Der Geschäftsführer Englert wird in dem Artikel mit der Einschätzung zitiert, die Wahrscheinlichkeitsrechnung verlange Tausende von Würfen, um zu aussagekräftigen Ergebnissen zu kommen. In diesem Lichte sollten wir den Wert 0.5682 verkünden, denn er basiert, wenn auch nicht auf Tausenden, so doch 1750 Würfen.

Wem der belgische Euro suspekt ist, kann ja das aus 750 Würfen ermittelte Ergebnis $0.533\overline{3}$ verkünden.

Aber selbst für Speaker's Corner im Hyde Park wären diese Botschaften zu starker Tobak und würden keine Zustimmung im Publikum finden.

8.2 BAYES und der Euro

Dem Reverend würde das Problem sicher gefallen, fügt es sich doch in die Ursprünge der von Gücksspielen stimulierten Wahrscheinlichkeitsrechnung ein.

8.2.1 Sammlung und Typisierung von Informationen

„Back to square one" mag bei Gesellschaftsspielen eine ungeliebte Aufforderung sein, für unsere doch wohl alles andere als klare Situation beim Münzwurf wird es sich auszahlen, noch einmal ganz von vorne zu beginnen.

Der Anfang ist eine Ein-Euro-Münze in meiner Hand. Ich werde sie gleich werfen und biete eine Lotterie an: „Kopf oder Zahl". Wie entscheiden Sie sich?

Ein grober Rückgriff auf ihre physikalischen Kenntnisse bringt keine Argumente eines der beiden Ereignisse: „Münze bleibt mit Kopf oben liegen", „Münze bleibt mit Zahl oben liegen" zu bevorzugen (Scherzbolde pflegen an dieser Stelle darauf hinzuweisen, die Münze könne ja auch in ein Mauseloch rollen, oder von einer diebischen Elster im Fluge stibitzt werden). Und wenn schon, die Chancen stehen 50:50.

Der Ingenieur in Ihnen weiß natürlich, dass auch bei noch so sorgfältiger Verarbeitung die Produkte von der gewünschten Norm abweichen. Diesen Produktionsfehler stellt man gerne unter das Gesetz der Normalverteilung. In unserem Fall würden wir sagen, die produzierten Münzen hätten ein $\mu = 0.5$ und ein σ^2, das sehr sehr klein ist.

Da inzwischen die in den verschiedenen Euro-Staaten mit jeweiliger Prägung herausgegebenen Münze die Grenze überschritten haben, weiß man nicht, ob die fragliche Münze deutscher „Natur" ist, oder ein Migrant. Ein Vergleich der Prägungen auf der Rückseite macht aber jedem klar, dass die Münzen sich physikalisch, d.h. bei Fallen, anders, wenn auch fürs Auge unmerklich, verhalten werden. Unterschiedliche Prägung bedeutet unterschiedliche Werte für $P(K) = p$.

Und wenn Sie bis hierher gelesen haben, dann sind Ihnen auch die Ergebnisse der Experimente bei uns und in Polen im Gedächtnis, die nicht nur über die jeweils konkret benutzte Münze sondern auch über Ein-Euro Münzen generell etwas aussagen. Zur Erinnerung, wir fanden p-Werte von 0.4731 bis 0.6.

Und irgendwie – wie ist auch egal – hat sich in ihrem Kopf daraus auch eine eigene Vorstellung von dem oder den Werten von p gebildet.

Sie haben also eine Fülle ganz unterschiedlicher Informationen zu ihrer

Verfügung:

Informationsart	p	Argumentation
Modell der Münze	0.5	Geometrie und Physik
Modell der Produktion	(p, σ)-normal	Fehlerrechnung
Experimente	0.4731 – 0.6	Stichprobentheorie
Meinung	???	individuell

Tab. 8.1: zur Setzung von p

Mit allen diesen Informationen in der Hand braucht man jetzt doch nur ein Verfahren, dass auf dieser Basis eine Entscheidung ermöglicht: „Kopf oder Zahl"?

8.2.2 Beschreibung durch Wahrscheinlichkeitsverteilungen

Als einen ersten Schritt wollen wir die unterschiedlichen Informationen mit Hilfe der Wahrscheinlichkeitstheorie – genauer Wahrscheinlichkeitsverteilungen – beschreiben.

Das Modell der Münze entspricht doch gerade einer Einpunktverteilung. Die nachstehende Graphik gibt Dichte und Verteilungsfunktion wieder.

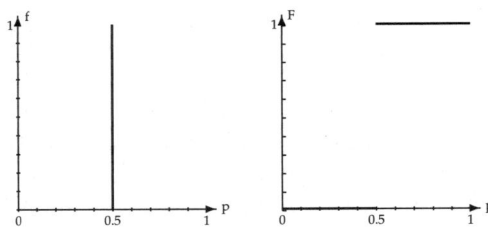

Abb. 8.4: Einpunktverteilung

Das Produktionsmodell lässt sich durch eine Normalverteilung mit $\mu = p$ und einem σ beschreiben. Natürlich ist der Gedanke an einen negativen p-Werte für eine produzierte Münze mehr als verwirrend, dem Ingenieur, dem bekanntlich nichts zu schwer ist, hilft ein sehr sehr kleines σ, dass nicht sein wird, was nicht sein darf.

Wie schon erwähnt, führt ein Experiment von n Münzwürfen gerade zu einer Binomialverteilung mit den Parametern n und p. Liegt ein Ergebnis von k-mal Kopf und $(n - k)$-mal Zahl vor, dann können wir ihm die Likelihood zuordnen siehe Kapitel 6 „Parameterschätzungen", → S. 189:

$$L(p;k) = \binom{n}{k} p^k (1-p)^{n-k}$$

Wir unterstellen, dass der Experimentator (das Individuum) seine Meinung über das p auch in Form einer Verteilung $h(p)$ formulieren kann. Er deutet dabei Wahrscheinlichkeit als Vertrauen[19].

Seine Ansicht über p könnte durch eine der nachstehenden Verteilungen wiedergegeben werden, die alle zur Familie der Beta-Verteilung gehören, → S. 276. Warum die Beta-Verteilung? Nun erst einmal überzeugt die graphische Nähe zur oben gezeigten Einpunktverteilung.

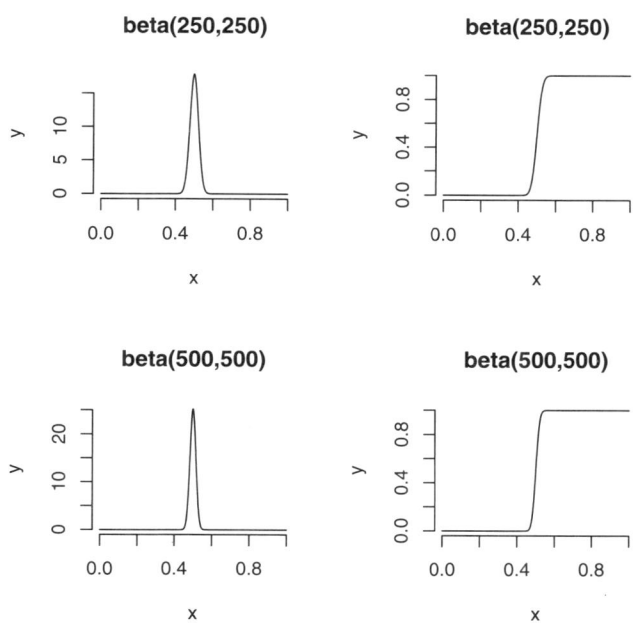

Abb. 8.5: Beta-Verteilungen für kleine Parameterwerte

Die nächste Graphik zeigt die Situation für größere Parameterwerte.

---

19 Vielleicht sollten wir sie besser $V(p) - V$ wie Vertrauen – schreiben statt $h(p)$.

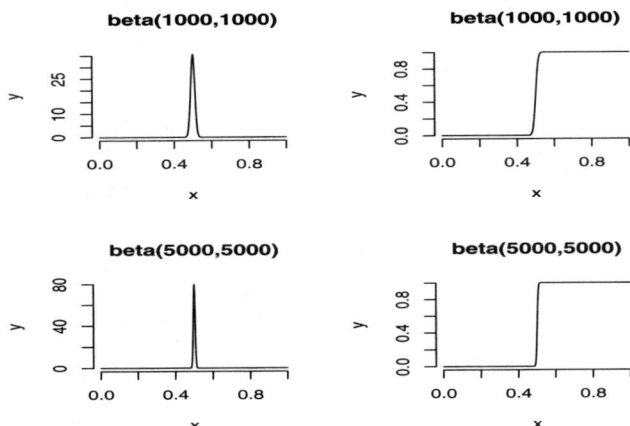

Abb. 8.6: Beta-Verteilungen für große Parameterwerte

Die Abbildungen zeigen, dass offenbar mit wachsendem Parameter der Beta-Verteilung diese der Einpunktverteilung ähnlich wird. Die Beta-Verteilung wird, wie gesagt, im Detail diskutiert, → S. 276.

168

```
>x <- seq(0,1,length=200)
 y <- pbeta(x,250,250)
 plot(x,y,type="l",bty="n")
 title("beta(250,250)")
```

8.2.3 Per aspera ad astra

In diesem Abschnitt konstruieren wir einen formelmäßigen Zusammenhang zwischen den verschiedenen vorliegenden Informationen zum Münzwurfexperiment. Dabei nutzen wir die eingeführte Beschreibung mit Hilfe von Wahrscheinlichkeitsverteilungen.

Vor dem Münzwurf ist die Meinung über p in der Verteilung $h(p)$ zusammengefasst. Sie wird von jetzt an als **a priori**-Verteilung bezeichnet. Das Experiment lässt sich durch die Likelihood $\binom{n}{k}p^k(1-p)^{n-k}$ beschreiben. Man kann dies auch als die bedingte Wahrscheinlichkeit der Stichprobe gegeben p bezeichnen. Die Meinung über p wollen wir nach dem Experiment – der Befragung der Empirie – auch in Form einer Verteilung fassen. Diese Verteilung wird **a posteriori**-Verteilung genannt. Diese Verteilung sollte von der „a priori"-Verteilung als auch von der Likelihood beeinflusst werden. Insbesondere ist sie als bedingte (gegeben die Stichprobe) Verteilung zu charakterisieren. Wir schreiben ihre Dichte als $g(p|k)$, dabei ist k die Anzahl der aufgetretenen Ereignisse „Kopf".

Ein Ansatz, der sich anbietet, ist sicherlich

$$g(p|k) \propto \left(\binom{n}{k} p^k (1-p)^{n-k} \right) \times h(p)$$

Ersetzen wir $\binom{n}{k} p^k (1-p)^{n-k}$ durch $L(p;k)$, so ergibt sich

$$g(p|k) \propto L(p;k) \times h(p)$$

eine der Verallgemeinerung mehr zugängliche Formel.

Normieren wir den rechtsstehenden Ausdruck, so hat er alle Eigenschaften einer Dichte. Die gesuchte „a posteriori"-Verteilung ist dann durch ihre Dichte

$$g(p|k) = \frac{\binom{n}{k} p^k (1-p)^{n-k} h(p)}{\int_0^1 \binom{n}{k} p^k (1-p)^{n-k} h(p) dp}$$

bzw. in der allgemeineren Form

$$g(p|k) = \frac{L(p;k)h(p)}{\int_0^1 L(p;k)h(p) dp}$$

festgelegt.

8.2.4 Eine Rechtfertigung?

Die sogenannte Bayessche Formel

$$P(A|B) = \frac{P(B|A)P(A)}{P(B)}$$

ist bereits behandelt worden, siehe Kapitel 5 „Casino-Statistik", → S. 179.

Machen wir die nebenstehenden Ersetzungen, so erkennen wir, dass wir mit unserem Ansatz in der Welt von BAYES angekommen sind.

$$P(A|B) \leftrightarrow g(p|k)dp$$
$$P(B|A) \leftrightarrow L(p;k)$$
$$P(A) \leftrightarrow h(p)dp$$
$$P(B) \leftrightarrow \int_0^1 L(p;k)h(p)dp$$

Die letzte Beziehung in obiger Aufstellung kommt einem zu Recht wie die kontinuierliche Entsprechung der Formel

$$P(B) = \sum_{j=1}^{k} P(B|A_j)P(A_j)$$

vor. So erhalten wir unsere Übersetzung der Bayesschen Formel:

$$g(p|x_1, \ldots x_n) = \frac{L(p;k)h(p)}{\int_0^1 L(p;k)h(p) dp}$$

Noch einmal zur Erinnerung: Es gelten die Interpretationen

$h(p)$ Dichte der „a prior"-Verteilung von p
$g(p|x-1,\ldots,x_n)$ Dichte der „a posteriori"-Verteilung von p
$L(p;k)$ (bedingte) Wahrscheinlichkeit der Stichprobe gegeben p

Die a posteriori Dichte ergibt sich aus der (bedingten) Stichprobenwahrscheinlichkeit und der a priori Dichte gemäß

$$g(p|x_1,\ldots x_n) = \frac{L(p;k)h(p)}{\int_0^1 L(p;k)h(p)dp}$$

8.2.5 Ein Bayesscher Schätzer

Als einen Schätzer für p könnten wir den Erwartungswert der a posteriori Verteilung nehmen.

Wir gehen von der gefundenen „a posteriori"

$$g(p|y) = \frac{L(p;k)h(p)}{\int_0^1 L(p;k)h(p)dp}$$

aus. Als Schätzer nach obiger Idee ergibt sich dann

$$\begin{aligned}
\breve{p} &= E(p|y) \\
&= \int_0^1 \frac{pL(p;k)h(p)dp}{\int_0^1 L(p;k)h(p)dp}
\end{aligned}$$

8.2.6 Uniform prior

„Stellen wir uns einmal ganz dumm." Auf unsere Situation angewandt heißt das, wir wissen gar nichts über p. Dieses modellieren wir durch eine sogenannte uniform prior, d.h. $h(p) = 1$. Ersetzen wir $L(p;k)$ wieder durch $\binom{n}{k}p^k(1-p)^{n-k}$ so ergibt sich – beachte $\binom{n}{y}$ kürzt sich heraus

$$\begin{aligned}
\breve{p} = E(p|y) &= \frac{\int_0^1 p^{y+1}(1-p)^{n-y}dp}{\int_0^1 p^y(1-p)^{n-y}dp} \\
&= \frac{(y+1)!(n-y)!}{(n+2)!}\frac{(n+1)!}{y!(n-y)!} = \frac{y+1}{n+2}
\end{aligned}$$

Hierbei wurde benutzt, dass

$$\int_0^1 z^\alpha(1-z)^\beta dz = \frac{\alpha!\beta!}{(\alpha+\beta+1)!}$$

ist. Also ergibt sich:

Satz 8.3: Bayes Schätzer für p

$$\breve{p} = \frac{y+1}{n+2}$$

8.2.7 Glaubwürdiger

Nehmen wir einmal an, wir haben bei einem privaten Münzwurfexperiment selbst fünf-mal die Ein-Euro Münze geworfen – leider rollte sie beim sechsten Versuch unter einen Schrank und war erst einmal weg. Als Ergebnis notierten wir auf unserem Zettel:

„Kopf Kopf Kopf Kopf Kopf"

Unsere beiden bisher favorisierten Schätzer würden uns unisono vorschlagen, für p den Wert 1 zu unterstellen. Ne, mit diesem Wert will sich wohl kaum einer in die Öffentlichkeit wagen, bedeutet dies doch im Klartext: „Die Münze landet immer mit dem Kopf oben"[20].

Mit Hilfe des Bayes-Ansatzes erhalten wir dagegen den Schätzwert $6/7 < 1$. Diese Größenordnug wird in der Praxis sicher nicht nur auf Unglauben stoßen.

8.3 Prior – Sample – Posterior

Was ist eine gute Wahl einer Prior? „Gut" wollen wir dabei unter (mathematisch-) technischem Blickwinkel betrachten. Diese Frage wollen wir zunächst im Kontext unseres Problems abhandeln. Nachstehend betrachten wir also den Fall der Statistik

$$Y = \sum_{\nu=1}^{n} X_\nu$$

8.3.1 Beta als Prior

Wie steht es mit einer Beta-Verteilung als Prior? Beachte, die Gleichverteilung ist ein Mitglied der Familie der Beta-Verteilungen. Sie hat die Parameterwerte $\alpha = 1$ und $\beta = 1$.

Die Dichte einer Beta-Verteilung ist

$$\frac{p^{\alpha-1}(1-p)^{\beta-1}}{B(\alpha,\beta)}$$

---

20 Ich erinnere mich an eine Szene in einem Film, wo dies Phänomen von einem Mann immer erzeugt wurde. Nach seinem Tod stellte sich heraus, dass seine immer benutzte Münze auf beiden Seiten „Kopf" hatte.

Dabei gilt

$$B(\alpha, \beta) = \frac{\Gamma(\alpha)\Gamma(\beta)}{\Gamma(\alpha + \beta)}$$

Beachte, dass für natürliche Zahlen α, β gilt

$$\frac{\Gamma(\alpha)\Gamma(\beta)}{\Gamma(\alpha + \beta)} = \frac{\alpha!\beta!}{(\alpha + \beta)!}$$

Setzt man diese Prior in die Formel für die Posteori ein, so ergibt sich

$$g(p|y) = \frac{\binom{n}{y}p^y(1-p)^{n-y}\frac{p^{\alpha-1}(1-p)^{\beta-1}}{B(\alpha,\beta)}}{\int_0^1 \binom{n}{y}p^y(1-p)^{n-y}\frac{p^{\alpha-1}(1-p)^{\beta-1}}{B(\alpha,\beta)}dp}$$

Dies lässt sich durch Kürzen umformen zu

$$g(p|y) = \frac{p^y(1-p)^{n-y}p^{\alpha-1}(1-p)^{\beta-1}}{\int_0^1 p^y(1-p)^{n-y}p^{\alpha-1}(1-p)^{\beta-1}dp}$$

und Dank geschickter Zusammenfassung zu

$$g(p|y) = \frac{p^{y+\alpha-1}(1-p)^{n-y+\beta-1}}{\int_0^1 p^{y+\alpha-1}(1-p)^{n-y+\beta-1}dp}$$

Da $\int_0^1 p^{y+\alpha}(1-p)^{n-y+\beta-1}dp$ nach Definition der `beta`-Funktion gerade $B(y+\alpha, n-y+\beta)$ ist, erhalten wir

$$g(p|y) = \frac{p^{y+\alpha-1}(1-p)^{n-y+\beta-1}}{B(y+\alpha, n-y+\beta)}$$

Es gilt also, dass bei einer Beta-Verteilung als Prior und einer Binomialverteilung als bedingter Stichprobenverteilung (Likelihood) die „a posteriori Verteilung" auch eine Beta-Verteilung ist.

Im Verlauf der Umformungen konnten wir den Term $\binom{n}{y}$ wegkürzen. Vermeintlich nur ein mathematisch-technischer Schritt, aber das Ergebnis ermöglicht eine weitergehende Interpretation. Der Term $\binom{n}{y}$ wurde durch die Likelihood

$$L(p;k) = \binom{n}{y}p^y(1-p)^{n-y}$$

in die Formel für die „a posteriori" eingeführt. Sie drückte unsere Art der Beobachtung (der Stichprobenziehung) des Bernoulli-Prozesses aus. Man nennt dies auch **binomial sampling**.

Wir hätten aber auch die Beobachtung so lange fortsetzen können, bis wir r-mal das Ergebnis „Kopf" gesehen hätten. Die Likelihood für die Stichprobe entspricht in diesem Fall der Negativen Binomialverteilung:

$$L(p;k) = \binom{x-1}{r-1}p^r(1-p)^{x-r-1}$$

Dabei gibt r die vorher festgelegte Zahl der „Köpfe" und x die Gesamtzahl der Würfe an. Auch in diesem Fall lässt sich der Binomialkoeffizient herauskürzen. Wieder ergibt sich zur Beta-Verteilung als „a priori" eine Beta-Verteilung als „a posteriori". Diese Form der Stichprobenziehung nennt man **inverse binomial sampling.**

Wir können unsere Erkenntnis zusammenfassen: Die Form der Stichprobenziehung spielt bei der Bayesschen Vorgehensweise keine Rolle, es werden nur die Ergebnisse verarbeitet.

8.3.2 Gut oder schlecht?

Einmal Beta, immer Beta lautet das gefundene Ergebnis. Wie im Abschnitt 8.4 gezeigt wird, → S. 276, zeichnet sich die Beta-Verteilung durch eine große Formenvielfalt in der Dichte aus, die durch Setzung von nur zwei Parametern (im Fall $x \in [0, 1]$) hervorgerufen wird. Außerdem tritt die in unserem Beispiel vorliegende Stichprobenziehung modelliert als n-malige Beobachtung eines Bernoulli-Prozesses häufig auf. Daher geht das gefundene Resultat – „a posteriori"-Verteilung und Bayesscher Schätzer – weit über unser kleines Münzwurfexperiment hinaus.

8.3.3 Parameterfortschreibung

Verteilung	Parameter 1	Parameter 2
„a priori"	α	β
Likelihood	y	$n - y$
„a posteriori"	$\alpha + y$	$\beta + n - y$

Addieren wir die Parameter für die „a posteriori"-Verteilung, so erhalten wir gerade $\alpha + \beta + n$. Nun ist n der Umfang der Stichprobe, $\alpha + \beta$ die Summe der Parameter der „a priori"-Verteilung. Damit wird einem doch nahegelegt, $\alpha + \beta$ als Stichprobenumfang der „a priori" Information zu deuten. Die Parameter α und β geben dann die Aufteilung dieser (hypothetischen) Stichprobe auf die beiden Ergebnisse „Kopf" bzw. „Zahl" an.

8.3.4 Der Euro und seine Prior

Nach diesen vielen mehr theoretisch orientierten Ausführungen wollen wir uns wieder dem Vorwurf zuwenden, der Euro – dies ist die Sicht eines Fußballschiedsrichters – sei keine Zufallswährung. Dazu greifen wir auf den Vorschlag aus Abschnitt 8.2.2 zurück, → S. 266. Wir nehmen also für die „a priori"-Verteilung eine Beta-Verteilung mit $\alpha = \beta \gg 1$.

Untersuchen wir zuerst das erste Experiment des Science-Centers.

„a priori"-Parameter		„a posterior"-Parameter	Schätzwert
α	β $\quad \alpha + 136$	$\beta + 114$	$\check{p}$
250	250 $\quad$ 386	364	0.5147
500	500 $\quad$ 636	614	0.5088
1000	1000 $\quad$ 1136	1114	0.5049
5000	5000 $\quad$ 5136	5114	0.5011

Tab. 8.2: verschiedene Schätzwerte für p

Zum Vergleich noch einmal der Wert für p, wie wir ihn naiv – mit nachträglicher Rückendeckung aus der Theorie (Methode der Momente, Maximum Likelihood) – ermittelten: $\hat{p} = 0.544$.

Ziehen wir die Interpretation aus Abschnitt 8.3.3 heran, → S. 273, dann leuchten die gefundenen Ergebnisse unmittelbar ein. Eine Stichprobe vom Umfang 250 ist fast nichts gegen eine vom Umfang 10 000. Da hält sich das Ergebnis 0.5011 doch lieber näher an 0.5 als an 0.544. Bei einer Meinung im Wert eines Stichprobenumfanges von 500 rückt man schon etwas weiter von 0.5 ab in Richtung auf 0.544.

8.3.5 Παντα ρει[21]

Nun gab es nach dem ersten Experiment im Science Center noch ein zweites. Wie kann dessen Einfluss auf unsere Meinung über p modelliert werden? Nun, da bietet sich doch folgende Argumentation geradezu an: Unsere Meinung vor dem ersten Experiment hatten wir in der „a priori" zusammengefasst, die durch das Ergebnis des Experimentes (Stichprobe) in die „a posteriori" überführt wird. Machen wir diese doch in Bezug auf das zweite Experiment zur „a priori". Die folgende Tabelle verdeutlicht dieses Vorgehen. Dank der Eigenschaft der Beta-Verteilung reicht es, die Parameter zu betrachten. Starten wir – einige Gewissheit zeigend – mit den großen Werten $\alpha = \beta = 5\,000$.

„prior"		sample		„posterior"		
α	β	k	$n - k$	α	β	$\check{p}$
5 000	5 000	136	114	5 136	5 114	0.5011
5 136	5 114	123	127	5 259	5 241	0.5008

Ein sicher weniger dramatisches Ergebnis für den Schiedsrichter als die 0.518, die wir bei unserem nur auf die Experimente konzentrierten Vorgehen, → S. 264, ermittelten.

---

21 So drückte HERAKLIT (ca. 500 v. Chr.) aus, dass alles ewig wechselt.

8.3.6 Play it again, Sam!

Hier wird ein kleines Simulationsexperiment angeboten, in dem man die fortwährenden Veränderungen studieren kann, die durch immer neue Stichprobenergebnisse hervorgerufen werden. In der Simulation soll dies untersucht werden. Ausgehend von einer Gleichverteilung – es gilt $\alpha = 1$ und $\beta = 1$ – wird die Entwicklung der a posteriori gezeigt, wenn fortlaufend Stichprobeninformationen – der Benutzer kann den Umfang der Stichprobe verändern – hinzukommen. Das p der Grundgesamtheit kann auch verändert werden. Man kann so studieren, wie der Bayessche Schätzer sich auf veränderte Situationen einstellt. Es gilt also

a-priori-Verteilung	Beta-Verteilung
Stichprobe	Umfang n aus Bernoulli-Prozess mit p
a-posteriori-Verteilung	Beta-Verteilung

In der Graphik werden jeweils die Dichte der a priori und der a posteriori Verteilung sowie deren Erwartungswerte und das Stichprobenmittel angezeigt, letztere symbolisiert durch Senkrechten auf Symbolen. Dabei gilt die Legende:

a posteriori	durchgezogene Linie bzw. gefülltes Quadrat
a priori	gestrichelte Linie bzw. gefüllte Raute
Stichprobe	Punkt-Strich bsw. gefülltes Dreieck

```
>exp.bayes()
```

Das nachstehende Bild zeigt einen Schnappschuss aus einer Experimentfolge.

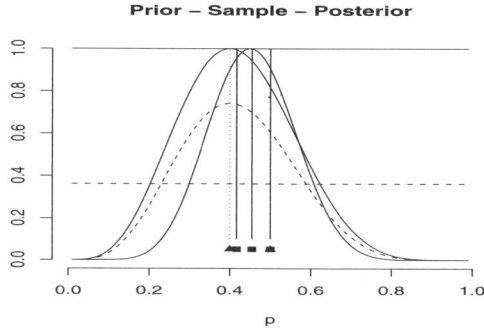

Abb. 8.7: Schnappschuss vom Experiment

8.4 Beta-Verteilung

Werfen wir nun einen genaueren Blick auf die Beta-Verteilung.

8.4.1 Dichte

Wir betrachten hier nur die Beta-Verteilung mit den Parametern $\alpha > 0, \beta > 0$ über dem Intervall $(0, 1)$. Ihre Dichte ist

$$f(x; \alpha, \beta) \quad = \quad \frac{x^{\alpha-1}(1-x)^{\beta-1}}{B(\alpha, \beta)}, \quad x \in (0, 1)$$

8.4.2 Porträt

Wie sieht sie aus? Die Abbildung 8.8 verdeutlicht die Formenvielfalt, die sich bei der Beta-Verteilung in Abhängigkeit von der Parametersetzung ergibt.

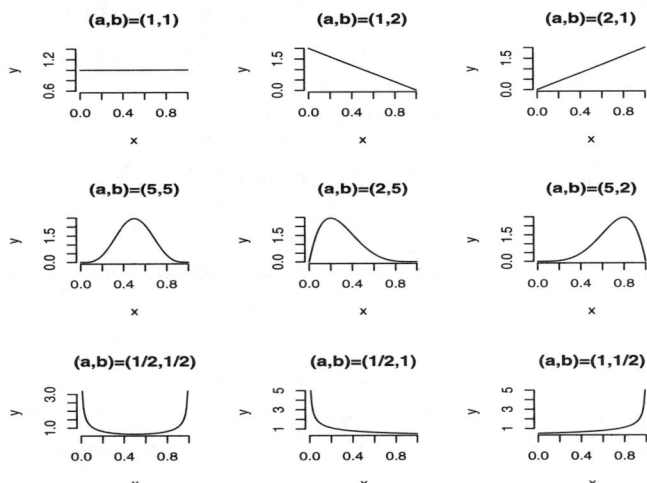

Abb. 8.8: Dichten von Beta-Verteilungen

8.4.3 Try yourself

Mit dem folgenden Codesegment wird dem Leser die Möglichkeit eröffnet, selbst ein wenig mit den Parametern der Beta-Verteilung herumzuspielen und dabei die Formveränderungen zu studieren.

170

```
>plot.beta()
```

8.4.4 Momente

Wenden wir uns der Berechnung der n-ten Momente um Null zu. Wir finden

$$
\begin{aligned}
E(X^n) &= \int_0^1 x^n \frac{x^{\alpha-1}(1-x)^{\beta-1}}{B(\alpha,\beta)} dx \\
&= \frac{1}{B(\alpha,\beta)} \int_0^1 x^{\alpha+n-1}(1-x)^{\beta-1} dx = \frac{B(\alpha+n,\beta)}{B(\alpha,\beta)},
\end{aligned}
$$

denn $\int_0^1 x^{\alpha+n-1}(1-x)^{\beta-1} dx$ ist nach Definition der Beta-Funktion gerade $B(\alpha+n,\beta)$. Nutzen wir aus, dass $B(a,b) = \frac{\Gamma(a)\Gamma(b)}{\Gamma(a+b)}$ ist und $\Gamma(a) = (a-1)\Gamma(a-1)$, dann ergibt sich

$$
\begin{aligned}
E(X^n) &= \frac{\Gamma(\alpha+n)}{\Gamma(\alpha+\beta+n)} \frac{\Gamma(\alpha+\beta)}{\Gamma(\alpha)} \\[2mm]
E(X) &= \frac{\Gamma(\alpha+1)}{\Gamma(\alpha+\beta+1)} \frac{\Gamma(\alpha+\beta)}{\Gamma(\alpha)} = \frac{\alpha}{\alpha+\beta} \\[2mm]
E(X^2) &= \frac{\Gamma(\alpha+2)}{\Gamma(\alpha+\beta+2)} \frac{\Gamma(\alpha+\beta)}{\Gamma(\alpha)} = \frac{(\alpha+1)\alpha}{(\alpha+\beta+1)(\alpha+\beta)} \\[2mm]
V(X) &= E(X^2) - (E(X))^2 = \frac{\alpha\beta}{(\alpha+\beta+1)(\alpha+\beta)^2}
\end{aligned}
$$

nach einigen Umformungen.

8.5 Es hilft auch im Weltall

8.5.1 Ärger mit Ariane

Der Start einer Rakete ist doch ein ganz anderes Problem als der Wurf einer Münze. Wirklich? Eine Münze zeigt „Kopf" oder „Zahl", der Raketenstart „glückt" oder „glückt nicht". Wiederholtes Starten und wiederholtes Werfen führt jeweils zur Modellierung als Bernoulli-Prozess.

Zur Zeit sorgen sich die Ingenieure um die Zukunft der Ariane 5 ECA. Wird sie ein Erfolgsmodell? In einem Artikel einer Wochenzeitschrift[22] liest man

„Die Nacht zum 13. Dezember 2002 wird Horst Holsten nie vergessen. Auf einer Großbildleinwand in Bremen erlebte der Raumfahrtingenieur damals den Start der neuen Ariane 5 ECA. Mit dieser verbesserten Version

---

22 Countdown des Schicksals, DIE ZEIT Nr. 6 (3. Februar 2005), S. 34

wollen die Europäer die Vormachtstellung im hart umkämpften Satelliten-Transportgeschäft zurückgewinnen – eine Premiere, die auch an Holstens Nerven zerrt. Obwohl der Konstrukteur seit 1979 schon 157 Starts „seiner" Rakete miterlebte, beginnt er zu zittern, als sich das 780 Tonnen schwere Gefährt feuerspuckend von der Platform im europäischen Weltraumbahnhof Kourpu erhebt. . . . 180 Sekunden nach dem Start, muss die Ariane gesprengt werden.

. . . Mehr als zwei Jahre sind seit der Katastrophe vergangen, die die europäische Raumfahrt erschütterte.

. . . Kommende Woche soll alles wieder gut werden. Am 11. Februar wollen die Europäer einen zweiten Versuch wagen.

. . . Doch der Schock von damals sitzt tief. „Wenn es wieder nicht klappt, müssen wir wohl sagen: Wir können's nicht", gibt Horst Holsten zu."

Lässt sich dies aus zwei erfolglosen Starts folgern? Bedeuten die 66 erfolgreichen Starts des Vorgängermodells Ariane 4, man hat ohne Grund ein unfehlbares System aufgegeben?

8.5.2 Noch einmal Richtung BAYES

Wiederholen wir unser bei den Euromünzen angewandtes Vorgehen. Wir können die Situation formal wie folgt beschreiben.

Den Start einer Ariane 5 Rakete modellieren wir als ein Bernoulli-Experiment mit den beiden möglichen Ergebnissen: "Start erfolgreich" und "Start nicht erfolgreich". Unterstellen wir, dass die Raketen alle wirklich baugleich sind, dann bildet die Abfolge von Starts einen Bernoulli-Prozess.

Weiter führen wir wieder eine Indikatorvariable (Zählvariable) ein

$$X = \left\{ \begin{array}{ll} 1 & A\text{: Start erfolgreich} \quad P(A) = p \\ 0 & \overline{A}\text{: Start erfolgreich} \quad P(\overline{A}) = 1 - p \end{array} \right.$$

Damit können wir den empirischen Befund – hier exemplarisch für die Ariane 4 – als Realisation einer Zufallsstichprobe $X_1, X_2, \ldots, X_{65}, X_{66}$ auffassen. Wir haben $x_1 = 1, x_2 = 1, \ldots, x_{65} = 1, x_{66} = 1$ vorliegen.

Allgemein bezeichne nachstehend x_i die Realisation der i-ten Stichprobenvariablen. Es gilt $x_i \in \{0, 1\}$.

Glaubwürdiger. Mit Hilfe des Bayes-Ansatzes und mit der „uniform prior" erhalten wir für die beiden Situationen die Schätzwerte

Ereignis	Stichprobe	P(Ereignis)
Ariane 4:Start erfolgreich	1 1 ... 1 1	67/68
Ariane 5:Start erfolgreich	0 0	1/4

Mit diesen Prognosen wird sich der Chef von ESA sicher lieber an die Öffentlichkeit wenden als mit den Werten 1 bzw. 0, die ihm ein Anhänger der klassischen Statistik aus den Stichprobenbefunden errechnet hätte.

8.5.3 Truncated uniform prior

Wählt man realistischer – technisch sinnvoller –

$$h(p) = (1 - p_0)^{-1} I_{(p_0,1)}(p)$$

dann ergibt sich

$$
\begin{aligned}
\breve{p} &= E(p|y) \\
&= \frac{\int_{p_0}^1 p^{y+1}(1-p)^{n-y}dp}{\int_{p_0}^1 p^y(1-p)^{n-y}dp}
\end{aligned}
$$

Für den vorliegenden Fall $n = y$ reduzieren sich die unvollständigen Beta-Funktionen auf

$$
\breve{p} = E(p|y) = \frac{\int_{p_0}^1 p^{y+1}dp}{\int_{p_0}^1 p^y dp}
$$

Diese liegen übrigens in PEARSON [1934] tabuliert vor.

Die Integrale lassen sich leicht ausrechnen.

$$
\int_{p_0}^1 p^z dp = \left. \frac{p^{z+1}}{z+1} \right|_{p_0}^1 = \frac{1 - p_0^{z+1}}{z+1}
$$

und also

$$
\breve{p} = \frac{(1 - p_0^{y+2})/(y+2)}{(1 - p_0^{y+1})/(y+1)}
$$

Noch glaubwürdiger. In unserem Beispiel mit der Ariane 4 ist $n = y = 66$, damit ergibt sich

$$
\breve{p} = \frac{(1 - p_0^{68})/68}{(1 - p_0^{67})/67}
$$

also: $\breve{p}$ ist eine Funktion von p_0. Um den Einfluss von p_0 zu studieren, berechnen wir die nachstehende Tabelle, die Werte sind auf die 4. Stelle gerundet.

p_0	0	0.5	0.6	0.7	0.8	0.9	0.925	0.95
$\check{p}$	0.9853	0.9853	0.9853	0.9853	0.9853	0.9854	0.9857	0.9869

Die Tabelle spricht sicher nicht gegen die Anwendung Bayesscher Prinzipien auf das vorliegende Raketenproblem. Sind doch die angegebenen Wahrscheinlichkeiten realitätsnäher als die Antwort 1 des „angesehen" ML-Schätzers.

8.5.4 Anwendbarkeit des Bayesschen Ansatzes

Im Kontext eines Modells, das auf einem Bernoulli-Prozess aufbaut, brachte der Bayessche Ansatz theoretisch und praktisch recht nützliche Ergebnisse – wenigstens blamiert man sich als Statistiker nicht mehr mit der Ansage: „p für Kopf ist 1", wenn man bei einem Test bei fünf Würfen fünf-mal „Kopf" erhalten hat.

Statistik ist aber auch in ganz anderen Situationen gefordert, die sich nicht auf dieses Modell abbilden lassen. Messfehler, Ankunftsraten sind nur zwei der vielen Größen, die oft erst aus Stichprobendaten ermittelt werden müssen. Andere Verteilungen drängen sich auf. Natürlich, die Normalverteilung ist nicht verschwunden, sondern immer noch präsent.

Den Bayesianern, wie man die PR-Statistiker des Bayesschen Ansatzes nennt, konnten ihn auch in diesen Situationen erfolgreich anwenden. An dieser Stelle müssen wir auf die Literatur verweisen. Ehrenwort, es lohnt sich auch bei anderen Problemlagen den Satz „schlag nach bei Shakespeare" entsprechend verändert[23] anzuwenden.

---

23 SHAKESPEARE ≡ BAYES

Zusammenfassung

In diesem Kapitel lassen sich eine Reihe von Themenschwerpunkten erkennen.

- Das einleitende Beispiel zur Motivation ist eine kleine Demonstration der Nützlichkeit von Wahrscheinlichkeit (Kapitel 5 „Casino-Statistik", → S. 155) und (Binomial)-Verteilung (Kapitel 4 „Auf zur Modellierung", → S. 91). Man kann es auch als solches sicher mit Gewinn lesen.

- Im Zentrum dieses Kapitels steht die Einführung von „a priori"- und „a posteriori"-Verteilung und der modifizierten Bayesschen Formel, die diese beiden Verteilungen mit den Stichprobendaten – in Gestalt der Likelihood – verbindet.

- Für die praktische Anwendung ist die Diskussion verschiedener „a priori"-Verteilungen von Bedeutung. Hier wurde die Beta-Verteilung als besonders geeignet herausgestellt.

- Mit der Beta-Verteilung lernten wir ein anderes Mitglied aus der großen Klasse der Verteilungsmodelle (Kapitel 4 „Auf zur Modellierung", → S. 91) kennen. Diese Verteilung half uns in diesem Kapitel kräftig bei der Lösung unserer Probleme bei der Modellierung von „a priori"- und „a posteriori"-Verteilung.

- Das Raketenbeispiel überzeugt den Leser sicher, dass Bayessche Statistik nicht nur für Spielereien mit dem Euro gut ist, sondern uns vernünftige Schätzer liefern kann.

Aufgaben

1. Diese Aufgabe greift den Stoff von Abschnitt 8.1.2 auf, → S. 256.

   Untersuche die Situation bei vier Experimenten. Betrachte insbesondere das Ereignis 3:1 für Kopf. Der Grenzwert (n ungerade) ist 0.25. Berechne insbesondere P(3:1) für die in dem Artikel beschriebenen Experimente, die jeweils ein unterschiedliches n haben.

2. Rechne diese Werte der Tabelle aus Abschnitt 8.1.3 mittels der R Funktion pbinom nach, → S. 259.

3. Diese Aufgabe bezieht sich auf Abschnitt 8.1.7, → S. 264.

   Der Leser überprüfe, dass der Mittelwert aller $p_i, i = 1, 4$ mit 0.5453 $\neq$ 0.5682 ist. Neben der Frage nach dem „Warum," erhebt sich dann auch die Frage „wen?" nehmen wir denn nun.

4. Stelle eine der im Abschnitt 8.3.4 gezeigten Tabelle entsprechende Tabelle für die anderen im Zeitungsartikel über den Euro erwähnten Experimente auf, → S. 273.

5. Diese Aufgabe greift das Arianenproblem von Abschnitt 8.5 wieder auf, → S. 277. Nach einer Verschiebung des Starts der Ariane 5 um einen Tag konnte sie erfolgreich am 12.2.2005 gestartet werde. Mit welchem p würden Sie für den Erfolg weiterer Starts argumentieren?

„wann falsche tugend wird,
wie blei im test, vergehen"
HALLER
die falschheit menschl. tugend

9 Testen

Dieses Kapitel stellt dem Leser die Logik statistischer Tests und deren Anwendung vor. Der erste Abschnitt führt am Beispiel zur Idee eines Tests, → Abschnitt 9.1. Den Aufbau eines Tests wird am Beispiel eines Binomialtests im folgenden Abschnitt vermittelt, → Abschnitt 9.2. Der dritte Abschnitt behandelt mit dem χ^2-Test einen vielseitigen Gesellen, → Abschnitt 9.3. Eine Sammlung von Tests inklusive Anwendungsbeispielen beendet das Kapitel, → Abschnitt 9.4.

9.1 Kochen und Testen

Jeder Koch nimmt immer eine Schmeckprobe, um sicher zu sein, dass dem Gast auch das serviert wird, was die Speisekarte verspricht. Die kleine Probe auf dem Schmecklöffel erlaubt eine Aussage über den Inhalt des großen Topfes.

Der Schmecklöffel des Statistikers ist die Stichprobe. Seinen Topf bezeichnet er als Grundgesamtheit. Sein Problem ist aber dasselbe wie beim Koch. Ist das drin, was behauptet wird? Ist die Verteilung gaussisch? Der Median gleich $\tilde{\mu}$?

9.1.1 Das Problem: Zwiebelstatistik

Beim Meisterkoch im Fernsehen sieht alles so sicher und elegant aus. Ohne Kochbuch zelebriert er die köstlichsten Gerichte. Unsereiner kommt meistens schon beim Lesen der Rezepte in ein langes Grübeln. Es sind die für den Novizen oft mehr als vagen Mengenangaben, die den Amateur stocken lassen. Ein Beispiel, als Ex-Bielefelder natürlich aus „Das beste Dr. Oetker Kochbuch" ausgewählt, möge es verklaren.

Rotkohl	1 große Zwiebel
Mangold	1 kleine Zwiebel
Pilze	2 mittelgroße Zwiebeln
Erbsenbrei	1 Zwiebel

Was ist eine kleine Zwiebel?? Wie es sich für einen Statistiker gehört, gehen wir dieser Frage experimentell zu Leibe. Wir werden dabei untersuchen, ob Frauen und Männer unterschiedliche Vorstellungen haben, was eine kleine Zwiebel ist.

Unser Vorgehen lässt sich als Sequenz

$$\text{Daten} \rightarrow \text{Sichtung} \rightarrow \text{Vermutung} \rightarrow \text{Test}$$

zusammenfassend beschreiben.

9.1.2 Datenbeschaffung

Da vermutlich Studenten eher an Kartoffeln als an Zwiebeln kommen, wurde in einer Veranstaltung den Studenten die Aufgabe gestellt, fünf kleine Kartoffeln mitzubringen. Diese wurden gewogen, die fünf Werte pro Student im Rechner gespeichert. So standen sie für Auswertungen aller Art zu Verfügung. Wir wollen weitere Betrachtungen anschließen.

9.1.3 Datensichtung und -reduktion

Schauen wir uns, TUKEYS Gebot „Look at your data" folgend, die Daten an. Zuerst als Printout.

171 >print(potato.m)

Hier haben wir den Ausdruck unterschlagen. Aktivierung der vorstehenden R-Anweisung bringt ihn wieder ans Licht. Doch sind die Werte in ihrer Vielfalt einem Plot besser zu entnehmen. Aktiviert der Leser die folgende Anweisung erhält er die Darstellung von Abbildung 9.1.

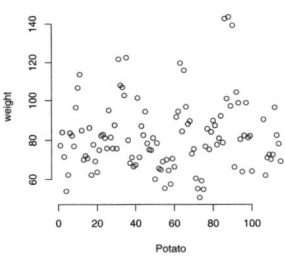

Abb. 9.1: Kartoffeldaten

172 >plot(potato.v,ylab="weight",xlab="Potato",bty="n")

Wenden wir uns jetzt der Frage zu, ob die Vorstellung einer „kleinen Zwiebel" vom Geschlecht beeinflusst wird.

Mit den Kartoffelgewichten wurde auch das Geschlecht des Studenten erhoben und mit 0 oder 1 codiert. Ehrlicherweise sei gesagt, dass nicht aufgezeichnet wurde, welche Gruppe die Frauengruppe ist. Das ist für den Gedankengang nicht schlimm. Setzen wir den Code 1 mit „Frau" gleich. Sortieren wir also die Daten nach dieser Zusatzinformation. Gleichzeitig zeigen wir für jeden Studenten einen simplen Box-and-Whisker-Plot und erhalten die linke Graphik von Abbildung 9.2.[24]

---

24 Die R-Anweisungen des folgenden Codechunks sind etwas länger. Darum haben wir sie in

3 ≺*simple.box.and.whisker.ordered* 267⟩

Als nächsten Schritt zeichnen wir für jeden Studenten den Mittelwert seiner Kartoffelgewichte. Mit diesen Mittelwerten werden wir im Folgenden operieren.

4 ≺*ordered.group.means* 268⟩

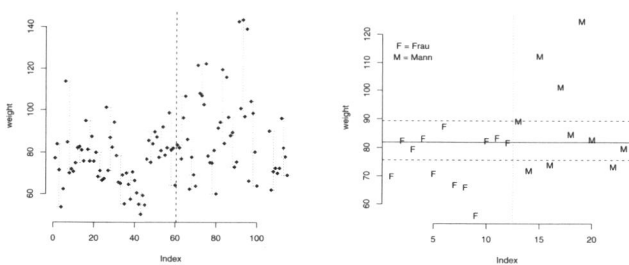

Abb. 9.2: Einfache Box-and-Whisker bzw. geordnete Studentenmittel

9.1.4 Vermutung

Die Graphik, Abbildung 9.2 rechts, weckt den Verdacht, dass Männer und Frauen unterschiedliche Vorstellungen haben, was „klein" im Kontext von Kartoffeln bedeutet. Eine andere Darstellung der Daten verstärkt den Verdacht. Dazu packen wir die Daten in einen „Boxplot".

5
```
>boxplot(mpo,mpo0,mpo1,
   names=c("Alle",
   "Gruppe M","Gruppe F"),
   pars=list(boxwex=.3))
```

Ein Unterschied zwischen den Gruppen tritt deutlich zu Tage. Ist er aber auch tatsächlich in der Grundgesamtheit der Studenten vorhanden? Können wir von einem **signifikanten** Unterschied sprechen?

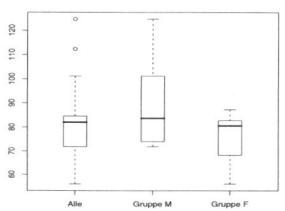

Abb. 9.3: Kartoffel-Boxplots

---

einem Modul, gekennzeichnet durch ⟨...⟩ verborgen.

9.1.5 Idee eines Tests

Als Test bezeichnen wir ein Verfahren, dass auf Grundlage von Daten über eine Vermutung entscheidet. Ehe wir uns mit der formalen Umsetzung dieser Definition befassen, wollen wir wesentliche Ideen eines Tests intuitiv entwickeln.

Betrachtung von Medianen. Erinnern wir uns an den im Kapitel 2 „Univariate, Exploratorische Analyse", → S. 25, eingeführten Median. Der Median $\tilde{\mu}_G$ teilt die Grundgesamtheit in zwei gleich große Teile. So cum grano salis gelingt es $\tilde{\mu}_G$ auch mit einer Stichprobe aus dieser Grundgesamtheit. Ganz genau schafft dies nur sein Pendant, der Stichprobenmedian. Darum verwenden wir ihn ja auch als Auskunftgeber – Schätzer – für den Wert des Medians in der Grundgesamtheit $\tilde{\mu}_G$. Dies können wir für unsere Fragestellung ausnutzen. Nehmen wir doch den Wert des Stichprobenmedians der einen Gruppe und untersuchen damit, wie viele Beobachtungen der anderen Gruppe kleiner bzw. größer sind.

Das Bild, vergleiche Abbildung 9.4, fasst die Situation für beide Gruppen zusammen.

176 ⤙simple.binomial.test 269⟩

Der Median der Gruppe M teilt die Gruppe F in elf kleinere und einen größeren Wert ein. Umgekehrt ergibt sich beim Median der Gruppe F eine Aufteilung von vier kleineren und sechs größeren Beobachtungen in Gruppe M.

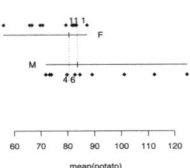

Abb. 9.4: Einfacher Binomialtest

Die folgenden Tabellen zeigen (spaltenweise) alle Aufteilungsmöglichkeiten durch einen Orientierungswert (Median). Die aufgetretene Kombination ist jeweils durch Fettdruck hervorgehoben.

Die möglichen Aufteilungen von Gruppe F:

$< \tilde{\mu}_M$	0	1	2	3	4	5	6	7	8	9	10	**11**	12
$> \tilde{\mu}_M$	12	11	10	9	8	7	6	5	4	3	2	**1**	0

Die möglichen Aufteilungen von Gruppe M:

$< \tilde{\mu}_F$	0	1	2	3	**4**	5	6	7	8	9	10
$> \tilde{\mu}_F$	10	9	8	7	**6**	5	4	3	2	1	0

Was lehrt uns das nun? Betrachten wir zuerst die Gruppe M. Ein 4 zu 6 bei der Aufteilung mit dem Median der Gruppe F ist doch nicht schlecht und spricht für Ausgeglichenheit – natürlich wäre ein 5 zu 5 noch besser und nicht zu toppen. Anders steht es bei dem Rollentausch. Der Median der Gruppe M erreicht bei Gruppe F ein schlappes 11 zu 1. Weit weg von der Aufteilung, die der gruppeneigene Stichprobenmedian erzielen würde. Nun steht die Frage im Raum, wie wahrscheinlich die verschiedenen Aufteilungen sind, wenn sich Männer und Frauen „nicht unterscheiden." Zugegeben, es könnte noch schlimmer kommen, wie die nachstehende Tabelle zeigt.

Binomialverteilung aktivieren. Bezogen auf den wahren Median $\tilde{\mu}$ stellt die einzelne Stichprobenvariable ein Bernoulli-Experiment mit $p = P(X_i > \tilde{\mu}) = 0.5$ dar. Insgesamt wird also die Lage von der Binomialverteilung beschrieben. In der folgenden Tabelle sind die Wahrscheinlichkeiten p_x angefügt, bei zwölf Versuchen x-mal das Ergebnis kleiner gleich $\tilde{\mu}$ zu bekommen:

$$p_x = P(\text{Anzahl Werte kleiner gleich Median} = x)$$

7 `>dbinom(0:12,12,0.5)`

x	0	1	2	3	4	5	6
$12 - x$	12	11	10	9	8	7	6
p_x	0.0002	0.0029	0.0161	0.0537	0.1208	0.1934	0.2256
x	7	8	9	10	**11**	**12**	
$12 - x$	5	4	3	2	**1**	**0**	
p_x	0.1934	0.1208	0.0537	0.01611	**0.0029**	**0.0002**	

Damit ergibt sich für die markierten Ereignisse (Fettdruck) eine Wahrscheinlichkeit von 0.0031, also sehr unwahrscheinlich. Natürlich würden uns auch die Kombinationen $(0, 12)$ und $(1, 11)$ an der Annahme zweifeln lassen. Die Untersuchung der Gruppe F mit dem Median der Gruppe M spricht also gegen die Annahme, dass beide Gruppen aus derselben Grundgesamtheit stammen.

Konfidenzintervall interpretieren. Bei der Einführung von Intervallschätzern (Kapitel 7 „Konfidenzintervalle", → S. 240) hatten wir unter anderem auch für den Median das Konfidenzintervall

$$P(X_{(k)} \leq \tilde{\mu} \leq X_{(n-k+1)}) = 1 - \sum_{i-1}^{k-1} \binom{n}{i} \left(\frac{1}{2}\right)^{n-1}$$

gefunden. Dieses wollen wir jetzt auf unser Problem anwenden und überprüfen, ob ein aus den Daten von Gruppe M gewonnenes Konfidenzintervall den Wert des Medians von Gruppe F überdeckt oder nicht. Die gleiche Untersuchung nehmen wir dann mit vertauschten Rollen vor.

In den beiden nachstehenden Graphiken sind die Resultate zusammengefasst. Links Median von Gruppe F gegen Konfidenzintervalle (für $k = 1, \ldots, 5$) aus Gruppe M, rechts Median von Gruppe M gegen Intervalle aus Gruppe F.

178   ⟨⟨*simple.confidence.test* 270⟩

Auch hier finden wir wieder den Effekt: Es kommt auf die Blickrichtung an. Für $k = 3$ liegt in der linken Graphik von Abbildung 9.5 die vertikale Hilfslinie im skizzierten Intervall in der rechten knapp daneben.

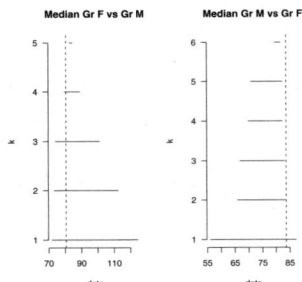

Abb. 9.5: Einfacher Konfidenztest

Verteilungsfunktionen und ihre Differenzen.   Unterscheiden sich die empirischen Verteilungsfunktionen? Schauen wir einmal auf die empirischen Verteilungsfunktionen der Gruppen. Dazu tragen wir beide Verteilungen in einer Graphik auf.

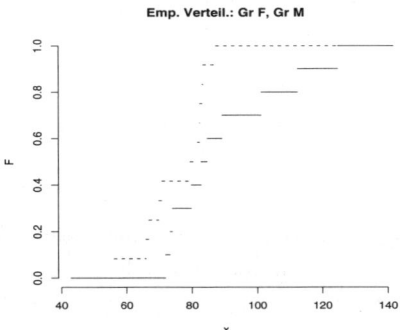

Abb. 9.6: Empirische Verteilungsfunktionen

Sind die beiden in Abbildung 9.6 gezeigten Funktionen eng beisammen oder ist der Abstand entlarvend groß? Werden mehr Informationen benötigt? Wie verhalten sich die Verteilungen der Gruppen zur empirischen Verteilung aus allen Daten? Wer dies einmal sehen möchte, aktiviere den

nächsten Codechunk

"9 ⟨*jeder.mit.jedem* 272⟩

Wir wollen unser Urteil auf die größten auftretenden Differenz zwischen den beiden empirischen Verteilungen stützen. Wenn die beiden empirischen Verteilungen auf der gleichen Grundgesamtheit basieren, dann sollte dieser Abstand nicht zu groß – muss noch quantifiziert werden – sein. Der Abstand kann also als Indikator zur Beurteilung der Vermutung verwendet werden. Beides zusammen: Der „Abstand" und die Definition von „nicht zu groß" bilden das, was wir später als Entscheidungsregel für unsere **Hypothese** bezeichnen werden.

Mit R können wir die maximale Differenz bequem ausrechnen.

0
```
>smirkol(mpo0,mpo1)
```

Der Test, der auf der gerade beschriebenen Idee basiert, geht auf die Herren SMIRNOV und KOLMOGOROV zurück und heißt: **Kolmogorov-Smirnov-Test**. Die R-Funktion `ks.test()` setzt ihn um, sodass wir nicht mühsam die maximale Verteilungsfunktionsdifferenz ermitteln und auswerten müssen, → S. 304.

1
```
>ks.test(mpo0,mpo1)
```

9.2 Der Aufbau eines Tests

Nach den eher intuitiven und kreativen Näherungen an die Beantwortung der Frage: „Wie testet man eine Vermutung?" wollen wir jetzt – wie versprochen – das Feld etwas formaler abstecken und beschreiben. Beginnen wir mit einer Definition.

> **Definition 9.1: Statistischer Test**
>
> Ein statistischer Test ist eine Entscheidungsregel, mit der auf Grundlage einer Stichprobe über eine Hypothese H_0 gegenüber einer Alternativhypothese H_1 entschieden wird.

9.2.1 Hypothesen

Vermutungen wollen wir in operationable Hypothesen gießen und unter einer Hypothese eine zu testende Vermutung verstehen. So fragen wir im Abschnitt 9.3.1, → S. 297: „Wird beim Lotto fair gezogen?" Daraus formen wir die Hypothese „Die Ziffern treten mit gleicher Wahrscheinlichkeit $1/49$ auf." Diese Hypothese wird mit H_0 bezeichnet. Der Statistiker fasst die alternative Vermutung in der Gegenhypothese H_1 zusammen. Oft beschreibt er sie ganz genau, z.B. $\tilde{\mu} \neq \tilde{\mu}_0$, manchmal bleibt er, wie beim χ^2-Test vage.

In der Literatur findet man auch das Pärchen H, G als Bezeichnung für die Hypothese und die Gegenhypothese. Hypothesen können einfach (z.B. $H_0 : \mu = 1$) und zusammengesetzt (z.B. $H_0 : -2 \leq \mu \leq 2$) sein. Interessiert uns nur für einen Parameter das Unter- oder Überschreiten einer Grenze in einer Richtung (z.B. $H_0 : \mu \leq 0$ gegenüber $H_1 : \mu > 0$), so ist der Bereich der Gegenhypothese zusammenhängend und wir sprechen von einem einseitigen Test. Tests, deren Gegenhypothese in zwei Richtungen zielen (z.B. $H_0 : \mu = 0$ gegenüber $H_1 : \mu \neq 0$), heißen zweiseitige Tests. Bei diesen ist der Bereich der Gegenhypothese in zwei Teilbereiche zerlegt.

9.2.2 Entscheidungen und Fehler

Unsere Probleme ergeben sich nun daraus, dass wir nicht wissen, wie die Realität eingerichtet ist. Ist H_0 zutreffend oder H_1? Wir müssen uns auf die Gültigkeit einer der Hypothesen festlegen. Kneifen ist nicht möglich. Unterstützung soll uns der statistische Test geben. Deshalb stehen wir folgender Situation oder „Entscheidungsmatrix" gegenüber, in der „Entscheidung" mit E und die „Realität" mit R abgekürzt wird.

E \ R	H_0	H_1
H_0	Entscheidung für H_0, es gilt H_0	Entscheidung für H_0, es gilt H_1
H_1	Entscheidung für H_1, es gilt H_0	Entscheidung für H_1, es gilt H_1

Tab. 9.1: Entscheidungsmatrix

Wie sind die möglichen Entscheidungen zu bewerten? Die nachstehende Matrix zeigt uns die möglichen Fehler auf:

E \ R	H_0	H_1
H_0	richtig	Fehler 2. Art
H_1	Fehler 1. Art	richtig

E \ R	H_0	H_1
H_0	α	$1 - \beta$
H_1	$1 - \alpha$	β

Tab. 9.2: Fehlermatrix   **Tab. 9.3:** Fehlerwahrscheinlichkeiten

Wenn man schon Fehler nicht vermeiden kann, möchte man sie doch wenigstens recht selten begehen. Um diesen Wunsch zu realisieren, benennen wir als erstes die Wahrscheinlichkeit der beiden möglichen Fehlentscheidungen mit α und β.

Jetzt können wir eine Forderung an einen Test formulieren. Er sollte die Fehlerwahrscheinlichkeiten α und β minimieren. Bei der Auswahl zwischen verschiedenen Tests werden wir immer auf diese Wahrscheinlichkeiten schauen. Den mit den kleinsten Fehlerwahrscheinlichkeiten werden wir auswählen. Dieses lässt sich leicht sagen, leider zeigt die Theorie, dass die Umsetzung nicht so einfach ist.

9.2.3 Teststatistik

Eine Stichprobe liefert uns Informationen über den Zustand der Realität. Gilt dort H_0 oder H_1? Mit einer sogenannten **Teststatistik** oder **Prüfgröße** versuchen wir die Information zielgerichtet für die Hypothesen zu kondensieren. Eine Teststatistik ist eine Stichprobenfunktion, mit deren Hilfe wir über unsere Hypothesen entscheiden wollen. Falls die beobachtete Realisation der Teststatistik mehr für H_1 spricht, halten wir die Hypothese H_0 nicht für zutreffend, und wir werden H_0 ablehnen. Genaueres regelt die Entscheidungsregel. Im Küchenbeispiel hielten wir die „Anzahl der Werte", die kleiner als der behauptete Median $\tilde{\mu}$ sind, für eine geeignete Teststatistik T. Formal betrachtet ist das gerade die Summe über die Zählvariablen Z_ν.

$$T = \sum_{\nu=1}^{n} Z_\nu \quad \text{mit} \quad Z_\nu = \begin{cases} 1 & X_\nu > \tilde{\mu} \\ 0 & X_\nu < \tilde{\mu} \end{cases}$$

Eine Stichprobenfunktion T hat als Zufallsvariable eine Verteilung. Im eben noch einmal betrachteten Beispiel ist die Summe binomialverteilt. Stimmt $\tilde{\mu}$ mit dem Median der Grundgesamtheit überein, dies behauptet ja gerade die Hypothese H_0, dann gilt für den Parameter der Binomialverteilung gerade: $p = 0.5$.

Mit einer zusammengesetzten Hypothese ist eine Menge von Verteilungen festgelegt. Wenn im Folgenden von der Verteilung unter H_0 geredet wird, meinen wir alle Mitglieder der Menge.

9.2.4 Entscheidungsregel

Nehmen wir an, es gelte in der Realität die Hypothese H_0. Dann besitzt die ausgesuchte Teststatistik T die Verteilung $F(\bullet|H_0)$. Liegt nun eine Stichprobe vor, dann fällen wir auf Grund des Wertes der Teststatistik die Entscheidung, H_0 beizubehalten oder diese Hypothese abzulehnen. Zwei Vorgehensweisen sind üblich.

Orientierung der Entscheidung am Kritischen Wert. Wir zerteilen den Bereich der Realisationen der Teststatistik in einen, der zur Ablehnung führt und einen Annahmebereich. Fällt die Prüfgröße in den Annahmebereich, sind die Indizien nicht stark genug, um H_0 abzulehnen, und wir verwerfen H_0 nicht. Ein **kritischer Wert** markiert für einen einseitigen Test den Beginn des Ablehnbereiches. Durch geeignete Wahl der kritischen Wertes kann man erreichen, dass die Wahrscheinlichkeit, in den kritischen Bereich zu fallen, bei Gültigkeit von H_0 kleiner gleich α ist. Bei zweiseitigen Tests werden die kritischen Gebiete entsprechend durch zwei kritische Werte abgegrenzt. Setzen wir also beispielsweise $\alpha = 0.05$ und nehmen einmal an, dass H_0 wahr ist, dann wird die Teststatistik sich nur mit einer Wahrscheinlichkeit von 5% im kritischen Gebiet realisieren. Also nur in einem von 20 Testdurchführungen fällen wir dann ein Fehlentscheidung und lehnen H_0 ab. Auf diese Weise können wir den Fehler 1. Art kontrollieren.

Typische kritische Bereiche für die Teststatistik $T = T(X_1, \ldots, X_n)$ sind:

- zweiseitiger Test: $T \leq k_{\alpha/2} \cup k_{1-\alpha/2} \leq T$
- einseitiger Test: $T \leq k_\alpha$
- einseitiger Test: $k_{1-\alpha} \leq T$

Die Entscheidungsregel lautet nun:

> **Definition 9.2: Entscheidungsregel – Version I**
>
> Fällt die Realisation der Teststatistik in den kritischen Bereich, dann lehne H_0 ab.

p-Wert (p-value). Die kritischen Werte ermittelt man zu vorgegebener Wahrscheinlichkeit α des Fehlers 1. Art. Man sieht zwar, wie weit der ermittelte Wert der Teststatistik von dem kritischen Wert entfernt ist, hat aber keine Gewichtung dieser Abweichung gemessen in Wahrscheinlichkeit.

Alternativ können wir statt dessen die Wahrscheinlichkeit, ein solches oder ein extremeres Ergebnis unter H_0 zu bekommen, berechnen, also den sogenannten **p-Wert** ermitteln. Ist das Ergebnis unter H_0 genügend unwahrscheinlich, also der p-Wert kleiner als ein vorgegebenes α, dann werden wir H_0 ablehnen und können zusätzlich den p-Wert mitteilten. Hierdurch wird deutlich, ob die Entscheidung knapp oder aber sehr klar ausgefallen ist. Auch können wir p-Werte im Rahmen exploratorischer Analysen, quasi als beschreibende Größen berechnen. Für den klassischen Test lautet die Entscheidungsregel zusammenfassend:

> **Definition 9.3: Entscheidungsregel – Version II**
>
> Ist der p-Wert kleiner als das vorgegebene α, lehne H_0 ab.

9.2.5 Allgemeiner Fahrplan eines Tests mit Demonstration

Mit den Entscheidungsregeln können wir nun losziehen und statistische Tests durchführen. Für den Alltag empfiehlt sich die Orientierung an folgenden Fahrplan:

1. Formulierung von H_0 und H_1

2. Festlegung der Teststatistik

3. Bestimmung der Verteilung der Teststatistik unter H_0

4. Aufstellung der Entscheidungsregel durch Festlegung des kritischen Gebietes, des / der kritischen Wertes / Werte bzw. Angabe von α

5. Erhebung der Daten und Entscheidung

6. Antwort

Binomialtest als Demonstration. Ein Binomialtest ist ein Test, bei dem die Teststatistik binomialverteilt ist. Mit diesem führen wir jetzt eine Umsetzung des Fahrplans für die Medianfrage vor. Als Problem stellen wir die Frage: Könnte es sein, dass in der Grundgesamtheit der Frauen ein Median $\tilde{\mu}$ von unter 83.65 herrscht?

1. **Hypothesen:** $H_0 : \tilde{\mu} = 83.65, H_1 : \tilde{\mu} < 83.65$
   Nach dieser Gegenhypothese ist die Wahrscheinlichkeit „kleiner" als 0.5, einen größeren Wert als 83.65 zu bekommen.

2. **Teststatistik:** $T :=$ Anzahl Werte größer 83.65, kleine Realisationen von T sprechen also gegen H_0.

3. **Verteilung der Teststatistik unter H_0:** Es gilt:

$$T \big|_{H_0} \sim \texttt{binom}(n, p = 0.5)$$

4. **Entscheidungsregel:** Wir setzen $\alpha = 5\%$ fest. Da kleine T-Werte gegen H_0 sprechen, ist das kritische Gebiet von der Form $\{0, \dots, k_\alpha\}$. Wir wählen aber den Vergleich mit dem p-Wert und stellen die Regel auf: p-Wert < 0.05, lehne H_0 ab.

5. **Berechnung der Teststatistik und Entscheidung:** Es ist ein Wert größer als 83.65 in der Stichprobe der Frauen beobachtet worden. Die Wahrscheinlichkeit dieser oder einer extremeren Beobachtung (0 Werte > 83.65) unter H_0 berechnen wir durch:

182   `>pbinom(1,12,0.5)`

Als Ergebnis bekommen wir 0.003173828 ausgegeben. Dieser p-Wert beträgt also 0.3% und ist sehr viel kleiner als das vorgegebene α. H_0 muss abgelehnt werden.

6. **Antwort:** Aufgrund des Tests werden wir die Aussage, dass in der Grundgesamtheit der Frauen ein Median $\tilde{\mu}$ von unter 83.65 herrscht, bei einer Fehlerwahrscheinlichkeit von $\alpha = 0.05$ ablehnen.

9.2.6 Binomialtest mit R

R bietet mit der Funktion `binom.test()` einen Binomialtest direkt an. Für das vorgestellte Beispiel lautet der Aufruf

183

```
>binom.test(1,n=12,p=0.5,alternative='less')
```
und liefert das Ergebnis

```
     Exact binomial test
data:  1 and 12
number of successes = 1, number of trials = 12, p-value = 0.003174
alternative hypothesis: true probability of success is less than 0.5
95 percent confidence interval:
 0.0000000 0.3386807
sample estimates:
probability of success
            0.08333333
```

Diesem Output kann der schon von uns berechnete p-Wert entnommen werden. Da sich die Formulierungen auf den Parameter p beziehen, muss bei ihrer Interpretation eine Rückübersetzung für den Median passieren. Unter H_0 ist $\tilde{\mu} = 83.65$ und damit $P(\text{Wert größer } 83.65|H_0) = 0.5$. Demgegenüber ist unter $H_1 : \tilde{\mu} < 83.65$ und dann gilt: $P(\text{Wert größer } 83.65|H_1) < 0.5$. Deshalb muss im Aufruf die Alternativhypothese mit `alternative='less'` beschrieben werden. Wir sehen, der Rechner nimmt uns das Rechnen ab, nicht aber die Erstellung geeigneter Aufträge und auch nicht die Interpretation der Ergebnisse. Die Situation des Binomialtests können wir noch einmal an einer Demonstration studieren.

Interaktive Darstellung des Binomialtests. Das nachstehende Experiment lässt ein interaktives Studium des Einflusses von α, n, p auf den kritischen Bereich bei einem Binomialtest in einseitiger oder zweiseitiger Form zu.

184

```
>exp.binomialtest()
```

Probieren Sie es selbst! Zu dem vorgeführten Mediantest lässt sich mit dem Funktionsaufruf beispielsweise die Graphik der Abbildung 9.7 erzeugen.

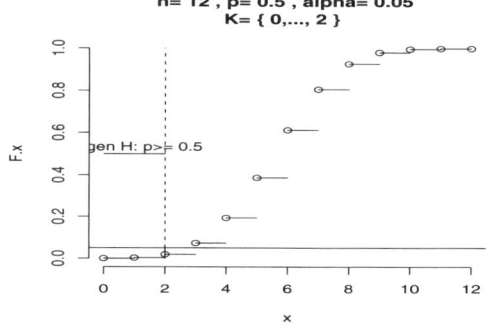

Abb. 9.7: Kritische Bereiche des Binomialtests

9.2.7 Die Gütefunktion eines Tests

Bei der Konstruktion eines Tests sind wir von H_0 ausgehend, über die Festlegung akzeptabler Wahrscheinlichkeiten α für das Begehen eines Fehlers 1. Art zu den kritischen Werten gelangt. Den Fehler 2. Art haben wir in dem ganzen Prozess nicht betrachtet. Das soll jetzt erfolgen. Dazu führen wir die Power (Güte) eines Tests ein, an der wir die Qualität eines Tests ablesen können.

Letztendlich ist der Test durch die Beschreibung des sogenannten kritischen Bereiches festgelegt. Wenn wir einen Wert der Teststatistik in diesem Bereich erhalten, lehnen wir die Hypothese H_0 ab. Anderenfalls arbeiten wir weiter mit der Hypothese H_0.

Was lässt sich für den Nichtablehnungsfall sagen, wenn in Wirklichkeit die Hypothese H_1 zutrifft? Dann hat die Teststatistik eine Verteilung $F(\bullet|H_1)$.

Betrachten wir als Beispiel die Hypothesen H_0: $p \leq p_0$ und H_1: $p > p_0$. Stellen wir uns in Abhängigkeit des wahren Parameters die Wahrscheinlichkeit für eine Ablehnung von H_0 dar, so hoffen wir, dass sich für den Test ein Verlauf von $g(p) = P(H_0 \text{ ablehnen})$ nahe dem optimalen – wie er in der Abbildung 9.8 zu sehen ist – ergibt, → S. 296. Für die Hypothesen $H_0 : p = p_0$ versus $H_1 : p \neq 0$ ist der optimale Verlauf von $(p) = P(H_0 \text{ ablehnen})$ identisch mit der Linie $y = 1$ bis auf die Stelle p_0, an der der Funktionwert 0 sein müsste.

In der Realität können solche Idealverläufe natürlich nicht erzielt werden. Dort treffen wir beispielsweise für Testfragen der Form $H_0 : p = p_0$ versus $H_1 : p \neq 0$ Kurven wie in der Abbildung 9.9 an.

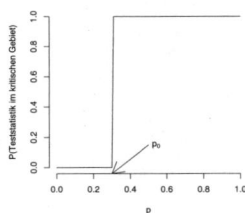 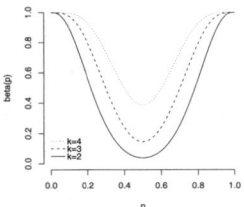

Abb. 9.8: Wunschverlauf der Güte   **Abb. 9.9:** Power des Binomialtests

Für das Küchenbeispiel haben wir eine binomialverteilte Teststatistik $T = \sum Z_i$ ins Auge gefasst. Durch die Zweiseitigkeit des Tests folgt für T ein zweigeteiltes kritisches Gebiet: $\{0, \ldots, k\} \cup \{n - k, \ldots, n\}$. Für vorgegebenes p ist die Wahrscheinlichkeit, ins kritische Gebiet zu fallen, gegeben durch:

$$g(p) = \sum_{i=0}^{k} \binom{n}{i} p^i (1-p)^{n-i} + \sum_{i=n-k}^{n} \binom{n}{i} p^i (1-p)^{n-i}$$

Die Funktionen $g(p)$ haben wir in der Abbildung 9.9 für $k = 2, 3, 4$ dargestellt. Jetzt fehlt für $g(p)$ nur noch ein Name. Da wir mit Hilfe dieser Funktion beurteilen können, wie nahe der Verlauf dem Idealverlauf kommt und da wir verschiedene Tests anhand ihrer Funktionen $g(\cdot)$ vergleichen können, nennen wir $g(\cdot)$ **Gütefunktion** oder **Powerfunktion** des Tests. Die Powerfunktion sollte also im Ablehnbereich nahe 1 und im Annahmebereich nahe 0 verlaufen. Ihr größter Wert im Annahmebereich zeigt uns den größten Fehler 1. Art α an, also die größte Wahrscheinlichkeit, H_0 irrtümlich zu verwerfen. Dagegen ist das Maximum von $1 - g(\cdot)$ gerade gleich dem größten Fehler 2. Art.

Schon aus dem Beispiel erkennen wir, dass wir nicht beide Fehlerwahrscheinlichkeiten gleichzeitig niedrig halten können. Deshalb kommt es auch zu der asymmetrischen Konstruktion eines Tests: Oft schreiben wir das zu „Beweisende" als Gegenhypothese auf und können dann im Falle einer Verwerfung von H_0 mit einer Sicherheit von $(1 - \alpha)$ behaupten, eine richtige Entscheidung getroffen zu haben. Reicht es nicht zur Ablehnen von H_0, kann die Wahrscheinlichkeit, dass H_1 richtig ist, dennoch sehr groß sein.

Das folgende Experiment vermittelt interaktiv ein besseres Gefühl für das Konzept Güte (Power) eines Tests im Kontext eines Tests auf μ bei Normalverteilungen.

185   ```
>exp.nv.guete()
```
```

9.3 Der χ^2-Test: Ein vielseitiger Geselle

In diesem Abschnitt werden wir erleben, wie aus einer einfachen Idee ein vielseitig verwendbarer Test entsteht. Dabei werden wir gleichzeitig die eben gewonnenen Bezeichnungen und Konstrukte in Praxis verwenden.

9.3.1 Ist Lotto fair – passt die Gleichverteilung?

Im Kapitel 2 „Univariate, Exploratorische Analyse", →S. 25, dient das beliebte Lotto in einer statistischen Fallstudie als Demonstrationsobjekt für statistisches Arbeiten. Eine der untersuchten Fragen haben wir mit der Überschrift wieder aufgegriffen und werden sie nun im Kontext des Testens noch einmal behandeln. Die Ausgangssituation kennzeichnen wir durch die Hypothese H_0: „Die Ziehung ist fair." Die Alternativhypothese H_1 lautet: „Die Ziehung ist unfair."

Das Datenmaterial. Die Daten des Datensatzes lotto zeigen wir noch einmal in Form einer Häufigkeitstabelle. Sie bildet den Ausgangspunkt unserer weiteren Überlegungen. Die nachstehenden Anweisungen erstellen uns die Tabelle, und wir erhalten das abgedruckte Ergebnis.

6   ≺zeige.lotto,tabelle 265⟩

```
  1    2    3    4    5    6    7    8    9   10
307  322  321  300  305  322  305  285  314  299
 11   12   13   14   15   16   17   18   19   20
309  302  250  292  300  294  311  315  311  298
 21   22   23   24   25   26   27   28   29   30
322  307  290  297  316  322  319  278  303  295
 31   32   33   34   35   36   37   38   39   40
316  359  320  279  310  321  311  345  315  308
 41   42   43   44   45   46   47   48   49
310  320  311  308  277  304  299  326  346
```

Operationalisieren der Hypothese. Wenn alles ganz, ganz super fair vorginge, dann sollten die Besetzungszahlen der 49 Klassen (cum grano salis) alle gleich sein. Damit lautet dann H_0: „Es liegt eine Gleichverteilung vor". Für H_1 lassen wir es bei der wenig präzisen Aussage: „Es liegt keine Gleichverteilung vor". Bei insgesamt n gezogenen Kugeln bedeutet dies, $n/49$-mal ist jede Kugel aufgetreten. Da $n/49$ nicht in jedem Fall eine ganze Zahl ist, gilt dies nur theoretisch. Die Differenz zwischen beobachteten und theoretischen Besetzungszahlen verkörpert eine wichtige Information zur Beantwortung der Frage: fair oder nicht.

Formulierung der Teststatistik des χ^2-Test. Nun überlegt man sich schnell, dass die Summe aller Differenzen gleich Null ist. Das nächste einfache Konstrukt ist das Quadrat der Differenzen. Für den χ^2-Test beziehen wir die quadrierten Differenzen jeweils auf die theoretischen Besetzungszahlen und addieren die Terme auf. Mit der in Tabelle 9.4 niedergeschriebenen Bezeichnungen

Symbol	Bedeutung
n	Stichprobenumfang
k	Anzahl der Klassen (mögliche Ausprägungen)
n_j	beobachtete Anzahl in Klasse j
$\tilde{n}_j$	beobachtete Anzahl in Klasse j

Tab. 9.4: Notation zum χ^2-Test

können wir die vorgetragene Idee in die Teststatistik X^2 gießen

$$X^2 = \sum_{j=1}^{k} \frac{(n_j - \tilde{n}_j)^2}{\tilde{n}_j}$$

Wir merken uns schon mal: Große Realisationen der Teststatistik sprechen gegen H_0.

Verteilung von X^2 unter H_0. Die Verteilung der Teststatistik lässt sich nicht direkt angeben. Es gibt aber eine Approximation, die in der Regel gute Dienste leistet. Man kann zeigen, dass X^2 unter H_0 approximativ χ^2 verteilt ist. Die χ^2-Verteilung besitzt die Verteilungsfunktion:

$$F(x; \nu) = \int_0^x \frac{u^{\frac{\nu-2}{2}} e^{-\frac{u}{2}}}{2^{\frac{\nu}{2}} \Gamma(\frac{\nu}{2})} du$$

Diese wollen wir uns nicht einprägen und lieber einen Blick auf ein Passbild der Verteilung mit $\nu = 10$ werfen, vergleiche Abbildung 9.10. Weitere Vertreter kann man durch Aktivierung des nachstehenden Codechunks herbeizitieren.

187   `>plot.chi()`

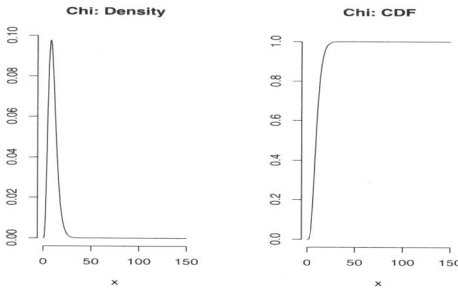

Abb. 9.10: χ^2-Verteilung für $\nu = 10$

Der Parameter ν steht für die sogenannten Freiheitsgrade. Im Lottobeispiel gilt $\nu = 49 - 1 = 48$, also die Zahl der möglichen Klassen – hier gerade die Anzahl der Ausprägungen – minus eins. In R ist die χ^2-Verteilung implementiert. Einzelheiten liefert die Anfrage `help(pchisq)`. Die Approximation ist brauchbar, wenn alle theoretischen Besetzungszahlen größer als fünf sind[25]. Im Lottobeispiel ist diese Bedingung erfüllt.

Entscheidungsregel. Ist der p-Wert $< 5\%$, soll H_0 abgelehnt werden.

Durchführung mit R und Antwort. In R finden wir die Funktion `chisq.test`, die einen χ^2-Test durchführt. Probieren geht über Studieren, also flink den Codechunk aktivieren.

```
>chisq.test(lottab)
```

Wir erhalten:

```
    Chi-squared test for given probabilities
data:  lottab
X-squared = 51.0374, df = 48, p-value = 0.3552
```

Ergo können wir beruhigt antworten: Aufgrund der bisherigen Ziehungen führt der χ^2-Test nicht zu einer Ablehnung von H_0 (0.3552 $\gg$ 5%), wir werden also weiter daran glauben, dass die Ziehung der Lottozahlen fair ist.

Ist Lotto fair – der χ^2-Test reloaded. Wir wollen jetzt die Situationen bei den Ziehungen Kugelzug für Kugelzug untersuchen. Ausgangspunkt sind jetzt die sechs Häufigkeitstabellen, je eine pro Zug, die zur Abbildung 2.34

---

25 In der Literatur findet man noch andere Regeln, wir sind mit der einfachen zufrieden.

aus Kapitel 2 „Univariate, Exploratorische Analyse", → S. 67, gehören. Der nachstehende Codechunk rekonstruiert die Häufigkeitstabellen.

189   `>print(kugtab)`

Wenden wir das erarbeitete Prozedere auf diese Daten an. Der folgende Codechunk liefert uns das Ergebnis, das mit Hilfe der Funktion `chisq.test()` berechnet worden ist.

190   ⟨*test.for.all* 264⟩

Diese Anweisungen erarbeiten das Ergebnis

```
       X-squared      p-value df
kug1   33.36328   0.94632017 48
kug2   63.27742   0.06870364 48
kug3   54.04610   0.25451657 48
kug4   56.57790   0.18530806 48
kug5   54.70827   0.23499727 48
kug6   46.84022   0.52037335 48
```

Die Interpretation dieses Ergebnisses wird dem Leser als Aufgabe gestellt, → S. 314.

9.3.2 Der χ^2-Anpassungstest

Die Situation im Lotto Beispiel können wir verallgemeinernd beschreiben als: Prüfe, ob eine empirische Verteilung (die beobachteten Besetzungszahlen) durch eine theoretische Verteilung (Gleichverteilung über 1,2,...,48,49) angepasst werden kann. Auf diese Weise können wir für diskrete beliebige Verteilungen sogenannte Anpassungstests vornehmen.

Der χ^2-Test hilft aber auch bei der Überprüfung der Anpassung, wenn stetige Verteilungen die Situation zutreffend beschreiben. Wir führen dazu den Fall ins diskrete zurück. Die empirische Verteilung diskretisieren wir durch eine Klasseneinteilung. Zum Beispiel lassen sich hierfür die Klassen eines Histogramms verwenden. Den beobachteten Klassenbesetzungen werden dann die theoretischen gegenübergestellt. Sind die Klassengrenzen mit x_i^* bezeichnet, dann wird der j-ten Klasse die Besetzungszahl $\tilde{n}_j = n(F(x_j^*) - F(x_{j-1}^*))$ zugeordnet.

Beispiel Wartezeit.   Im Kapitel 4 „Auf zur Modellierung", → S. 146, hatten wir aus den Daten über Unglücke in Kohlegruben die Zeit zwischen zwei Unglücken ermittelt. Aus dem Vergleich von Histogramm und Graph der Dichte, hatten wir gefolgert, dass eine Exponentialverteilung – den Parameter hatten wir zu $\lambda = 191/111$ berechnet – recht gut die Verteilung beschreibt.

Wie beurteilt man mit einem χ^2-Test die Situation? Als Hypothese H_0 formulieren wir jetzt: „Die Stichprobe stammt aus einer Exponentialverteilung mit $\lambda = 191/111$". Die Gegenhypothese H_1 besagt „H_0 gilt nicht", was sonst, bleibt vage. Für die Klasseneinteilung wählen wir die Grenzen so, dass bei Gültigkeit von H_0 in jeder Klasse zehn Stichprobenelemente zu erwarten sind. Dies und der Aufruf des χ^2-Tests in R ist im nächsten Codechunk umgesetzt.

```
>data<-diff(coal[,1])
 n.breaks<-floor(length(data)/10)
 breaks<-qexp((0:n.breaks)/n.breaks,191/111)
 breaks[length(breaks)]<-1+max(data)
 counts<-hist(data,breaks=breaks,plot=F)$counts
 chisq.test(counts)
```

Als Ergebnis erhalten wir:

```
    Chi-squared test for given probabilities
data:  counts
X-squared = 26.2, df = 18, p-value = 0.09527
```

Da der p-Wert größer als 0.05 ist, können wir sagen, dass die Exponentialverteilung mit $\lambda = 119/111$ den Datensatz recht gut beschreibt.

Aktivieren wir die Anweisungen

$\prec\!test.wartezeit\ 263\succ$

so erhalten wir bei den Klasseneinteilungen wie in Abbildung 4.30 aus Kapitel 4 „Auf zur Modellierung", →S. 146.

```
    Chi-squared test for given probabilities
data:  c(co, 0)
X-squared = 1266.942, df = 33, p-value < 2.2e-16
last.warning(s):
Chi-squared approximation may be incorrect in:
chisq.test(c(co, 0), p = pth)
```

Der kleine p-value spricht gegen die Hypothese H_0. Daran ändert sich auch nichts, wenn wir die „richtigen" Freiheitsgrade einsetzen. Da wir den Parameter λ aus den empirischen Werten berechnet haben, reduziert sich die Zahl der Freiheitsgrade um 1. Die allgemeine Formel lautet: $\nu = k - 1 - m$. Hierbei ist k die Anzahl der Klassen (mögliche Ausprägungen) und m die Anzahl der geschätzten Parameter.

Der Grund für die Diskrepanz der beiden Testaufrufe liegt darin, dass wir im zweiten Aufruf viele Klassen verarbeiten, in denen wir gar keine Beobachtungen vorliegen hatten. In solchen Situationen „versagt" der χ^2-Test. Als Faustregel sei eingeführt: Die Besetzungszahl jeder Klasse sollte größer als fünf sein.

Kontinuierliche Marscherleichterung. Zugegeben, die oft alles andere als ganzen theoretischen Besetzungszahlen verwirren auf den ersten Blick. Das Rechnen ist ja in der Regel kein Problem, da wir den Rechner damit beauftragen. Oft kann man aber mit einem kleinen Kniff, die Situation glatter machen. Dazu müssen wir nur von der Klasseneinteilung her denken. Wenn wir zu gegebenen n die Klassengrenzen so wählen, dass in jede Klasse die gleiche (ganze) Anzahl fallen würde, könnten wir sogar X^2 fast im Kopf rechnen.

9.3.3 Opfer und Täter – der χ^2-Unabhängigkeitstest

Nun wollen wir zeigen, dass der χ^2-Test auch in einem ganz anderen Fall entscheiden kann. Beobachtet man zwei Merkmale an einem Merkmalsträger (z.B. Haarfarbe und Augenfarbe, Beruf und Geschlecht), so erhebt sich die Frage, ob die beiden Merkmale unabhängig von einander sind – „blond und blauäugig" deutet darauf hin, dass Volkesstimme im ersten Fall dies schon entschieden hat.

Die Kontingenztabelle. Die Situation mit den beiden Merkmalen – nachstehend mit A, bzw. B bezeichnet – wird in der Kontingenztabelle (siehe Kapitel 3 „Bivariate, Exploratorische Analysen", → S. 77) eingefangen.

	B_1	...	B_j	...	B_l	Σ
A_1	n_{11}	...	n_{1j}	...	n_{1l}	$n_{1\bullet}$
$\vdots$	$\vdots$	$\ddots$	$\vdots$	$\ddots$	$\vdots$	$\vdots$
A_i	n_{i1}	...	n_{ij}	...	n_{il}	$n_{i\bullet}$
$\vdots$	$\vdots$	$\ddots$	$\vdots$	$\ddots$	$\vdots$	$\vdots$
A_k	n_{k1}	...	n_{kj}	...	n_{kl}	$n_{k\bullet}$
Σ	$n_{\bullet 1}$	...	$n_{\bullet j}$	...	$n_{\bullet l}$	n

Tab. 9.5: Struktur und Symbole einer Häufigkeitstabelle

Besetzung bei Unabhängigkeit. Bei Unabhängigkeit ist

$$P(A_i B_j) = P(A_i)P(B_j)$$

woraus sich mit $P(A_i) = n_{i\bullet}/n$ und $P(B_j) = n_{\bullet j}/n$ für die theoretischen Besetzungszahlen

$$\tilde{n}_{ij} = \frac{n_{i\bullet} n_{\bullet j}}{n}$$

ergibt.

Wiederbelebung der Idee. Nun können wir für alle Zellen der Kontingenztabelle wieder die relativen quadrierten Differenzen (bezogen auf theoretische Werte) bilden und über alle Zellen summieren.

$$X^2 = \sum_{\substack{i=1 \\ j=1}}^{k,l} \frac{(n_{ij} - \tilde{n}_{ij})^2}{\tilde{n}_{ij}}$$

Diese Summe nehmen wir als Teststatistik. Ihre Verteilung – wen wundert es bei dieser formalen Übereinstimmung – ist wieder eine χ^2-Verteilung. Die Freiheitsgrade errechnen sich aus der Struktur der Kontingenztabelle. Ist sie eine (k, l)-Matrix, so gilt für die Freiheitsgrade $\nu = (k-1)(l-1)$.

Opfer und Täter. Im Kapitel 4 „Auf zur Modellierung ", → S. 120, gingen wir der Frage nach, ob zwischen Delikttyp eines Verbrechens und der Täter-Opfer-Beziehung ein Zusammenhang besteht oder ob die beiden Merkmale unabhänig sind. Mit anderem Werkzeug hatten wir damals die Unabhängigkeit – noch nicht als Hypothese H formuliert, was wir jetzt hiermit getan haben – verneint. Gehen wir an die Daten aus Kapitel 4, → S. 91, mit unserem neuen Instrumentarium heran. Dies passiert bei Aktivierung des folgenden Codechunks.

⟨opfer.taeter.test 262⟩

```
        Pearson's Chi-squared test with Yates'
continuity correction
data:  xx
X-squared = 975.0938, df = 1, p-value < 2.2e-16
```

Der χ^2-Test bestätigt unsere damalige Überlegung. Auf die von YATES vorgeschlagene Korrektur – sie soll den approximativen Charakter der χ^2-Verteilung „erträglicher" gestalten – wollen wir hier nicht eingehen. Vertrauen wir an dieser Stelle dem Entwickler von chisq.test.

9.4 Eine kleine Testgalerie

In dieser Galerie stellen wir einige ganz wichtige Tests kochrezeptartig vor:

Tab. 9.6: Übersicht über die Testgalerie

Die Angaben zu den einzelnen Testen sind in ein Schema gegossen, das sich an den Abschnitt 9.2 „Der Aufbau eines Tests", → S. 289, anlehnt. Umfangreichere Diskussionen der hier aufgeführten nichtparametrischen Tests (Kolmogorov-Smirnov-Test, Vorzeichentest, Wilcoxon-Test) sowie weitere nichtparametrische Tests finden sich in dem Buch „Nichtparametrische statistische Methoden" [BÜNING/TRENKLER, 1999].

Die kritischen Werte für die angegebenen Tests sind enthalten in den Sammlungen statistischer Tabellen, wie z.B. in PEARSON/HARTLEY [1970] oder WETZEL et al. [1967].

9.4.1 Kolmogorov-Smirnov-Test

Testsituation: Anhand einer Stichprobe $X_1, \ldots, X_n$ aus einer Grundgesamtheit soll entschieden werden, ob die unbekannte Verteilungsfunktion F die genau spezifizierte Gestalt F_0 hat.
Annahmen: Die Zufallsvariable X in der Grundgesamtheit ist stetig, damit dann auch die X_i für $i = 1, \ldots, n$.
Formaler Aufbau des Tests:

1. **Hypothesen**:

   Fall A: H_0 : $F(x) = F_0(x)$ für alle x
   $\phantom{\text{Fall } A:}$ H_1 : $F(x) \neq F_0(x)$ für mindestens ein x

   Fall B: H_0 : $F(x) \geq F_0(x)$ für alle x
   $\phantom{\text{Fall } B:}$ H_1 : $F(x) < F_0(x)$ für mindestens ein x

   Fall C: H_0 : $F(x) \leq F_0(x)$ für alle x
   $\phantom{\text{Fall } C:}$ H_1 : $F(x) > F_0(x)$ für mindestens ein x

2. **Verteilung der Prüfgröße unter H_0**: Siehe Tabellen z.B. WETZEL et al. [1967].

3. **Prüfgrößen**: Sei $F_n(x)$ die empirische Verteilungsfunktion, dann definieren wir für die Fälle A, B und C die Prüfgrößen:

$$\text{Fall } A: \quad K = \sup_x | F_0(x) - F_n(x) |$$
$$\text{Fall } B: \quad K^+ = \sup_x (F_0(x) - F_n(x))$$
$$\text{Fall } C: \quad K^- = \sup_x (F_n(x) - F_0(x))$$

4. **Entscheidungsregel**:

Fall A lehne H_0 ab, wenn $K \geq k_{1-\alpha}$

Fall B lehne H_0 ab, wenn $K^+ \geq k_{1-\alpha}^+$

Fall C lehne H_0 ab, wenn $K^- \geq k_{1-\alpha}^-$

$k_{1-\alpha}$ bzw. $k_{1-\alpha}^+, k_{1-\alpha}^-$ sind Prozentpunkte der Verteilung der Teststatistik unter H_0.

R – Anwendung: Der Kolmogorov-Smirnov-Test steht uns mit der Funktion `ks.test` in R zur Verfügung. Als Beispiel wollen wir unsere Kartoffeldaten aufgreifen. Dazu passen wir an die Beobachtungen der Frauen ein Normalverteilungsmodell an, um dann die Einzelwerte der Männer darauf hin zu testen, ob sie aus dieser Normalverteilung stammen können.

```
>mu1<-mean(po1.v); sd1<-sd(po1.v)
 ks.test(po0.v, pnorm, mu1, sd1)
```

und erhalten

```
    One-sample Kolmogorov-Smirnov test
data: po0.v
D = 0.3108, p-value = 8.696e-05
alternative hypothesis: two.sided
```

Der p-Wert ist sehr klein. Wir können also mit sehr hoher Sicherheit behaupten, dass die Verteilung der Männer nicht die der an die Frauen angepasste Normalverteilung ist. Für einen direkten Vergleich von zwei Datensätzen kann auf die 2-Stichproben-Version zurückgegriffen werden. Stellen wir uns vor, wir hätten nur die Gruppenmittelwerte zur Verfügung, dann erlaubt uns diese Version nicht, die Nullhypothese gleicher Grundgesamtheiten abzulehnen.

```
>ks.test(mpo1, mpo0)

    Two-sample Kolmogorov-Smirnov test
data: mpo1 and mpo0
D = 0.4167, p-value = 0.2337
alternative hypothesis: two.sided
```

Statt weiterer Bemerkungen sei an die R-Hilfe von `ks.test` verwiesen: `help(ks.test)`.

9.4.2 Normalverteilung: Test auf μ bei bekanntem σ

Testaufgabe: Anhand einer Stichprobe $X_1, \ldots, X_n$ soll eine Aussage über den unbekannten Mittelwert μ der normalverteilten Grundgesamtheit getestet werden.
Annahmen: Die Varianz, d.h., der Parameter σ ist bekannt.
Formaler Aufbau des Tests:

1. **Hypothesen:**

   Fall A: $H_0: \ \mu = \mu_0,$ $H_1: \ \mu \neq \mu_0$
   Fall B: $H_0: \ \mu \leq \mu_0,$ $H_1: \ \mu > \mu_0$
   Fall C: $H_0: \ \mu \geq \mu_0,$ $H_1: \ \mu < \mu_0$

2. **Prüfgröße:** Als Prüfgröße wird $T = (\overline{X} - \mu_0)/(\sigma/\sqrt{n})$ verwendet.

3. **Verteilung der Prüfgröße unter H_0:** Unter H_0 ist T standardnormalverteilt.

4. **Entscheidungsregeln:**

   Fall A: lehne H_0 ab, wenn $|T| \leq z_{1-\alpha/2}$
   Fall B: lehne H_0 ab, wenn $T \geq z_{1-\alpha}$
   Fall C: lehne H_0 ab, wenn $T \leq z_\alpha$

   z_α ist dabei der α-Prozentpunkt der Standardnormalverteilung.

R – Anwendung: Kritische Werte kann man mit der Funktion qnorm berechnen. p-Werte erhält man mit Hilfe der Funktion pnorm gemäß der Formel pnorm(x) bzw. 1 - pnorm(x). Dieser Test wurde mehr aus konzeptionellen Gründen aufgenommen. In der Realität wird der Parameter σ meistens unbekannt sein, sodass wir auf ein Datenbeispiel verzichten. Für sehr große Stichproben ist der Unterschied zu dem „Test auf μ bei unbekanntem σ" unbedeutend.

9.4.3 Normalverteilung: Test auf μ bei unbekanntem σ

Testaufgabe: Anhand einer Stichprobe $X_1, \ldots, X_n$ soll eine Aussage über den unbekannten Mittelwert μ der normalverteilten Grundgesamtheit getestet werden.
Annahmen: Die Varianz, d.h., der Parameter σ ist unbekannt.
Formaler Aufbau des Tests:

1. **Hypothesen:**

   Fall A: $H_0: \ \mu = \mu_0,$ $H_1: \ \mu \neq \mu_0$
   Fall B: $H_0: \ \mu \leq \mu_0,$ $H_1: \ \mu > \mu_0$
   Fall C: $H_0: \ \mu \geq \mu_0,$ $H_1: \ \mu < \mu_0$

2. **Prüfgröße:** Als Prüfgröße wird

$$T = \frac{(\overline{X} - \mu_0)\sqrt{n}}{S}$$

verwendet; hierbei ist $\overline{X}$ das Stichprobenmittel und $S = \sqrt{\frac{1}{n-1} \sum_{i-1}^{n}(X_i - \overline{X})^2}$ die Stichprobenstandardabweichung.

3. **Verteilung der Prüfgröße unter H_0:** Die Prüfstatistik T ist unter H_0 t-verteilt mit $n - 1$ Freiheitsgraden.

4. **Entscheidungsregeln:**

   Fall A: lehne H_0 ab, wenn $|T| \leq t_{1-\alpha/2,n-1}$
   Fall B: lehne H_0 ab, wenn $T \geq t_{1-\alpha,n-1}$
   Fall C: lehne H_0 ab, wenn $T \leq t_{\alpha,n-1}$

   $t_{\alpha,n-1}$ ist dabei der α-Prozentpunkt der t-Verteilung mit $n - 1$ Freiheitsgraden.

R – Anwendung: Kritische Werte kann man mit der Funktion `qt` berechnen. p-Werte erhält man mit Hilfe von `pt` gemäß der Formel `1 - pt(x,n-1)` bzw. `pt(x,n-1)`. Der t-Test ist in R implementiert: `t.test`. Details erfährt man durch den Aufruf `help(t.test)`. Wieder reaktivieren wir das Kartoffelbeispiel. Wie beim KS-Test bestimmen wir aus den Daten der Frauen den Mittelwert μ_1. Nun nehmen wir jedoch als Zahlenbeispiel die Mittel der Männer als Beobachtungen, um daran zu testen, ob die Hypothese $H_0 : \mu = \mu_1$ gegenüber $H_0 : \mu \neq \mu_1$ gelten kann.

```
>mu.1<-mean(po1.v)
 t.test(mpo0, mu=mu.1)
```

und erhalten

```
    One Sample t-test
data:  mpo0
t = 2.4121, df = 9, p-value = 0.03912
alternative hypothesis: true mean is not equal to 75.71433
95 percent confidence interval:
  76.56145 102.12615
sample estimates:
mean of x
  89.3438
```

Für $\alpha = 5\%$ können wir H_0 ablehnen, da gilt: `p-value=0.03912` $< 5\%$. Wäre $\alpha = 1\%$, könnten wir H_0 nicht verwerfen.

9.4.4 Test auf Gleichheit der Mittelwerte

Testaufgabe: Es liegen zwei unabhängige Stichproben $X_1, \ldots, X_n$ bzw. $Y_1, \ldots, Y_m$ aus einer (μ_X, σ_X)- bzw. (μ_Y, σ_Y)-normalverteilten Grundgesamtheit vor. Kann man auf Grund der Daten $\mu_X = \mu_Y$ annehmen? Dies ist gleichwertig mit der Frage: Ist $\mu_x - \mu_Y = 0$? In diesem Fall ist die Zufallsvariable $D = X - Y$ normalverteilt mit den Parametern $\mu_D = 0$ und $\sigma_D = \sqrt{\sigma_X^2 + \sigma_Y^2}$. Es lassen sich zwei Fälle unterscheiden:

1. $\sigma_X = \sigma_Y = \sigma$, dann ist also D norm$(0, \sigma\sqrt{2})$-verteilt und wir können das Problem auf **Test auf μ, σ unbekannt** zurückführen. Dabei schätzen wir σ durch S mit

$$S = \sqrt{\frac{(n-1)S_X^2 + (m-1)S_Y^2}{n+m-2}}$$

und erhalten die Prüfgröße

$$T = \frac{\overline{X} - \overline{Y}}{S\sqrt{1/n + 1/m}} = \frac{\overline{X} - \overline{Y}}{S}\sqrt{\frac{nm}{n+m}}$$

2. Gilt $\sigma_X \neq \sigma_Y$ dann wird die Situation bedeutend schwieriger. Ohne Einzelheiten auszubreiten, verweisen wir auf den **Welch-Test**.

R – Anwendung: In R werden die beiden Fälle von t.test() abgehandelt. Die Fallunterscheidung erfolgt mittels des Parameters var.equal, es gilt

var.equal=TRUE	Fall 1, Varianzen gleich
var.equal=FALSE	Fall 2, Varianzen unterschiedlich

Gehen wir abermals zurück zu unserem einführenden Kochbeispiel. Hatten wir unsere Untersuchungen auf die Mittelwerte der Kartoffelgewichte pro Student bezogen, so wollen wir jetzt das Gewicht der einzelnen Kartoffeln betrachten. Wir haben dann zwei Stichproben (bezeichnet als po1.v, po0.v) vorliegen. Haben die beiden Gruppen den gleichen Erwartungswert μ? Lassen wir t.test entscheiden.

Fall 1 wird mittels der nachstehenden Codesequenz umgesetzt:

197 `>t.test(po1.v,po0.v,var.equal=TRUE)`

```
    Two Sample t-test
data:  po1.v and po0.v
t = -4.1985, df = 108, p-value = 5.539e-05
alternative hypothesis: true difference in means is not equal to 0
95 percent confidence interval:
 -20.064115   -7.194818
sample estimates:
mean of x mean of y
 75.71433   89.34380
```

Fall 2 ergibt sich analog. var.equal muss nicht explizit auf FALSE gesetzt werden, da dies die Voreinstellung ist.

198 `>t.test(po1.v,po0.v)`

```
    Welch Two Sample t-test
data:  po1.v and po0.v
t = -4.0187, df = 76.672, p-value = 0.0001356
alternative hypothesis: true difference in means is not equal to 0
95 percent confidence interval:
 -20.383258   -6.875676
sample estimates:
mean of x mean of y
 75.71433   89.34380
```

In beiden Fällen wird die Nullhypothese verworfen, denn die p-Werte sind erheblich kleiner als 1%. Die Gruppenmittel werden also sehr wohl unterschiedlich sein. Übrigens ist der Wert 0 bei weitem nicht in den angegebenen Konfidenzintervallen enthalten. Gehen wir von unterschiedlichen Varianzen in den Grundgesamtheiten aus, ist das Konfidenzintervall ein wenig breiter. Die zusätzliche Annahme gleicher Varianzen führt also auch zu einer etwas präziseren Aussage. Wir sehen das Dilemma: Wenn ich weniger weiß, kann ich auch nur weniger genaue Antworten erwarten.

9.4.5 Vorzeichentest im Einstichprobenfall

Testaufgabe: Anhand einer Stichprobe $X_1, \ldots, X_n$ soll eine Aussage über den unbekannten Median $\tilde{\mu}$ der Grundgesamtheit getestet werden.

Annahmen: Das Merkmal X hat mindestens eine ordinale Metrik und ist stetig.

Formaler Aufbau des Tests:

1. **Hypothesen**:

   Fall A: $H_0 : \tilde{\mu} = x_0$, $H_1 : \tilde{\mu} \neq x_0$

   Fall B: $H_0 : \tilde{\mu} \leq x_0$, $H_1 : \tilde{\mu} > x_0$

   Fall C: $H_0 : \tilde{\mu} \geq x_0$, $H_1 : \tilde{\mu} < x_0$

2. **Prüfgröße**: Entferne Elemente x_i mit $x_i - x_0 = 0$ aus der Stichprobe, setze $n' = (n - \text{„Anzahl entfernter Elemente"})$ und ermittle die Anzahl der Beobachtungen, die größer als 0: T^+ bzw. die kleiner 0 sind: T^-.

$$z_j = \begin{cases} 1 & x_j - x_0 > 0 \\ 0 & x_j - x_0 < 0 \end{cases}$$

   Als Prüfgrößen werden verwendet

   Fall A: $T = \min(T_+, T_-) = \min(T_+, n' - T_+)$

   Fall B: $T_- = \sum_{j=1}^{n'}(1 - z_j) = n' - T_+$

   Fall C: $T_+ = \sum_{j=1}^{n'} z_j$

3. **Verteilung der Prüfgröße unter H_0**: Die Prüfstatistik ist binomialverteilt mit den Parametern n' und $p = 0.5$. Für B $- P(X \leq x_0) \geq 0.5$ – und C $- P(X \geq x_0) \geq 0.5$ – stellt $p = 0.5$ den gravierensten Fall dar.

4. **Entscheidungsregeln**:

   Fall A: lehne H_0 ab, wenn $T \leq t_{\alpha/2, n'}$

   Fall B: lehne H_0 ab, wenn $T_- \leq t_{\alpha, n'}$

   Fall C: lehne H_0 ab, wenn $T_+ \leq t_{\alpha, n'}$

   Da nicht zu jedem α kritische Werte $t_{\alpha, n'}$ bzw. $t_{\alpha/2, n'}$ existieren, wählt man das größte α' mit $\alpha' \leq \alpha$, für das ein kritischer Wert existiert.

R – Anwendung: Überlegen wir noch einmal: Im Fall B lautet die Gegenhypothese „Median ist größer als x_0". Unter H_1 werden also vermehrt Werte größer als x_0 auftreten und damit wird T_+ größer und T_-, die Anzahl der Beobachtungen mit $x_j < x_0$, eher klein ausfallen. Kleine Realisationen von T_- (oder große von T_+) sprechen also gegen H_0, sodass im Fall B „lehne H_0 ab, wenn $T_- \leq t_{\alpha, n'}$" plausibel ist.

Kritische Werte kann man mit der Funktion qbinom berechnen. Die p-Werte zu gefundener Teststatistik erhält man mit Hilfe der Funktion pbinom gemäß der Formel pbinom(x,n,p=0.5). Alternativ können wir auch den **Binomialtest** von R verwenden: binom.test – Details dazu erfährt man durch den Aufruf help(binom.test). Wir wollen einmal schauen, was dieser Test auf die Frage $H_0 : \tilde{\mu} \leq x_0$ – Fall B – antwortet, wenn wir unsere Werte mp0 mit dem Mittel $x_0 =$ mu.1 konfrontieren.

199
```
>mu.1<-mean(po1.v); x<-mpo0[mpo0!=mu.1]
x<-x[!is.na(x)]; n<-length(x)
T.minus<-sum(x<mu.1)
p.value<-pbinom(T.minus,n,0.5)
```

Wir erhalten einen p-Wert von 0.171875, mit dem wir H_0 nicht verwerfen können. Wir wollen das Ergebnis mit dem eingebauten Binomialtest überprüfen. Dazu folgern wir: Wenn wir uns mit T.minus an Werten kleiner x_0 orientieren, muss unter H_1 die Wahrscheinlichkeit eines Erfolges, einen Wert kleiner als x_0 zu bekommen, kleiner als 0.5 sein. Deshalb lautet der Aufruf

200
```
>mu.1<-mean(po1.v);
x<-mpo0[mpo0!=mu.1]; x<-x[!is.na(x)]; n<-length(x)
T.minus<-sum(x<mu.1)
binom.test(T.minus,n,alternative="less")
```

```
    Exact binomial test
data:  T.plus and length(x)
number of successes = 7, number of trials = 10, p-value = 0.1719
alternative hypothesis: true probability of success is greater
than 0.5
95 percent confidence interval:
 0.3933758 1.0000000
sample estimates:
probability of success
                0.7
```

Wir sind also auf Basis der verwendeten Beobachtungen nicht in der Lage, H_0 abzulehnen. Der Leser kann schnell nachprüfen, dass bei der zweiseitigen Fragestellung es ebenfalls nicht zu einer Ablehnung kommt. Beim Vergleich mit dem Test auf μ bei Unterstellung einer Normalverteilung zeigt sich, dass diese zusätzliche Annahme zur Ablehnung von H_0 führte, → S. 307. Jedoch bleibt die zentrale Frage: Ist die Annahme der Normalverteilung vertretbar?

9.4.6 Vorzeichentest im Zweistichprobenfall

Testaufgabe: Gegeben sind zwei **gebundene Stichproben** $X_1, \ldots, X_n$ und $Y_1, \ldots, Y_n$. Es soll entschieden werden, ob die jeweiligen Verteilungsfunktionen F_X bzw. F_Y gleich sind oder aber ob gilt $F_X(x) \neq F_Y(x)$. Es soll also getestet werden, ob die Stichproben aus derselben Grundgesamtheit stammen. Durch Verschiebung der einen Stichprobe um einen festen Wert θ_0 lässt sich auch die Frage „Gleichheit der Grundgesamtheiten bis auf den Shift θ_0" prüfen.

Annahmen: Das Messniveau der Daten ist mindestens ordinal. Die Variablen $D_i = X_i - Y_i$ sind unabhängige identisch verteilte Zufallsvariablen.

Formaler Aufbau des Tests:

1. **Hypothesen**:

Fall A:	$H_0: P(D < 0) = 0.5,$	$H_1: P(D < 0) \neq 0.5$
Fall B:	$H_0: P(D < 0) \geq 0.5,$	$H_1: P(D < 0) < 0.5$
Fall C:	$H_0: P(D < 0) \leq 0.5,$	$H_1: P(D < 0) > 0.5$

Dem entsprechen auch die Hypothesen

Fall A: $H_0 : P(X < Y) = 0.5,$ $H_1 : P(X < Y) \neq 0.5$
Fall B: $H_0 : P(X < Y) \geq 0.5,$ $H_1 : P(X < Y) < 0.5$
Fall C: $H_0 : P(X < Y) \leq 0.5,$ $H_1 : P(X < Y) > 0.5$

2. **Prüfgröße**: Entferne Paare (x_i, y_i) mit $d_i = x_i - y_i = 0$ aus der Stichprobe, setze $n' = n -$ „Anzahl entfernter Paare" und setze

$$z_j = \begin{cases} 1 & d_j > 0 \quad \text{bzw.} \quad x_j > y_j \\ 0 & d_j < 0 \quad \text{bzw.} \quad x_j < y_j \end{cases}$$

Die Prüfgrößen sind dann gegeben durch

Fall A: $T = \min(T_+, T_-) = \min(T_+, n' - T_+)$
Fall B: $T_- = \sum_{j=1}^{n'}(1 - z_j) = n' - T_+$
Fall C: $T_+ = \sum_{j=1}^{n'} z_j$

3. **Verteilung der Prüfgröße unter** H_0: Die Prüfstatistik ist binomialverteilt mit den Parametern n' und $p = 0.5$. Für $B - P(X < Y) \geq 0.5$ – und $C - P(X < Y) \leq 0.5$ – stellt $p = 0.5$ den gravierensten Fall dar.

4. **Entscheidungsregeln**:

Fall A: lehne H_0 ab, wenn $T \leq t_{\alpha/2, n'}$
Fall B: lehne H_0 ab, wenn $T_- \leq t_{\alpha, n'}$
Fall C: lehne H_0 ab, wenn $T_+ \leq t_{\alpha, n'}$

Da nicht zu jedem α kritische Werte $t_{\alpha, n'}$ bzw. $t_{\alpha/2, n'}$ existieren, wählt man das größte α' mit $\alpha' \leq \alpha$, für das ein kritischer Wert existiert.

R – Anwendung: Kritische Werte kann man wieder mit der Funktion qbinom berechnen. p-Werte erhält man mit Hilfe von pbinom gemäß der Formel pbinom(x,n,p=0.5), wobei für x die Realisation der Teststatistik zu setzen ist.

Betrachten wir als Beispiel den Fall B, in dem unter H_0 die x-Werte eher kleiner als die y-Werte sind. Die Statistik T_- zählt die Anzahl der negativen Differenzen $d_j = x_j - y_j$, also wie oft x_i-Werte kleiner als die zugehörigen y_i-Werte sind. Sehr kleine Realisationen von T_- t.neg führen zur Ablehnung von H_0. Deshalb bekommen wir den p-Wert durch pbinom(t.neg,n,p=0.5). Inhaltsgleiche Ergebnisse liefern uns die Aufrufe

```
t.pos<-sum(x>y); t.neg<-sum(x<y)
pbinom(t.neg,n,p=0.5)
binom.test(t.neg,n,p=0.5,alternative="less")
binom.test(t.pos,n,p=0.5,alternative="greater")
```

Im Fall C ermitteln wir mit pbinom(t.pos,n,p=0.5) den p-Wert. Hierbei ist t.pos$= T_+$. Nun lauten die drei Aufrufe

```
pbinom(t.pos,n,p=0.5)
binom.test(t.pos,n,p=0.5,alternative="less")
binom.test(t.neg,n,p=0.5,alternative="greater")
```

Für den Fall A beantwortet pbinom(t.min,n,p=0.5) mit $T =$ t.min die Frage nach dem p-Wert.

9.4.7 Wilcoxon-Test für verbundene Stichproben

Testaufgabe: Anhand von zwei **gebundenen Stichproben** $X_1, \ldots, X_n$ und $Y_1, \ldots, Y_n$ soll entschieden werden, ob die jeweiligen Verteilungsfunktionen F_X bzw. F_Y gleich sind oder aber ob gilt $F_X(x) \neq F_Y(x)$. Es soll also getestet werden, ob die Stichproben aus derselben Grundgesamtheit stammen. (Durch Verschiebung der einen Stichprobe um einen festen Wert θ_0 lässt sich auch die Frage „Gleichheit der Grundgesamtheiten bis auf den Shift θ_0" prüfen.)

Annahmen: Das Messniveau der Daten ist kardinal. Die Variablen $D_i = X_i - Y_i$ sind unabhängige identisch verteilte Zufallsvariablen. Die Verteilung von D ist symmetrisch.

Formaler Aufbau des Tests:

1. **Hypothesen**: Der Wilcoxon-Test beruht auf der Interpretation des Medians $\tilde{\mu}$ als Lageparameter. $\tilde{\mu}$ steht im folgenden für den Median der Variablen D.

Fall A:	$H_0: \tilde{\mu} = 0,$	$H_1: \tilde{\mu} \neq 0$
Fall B:	$H_0: \tilde{\mu} \leq 0,$	$H_1: \tilde{\mu} > 0$
Fall C:	$H_0: \tilde{\mu} \geq 0,$	$H_1: \tilde{\mu} < 0$

2. **Prüfgröße**: Entferne Paare (x_i, y_i) mit $d_i = x_i - y_i = 0$ aus der Stichprobe, setze $n' = (n - $ „Anzahl entfernter Paare") und:

$$z_j = \begin{cases} 1 & d_j > 0 \\ 0 & d_j < 0 \end{cases}$$

   Mit r_j sei der Rang von $|d_j|$ bezeichnet. Als Prüfgröße dient dann

$$W^+ = \sum_{j=1}^{n'} z_j r_j$$

3. **Verteilung der Prüfgröße unter H_0**: Siehe Tabellen zur Wilcoxon-Vorzeichen-Rang-Test-Statistik z.B. WETZEL et al. [1967].

4. **Entscheidungsregeln**:

Fall A:	lehne H_0 ab, wenn $W^+ \leq w_{\alpha/2,n'}$ oder $W^+ \geq w_{1-\alpha/2,n'}$
Fall B:	lehne H_0 ab, wenn $W_+ \geq w_{1-\alpha,n'}$
Fall C:	lehne H_0 ab, wenn $W_+ \leq w_{\alpha,n'}$

R – Anwendung: Mit der Funktion `wilcox.test` wird der Wilcoxon-Test auch in R angeboten. Zur Illustration greifen wir wieder die Situation auf, die Gruppen-mittel der Männer dem Gesamtmittel der Frauen, das wir als festen Wert ansehen, gegenüberzustellen: $H_0: \tilde{\mu} = 75.7$, $H_0: \tilde{\mu} \neq 75.7$.

201

```
>mu.1<-mean(po1.v); x<-mpo0[mpo0!=mu.1]
x<-x[!is.na(x)]; n<-length(x)
T.minus<-sum(x<mu.1)
p.value<-pbinom(T.minus,n,0.5)
wilcox.test(x,mu=mu.1)
```

Wir bekommen den Output:

```
    Wilcoxon signed rank test
data:   x
V = 49, p-value = 0.02734
alternative hypothesis: true mu is not equal to 75.71433
```

Der Wilcoxon-Test kommt also zu einer Ablehnung von H_0. Unter dem Stichwort WILCOXON findet der Leser übrigens auch einen zweiten Test, der die Mediane zweier ungebundener Stichproben vergleicht. Dieser Test, auch als Mann-Whitney-Test bekannt, unterstellt ebenfalls symmetrische Verteilungen und verwendet Ränge in seiner Teststatistik. Die R-Funktion `wilcox.test` führt bei einem passenden Aufruf einen Mann-Whitney-Test durch. Näheres entnehme man der Hilfe.

Zusammenfassung

Dieses Kapitel beschäftigte sich mit dem statistischen Test. Rückblickend stellen wir fest:

- Im Zusammenhang mit einer kleinen Datenanalyse wurde die Sequenz „Daten, Sichtung, Vermutung, Test" eingeführt. Gleichsam spielerisch wurden die Ideen zu einer Reihe gebräuchlicher Tests gefunden.

- Im Zentrum des Kapitels steht sicher die sich anschließende formale Herleitung und Formulierung eines Tests. Es wurden die zentralen Bestandteile: Hypothesen, Teststatistik und zugehörige Verteilung und Entscheidungsregel definiert.

- Eine kleine Galerie oft angewandter Tests stellt diese nicht nur dem Leser vor, sondern demonstriert auch die Umsetzung des zentralen Konzeptes in den verschiedenen Testsituationen.

- Mit der `chisq`-Verteilung wurde ein weiteres Mitglied der Modellfamilie stetiger Verteilungen (siehe Kapitel 4 „Auf zur Modellierung", → S. 91, eingeführt. Wenn sie auch in diesem Kapitel in der Rolle der (approximierenden) Verteilung der Teststatistik auftrat, so spielt sie auch andernorts in der Statistik eine eigene Rolle.

Aufgaben

1. Diese Aufgabe wurde bereits angekündigt, → S. 289. Sie teilt sich in zwei Aufgaben.

   a) Zeigen Sie, dass die maximale Differenz in einem der Punkte x_ν^I oder x_ν^{II} auftritt, dabei sind x^I, x^{II} die beiden Stichproben.

   b) Ermitteln Sie die maximale Differenz.

   Die Daten:
   Die Stichprobe x^I, ein Student hatte keine Messwerte abgeliefert, und die Stichprobe x^{II} – hier x1 bzw. x2 genannt:

   ```
   >x1<-c(89.146,71.874,112.348,73.962,101.136,
           84.570,124.650,82.736,NA,73.270,79.746)
    x2<-c(69.800,82.330,79.402,83.088,70.758,87.256,
           66.744,65.894,56.020,82.296,83.312,81.672)
   ```

2. Glauben Sie nicht den Autoren! Insbesondere nicht bei ihren Ausführungen, → S. 298. Denken Sie selber nach und schreiben die dort angesprochenen aber nicht vorgeführten Überlegungen auf.

3. Diese Aufgabe nimmt den Faden wider auf, → S. 300.

	X-squared	p-value	df
kug1	33.36328	0.94632017	48
kug2	63.27742	0.06870364	48
kug3	54.04610	0.25451657	48
kug4	56.57790	0.18530806	48
kug5	54.70827	0.23499727	48
kug6	46.84022	0.52037335	48

   Schauen Sie sich die Ergebnisse an. Wie lautet jetzt Ihr Urteil? Verlaufen die Ziehungen fair?

4. Erinnern Sie sich an die Ausführungen, → S. 302. Bestimmen Sie unter diesem Gesichtspunkt geeignete Klassengrenzen für eine Normalverteilung mit $\mu = 1$ und $\sigma = 1$, wenn $n = 250$ ist.

5. In der Testgalerie wurden für verwandte Situationen unterschiedliche Tests vorgestellt. Welche Tests lassen sich einsetzen, um zu prüfen, ob der Median der Grundgesamtheit eineiiger Zwillinge gerade 96 beträgt? Führen Sie als Übung alle Tests durch und begründen Sie, warum die Tests zu unterschiedlichen p-Werten gelangen. Natürlich darf ganz streng genommen für einen Datensatz nur ein Test gemacht

werden, und man muss deshalb im ersten Schritt klären, welcher angemessen ist. Hier sind die Daten:

203
```
>IQ<-c(98,100,104,104,102,102,104,94,94,
       103,105,99,102,103)
```

6. Aus dem Versuch, H_0 abzulehnen oder nicht abzulehnen ergibt sich eine Asymmetrie der Behandlung der Hypothesen. Derjenige, für den H_0 vorteilhaft ist, ist deshalb im (Beweis-) Vorteil gegenüber Personen, für die H_1 günstiger ist. Erkläre diese Problematik an einem gedachten Streit zwischen Abfüllern von Bierflaschen auf der einen und Konsumenten auf der anderen Seite. Wer wird wie die Hypothesen „Flaschen sind ausreichend gefüllt." und „$H_?$: Flaschen sind nicht ausreichend gefüllt." H_0 bzw. H_1 zuordnen?

10 Regressionsanalyse

„Der Riese kam Schritt für Schritt näher und bei jedem Schritt wurde er ein Stückchen kleiner."
MICHAEL ENDE

Wirkungs- und Verursachungsfragen stehen im Mittelpunkt vieler Entscheidungsprozesse. Politiker wollen beispielsweise wissen, wie stark sich eine Erhöhung der Tabaksteuer auf die Steuereinnahmen auswirkt. Offensichtlich ist ein Zusammenhang zwischen Preis und Menge gegeben, der in gewissen Grenzen durch eine fallende Gerade modellierbar ist. Doch welche Gerade passt zur aktuellen Lage? Welche kann die Politik zugrunde legen, um zu erwartende Steuereffekte zu berechnen? Hierzu ist eine Modellierung und Quantifizierung des Zusammenhangs von Nöten. Ziel der Regressionsanalyse ist die Untersuchung von Zusammenhängen zwischen einem zu erklärenden Merkmal Y und einem oder mehreren erklärenden Merkmalen in der Form $Y = f(X)$, wobei die Beobachtungen Störungen, Fehler und sonstige Ungenauigkeiten beinhalten, → Abschnitt 10.2. Drei Schritte sind zu gehen:

- **Modell-Konstruktion:** Auswahl eines Modells zur Beschreibung der Art des Zusammenhangs der **zu erklärenden Variablen** und der **erklärenden Variablen**, → Abschnitt 10.1

- **Modell-Anpassung und Modell-Check:** Schätzung der Modellparameter und Überprüfung der Eignung des Modells, → Abschnitt 10.3

- **Modell-Interpretation**: Ableitung weitergehender Aussagen, → Abschnitt 10.4

Wie bei der Steuerfrage sollten inhaltliche Argumente oder Theorien zur Auswahl eines Modells für den Zusammenhang von Merkmalen führen. Für die Aufstellung des Modells bietet die Statistik verschiedene Modelltypen an – der Ausblick zeigt verschiedene Möglichkeiten, → Abschnitt 10.5. Beginnen sollte der Anwender nach dem Prinzip der Sparsamkeit immer mit einfachen, beispielsweise linearen Ansätzen. Statistische Methoden helfen dann, vorgeschlagene Modelle zu prüfen und unbekannte Modellparameter zu schätzen. Die Anpassung kann nach unterschiedlichen Kriterien vorgenommen werden, jedoch werden wir vornehmlich mit der Methode der kleinsten Quadrate die prominenteste behandeln, → Abschnitt 10.3.1. Während des Modellchecks ist der Frage nachzugehen, ob die Annahmen, zum Beispiel über die Fehler, haltbar sind. Erst danach sind Aussagen über den Zusammenhang und Prognosen sinnvoll formulierbar.

Die Bezeichnung **Regression** geht auf FRANCIS GALTON (1822–1911) zurück. Dieser hat bei der Untersuchung von Vererbungsgesetzen die Körpergrößen von Söhnen denen ihrer Väter gegenübergestellt. Trotz der positiven Korrelation ist auffällig, dass die Kindergrößen nicht symmetrisch um die Größen der Eltern schwanken, sondern zum Gesamtmittel tendieren. Dieses Phänomen „zurück zur Mitte – regress toward the mean" hat Galton in seinen „Regressionsanalysen" studiert und so diesen markanten Namen geprägt.

10.1 Eine Reise für den Überblick

Beispiel: Kraftstoffverbrauch. Hält sich der Kraftstoffverbrauch eines Autos in vernünftigen Grenzen? Ein veränderter Verbrauch kann auf einen technischen Defekt hinweisen. Auch häufen sich in Zeiten steigender Ölpreise Fälle, in denen Kraftstoff aus Tanks unerlaubt abgezapft wird. Deshalb ist es ratsam, nach dem Tanken die getankte Menge zu überdenken. Als Beurteilungsgrundlage können bisherige Verbräuche dienen. Die Abbildung 10.1 stellt getankte Kraftstoffmengen den Wegstrecken zwischen den Tankstellenbesuchen eines Personenkraftwagens gegenüber.

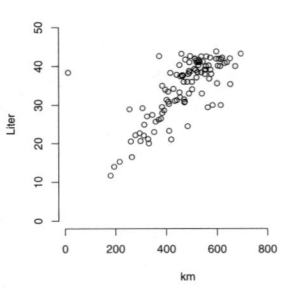

Abb. 10.1: Litern / km

204
```
>plot(astra.km,astra.liter,main="Liter und km",
      xlab="km",ylab="Liter",ylim=c(0,50))
```

Die beiden Merkmale sind offensichtlich positiv korreliert. Doch wie lässt sich der Zusammenhang beschreiben? Wie können wir ihn modellieren und nach einer Betankung die Tankmenge anhand des Modells prüfen? Welche Modell-Kurve erfasst am besten die Charakteristika des Zusammenhangs?

Modell-Auswahl. Welches Modell ist geeignet? Aus der Definition des Verbrauchs pro Kilometer v folgt eine lineare Beziehung zwischen Verbrauch und Wegstrecke:

$$v = \frac{\text{Benzinmenge}}{\text{Wegstrecke}} \quad \Rightarrow \quad \text{Benzinmenge} = v \cdot \text{Wegstrecke}$$

Da die getankte Menge nicht genau mit dem Verbrauch übereinstimmt und neben der Wegstrecke weitere Einflussfaktoren wie Straßenart (Autobahn, Landstraße, städtische Straßen), Fahrertyp und sonstige Messfehler den beobachteten Verbrauch beeinflussen, gehorchen die Beobachtungen nicht genau dieser Beziehung.

Wir wollen ein lineares Modell unterstellen, das die beim Tankvorgang i getankte Menge y_i linear aus der Wegstrecke x_i und einem unbekannten Fehler u_i, der auch **Störgröße** oder **Residuum** genannt wird, erklärt:

$$y_i = a + b \cdot x_i + u_i$$

In dieser Gleichung bezeichnet a den Achsenabschnitt der (unbekannten) Modellgeraden, b gibt ihre Steigerung an, und der Term u_i beschreibt den vertikalen Abstand des i-ten Punktes von der Geraden, vergleiche dazu Abbildung 10.2, → S. 320. In R lässt sich übrigens das Ziel, die Variable y linear durch die Variable x zu erklären, kurz und knapp durch die „Formel" y~x ausdrücken. Leider sind mit der Beobachtung nur die Datenpunkte (x_i, y_i) bekannt, nicht aber a, b und auch nicht $(u_1, \ldots, u_n)$. Vor der Beobachtung modellieren wir im einfachen linearen Modell die als zufällig angenommenen Fehler durch die Zufallsvariablen $(U_1, \ldots, U_n)$ und werden für diese Verteilungsannahmen treffen. Damit ergibt sich für die noch unbekannte i-te Beobachtung:

$$Y_i = a + b \cdot x_i + U_i$$

In diesem Kapitel verwenden wir in der Diskussion und in den Formeln meistens kleine Buchstaben und gehen damit davon aus, dass die Erhebung bereits stattgefunden hat. Wenn jedoch die Betrachtung der Situation vor der Datenerhebung erforderlich ist, wie bei dem Thema Eigenschaften von Schätzfunktionen, → S. 199, werden die Fehlerterme und die zu erklärende Variable als Zufallsvariable behandelt, und wir verwenden dann große Buchstaben.

Die unbekannten Parameter a, b sowie die Fehler U_i (**Residuen**) sind aus den Beobachtungen zu schätzen. Für unser Tankbeispiel hoffen wir, dass $\hat{a}$, der Schätzwert für a bei 0 liegen wird. Dann können wir die Steigung als Verbrauch pro Fahrstrecke interpretieren.

Zusammenhänge können natürlich auch viel komplizierter sein: In vielen Situationen sind Modelle mit mehr als einer erklärenden Variablen erforderlich. So könnten in ein allgemeines Modell zur Erklärung des Kraftstoffverbrauchs Merkmale wie PS, Fahrzeugalter, Gewicht und die gefahrene Durchschnittsgeschwindigkeit aufgenommen werden. Schon Fahrradfahrer wissen: der Luftwiderstand steigt (und damit die notwendige Energie) mit dem Quadrat der Geschwindigkeit, sodass die Geschwindigkeit quadratisch eingehen müsste.

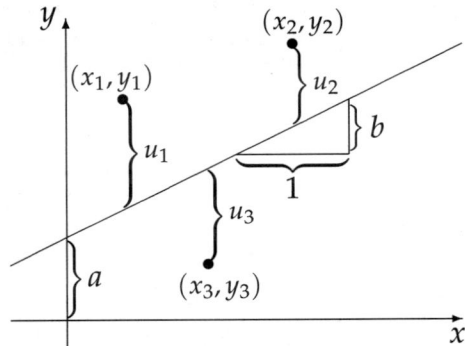

Abb. 10.2: Symbole des Geradenmodells

Weiter könnte der Zusammenhang nicht additiv sein, und einige Variablen könnten ein schwächeres Skalenniveau besitzen. Beispielsweise könnte die zu erklärende Variable nominal skaliert sein wie in einem Modell eines Tankstellenbesitzers, der das Kundenverhalten kuv_i mit

$$kuv_i = \begin{cases} 1 & \text{Auto } i \text{ tankt} \\ 0 & \text{Auto } i \text{ tankt nicht} \end{cases}$$

zu erklären sucht. Wir wollen uns zur Einführung jedoch vornehmlich mit dem einfachen Modell $y_i = a + b \cdot x_i + u_i$ für die beiden quantitativen Merkmale X und Y befassen und an diesem wesentliche Elemente der Regressionsanalyse vorstellen.

Modell-Anpassung. Bisweilen geht es auch ohne Formeln wie hier mit der Idee: **fitting by eye** (fbe). Die einfachste Methode, eine Gerade an einen zweidimensionalen Datensatz anzupassen, ist die Methode des scharfen Hinsehens. Diese kann der Leser per Bleistift und Papier oder mit unserer Funktion fbe.fit() am Rechner ausprobieren. Zur Demonstration verwenden wir im Folgenden wie oben auch schon einen Datensatz, der die gefahrenen Kilometer zwischen Tankstellenbesuchen astra.km und die getankten Mengen astra.liter enthält. Der Leser liegt richtig in seiner Vermutung, dass das Objekt der Beobachtung ein Opel Astra war.

```
>x<-astra.km; y<-astra.liter
 fbe.fit(x,y)
```

Abbildung 10.3 zeigt ein mögliches Ergebnis der fbe-Methode. Zu der eingezeichneten Geraden gehört die Gleichung

$$y = -0.06779 + 0.07243 \cdot x$$

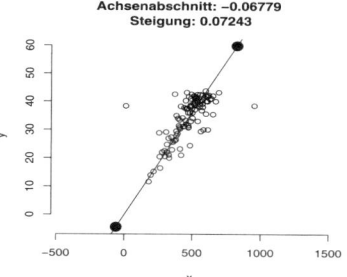
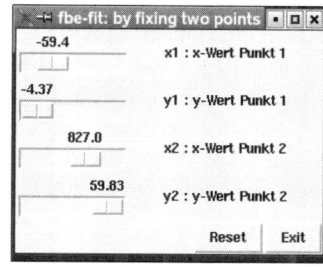

Abb. 10.3: Verbrauch gegen Kilometer mit fbe-Gerade

Wir sehen, dass die Gerade mitten durch die Punktewolke verläuft. Es besteht also weder aus inhaltlichen Gründen noch aufgrund der Beobachtung eine Veranlassung, das lineare zugunsten eines beispielsweise quadratischen Modells fallen zu lassen. Im Abschnitt zur Modell-Schätzung werden wir die „Methode der kleinsten Quadrate" kennenlernen, → S. 323. Dieses ist das gängige Verfahren zur Parameterschätzung und im Gegensatz zur fbe-Methode von subjektiven Einflüssen unabhängig.

Modell-Check. Allgemein wird von einem guten Modell gefordert, dass die geschätzten Reste

$$\hat{u}_i = y_i - \hat{y}_i = y_i - \hat{a} - \hat{b} \cdot x_i$$

keine Strukturen mehr enthalten. Um sicher zu gehen, dass keine in den geschätzten Residuen enthalten sind, erstellen wir sogenannte **Residualplots**, in denen die geschätzten Fehler gegen ihre x-Werte, ihre y-, ihre $\hat{y}$-Werte oder gegen den Index abgetragen werden. Wir plotten zur Illustration $(x_i, \hat{u}_i)$.

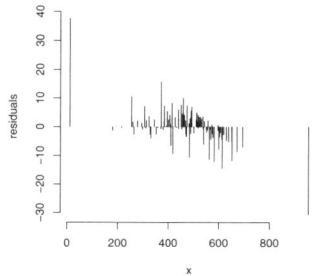

Abb. 10.4: Residualplot

```
>residuals <- y - (-0.06779 + 0.07243*x)
 plot(x,residuals,type="h")
```

In der Abbildung 10.4 erkennen wir ganz rechts und ganz links zwei bemerkenswerte Ausreißer. Der Punkt zu dem kleinsten km-Wert repräsentiert den ersten Tankstellenbesuch nach 12 km – der neue Wagen wurde nur mit wenig Kraftstoff im Tank ausgeliefert. Der Punkt, der zu der größten Strecke gehört, deutet auf einen Fehler in der Aufzeichnung hin, wahrscheinlich ist ein einzelner Tankstellenbesuch nicht notiert worden. Dieses sollte bei Verarbeitung der Daten berücksichtigt werden.

Interessant ist, dass die größten negativen Residuen mit großen x-Werten einhergehen. Dieses war der Abbildung 10.3 nicht so deutlich zu entnehmen. Vielleicht war unsere Schätzung per Hand doch nicht so geschickt, und mit Sicherheit werden verschiedene Personen unterschiedliche Geraden anpassen. Deshalb sind Schätzverfahren notwendig, die in ähnlichen Situationen zuverlässig vergleichbare Regressionsergebnisse hervorbringen.

Modell-Interpretation. Der Achsenabschnitt in Abbildung 10.3 beträgt -0.06779, also ungefähr Null. Die Steigung von 0.07243 mit der Einheit Liter/km weist auf einen plausiblen Verbrauch von ungefähr 7.2 Litern pro 100 km hin. Weitergehende Aussagen erfordern zusätzliche Modellannahmen, die wir in nächsten Abschnitt kennenlernen werden.

10.2 Das lineare Regressionsmodell

Das „einfache lineare Regressionsmodell" unterstellt einen linearen Zusammenhang zwischen den Merkmalen X und Y und enthält einfache Verteilungsannahmen für die Störgröße. Diese Annahmen erlauben es, Verteilungsaussagen über Schätzer von a, b und die geschätzten Störungen $\hat{U}_i$ abzuleiten. Weiterhin lassen sich Tests für die Modellparameter und noch wichtiger Konfidenzintervalle für sie formulieren. Wenn zum Beispiel ein Speditionsunternehmer an der y-Achse Transportkosten und an der x-Achse Wegstrecken abträgt, wird er sich wesentlich für die Kosten interessieren, die in 95% der Fälle für vorgegebene Distanzen entstehen. Ohne eine Vorstellung von der Verteilung der Störgröße kann dem Unternehmer kein Anhaltspunkt gegeben werden.

Definition 10.1: Das einfache lineare Regressionsmodell

Das einfache lineare Regressionsmodell beschreibt den Zusammenhang zwischen der zu erklärenden (endogenen) Variablen Y und der erklärenden (exogenen) Variablen X vor Durchführung der Datenerhebung durch die Gleichung

$$Y = a + b \cdot x + U$$

Vor der Beobachtung gilt für jede Einzelbeobachtung i damit $Y_i = a + bx_i + U_i$, erst durch die Erhebung realisieren sich die Zufallsgrößen, und wir erhalten für den i-ten Datenpunkt die Gleichung $y_i = a + b \cdot x_i + u_i$. Für die Fehler U_i unterstellen wir

$$U_1, \ldots, U_n \overset{iid}{\sim} \mathrm{norm}(0, \sigma)$$

a, b und σ sind die unbekannten Parameter des Modells.

Auf der rechten Seite der Modellbeziehung ist der Fehlerterm U_i eine Zufallsvariable, x_i ist eine deterministische Größe, und a und b sind fest, aber unbekannt. Deshalb ist die linke Seite der Gleichung Y_i eine Zufallsvariable und nach unserer Vereinbarung von Seite 93 mit einem großen Buchstaben bezeichnet. Werden an den Stellen $x_1, \ldots, x_n$ Beobachtungen durchgeführt, erhalten wir zu dem zweiten Merkmal die Beobachtungen $y_1, \ldots, y_n$, die wir jedoch vor ihrer Kenntnis durch die Zufallsvariablen $Y_1, \ldots, Y_n$ beschreiben. Mit Hilfe der vorliegenden Beobachtungen werden die unbekannten Parameter geschätzt. Dazu ist das gewählte Modell in R durch die Formel y~x beschrieben.

Wir nehmen an, dass sich im Mittel ein Fehler von 0 einstellt und dass sich die Fehler gegenseitig nicht beeinflussen. Kritisch ist oft die Annahme, dass die Fehlervarianz eine konstante Größe ist. Versuchen wir beispielsweise die Gehirngewichte von Säugetieren durch ihre Körpergewichte zu erklären, dann werden wohl die Gehirngewichte großer Säugetiere stärker variieren als die von Mäusen. Die Normalverteilung kommt durch die Vorstellung ins Spiel, dass jede Störung U_i sich aus sehr vielen unabhängigen Einzelstörungen und Fehler additiv zusammensetzt. Die Verteilung der Summe der vielen einzelnen Zufallsgrößen kann nach dem zentralen Grenzwertsatz unter relativ schwachen Annahmen durch die Normalverteilung angenähert werden. Die Normalverteilung der U_i überträgt sich auf die Verteilung der Y_i, und es gilt: $Y_i \sim \texttt{norm}(a + bx_i, \sigma)$. Im nächsten Abschnitt stellen wir die Methode der kleinsten Quadrate und Eigenschaften der Schätzfunktionen für a und b vor.

10.3 Modell-Schätzung und -Check

10.3.1 Die Methode der kleinsten Quadrate

An dem Beispiel Kraftstoffverbrauch hat der Leser die Schritte: Modell-Konstruktion, -Schätzung, -Check und Interpretation kennengelernt. Im letzten Abschnitt wurde das lineare Regressionsmodell eingeführt. Nun stellen wir die **Methode der kleinsten Quadrate** vor, um die unbekannten Modellparameter a und b zu schätzen. Anschließend überlegen wir, welche Eigenschaften die resultierenden Schätzfunktionen besitzen. Die „Methode der kleinsten Quadrate," kurz: **KQ-Methode**, ist nicht nur mathematisch elegant, sondern erlaubt auch mit unseren Annahmen über die Störungen Konfidenzintervalle für die Modellgerade sowie Prognoseintervalle für Y_i aufzustellen.

Es gibt viele Möglichkeiten, Geraden durch eine Punktewolke zu legen. Deshalb ist ein Kriterium zur Entscheidung, welche gewählt werden soll, erforderlich. Kandidaten sind schnell gefunden: Wähle die Gerade, bei der

1. die Summe der absoluten Abstände der Punkte von der Geraden,

2. die Summe der Beträge der geschätzten Residuen: $\sum |\hat{u}_i|$ oder aber

3. die Summe der quadrierten geschätzten Residuen: $\sum \hat{u}_i^2$

minimal ist. Auch wenn die ersten beiden Ansätze sehr plausibel sind, genießt der dritte Vorschlag, die „Methode der kleinsten Quadrate", die größte Beliebtheit. So lassen sich die KQ-Schätzer von a und b recht einfach ausrechnen.

Satz 10.1: Methode der kleinsten Quadrate

Werden im linearen Regressionsmodell die Parameter a und b so festgesetzt, dass die Summe der quadrierten geschätzten Residuen minimal ist

$$\sum_{i=1}^{n} (y_i - (a + b \cdot x_i))^2 = \sum_{i=1}^{n} \hat{u}_i^2 \quad \to \min_{a,b},$$

dann sind die Kleinste-Quadrate-Schätzer gegeben durch

$$\hat{a} = \bar{y} - \hat{b} \cdot \bar{x}, \qquad \hat{b} = \frac{\sum_{1}^{n} (x_i - \bar{x})(y_i - \bar{y})}{\sum_{1}^{n} (x_i - \bar{x})^2}$$

Für die Datenvektoren x und y berechnet der R-Funktionsaufruf `lm(y~x)` Schätzwerte nach der Methode der kleinsten Quadrate. Sind x und y Spaltennamen des Data-Frame `data`, muss der Aufruf `lm(y~x,data)` lauten.

Erweitern wir in der Schätzfunktion von $\hat{b}$ den Bruch mit $1/(n-1)$, dann erkennen wir im Nenner die Stichprobenvarianz der erklärenden Variablen, und im Zähler steht die Stichprobenkovarianz der beiden Merkmale. Abbildung 10.5 visualisiert die quadrierten Residuen. Die KQ-Gerade verläuft so, dass die Gesamtfläche aller Quadrate minimal ist. Es wird verständlich, dass von der Geraden stark abweichende Punkte einen viel größeren Einfluss auf das Schätzergebnis ausüben als andere.

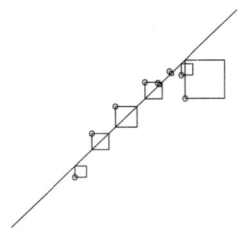

Abb. 10.5: KQ-Flächenquadrate

Eigenschaften. Folgende Eigenschaften der KQ-Schätzer erklären seine Verbreitung:

1. $\hat{a}$ und $\hat{b}$ sind immer berechenbar, wenn die x-Werte variieren, für den Berechnungsprozess sind also keine weiteren Annahmen notwendig.

Deshalb kann man durch eine zweidimensionale Punktewolke immer eine KQ-Gerade legen und diese zur Beschreibung der Daten verwenden.

2. Die KQ-Gerade verläuft durch den Schwerpunkt der Datenpunkte $(\overline{x}, \overline{y})$, zum Beweis setze der Leser für die freie Variable x das Mittel $\overline{x}$ in die Geradengleichung $y = \hat{a} + \hat{b}x$ ein.

3. Die Summe der geschätzten Residuen ist null: $\sum \hat{u}_i = 0$, und die Varianz der KQ-Residuen ist kleiner als die Varianz anderer Geraden.

Spätestens jetzt drängt sich die Frage auf, welche Konsequenz die angenommene Normalverteilung für die Störungen zur Modellierung der Situation vor der Datenerhebung hat. In der „Vorher"-Situation sind $\hat{a}$ und $\hat{b}$ Schätzfunktionen und entpuppen sich als lineare Transformationen der Zufallsvariablen $Y_1, \ldots, Y_n$. Deshalb überträgt sich die Normalverteilungseigenschaft von den U_i auf die Y_i sowie auf die Schätzfunktionen $\hat{a}$ und $\hat{b}$. Es gilt:

Satz 10.2: Verteilungseigenschaften der Kleinste-Quadrate-Schätzer

Die Schätzfunktionen $\hat{a}$ und $\hat{b}$ sind unter der Annahme normalverteilter Störungen $(U_1, \ldots, U_n \overset{iid}{\sim} \mathrm{norm}(0, \sigma))$ erwartungstreu und konsistent und für ihre Verteilungen gilt:

$$\hat{a} \sim \mathrm{norm}\left(a, \sigma_{\hat{a}}\right), \qquad \hat{b} \sim \mathrm{norm}\left(b, \sigma_{\hat{b}}\right)$$

Die KQ-Schätzfunktionen besitzen unter allen erwartungstreuen Schätzfunktionen die geringste Varianz, kurz: sie sind **BLUE** für **best linear unbiased estimators**.

So schön die Eigenschaften der Verteilungen von $\hat{a}$ und $\hat{b}$ sind, gelten sie doch nur, wenn die Annahmen erfüllt sind. Deshalb ist vor der Modellinterpretation ein Modellcheck unumgänglich.

10.3.2 Ein Anwendungsbeispiel

KQ-Gerade zeichnen. Wir können jetzt die KQ-Gerade zu unseren Kraftstoffverbrauchsdaten mit elementaren Anweisungen ermitteln.

```
>b.dach<-cov(x,y)/var(x)
 a.dach<-mean(y)-b.dach*mean(x)
 cat("Modellgerade: y = ",a.dach,"+ ",b.dach,"* x\n")
```

Eleganter ist es jedoch, die R-eigenen Funktionen lsfit() oder lm() zu verwenden. Beide berechnen neben den Parameterschätzwerten auch weitere für eine Regressionsanalyse wichtige Größen, die als Listen-elemente des Ergebnisses zurückgegeben werden. Das Listenelement coefficients enthält die Parameterschätzungen für Achsenabschnitt (intercept) und Steigung. So erzeugen wir einen Scatterplot mit Modell-geraden unter Ausnutzung der Modellbeschreibung y~x durch

208
```
>result<-lm(y~x)
 plot(y~x); abline(result,col="blue")
 cat("Modellgerade: y = ",result$coefficients[1],
               "+ ",result$coefficients[2],"* x\n")

 Modellgerade: y =   14.76723 +   0.04132524 * x
```

Das Listenelemente residuals des Ergebnisses von lm() enthält die Residuen, die von der Funktion residuals() extrahiert werden. So können wir schnell die Residuen gegen ihren Index plotten.

209
```
>plot(residuals(result))
```
Hier wollen wir jedoch die Residuen gegen die zugehörigen x-Werte zeich-nen.

210
```
>plot(x,result$residuals,type="h")
 title("Residualplot")
```

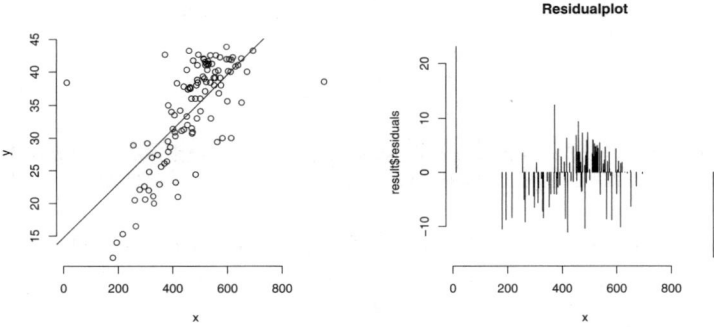

Abb. 10.6: Verbrauchsdaten mit KQ-Gerade und Residualplot

Ausreißer entfernen. Auffällig ist, dass die KQ-Gerade nicht durch den Nullpunkt verläuft. Vielleicht sind die beiden Extremwerte schuld. Wir wollen diese Ausreißer entfernen und schauen, ob sich das Bild ändert.

211
```
>ind<- 30<x & x<800
 xx<-x[ind]; yy<-y[ind]
 result<-lm(yy~xx)
```

```
plot(xx,yy); abline(result)
result$coef
```

Auch der Residualplot ist schnell gezeichnet.

```
>xx<-x[ind]; yy<-y[ind]
plot(xx,lm(yy~xx)$resid,
     type="h",ylab="Residuen")
title("Residuen ohne Extremwerte")
```

Wir erhalten ohne die Extremwerte die Graphiken der Abbildung 10.7.

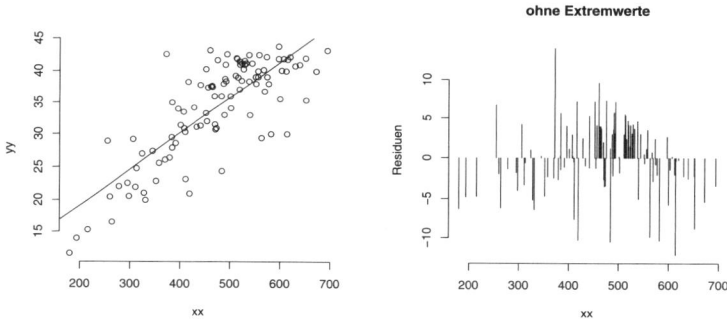

Abb. 10.7: Verbrauchsdaten mit KQ-Gerade und Residualplot

Die neue Gerade mit Achsenabschnitt 7.99 und Steigung 0.056 hat schon einen geringeren Achsenabschnitt, der aber noch deutlich von null verschieden ist. Auch ist bemerkenswert, dass zu sehr großen x-Werten nur negative Residuen gehören. Dieses kann – wie schon angesprochen – an dem Tankverhalten liegen: Wenn der Tank fast leer ist, reicht manchmal das Geld nicht aus, um ihn völlig zu füllen, und manche versuchen, glatte Geldbeträge zu erreichen. Folglich kann man beim nächsten Tankstellenstopp eine erhöhte Menge tanken. Außerdem gibt es für die negativen Residuen der großen x-Werte eine weitere Erklärung: Mehr als der Tank fasst, kann nicht getankt werden, sodass es für $\hat{y}_i$ nahe der Kapazitätsgrenze keine positiven Residuen geben kann.

10.3.3 Residualanalyse

Die Prüfung der Modellannahmen aufgrund der Residuen wird oft als **Residualanalyse** bezeichnet. Ohne einen solchen Check ist eine Interpretation der Modellgeraden gefährlich. Deshalb setzen wir uns in diesem Abschnitt mit den Residuen näher auseinander.

Typische Residualplots. Residualplots können verschiedene Strukturen aufweisen. Um hiervon einen Eindruck zu bekommen, werden vier Erscheinungsbilder gezeigt.

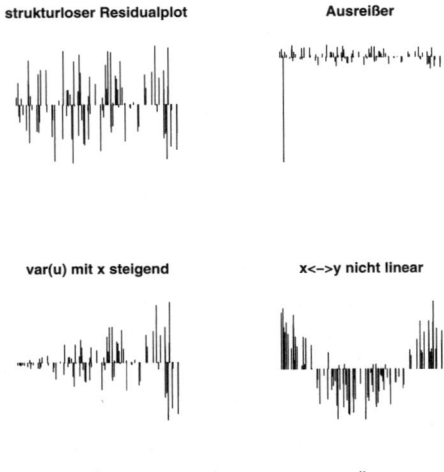

Abb. 10.8: Verschiedene Residualplots

Die Graphik oben links von Abbildung 10.8 zeigt uns Residuen ohne besonders bemerkenswerte Strukturen. Oben rechts sehen wir die Wirkung eines Ausreißers, der aus dem Datensatz entfernt werden sollte, um dann eine erneute Schätzung durchzuführen. Nicht homogene Varianzen – dann nennt man die Variable heteroskedastisch – zeigen sich im Residualplot unten links. Der vierte Plot verrät uns, dass ein lineares Modell unpassend ist und wir zum Beispiel vor Anpassung einer Geraden eine Transformation der Merkmale durchführen sollten. Residualplots helfen uns also, Ausreißer, Verstöße gegen die Linearitätsannahme und gegen die Voraussetzung gleicher Varianzen aufzudecken.

Nichtlinearitäten. „Aha!"wird der Leser sagen, doch sind eigene Versuche zur Auswirkung von Abweichungen von den Modellannahmen überzeugender als gedruckte Charakterisierungen. Wie steht es beispielsweise mit der Frage: Welche KQ-Geraden ergeben sich bei nicht linearen Zusammenhängen? Um uns einen Eindruck von der Wirkung nicht linearer Zusammenhängen zu verschaffen, wollen wir künstliche Daten zu dem Zusammenhang

$$y_i = a_0 + a_1 \cdot x + a_2 \cdot x^2 + a_3 \cdot x^3 + u_i$$

generieren und KQ-Geraden anpassen. Hierzu bieten wir die Funktion `exp.fit.line.to.poly()` an, mit der die Auswirkungen verschiedener Parametersetzungen, siehe Abbildung 10.9 rechts, studiert werden können.

3 `>exp.fit.line.to.poly()`

Wir erhalten zum Beispiel mit diesem Experiment den in Abbildung 10.9 gezeigten Output. Rechts neben dem Plot ist das Steuerungsfenster zu sehen.

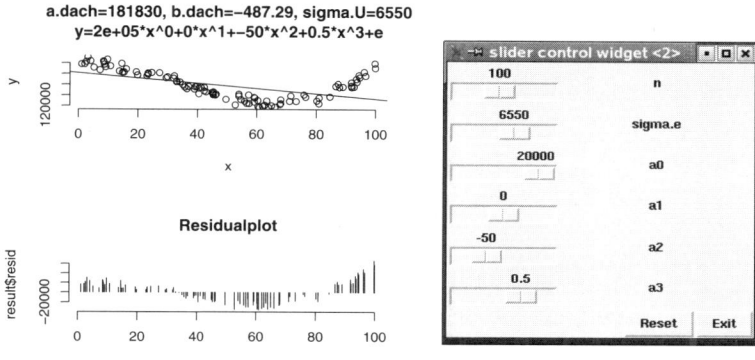

Abb. 10.9: Nichtlinearitäten

Wir erkennen, dass es mit einem linearen Modell nicht möglich ist, den geschwungenen Verlauf der Datenpunkte zu rekonstruieren. Dieses ist auch sehr gut an den Residuen zu erkennen, die erst positiv, dann negativ und zum Schluss wieder positv ausfallen.

Ausreißer. Für den Fall, dass der Datenzusammenhang linear ist, können einzelne Punkte die Schätzung beeinträchtigen.

Aber wie stark wirken sich einzelne Beobachtungen auf die Geraden-Schätzung aus? Manchmal kann es richtig sein, einzelne Werte vor der Schätzung zu entfernen. Mit der Funktion `exp.check.point.influence` wird zu einem Datensatz ein Scatterplot mit KQ-Gerade erstellt. Zur Identifikation der Datenpunkte werden die Indizes in dem Plot eingetragen. Über Schieber lassen sich die Datenpunkte verschieben, und wir können die Wirkung auf die KQ-Gerade studieren, die sofort neu berechnet wird. Wird kein Datensatz übergeben, verwendet die Funktion Zufallspunkte.

4 `>exp.check.point.influence()`

Wir erhalten beispielsweise das in Abbildung 10.10 abgedruckte Ergebnis. Der Ausreißer oben links zieht die Gerade stark nach oben.

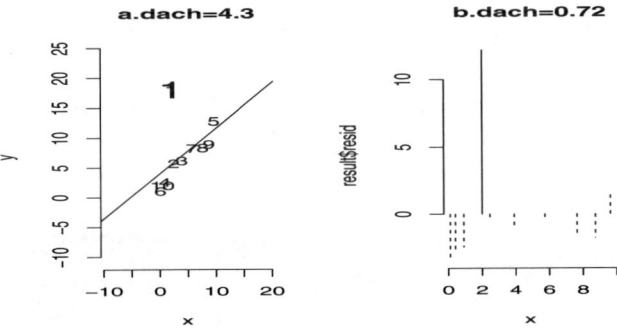

Abb. 10.10: Experiment zum Auswirkungsstudium

Verteilung der Residuen. Die Annahme normalverteilter Residuen ist wichtig für Folgerungen, die sich auf die Normalverteilung der Schätzfunktionen $\hat{a}$ und $\hat{b}$ gründen. Deshalb ist ein Check zum Beispiel mittels eines Plots der empirischen Quantile der geschätzten Residuen gegen Quantile der Standardnormalverteilung angebracht, → S. 198. Wir wollen einen solchen QQ-Plot für unsere Tankdaten erstellen.

215
```
>result<-lm(y~x)
 qqnorm(result$resid); qqline(result$resid)
```

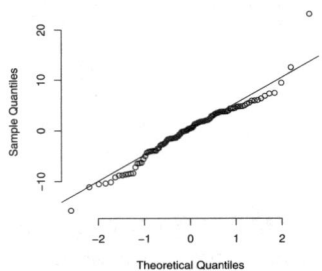

Abb. 10.11: qqnorm-Plot der geschätzten Störungen

Die Anweisungen erzeugen den QQ-Plot, der in Abbildung 10.11 zu finden ist. Die Punkte liegen so nahe bei der eingezeichneten Geraden, dass die Normalverteilungsannahme nicht abgelehnt werden kann. Wer dieser Interpretation des QQ-Plots nicht traut, kann ergänzend einen Test auf Normalverteilung einsetzen. Schaue hierzu ins Kapitel 9 „Testen" unter dem Stichwort **Anpassungstests** nach, → S. 300.

10.4 Modell-Interpretation

Nachdem eine Gerade gefunden ist, kann diese hoffentlich im Kontext des Problembereiches interpretiert werden. Dabei müssen während des Modell-Checks festgestellte Schwächen berücksichtigt werden. Für den Auftraggeber ist oft relevant, wie gut die Anpassung ist, in welchen Bereichen mit großer Sicherheit die wahren Modellparameter zu finden sind und in welchen Intervallen sich die Variable Y realisieren wird.

10.4.1 Das Bestimmtheitsmaß

Zweck eines Regressionsmodells ist die Erfassung der Abhängigkeitsstruktur zwischen erklärender Variablen und zu erklärender Variablen. Die Abweichungen der beobachteten y_i-Werte von den Modellwerten $\hat{y}_i$ sollen dagegen keine weiteren Informationen über den Zusammenhang der Merkmale enthalten. Doch wie gut ist das gefundene Modell? Wie gut wird die zu erklärende Variable „erklärt"? Ein Blick auf das Streudiagramm mit Regressionsgerade sowie den Residualplot liefert eine Antwort. Ergänzend berechnen Regressionsprogramme oft automatisch das Bestimmtheitsmaß R^2, um die Stärke des linearen Zusammenhangs zu quantifizieren.

Definition 10.2: Bestimmtheitsmaß

Gegeben seien zu den Merkmalen X und Y die Datenpunkte $(x_1, y_1), (x_2, y_2), \ldots, (x_n, y_n)$ und die KQ-Schätzungen $\hat{y}_1, \hat{y}_2, \ldots, \hat{y}_n$ an den Stellen $\hat{x}_1, \hat{x}_2, \ldots, \hat{x}_n$. Dann ist das Bestimmtheitsmaß R^2 von X und Y gegeben durch

$$R^2 = \frac{s_{\hat{y}}^2}{s_y^2}.$$

Hierbei sind $s_y^2 = \frac{1}{n-1} \sum_{i=1}^{n} (y_i - \overline{y})^2$ bzw. $s_{\hat{y}}^2 = \frac{1}{n-1} \sum_{i=1}^{n} (\hat{y}_i - \overline{y})^2$

Die Beliebtheit des R^2 hängt mit seiner Interpretierbarkeit zusammen, sodass eine nähere Betrachtung lohnenswert ist.

Im Regressionsmodell werden die Beobachtungen $y_1, y_2, \ldots, y_n$ zerlegt in einen „erklärten" Teil $\hat{y}_1, \hat{y}_2, \ldots, \hat{y}_n$ und einen „nicht erklärten" $\hat{u}_1, \hat{u}_2, \ldots, \hat{u}_n$

$$y_i = \hat{y}_i + \hat{u}_i \quad i=1,\ldots,n$$

Interessanterweise gilt für die Stichprobenvarianzen eine sehr ähnliche Beziehung:

Satz 10.3: Zerlegungssatz

$$s_y^2 = s_{\hat{y}}^2 + s_{\hat{u}}^2$$

Hierbei ist $s_{\hat{u}}^2 = \frac{1}{n-1} \sum_{i=1}^{n} \hat{u}_i^2$.

Solche Varianzzerlegungen von s_y^2 sind fundamental und bilden die Grundlage der ANOVA -Methoden – **analysis of variance**. Mit diesen werden Einflüsse einzelner Variablen auf eine Ergebnisvariable untersucht und konkurrierende Modelle verglichen.

Auf Basis der Varianzzerlegung $s_y^2 = s_{\hat{y}}^2 + s_{\hat{u}}^2$ interpretieren wir den Quotienten $R^2 = s_{\hat{y}}^2 / s_y^2$ als Anteil der durch das Modell erklärten Varianz. Je größer R^2 ist, umso besser „erklärt" im statistischen Sinne die Modellgerade die Varianz des Merkmals Y. Für unseren Datensatz ermitteln wir das Bestimmtheitsmaß mit

216
```
>x<-astra.km; y<-astra.liter
 coefficients<-lm(y~x)$coefficients
 y.dach<-coefficients[1]+coefficients[2]*x
 Rq<-var(y.dach)/var(y)
```
und erhalten den Wert: `[1] 0.4781343`, also ungefähr 48%.

Eigenschaften des Bestimmtheitsmaßes.   Bevor wir diese Zahl einordnen können, müssen wir ein paar Eigenschaften des Bestimmtheitsmaßes kennenlernen.

1. Die Varianz der zu erklärende Werte ist größer als die der geschätzten Modellwerte $\hat{y}_i$ oder höchstens gleich groß. Es gilt also immer

$$0 \le R^2 \le 1$$

Wenn alle Beobachtungspunkte auf der Modellgeraden liegen, sind Zähler und Nenner gleich, sodass folgt: $R^2 = 1$. Abbildung 10.12 illustriert die Variabilität der y- und die der $\hat{y}_i$-Werte. Die gestrichelten Pfeile nach links zeigen die Variabilität der Beobachtungen y_i, die durchgezogenen nach rechts die Variabilität der Modellwerte $\hat{y}_i$. Wir sehen $s_y^2 \ge s_{\hat{y}}^2$. Die Funktion `show.rq` generiert diese Graphik für beliebige Datensätze.

217
```
>xx<-astra.km[1:10]; yy<-astra.liter[1:10]
 show.rq(xx,yy)
```

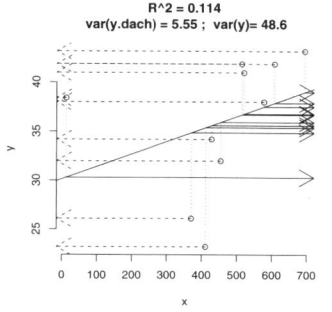 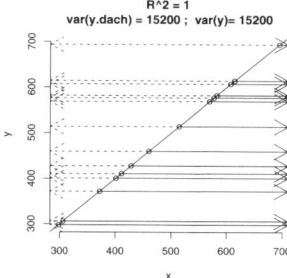

Abb. 10.12: Zähler- und Nenner von R^2, rechts: Punkte auf Geraden

Abbildung 10.12, rechts, zeigt die Lage für Punkte auf einer Geraden.

218

```
>xx<-astra.km[5:18]
show.rq(xx,xx)
```

Falls die Schätzung eine Gerade mit Steigung 0 liefert, ist kein linearer Zusammenhang entdeckt worden, die Varianz der Modellwerte beträgt 0, und es gilt: $R^2 = 0$.

2. Eine lineare Transformation der x- oder y-Werte verändert R^2 nicht. Eine Lageverschiebung wird durch die Subtraktion des Mittelwertes $\bar{y}$ kompensiert und eine Multiplikation der Skala der y-Achse schlägt sich als Faktor sowohl im Zähler als auch im Nenner nieder. Damit ist das Bestimmtheitsmaß unabhängig vom Gegenstand und der Größenordnung und allgemein als Maß zur Beschreibung der Stärke des linearen Zusammenhangs geeignet.

3. Die Differenz $1 - R^2$ repräsentiert den Anteil der Residualvarianz an der Gesamtvarianz, also den nicht erklärten Varianzanteil. Denn es gilt

$$1 - R^2 = \frac{s_y^2 - s_{\hat{y}}^2}{s_y^2} = \frac{s_{\hat{u}}^2}{s_y^2}$$

4. Das Bestimmtheitmaß steht in enger Beziehung zum Korrelationskoeffizienten r_{xy} von X und Y.

$$R^2 = \frac{s_{\hat{y}}^2}{s_y^2} = \frac{\hat{b}^2 \cdot s_x^2}{s_y^2} = \frac{\left(\frac{s_{xy}}{s_x^2}\right)^2 \cdot s_x^2}{s_y^2} = \frac{s_{xy}}{s_x^2 s_y^2} = r_{xy}^2$$

Als Beleg bieten wir vier Berechnungswege an, das Bestimmtheitsmaß zu berechnen.

219
```
>print(var(y.dach)/var(y))
 print(b.dach^2*var(x)/var(y))
 print(cov(x,y)^2/(var(x)*var(y)))
 print(cor(x,y)^2)
```

Bezeichnen wir mit $\text{sign}(\hat{b})$ das Vorzeichen von $\hat{b}$, dann können wir umgekehrt den Korrelationskoeffizienten aus R^2 berechnen

$$r = \text{sign}(\hat{b}) \cdot \sqrt{R^2}$$

Eine Anpassungsübung. Häufig wird ein R^2-Wert unreflektiert als Ergebnis berichtet. Der Anwender sollte jedoch eine gewisse Erfahrung mit dieser Größe besitzen. Deshalb bieten wir nun am Rechner die Möglichkeit, einen R^2-Wert für unterschiedliche Punktewolken abschätzen. Umgekehrt kann der Anwender üben, einen vorgegebenen Wert für R^2 einzustellen. Versuchen Sie mit Hilfe der interaktiven Funktion exp.adjust.Rq ein R^2 von 90% zu erzielen! Der Leser kann mit Hilfe von Schiebereglern mehrere Parameter der Punktewolke verändern und den Einfluss auf R^2 beobachten.

220
```
>exp.adjust.Rq()
```

Die Abbildung 10.13 zeigt einen Beispieloutput und die Schieberegler der verwendeten Funktion.

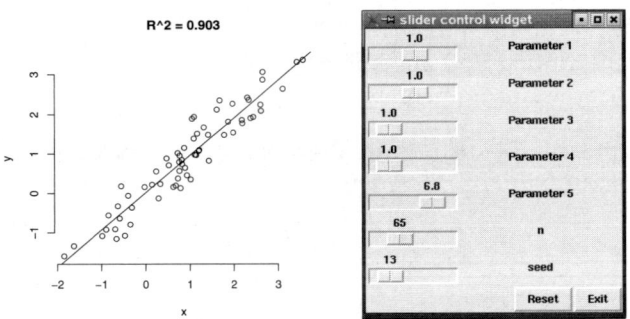

Abb. 10.13: ein Beispiel für $R^2 \approx 90\%$

Ausreißer. Wie reagiert R^2 auf Ausreißer? Hier geben wir dem Leser die Möglichkeit, die Ausreißerempfindlichkeit des Bestimmtheitsmaßes zu studieren. Mit Schiebern kann man die Position eines Ausreißers variieren und die Veränderung von R^2 verfolgen.

```
>exp.Rq.outlier()
```

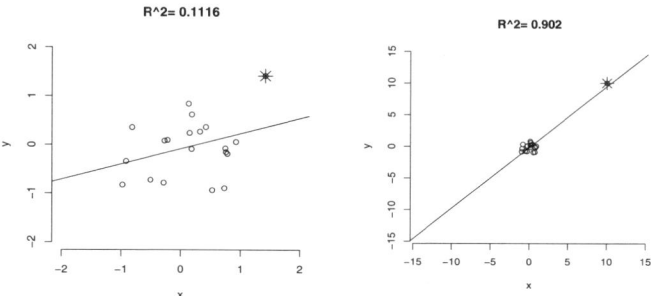

Abb. 10.14: R^2 mit einem moderaten bzw. einem schweren Ausreißer

Abbildung 10.14 zeigt zwei mögliche Ergebnisgraphiken, die deutlich machen, dass ein einzelner Ausreißer – mit Stern markiert – ein großes R^2 hervorrufen kann.

10.4.2 Konfidenzintervalle für Achsenabschnitt und Steigung

Auf Basis der Normalverteilungsannahmen lassen sich Konfidenzintervalle für die Parameter a und b des linearen Modells konstruieren. Sie besitzen die typische Gestalt

$$[\text{Punktschätzer} \pm \text{t-Wert} \cdot \text{Streuungsmaß}]$$

Die Intervallmitte wird durch einen Punktschätzer festgelegt, und die Intervallbreite berechnet sich aus einem Tabellenwert der t-Verteilung und aus einem datenbasierten Streuungsmaß: Als Punktschätzer fungiert natürlich $\hat{a}$ bzw. $\hat{b}$ und als Tabellenwert wird das $(1 - \alpha/2)$-Quantil der t-Verteilung mit $(n - 2)$ Freiheitsgraden verwendet. Da die Standardabweichung von $\hat{a}$ bzw. $\hat{b}$ unbekannt ist, wird als Streuungsmaß der Schätzer

$$\hat{\sigma}_{\hat{a}}^2 = \hat{\sigma}^2 \cdot \frac{\sum x_i^2}{n \cdot SS_x} \quad \text{bzw.} \quad \hat{\sigma}_{\hat{b}}^2 = \frac{\hat{\sigma}^2}{SS_x}$$

mit

$$\hat{\sigma}^2 = \frac{1}{n - 2} \cdot \sum \hat{u}_i^2 \quad \text{und} \quad SS_x = \sum (x - \bar{x})^2$$

herangezogen.

Manchmal ist der Anwender an beiden Parametern gleichzeitig interessiert. Dann ist zu beachten, dass die Überdeckungswahrscheinlichkeit von (a, b) durch die von den einzelnen Konfidenzintervallen definierte Rechteckfläche geringer ist als die einzelnen Konfidenzniveaus angeben. Zu einem vorgegebenen Niveau können jedoch konservativ **simultane Konfidenzintervalle** ausgerechnet werden. Hierzu setzen wir $A := $ „KI_a überdeckt a", $B := $ „KI_b überdeckt b" und $P(\overline{A}) = P(\overline{B}) = \alpha/2$. Dann folgt wegen

$$
\begin{aligned}
P(A \cap B) &= 1 - P(\overline{A \cap B}) = 1 - P(\overline{A} \cup \overline{B}) \\
&= 1 - (P(\overline{A}) + P(\overline{B}) - P(\overline{A} \cap \overline{B})) \\
&\geq 1 - P(\overline{A}) - P(\overline{B}) = 1 - 2 \cdot \alpha/2
\end{aligned}
$$

die Ungleichung

$$
P(\text{„}\mathrm{KI}_a \text{ überdeckt } a\text{" } und \text{ „}\mathrm{KI}_b \text{ überdeckt } b\text{"}) \geq 1 - \alpha
$$

Also ist die Wahrscheinlichkeit für das simultane Überdecken größer gleich $1 - \alpha$. Statt einer weiteren formalen Diskussion bieten wir eine R-Berechnungsmöglichkeit an und zeichnen die Geraden, die zu den Intervallgrenzen der simultanen 0.95%-Konfidenzintervalle gehören.

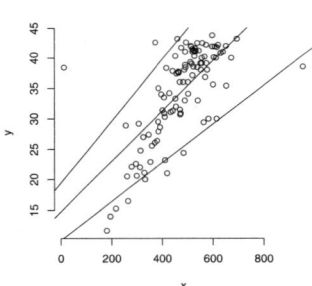

Abb. 10.15: Geraden zu extremen KIs

222
```
>x<-astra.km; y<-astra.liter
  result<-ki.a.b(x,y,alpha=0.05,plot=TRUE)
```
Wir erhalten für unseren Tankdatensatz

	Untergrenze:	Obergrenze:
95%-KI->a	10.69671795	18.83774575
95%-KI->b	0.03297100	0.04967949
95%-KI->a simultan	10.09894841	19.43551529
95%-KI->b simultan	0.03174414	0.05090635

Da das Konfidenzintervall [0.0330, 0.0497] für b die 0 nicht enthält, sind wir zu 95% sicher, dass ein positiver Zusammenhang vorliegt. Ein anderes Ergebnis hätte uns auch sehr verwundert.

10.4.3 $E(Y|x_0)$ und Prognose von $Y|x_0$

An einer vorgegebenen Stelle x_0 kann das Konfidenzintervall für den Wert der wahren Geraden interessieren. Hiermit ist die Frage nach einem Prognoseintervall für Y an der Stelle x_0 verwandt. Wird im ersten Fall ein Konfidenzintervall für den Erwartungswert $E(Y|x_0)$ gesucht, ist es im zweiten ein zentrales Schwankungsintervall für $Y|x_0$. Berechnet wird das Konfidenzintervall (KI) für den Modellwert über die Formel

$$\text{KI für } E(Y|x_0): \left[\hat{y}|x_0 \pm t_{n-2;1-\alpha/2} \cdot \hat{\sigma} \cdot \sqrt{\left(\frac{1}{n} + \frac{(x_0 - \overline{x})^2}{SS_x}\right)}\right]$$

Demgegenüber erhalten wir ein Prognoseintervall (PI) für Y an der Stelle x_0 durch

$$\text{PI für } Y|x_0: \left[\hat{y}|x_0 \pm t_{n-2;1-\alpha/2} \cdot \hat{\sigma} \cdot \sqrt{\left(\frac{n+1}{n} + \frac{(x_0 - \overline{x})^2}{SS_x}\right)}\right]$$

Die Prognoseintervalle für alle x-Werte bilden Kurven, die mit der Funktion `ki.y.dach` graphisch veranschaulicht werden können.

```
>ki.y.dach(
    cars[,1],cars[,2],
    alpha=c(0.05,0.01),
    x0=seq(0,60,length=100))
```

Die Graphik von Abbildung 10.16 zeigt die Prognosegrenzen zu den Niveaus 90% und 99% für den Datensatz `cars`.

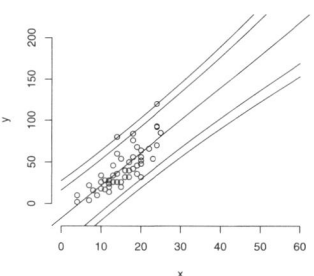

Abb. 10.16: Prognosebereiche

10.4.4 Test und Modellvergleich

Nach einer Modellanpassung möchte der Anwender wissen, ob das angepasste Modell wirklich einen Erklärungswert hat. Natürlich können aufgrund von Datenpunkten nicht Ursache-Wirkungs-Beziehungen bewiesen werden. Dieses kann sich der Leser leicht an Gedankenexperimenten verdeutlichen: Zwar existiert eine positive Korrelation zwischen der Anzahl der bei Bränden eingesetzten Feuerwehrleuten und den jeweiligen Schadenssummen. Doch ist eine Wirkungsbeziehung

„viele Feuerwehrleute" $\Rightarrow$ „hoher Schaden"

genauso abwegig wie die Wirkung von Störchen auf die Vermehrungsrate der Bevölkerung. Mit statistischen Zusammenhängen lassen sich keine echten beweisen, nur umgekehrt können wir, wenn vorher eine Theorie des Wirkungszusammenhanges erstellt wurde, Bestätigungen sammeln oder unterstellte Zusammenhänge über Widerspruch zu Fall bringen.

Testfragen. Die statistische Testtheorie liefert Verfahren, um Hypothesen kritisch zu prüfen und gegebenenfalls abzulehnen. Gemäß des Prinzips: „Beweis durch Widerspruch" helfen uns diese, unter einer quantifizierbaren Restunsicherheit durch Ablehnung von Hypothesen unser Wissen zu mehren. In der Regressionsanalyse können wir die Hypothesen

H_0 : es gibt einen linearen Zusammenhang: $b = 0$

H_1 : es gibt keinen linearen Zusammenhang: $b \neq 0$

aufstellen und testen. Wie aus dem Kapitel 9 „Testen", →S. 283, bekannt, können wir Tests zum Niveau α durchführen, indem wir $(1 - \alpha)$-Konfidenzintervalle aufstellen und auswerten. Zum Test von $H_0 : b = 0$ können wir also das zentrale $(1 - \alpha)$-Konfidenzintervall für b berechnen und werden H_0 ablehnen, falls das realisierte Konfidenzintervall die Stelle 0 nicht überdeckt. Stehen die Hypothesen $H_0 : b = 0$ und $H_1 : b > 0$ zur Diskussion, werden wir H_0 ablehnen, wenn das zentrale $(1 - 2 \cdot \alpha)$-Konfidenzintervall vollständig im Bereich $\mathbb{R}^+$ liegt.

In unserem Tankdatensatz können wir also bei einem Signifikanzniveau von $\alpha = 5\%$ die Hypothese $H_0 : b = 0$ gegenüber $H_1 : b \neq 0$ ablehnen. Denn wir hatten oben das Konfidenzintervall $[0.03, 0.05]$ berechnet, das die Stelle 0 nicht überdeckt. Korrekt ist die Durchführung des Tests aber nur, wenn vor der Untersuchung die Hypothesen formuliert worden sind. Deshalb hat das Tankbeispiel hier nur demonstrativen Charakter.

P-value. Interessant ist herauszufinden, ab welchen α oder p-Wert wir gerade zu einer Ablehnung von H_0 kommen. Denn dieser Wert charakterisiert unsere Sicherheit, für weitere Analyseschritte von einer von 0 verschiedenen Steigung auszugehen. Zur Demonstration wollen wir auf einen Teil des Datensatzes cars zurückgreifen, der von R bereitgestellt wird. In diesem werden Geschwindigkeiten und Bremswege gegenübergestellt. Wir berechnen mittels unserer Funktion `lsfit.b.pvalue`

4
```
>x<-cars[1:10,"speed"]
 y<-cars[1:10,"dist"]
 plot(x,y,xlab="speed",
    ylab="distance")
 abline(lm(y~x),col="blue")
 lsfit.b.pvalue(x,y)
```

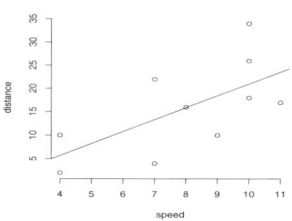

Abb. 10.17: `distance` gegen `speed`

einen p-Wert von: `[1]  0.0439068`. Sofern die Annahmen des linearen Regressionsmodells zutreffen und $b = 0$ gilt, werden wir nur in etwa 4.4% der Fälle eine extremere Beobachtung bekommen. Damit dürfte für diese Daten ein Zusammenhang bestätigt sein.

ANOVA. Neben den klassischen Hypothesentest steht uns mit der sogenannten **ANOVA** – „Analysis of Variance" – ein weiteres Verfahren zur Modellanalyse und -auswahl zur Verfügung. Dazu wird die Varianz der zu erklärenden Variablen auf unterschiedliche Verursacher aufgeteilt und die Signifikanz der Einzelbeiträge geprüft. Bei der einfachen linearen Regression konkurrieren die beiden Modelle

$$\text{Modell I:} \quad y_i = a^* + u_i^*$$
$$\text{Modell II:} \quad y_i = a + bx_i + u_i$$

miteinander. Die geschätzten Reste der Modelle dienen als Entscheidungsgrundlage, und wir berechnen die Residualvarianzen oder einfacher: die Summen von quadratierten Resten. So erhalten wir

$$\text{Modell I:} \quad SS_y \;=\; \sum(y_i - \hat{a}^*)^2 \;=\; \sum(y_i - \overline{y})^2 = (n-1)s_y^2$$
$$\text{Modell II:} \quad SS_{\text{resid}} = \sum(y_i - \hat{a} - \hat{b}x)^2 = \sum(y_i - \hat{y}_i)^2 = (n-1)s_{\hat{u}}^2$$

Die Verbesserung durch Wechsel von Modell I zu Modell II ist demnach der Regression zuzuschreiben, kurz ist der

$$\text{Regressionsbeitrag:} \quad SS_{\text{regr}} = SS_y - SS_{\text{resid}} = \sum(\hat{y}_i - \overline{y})^2 = (n-1)s_{\hat{y}}^2$$

Diese Größen werden in der sogenannten ANOVA-Tabelle zusammengefasst, die die Ursachen, die zugehörigen Summen und einige weitere Kenngrößen zeigt. In Tabelle 10.1 sehen wir eine typische ANOVA-Tabelle. Sie enthält als zusätzliche Information eine Spalte mit den Freiheitsgraden (Df), die zu den Verursachern bzw. zu den jeweiligen Quadratsummen gehören.

Urache	Df	SS	MQ	F-Wert	
Regression (regr)	1	$\sum(\hat{y}_i - \bar{y})^2$	$SS_{\text{regr}}/1$	$\frac{SS_{\text{regr}}/1}{SS_{\text{resid}}/(n-2)}$	p-value
Residuen (resid) von Modell II	$n-2$	$\sum(y_i - \hat{y}_i)^2$	$SS_{\text{resid}}/(n-2)$		
Totale Varianz Res. Modell I	$n-1$	$\sum(y_i - \bar{y})^2$	$SS_Y/(n-1)$		

Tab. 10.1: Typische ANOVA-Tabelle

Für das Modell I ist ein Parameter zu schätzen, sodass bei n Datenpunkten $(n-1)$ Freiheitsgrade verbleiben. Das Modell II erfordert die Schätzung von zwei Parametern, also ergeben sich $(n-2)$ Df. Als Differenz bleibt ein Freiheitsgrad übrig. Wir können aber auch überlegen: Hinter den $\hat{y}_i$-Werten stecken zwei Informationseinheiten, der Achsenabschnitt und die Steigung. Hierbei wird für die Ermittlung von $\bar{y}$ eine davon aufgebraucht, und es ist nur noch ein Freiheitsgrad übrig.

Dividieren wir die Einträge der Quadratsummenspalte durch die Freiheitsgrade, dann erhalten wir mittlere Quadratsummen (MQ), die Auskünfte über die Variabilität liefern. Durch Division von mittleren quadratischen Fehlern erhalten wir Statistiken, die zum Testen herangezogen werden können. Im vorliegenden Fall der einfachen linearen Regressionsanalyse macht nur ein Vergleich Sinn, nämlich ob die MQ der Regression relativ zu der Residualvarianz ausreichend groß ausfällt. Deshalb bilden wir: MQ(regr)/MQ(resid) =: F. Falls in Wirklichkeit ein linearer Zusammenhang vorliegt und die Modellannahmen über die Störungen U_i gelten, ist der Quotient F F-verteilt mit $(1, n-2)$ Freiheitsgraden. Per Hand bzw. per Rechner lässt sich der zugehörige p-**value** finden.

225
```
>x<-cars[1:10,"speed"]; y<-cars[1:10,"dist"]
 F.byhand(x,y)
```
```
$mse.regr
[1] 365.1607
$mse.resid
[1]  63.96741
$F
[1]  5.708543
$pvalue
[1] 0.0439068
```
Dieses Ergebnis bedeutet für den cars-Teildatensatz ebenfalls Ablehnung von $H_0 : b = 0$. Wir wollen jetzt die eingeführten Größen in einem

von R erstellten Output wiederentdecken. Dazu notieren wir den Wunsch „y durch x zu erklären" durch die „Formel" y~x und schätzen ein lineares Modell mit der Funktion lm (kurz für: linerares Modell anpassen). Die Funktion anova erstellt zu dem Resultat von lm eine ANOVA-Tabelle.

```
>x<-cars[1:10,"speed"]; y<-cars[1:10,"dist"]
 result<-lm(y~x)
 anova(result)
```

Wir bekommen den Output

```
Analysis of Variance Table
Response: y
          Df Sum Sq Mean Sq F value  Pr(>F)
x          1 365.16  365.16  5.7085 0.04391 *
Residuals  8 511.74   63.97
---
Signif. codes:  0 '***' 0.001 '**' 0.01 '*' 0.05 '.' 0.1 ' ' 1
```

Dieser Ausdruck entspricht dem in Tabelle 10.1, → S. 340, dargestellten Schema, das jedoch noch eine zusätzliche Zeile enthält. Die Zusatzzeile lässt sich aus den anderen Informationen berechnen, wird aber gern mit abgedruckt. R verzichtet auf diesen Service, hebt demgegenüber besondere p-Werte hervor, damit die Signifikanzen sofort ins Auge springen.

Damit ist der Gedankengang geschlossen. Wie wir dem Output entnehmen können, ergibt sich mit 0.04391 genau der p-Wert, den wir bereits oben per Hand oder über das extremste Konfidenzintervall, das den Wert 0 enthält, ermittelt haben.

10.5 Ausblick

Die einfache lineare Regression stellt die erste Stufe auf dem Gebiet der Regressionsanalyse dar. Modelle mit mehreren erklärenden Variablen, nicht linearen oder nicht additiven Beziehungen gehören dagegen in den Fortgeschrittenenkurs. Als Ausblick präsentieren wir abschließend ein paar Beispiele.

10.5.1 Mehrere erklärende Variablen

Viele reale Probleme sind multivariater Natur. Deshalb ist es naheliegend, mehr als eine erklärende Variable in das Modell aufzunehmen. Zum Beispiel könnte der Versuch gemacht werden, den Brennwert (BW) von Milchprodukten je 100 g durch die Anteile von Fett (FE), Kohlehydraten (KH) und Eiweißen (EW) mit folgendem Modell zu beschreiben:

$$\text{BW}_i = \beta_0 + \beta_1 \cdot \text{KH}_i + \beta_2 \cdot \text{EW}_i + \beta_3 \cdot \text{FE}_i + u_i$$

Eine Kühlschrankinspektion führte zu einem Datensatz, deren Variablen in der Abbildung 10.18, →S. 342, mit der Funktion `pairs` paarweise gegeneinander geplottet sind.

227 `>pairs(milchprod)`

Für R können wir den zu untersuchenden Zusammenhang in der Formel `BW ~KH + EW + FE` notieren. Da die Variablennamen der Formel auch Spaltennamen des Datensatzes sind, lässt sich das Modell durch folgenden Aufruf von `lm()` schätzen

228 `>result<-lm(BW ~ KH + EW + FE,milchprod)`

Als Ergebnis erhalten wir

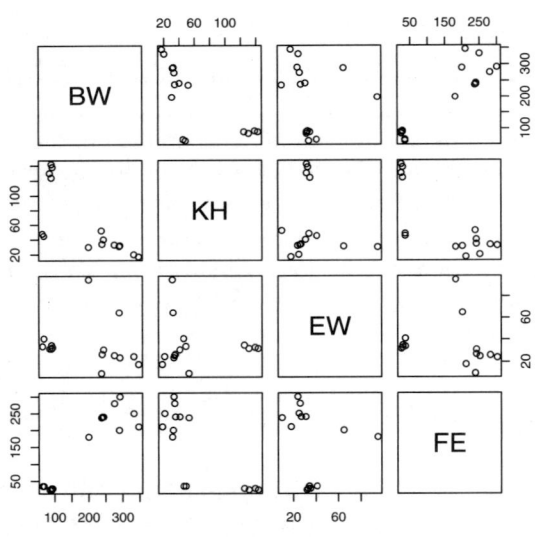

Abb. 10.18: Inhaltsstoffe einiger Milchprodukte

```
Call:
lm(formula = BW ~ KH + EW + FE, data = milchprod)
Coefficients:
(Intercept)           KH            EW            FE
    85.2678       -0.1647       -0.1125        0.8158
```

bzw. in der üblichen Form

$$BW = 85.2678 - 0.1647 \cdot KH - 0.1125 \cdot EW + 0.8158 \cdot FE$$

Auch die Autoren wunderten sich natürlich, dass Kohlehydrate einen negativen Einfluss auf den Brennwert haben sollen. Das Modell bildet offensichtlich die Zusammenhänge nicht so wie vermutet ab, sodass auch keine tiefergehenden Schlussfolgerungen abgeleitet werden sollten. Der Leser sei dazu ermuntert, seinen eigenen Kühlschrank auszuwerten und ein besseres Modell zu suchen. Die Autoren haben sich in ihr Hausaufgabenheft geschrieben, der Sache nachzugehen, können an dieser Stelle aber keine substanzwissenschaftliche Lösung anbieten. Geometrisch beschreibt diese Beziehung eine dreidimensionale Hyperebene in dem vierdimensionalen Raum der Merkmale. Dieser gestattet es natürlich nicht, direkt inspiziert zu werden. Wir können jedoch die Residuen gegen die zu erklärende Variable abtragen.

29
```
>resid<-residuals(result)
 plot(milchprod$BW,resid,type="h",
      ylab="Residuen")
```

und erhalten die Abbildung 10.19. Aufgrund der geringen Anzahl von Beobachtungen können wir nicht die Annahmen Linearität, Normalverteilung mit konstanter Varianz als Verteilung der Störungen sowie die Unabhängigkeit der Störungen prüfen. Wir können jedoch, weniger zum Testen, sondern mehr zur Beschreibung eine ANOVA-Tabelle berechnen.

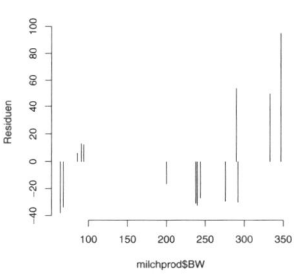

Abb. 10.19: Residuen des Milchprodukte

30
```
>anova(result)
```

und erhalten:

```
Analysis of Variance Table
Response: BW
          Df Sum Sq Mean Sq F value    Pr(>F)
KH         1  82021   82021 40.5451 5.314e-05 ***
EW         1   6220    6220  3.0746 0.1073093
FE         1  39897   39897 19.7222 0.0009934 ***
Residuals 11  22253    2023
---
Signif. codes: 0 '***' 0.001 '**' 0.01 '*' 0.05 '.' 0.1 ' ' 1
```

Für die Milchprodukte des Datensatzes gibt es nach dieser Tabelle zwei wesentliche Kandidaten, die für den Brennwert verantwortlich sind: Kohlehydrate und Fette. Eiweiße spielen demnach nur eine untergeordnete Rolle.

Deshalb können wir (nur zur Demonstration) unser Modell auf die **signifikanten** erklärenden Variablen reduzieren und schätzen erneut:

231

```
>result<-lm(BW ~ KH + FE,milchprod)
```

Als Ergebnis erhalten wir das verkleinerte Modell:

```
Call:
lm(formula = BW ~ KH + FE, data = milchprod)
Coefficients:
(Intercept)           KH            FE
    78.1216      -0.1402        0.8267
```

10.5.2 Nicht lineare Zusammenhänge

Wie oben bereits angesprochen sind viele Zusammenhänge nicht linearer Natur. Zum Beispiel steigt die notwendige Energie mit dem Quadrat der Geschwindigkeit. Deshalb werden wir die Abhängigkeit des Bremsweges dist von der Geschwindigkeit speed durch eine quadratische Beziehung modellieren

$$\text{distance} = a_0 + a_1 \cdot \text{speed} + a_2 \cdot \text{speed}^2$$

Auch dieses Modell kann durch eine Formel (formula) ausgedrückt werden:

```
dist ~speed + I(speed^2)
```

und führt mit

232

```
>x<-cars[,"speed"]; y<-cars[,"dist"]
 plot(x,y,xlab="speed",ylab="distance")
 abline(lm(y~x),col="blue")
 result<-lm(dist~speed+I(speed^2),cars)
 coef<-result$coef
 xx<-seq(min(x),max(x),length=100)
 yy<-coef[1]+coef[2]*xx+coef[3]*xx^2
 lines(xx,yy,col="red")
 title("lineare und quadratische Anpassung")
```

zu der linken Graphik der Abbildung 10.20.

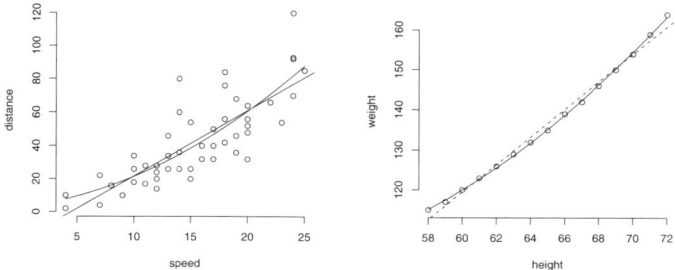

Abb. 10.20: Anpassung einer Geraden und einer Parabel an `cars`

Im Unterschied zu dem Beispiel mit den Milchprodukten haben wir wieder nur eine erklärende Variable, die jedoch in verschiedenen Potenzen in dem Modell auftaucht. Trotzdem kann zur Modellanpassung problemlos die Methode der kleinsten Quadrate

$$\sum (y_i - a_0 - a_1 \cdot x_i - a_2 \cdot x_i^2)^2 \;\to\; \min_{a_0,\dots,a_2}$$

eingesetzt werden.

Zur Illustration sei ein zweiter Datensatz mit angepasster Parabel gezeigt, in dem Durchschnittsgewichte und -größen von Frauen abgelegt sind.

```
>plot(women)
 abline(lm(weight ~ height,women),col="blue",lty=2)
 result<-lm(weight ~ height + I(height^2),women)
 xx<-58:72; yy<-outer(xx,0:2,"^")%*%result$coefficients
 lines(xx,yy,col="red")
```

Aus inhaltlichen Gründen ist auch ein kubisches Modell begründbar, doch ist die Anpassung in Abbildung 10.20, rechte Graphik, sicher schon überzeugend.

Für die Rückfrage, wie denn ein angepasstes Polynom mit höheren Polynomgrad für unsere Tankdaten verläuft, fordern wir den Leser auf, eigene Experimente durchzuführen. Dazu bieten wir die Funktion `exp.regr.poly()` an, mit der sich interaktiv verschiedene Polynomgrade probieren lassen.

```
>x<-astra.km; ind<-30<x & x<800
 x<-x[ind]; y<-astra.liter[ind]
 exp.regr.poly(x,y)
```

Zum Beispiel kann man hiermit die rechte Graphik aus Abbildung 10.24 rekonstruieren. Es deutet sich am rechten Rand die unangenehme Eigenschaft von Polynomen an, mit der Entfernung vom Stützbereich immer weniger brauchbare Werte zu produzieren.

10.5.3 Variablentransformationen

Wie im letzten Abschnitt gezeigt, eignen sich auch teilweise Modelle, in denen Variablen anders als linear eingehen. Manchmal ist es auch förderlich, die einzelnen Variablen zu transformieren und dann ein lineares Modell an den transformierten Datensatz anzupassen. Hierzu wollen wir ein Beispiel präsentieren, das Gehirn- und Körpergewichte von Säugetieren einander gegenüberstellt.[26]

235
```
>library(MASS)
 plot(Animals)
 abline(lm(brain~body,Animals),col="blue")
```

Ohne Transformation erhalten wir das Regressionsergebnis, das in Abbildung 10.21, → S. 346, zu sehen ist. Der Scatterplot zeigt keinen Zusammenhang und die fallende Regressiongerade, induziert durch den Ausreißer, ist unverständlich ist. Eine logarithmische Transformation beider Skalen führt zu einem brauchbareren Bild.

236
```
>lAnimals<-log(Animals)
 colnames(lAnimals)<-c("log.body","log.brain")
 plot(lAnimals,ylab="log(brain)",xlab="log(body)")
 abline(lm(log.brain~log.body,lAnimals),col="blue")
```

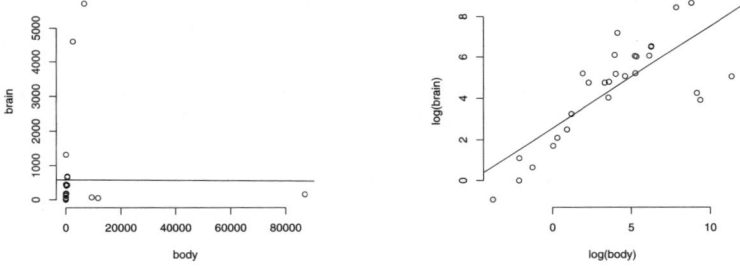

Abb. 10.21: Gehirn- / Körpergewichte   **Abb. 10.22:** Gewichte logarithmiert

Die logarithmierten Daten sind zusammen mit der Regressionsgeraden in Abbildung 10.22 zu sehen. Das Ergebnis entspricht viel eher unserer Vorstellung. Nachteilig ist bei der Transformation einzelner Variablen, dass die gefundenen Zusammenhänge für die neuen Variablen zum Teil schwierig zu interpretieren sind.

---

26 Für die Rekonstruktion dieser Anweisungen muss das R-Paket MASS installiert sein.

10.5.4 Polynome und lokale Glätter

Als letztes wird beschrieben, dass wir – ähnlich wie bei Dichtespuren – abschnittsweise Geradenstücke oder Polynome an Datenpunkte anpassen können. Hierdurch erhalten wir ebenfalls Modelle zur Beschreibung des Zusammenhangs. Zur Illustration sei der Einsatz der Funktion lowess gezeigt. Diese verwendet zur Schätzung eines Modellwertes an der Stelle x_0 nur die Punkte in einer Umgebung um x_0. Der Parameter f fixiert den Anteil der Punkte, die jeweils verwendet werden sollen.

Als Beispiel werden Luchsbestände zwischen 1821 bis 1934 in Kanada betrachtet, die unter dem Namen lynx in R abgelegt sind. Gerade bei Zeitreihen sind lokale Glätter sehr beliebt, da einfache Globalmodelle – wie Polynome – oft nicht begründbar sind und ihre Extrapolationen für Prognosezwecke ungeeignete Ergebnisse hervorrufen.

```
>plot(lynx,type="b",pch=20)
 result<-lowess(lynx,f=10/114)
 lines(result,col="red")
 title("Entwicklung des Luchsbestands")
```

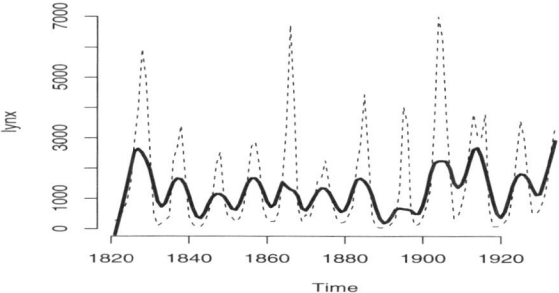

Abb. 10.23: Luchsbestand von 1821 bis 1934

Abbildung 10.23 zeigt die Entwicklung des Luchsbestandes mit ihrem zyklischen Erscheinungsbild. Die Kurve mit den geringeren Ausschlägen ist durch lokale Glättung der Daten entstanden, wobei für jeden Modellwert die Daten aus einem Zeitfenster von zirka zehn Jahren Berücksichtigung gefunden haben.

Als zweites wollen wir vorführen, wie lowess mit der Defaultsetzung f=2/3 das Problem der begrenzten Tankkapazität umsetzt.

```
>x<-astra.km; ind<-30<x & x<800
 x<-x[ind]; y<-astra.liter[ind]
 plot(x,y); lines(lowess(x,y),col="red")
```

Die Abbildung 10.24 verrät ab zirka 500 km einen Strukturbruch.

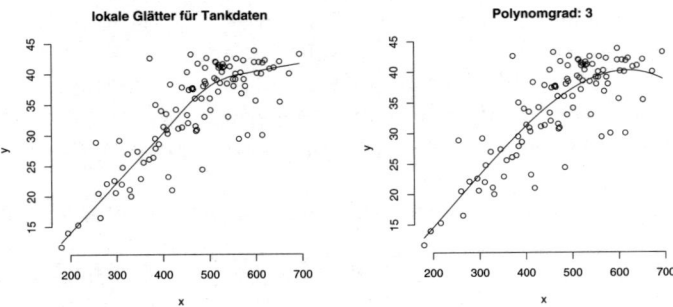

Abb. 10.24: Tankdaten mit Glättungskurve (links) und mit einem angepassten Polynom 3. Grades (rechts)

Für ein kleineres `f` im Aufruf von `lowess` hätte sich ein unruhigerer Verlauf ergeben, für eine größere Spanne dagegen ein glatterer Verlauf. Um dieses zu studieren, bekommt der Leser mit der folgenden Anweisung die Gelegenheit, diesen Parameter gemäß seiner Vorstellung einzustellen, vergleiche Abbildung 10.25.

239

```
>exp.regr.smooth(x,y)
```

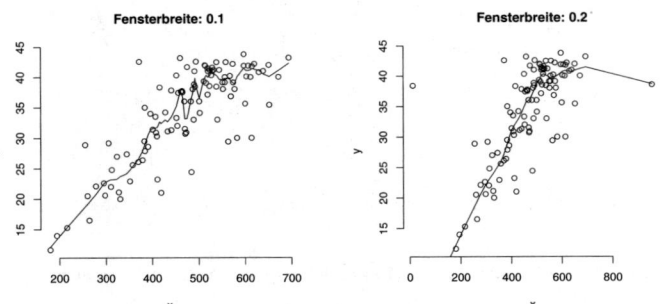

Abb. 10.25: Beispiel für unterschiedliche Glättungen

Der Leser erkennt hoffentlich, dass die simple Aufgabe, ein Modell

$$\hat{y} = f(x; a_1, \ldots, a_m)$$

zu finden, äußerst vielfältig und spannend ausfallen kann.

Zusammenfassung

In der Regressionsanalyse wird der Zusammenhang von unabhängigen und abhängigen Variablen untersucht. Im einfachsten Fall wird eine lineare Beziehung von zwei Variablen unterstellt: $Y = ax + b + U$. Hierzu können Beobachtungen und Modellgerade in einem Streudiagramm dargestellt werden. Folgende Punkte sollten in der Erinnerung bleiben:

- Geschätzt werden die Parameter a und b i.d.R. nach der Methode der kleinsten Quadrate, bei der das Kriterium $\sum \hat{u}_i^2$ minimiert wird.

- Auf Basis von $U_i \overset{iid}{\sim} \text{norm}(0, \sigma)$ lassen sich Konfidenzintervalle für Parameter und Prognoseintervalle errechnen sowie Tests durchführen.

- Unumgänglich ist die Inspektion von Residualplots, um Nicht-Linearitäten, Ausreißer und sich verändernde Varianzen zu erkennen. Die Normalverteilungsannahme kann mit QQ-Plots geprüft werden.

- Der Korrelationskoeffizient ist ein Maß für den linearen Zusammenhang. Sein Quadrat liefert uns das Bestimmtheitsmaß, das als Anteil der erklärten Varianz interpretiert werden kann. Grundlage bildet hierfür die Zerlegung: $s_y^2 = s_{\hat{y}}^2 + s_{\hat{u}}^2$.

- Verschiedene Modelle werden ausgehend von Varianzzerlegungen anhand von Quotienten von Quadratsummen verglichen. Mit angenommener Normalverteilung ergeben sich F-verteilte Größen, deren p-Werte die Signifikanz von Komponenten charakterisieren.

- Mit Verallgemeinerungen des einfachen Regressionsmodells können nicht lineare Verläufe sowie mehrere erklärende Variablen betrachtet und lokal statt global geschätzte Modelle angepasst werden.

Aufgaben

1. Die Umstellung auf den Euro hat viele Diskussionen ausgelöst. Besonders interessant ist die Frage, ob es zu einer besonderen Verteuerung gekommen ist. So wurden für einige technische Geräte Preiskonstellationen ermittelt, wie sie in Abbildung 10.26 zu sehen sind.

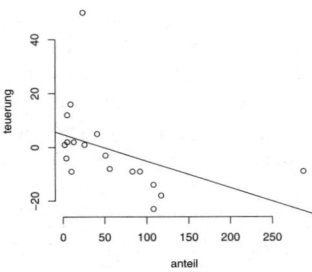

Abb. 10.26: Teuerung gegen Anteil

Interessanterweise zeigt sich ein Zusammenhang, wenn man die festgestellte Teuerungsrate eines Produktes gegen den Anteil im Warenkorb abträgt. Mit folgende Anweisungen lässt sich in solcher Plot für 18 Haushaltsgeräte erstellen.

240
```
>anteil<-c(108,83,287,117,92,56,10,2,4,5,13,5,108,24,41,51,26,9)
teuerung<-c(-23,-9,-9,-18,-9,-8,-9,1,-4,12,2,2,-14,50,5,-3,1,16)
plot(anteil, teuerung)
```

a) Rekonstruieren Sie mit Hilfe von lm() und abline() die Abbildung 10.26. Hilfe leistet: help(lm).

b) Berechnen Sie zu den Daten das Bestimmtheitsmaß.

c) Erstellen Sie einen Residualplot, in dem Sie die Residuen gegen die x bzw. y-Werte abtragen. Sind die allgemeinen Annahmen des linearen Modells erfüllt?

d) Wie ändert sich die Modellgerade, wenn die beiden extremsten Punkte – sie beziehen sich auf die Waschmaschine (287, -9) und Nähmaschine (24,50) – entfernt werden? Wie ändert sich R^2?

e) Für die Produktgruppe „Bekleidung" wurde ein Modell mit einem Achsenabschnitt von 23.63 und einer Steigung von -0.0616 angepasst. Gelten für die beiden Produktgruppen unterschiedliche Modelle? Argumentieren Sie unter Verwendung von Konfidenzintervallen.

2. Diese Aufgabe handelt von einem Datensatz[27], der die Ausgaben für Polizeikräfte und Kriminalitätsrate von 1960 in 47 amerikanischen Staaten enthält. Wir können schnell einen Scatterplot der Daten erstellen.

---

27 Quelle: http://lib.stat.cmu.edu/DASL/Datafiles/USCrime.html

241
```
>ausgaben<-police[,1]; k.rate<-police[,2]
 plot(ausgaben,k.rate,xlab="Ausgaben fuer Polizei",
     ylab="Kriminalitaetsrate")
```

a) Passen Sie an die Daten ein lineares Modell an.

b) Erstellen Sie einen Residualplot, um die Brauchbarkeit eines Regressionsmodells zu überprüfen.

c) Können die geschätzten Residuen aus einer Normalverteilung stammen?

d) Zum Vergleich mit anderen Ländern kann es notwendig sein, die Einheiten der Variablen umzurechnen. Ermitteln Sie, wie sich allgemein der Steigungsparameter ändert, wenn die ursprünglichen Variablen linear transformiert werden.

e) Welche Wirkung hat eine lineare Transformation auf das Bestimmtheitsmaß?

3. Nun zu einem anderen Datensatz, der unter die Überschrift „Alcohol and Crime" passt: Folgende Tabelle[28] zeigt den Prozentsatz von Gewalttaten unter Alkohol in Abhängigkeit von der Tageszeit. t bezeichnet dabei die Stunden, $x(t)$ für die t-te Stunde den Prozentsatz der Verbrechen, bei denen Alkohol im Spiel war.

Stunde	0	1	2	3	4	5	6	7	8	9	10	11
Prozent	9.3	9.6	7.8	4.8	2.6	1.4	1.0	0.9	0.8	0.7	0.9	1.0

Stunde	12	13	14	15	16	17	18	19	20	21	22	23
Prozent	1.3	1.4	1.7	2.2	3.2	3.5	4.8	5.8	7.1	8.5	9.6	10.2

a) Berechnen Sie R^2.

b) Interpretieren Sie den im vorherigen Aufgabenteil berechneten Wert.

c) Die Anpassung einer Geraden nach der Methode der kleinsten Quadrate liefert für den Steigungsparameter den Wert: 0.136. Skizzieren Sie die Punkte des Datensatzes, und tragen Sie die geschätzte Gerade ein. Hilfe leisten: `help(lm)`, `help(abline)`.

d) Kritisieren Sie die Anpassung eines linearen Modells. Sind die Annahmen des linearen Modells erfüllt? Argumentieren Sie insbesondere über die Residuen.

---

28 Quelle: `http://www.ojp.usdoj.gov/bjs/pub/ascii/ac.txt`

„Lieber Dr. Watson, versuchen Sie diese kleine Analyse selbst", sagte
er in ungeduldigem Ton. „Sie kennen meine Methoden. Wenden Sie sie
an, dann ist es lehrreich, die Ergebnisse zu vergleichen."
SHERLOCK HOLMES

11 R-Einführung

11.1 Hintergrund, Installation und erste Schritte mit R

Historie und Installation. R ist eine Werkstatt für Statistiker, die auf die
Software S zurückgeht. S wurde in den 80-er Jahren von den Statistikern
BECKER, CHAMBERS und WILKS bei AT&T für Statistiker entwickelt. Inter-
aktivität, Graphik, einfacher Umgang mit Daten sowie Erweiterbarkeit waren schon damals die intendierten Eigenschaften. In den 90-er Jahren schu-
fen ROSS IHAKA und ROBERT GENTLEMAN einen Interpreter namens R,
für den sie die S-Syntax übernahmen. Diese Grundsatzentscheidung sowie
kostenlose Erhältlichkeit und Offenheit sind verantwortlich für die enorme
Entwicklung des „R-Projektes." Seit 1997 wird R durch das „R Core Team"
vorangetrieben und zeichnet sich inzwischen durch hohe Geschwindigkeit
und eine sehr große Stabilität aus. Alle wesentlichen Informationen über R
einschließlich Dokumentationen, Quellcodes und lauffähigen Programmen
lassen sich über die Projekt-Homepage `http://cran.r-project.org`
erreichen. Dort findet man auch schnell den Weg zu einer Windows-
Version, die man per Klick herunterladen und auf dem heimischen Rechner installieren kann bzw. für die Aktivierung der R-Beispiele dieses Buches installiert haben muss. Der direkte Zugriff auf das Verzeichnis mit der
selbstentpackenden Software lautet beispielsweise:

```
http://cran.r-project.org/bin/windows/base/
```

Die erste Sitzung. Als Beispiel wollen wir den Datensatz `co2`, der CO_2-
Konzentrationen von 1959 bis 1978 zeigt, graphisch darstellen und einige Statistiken berechnen. Ist R installiert, wird R unter Windows über
`Programme->R->Version` oder – sofern vorhanden – über die R-Ikone
gestartet. In der Regel öffnet der R-Prozess ein neues Fenster. In diesem
meldet sich R mit einigen allgemeinen Hinweisen und weist mit dem Zeichen „>" darauf hin, dass eine Eingabe erwartet wird:

```
>123
```

Hinter diesem Zeichen „>" (Prompt) muss die gewünschte Anweisung
eingegeben und durch Druck der Eingabetaste (`Return`) an das System übergeben werden. Berechnungsergebnisse werden unmittelbar un-

ter der Eingabezeile ausgegeben, Graphiken erscheinen in einem isolierten Fenster. Wir müssen R also unsere Aufträge in Form von Anweisungen übergeben. Für das Beispiel laden wir die Daten mit data(co2), erstellen mit plot(co2) einen Zeitreihenplot und ermitteln einige Statistiken mit summary(co2). Es sind also nacheinander drei Anweisungen einzugeben.

243
```
>data(co2)
 plot(co2,type="l")
 summary(co2)
```

R erzeugt nach der Eingabe der Befehle selbstständig eine Graphik

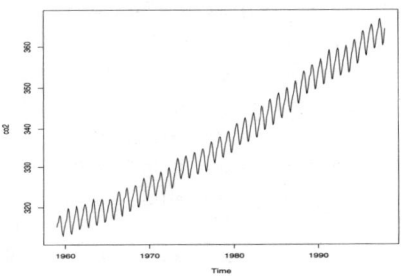

Abb. 11.1: Plot der CO_2

und gibt die berechneten Statistiken auf dem Bildschirm aus:

```
 Min. 1st Qu.  Median   Mean 3rd Qu.   Max.
313.2   323.5   335.2  337.1   350.3  366.8
```

Die Arbeit beenden wir mit der Anweisung q() und verlassen R nach Beantwortung der Frage, ob wir den Inhalt der Umgebung für die nächste Sitzung abspeichern wollen.

```
> q() #
```

Damit ist die erste Sitzung beendet. Wenn der Leser alles richtig gemacht hat, wird er auch die hier protokollierten Ergebnisse erhalten haben.

Fehler und Tipperleichterung. Wenn nicht alles geklappt hat, ist das auch nicht schlimm. Denn R ist ein sogenannter Interpreter, der bei fehlerhaften Anweisungen eine Fehlermeldung ausgibt, dann aber gleich eine neue Eingabe verlangt. Als Demonstration sei eine fehlerhafte Anweisung zur Mittelwertberechnung gezeigt:

244
```
>mean(co2))
```

Hierauf antwortet R mit

```
Error: syntax error
```

Na, wo liegt der Fehler? Es folgt die korrekte Anweisung, die das Ergebnis
`337.0535` erarbeitet.

5
```
>mean(co2)
```

Versuchen Sie einmal, falsche Anweisungen einzugeben! Sie bekommen
immer eine neue Chance, es sei denn, R meldet sich mit einem „+"-Zeichen.
Dann ist aus der Sicht von R eine Anweisung noch unvollständig und kann
in der Folgezeile fortgeführt werden; die Eingabe unpassender schließen-
der Klammern ruft dann wiederum einen Fehler hervor.

Zur Erleichterung der Tipparbeit lassen sich bei den meisten R-
Installationen durch Betätigung der Cursor-Tasten (↑, ↓) die letzten Einga-
ben in die Eingabezeile kopieren.

11.2 Daten einlesen und Statistiken berechnen

Datenobjekte und Zuweisung. Daten werden durch Zuweisung auf
Datenobjekten gespeichert. Eine Zuweisung wird durch einen Pfeil, bestehend aus den beiden Zeichen < - ausgedrückt. Rechts vom Pfeil werden
die Inhalte (Daten) der Zuweisung festgelegt, links vom Pfeil steht der Name, unter dem man die Daten ablegt und wiederfinden kann. Anschließend
kann man mit den Objekten rechnen. Was leisten wohl folgende Anweisungen?

6
```
>preis.netto <- 200
 steuersatz <- 0.16
 umsatzsteuer <- preis.netto*steuersatz
 preis.netto * (1.00 + steuersatz)
```

Die Ausgabe lautet

```
[1] 232
```

Außerdem haben wir die Objekte `preis.netto`, `steuersatz` und
`umsatzsteuer` angelegt.

Statistische Datensätze bestehen immer aus mehreren Zahlen sowie Zusatzinformationen. Deshalb können in R unter einem Namen ganze Datensätze abgelegt werden. Am schnellsten generieren wir Zahlenvektoren
mit dem Index-Generator „:". Einzelne Zahlen lassen sich mit der Funktion `c()` („concatenate") zu einem Vektor zusammenfügen. Stellen Sie sich
vor, wir haben 200 Rotphasen an einer Ampel verfolgt. In 119 Phasen ist
kein Auto gekommen, in 58 Phasen ein einziges Auto, in 17 Fällen kamen 2
Autos und in 4 Fällen 3 Autos, je einmal haben wir 4 und 5 Autos beobachtet. Die möglichen Anzahlen legen wir als Vektor unter `anz.autos` und
die Häufigkeiten unter `h.anz.autos` ab. Zum Schluss berechnen wir die

Summe aller Autos.

247
```
>anz.autos <- 0:5
  h.anz.autos <- c(119,58,17,4,1,1)
  summe.autos<-sum( anz.autos*h.anz.autos )
```

Mit dem Hinweis, dass sum() die Summe eines Vektors berechnet, müsste alles klar sein. Es sei noch darauf hinzuweisen, dass alle Namen, denen eine öffnende runde Klammer folgt, Funktionsaufrufe sind und in den Klammern die Argumente an die Funktion übergeben werden.

Indexzugriff. Manchmal wollen wir nur Teile eines Vektors verwenden. Dafür gibt es Indexzugriffe. Hinter einem Objektnamen werden dazu innerhalb von Indexklammern die Positionen der gewünschten Teilobjekte genannt. An den Positionen 2 bis 6, kurz [2:6], befinden sich in h.anz.autos die Einträge zu nicht autolosen Rotphasen.

248
```
>h.anz.autos[2:6]
```

R kennt verschiedene Arten der Indizierung. Beispielsweise können wir über negative Indexwerte die Elemente benennen, die wir ausschließen wollen. Probiere:

249
```
>h.anz.autos[-1]
```

Tabellen und Matrizen. Ein Statistiker wird die Häufigkeitstabelle natürlich unter einem einzigen Namen ablegen wollen. Hierzu bedarf es einer Matrix-Struktur. Mit Hilfe der Funktion cbind() („column **bind**") lassen sich Vektoren zu einer Matrix zusammenbinden.

250
```
>h.tab.autos <- cbind(anz.autos,h.anz.autos)
```

	anz.autos	h.anz.autos
[1,]	0	119
[2,]	1	58
[3,]	2	17
[4,]	3	4
[5,]	4	1
[6,]	5	1

Über Indexoperationen erhalten wir die einzelnen Spalten zurück. Indexzugriffe besitzen für Matrizen die Struktur [Zeileninidizes, Spaltenindizes]. Einträge vor dem Komma in den Indexklammern beziehen sich auf Zeilen, Angaben nach dem Komma auf Spalten. Die Autosumme erhalten wir also auch durch:

251
```
>sum(h.tab.autos[,1]*h.tab.autos[,2])
```

Funktionen und Hilfe. Bisher haben wir eine Reihe von Funktionen intuitiv eingesetzt, sodass nun ein paar Bemerkungen angebracht sind. Mehrere Argumente müssen durch Kommata voneinander getrennt werden. Die Argumente besitzen Namen, wie zum Beispiel `size`. Soll ein bestimmtes Argument beim Aufruf einen speziellen Wert bekommen, kann dieses über den Namen benannt werden, wie zum Beispiel durch `size=10`. Entspricht die Reihenfolge der Argumente beim Funktionsaufruf der Reihenfolge in der Funktionsdefinition, können die Namen fehlen. Da die Menge der Funktionen, deren Argumente und die Wirkungsweisen überaus vielfältig sind, ist der Anwender oft auf die online-Hilfe angewiesen, die im R-Interpreter zum Beispiel für die Funktion `mean()` mit der Anweisung `help("mean")`, `help(mean)` oder `?mean` aufgerufen wird.

Der Hilfetext zerteilt sich in Bemerkungen zur Verwendung, zur Syntax, zu den Inputgrößen, zum Ergebnis, nähere Details, Beispiele und Hinweise auf andere Funktionen. So erfahren wir aus der Hilfe zu `mean()`, dass wir vor der Mittelwertbildung über das Argument `trim` die `trim*100` Prozent kleinsten und größten Werte aus dem Datensatz entfernen, also „getrimmte Mittel" berechnen können. Falls die Hilfe-Seiten auch im `html`-Format installiert sind, lässt sich ein Browser als Fenster zur Hilfe einsetzen. Für den Explorer als Browser unter Windows ist dafür folgendes Initialisierungskommando erforderlich:

```
>help.start(browser="explorer")
```

11.3 Graphiken erstellen

R überzeugt viele Neulinge durch die Leichtigkeit und Vielseitigkeit, mit der die unterschiedlichsten Graphiken erzeugt werden können. Um sich beeindrucken zu lassen, sei empfohlen, die graphische Demo durch das Kommando `demo(graphics)` zu starten und die angezeigten Graphiken zu studieren. In jedem Schritt der Demo wird dem Anwender eine Kommandosequenz gezeigt, die dann per **Return**-Druck zur Ausführung kommt.

Häufig nachgefragte statistische Graphiken werden wie auf Knopfdruck generiert. Hierfür bietet R verschiedene Plot-Funktionen an, → S. 358 Tabelle 11.1.

Das Ergebnis kann durch Angabe zusätzlicher Parameter beeinflusst werden. In Abbildung 11.2, → S.359, ist die Wirkung verschiedener Festlegungen des `type`-Argumentes zu sehen. Probieren Sie folgende Alternativen!

```
>data(co2); x<-co2[1:20]
 plot(x,type="l"); plot(x,type="p"); plot(x,type="b")
 plot(x,type="h"); plot(x,type="s"); plot(x,type="n")
```

Funktion	erzeugt Darstellung:
`barplot(x)`	Balkendiagramm
`boxplot(x)`	Boxplot(s)
`curve(x^3,-2,2)`	zeichnet Funktion x^3 im Bereich [-2,2]
`dotchart(x)`	Dotchart
`hist(x)`	Histogramm
`pairs(x)`	paarweise Scatterplots
`pie(x)`	Kuchendiagramm
`plot(x)`	Scatterplot: x gegen seinen Index
`plot(x,y)`	Scatterplot: y gegen x
`qqplot(x,y)`	Quantile von y gegen die von x
`qqnorm(x)`	Quantile von x gegen die der Normalverteilung

Tab. 11.1: Plotfunktionen

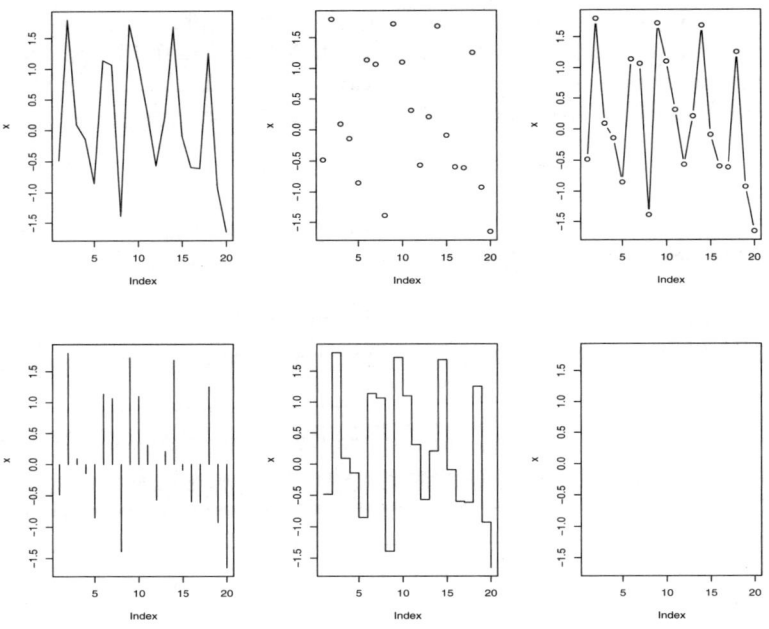

Abb. 11.2: Verschiedene `type`-Setzungen

Die Tabelle 11.2 listet einige optionalen Parameter der `plot`-Funktion mit ihrer Bedeutung auf.

Parameter	Beispiel	Beschreibung
type	type="p"	Daten als Punkte
	type="l"	Daten als Linien
	type="b"	Daten als Punkte und Linien
	type="n"	Daten sollen gar nicht darstellt werden
xlim	xlim=c(1,100)	Grenzen der x-Achse (z.B.: 1 und 100)
ylim	ylim=c(0,1)	Grenzen der y-Achse (z.B.: 0 und 1)
xlab	xlab="x-Achse"	Beschriftung der x-Achse
ylab	ylab="y-Achse"	Beschriftung der y-Achse
log	log="xy"	x- und y-Achse logarithmisch
bty	bty="n"	Art der Umrahmung
lty	bty=1	Linentyp (aus 1,...,6)
pch	pch=1	Zentralsymbol für Punkte (aus 0:255)
cex	cex=2	Größe für Zentralsymbole
col	col="red"	Farbe der Darstellung
main	main="Testplot"	Überschrift für das Bild

Tab. 11.2: Einige Parameter von plot

Ein bestehender Plot kann, wie die Tabelle 11.3 zeigt, um zusätzliche Elemente ergänzt werden.

Funktion	Beispiel	Beschreibung: zeichnet/fügt ein ...
abline	abline(2,3)	Gerade(n) (hier: $y = 2 + 3 \times x$)
	abline(h=1)	horizontale Linie $f(x) = 1$
	abline(v=5)	vertikale Linie $f(y) = 5$
lines	lines(x,y)	Polygonzug durch die Punkte $(x \mid y)$
segments	segments(x1,y1,x2,y2)	Strecken von $(x1 \mid y1)$ nach $(x2 \mid y2)$
points	points(x,y)	Punkte $(x \mid y)$
title	title("Entwicklung")	Überschriften
text	text(x,y,"textxy")	Texte "textxy" an den Stellen $(x \mid y)$
symbols	symbols(x,y,circles=z)	Kreise um $(x \mid y)$ vom Umfang z

Tab. 11.3: Funktionen für graphische Zusatzelemente

11.4 R als Rechnenmaschine

Einfache artihmetische Berechnungen können fast wie gesprochen eingetippt werden. Denn Addition, Subtraktion, Multiplikation, Division und Exponentiation werden durch Operatoren angeboten und sind durch die gebräuchlichen Zeichen +, -, *, /, ^ umgesetzt. Natürlich können auch runde Klammern verwendet werden.

Statistische und mathematische Berechnungen. Die große Fülle der von R angebotenen Funktionen gestattet, fast alle Berechnungsaufträge schnell einzugeben. Viele heißen genau so, wie wir es von der Mathematik her kennen. Auch entspricht die Syntax weitgehend allgemeinen Vorstellungen, sodass für den Anfang eine große Übersichtsliste völlig ausreicht.

Funktion	Beschreibung
min(x)	Minimum von x
max(x)	Maximum von x
mean(x)	Mittel von x
median(x)	Median von x
range(x)	Extrempunkte von x
sd(x)	Standardabweichung von x
var(x)	Stichprobenvarianz von x
summary(x)	zusammenfassende Statistiken von x
fivenum(x)	5-Punkte-Zusammenfassung von x
IQR(x)	Interquartilrange von x
mad(x)	mittlere absolute Abweichung x
quantile(x,p)	p-Quantil von x
cor(x,y)	Korrelation von x und y
rank(x)	Ränge der Elemente von x
order(x)	Sortierindex zu dem Vektor x
sample(x)	Permutation von x
sin(x)	$\sin(x)$
cos(x)	$\cos(x)$
tan(x)	$\tan(x)$
cot(x)	$\cot(x)$
exp(x)	$\exp(x)$
sum(x)	$\sum_i x_i$
cumsum(x)	$\sum_j^i x_j$
diff(x)	Vektor der Differenzen von x
prod(x)	$\prod_i x_i$
cumprod(x)	$\prod_j^i x_j$
length(x)	Anzahl der Werte von x

Tab. 11.4: Statistische und mathematische Funktionen

Verteilungsmodelle. Was wäre die Statistik ohne Wahrscheinlichkeitsverteilungen? Für eine Reihe stetiger und diskreter Verteilungen lassen sich Werte der Dichtefunktion, Werte der Verteilungsfunktion, Quantile sowie Zufallszahlen ermitteln. Die Tabelle 11.5 zeigt eine Reihe verfügbarer Verteilungen. Die Namen der R-Funktionen ergeben sich durch Vorhängen eines der Buchstaben d, p, q, r vor den Verteilungsnamen mit folgenden Bedeutungen:

d für „density" berechnet Dichte- oder Wahrscheinlichkeitsfunktionswerte – dexp(3) berechnet die Werte der Dichte der Exponentialverteilung mit $\lambda = 1$ an der Stelle 3

p für „probability" ermittelt Verteilungsfunktionswerte – ppois(5,2) liefert $F(5)$ einer Poisson-verteilten Zufallsvariable mit $\lambda = 2$

q für „quantile" liefert Quantile – qnorm(0.95, 0,1) berechnet den Prozentpunkt $x_{0.95}$ einer standardnormalverteilten Zufallsvariablen

r für „random" liefert Zufallszahlen – runif(10) generiert 10 Zufallszahlen aus einer Gleichverteilung von 0 bis 1

Für verschiedene Argumente können auch Vektoren in den Funktionsaufrufen stehen.

Verteilungs-name	Verteilung	notwendige Argumente	optionale Argumente	Defaulteinstellungen
beta	Beta	shape1, shape2		
binom	Binomial	size, prob		
cauchy	Cauchy		location, scale	0,1
chisq	Chi-Quadrat	df		
exp	Exponential		rate	1
f	F	df1, df2		
gamma	Gamma	shape		
geom	Geometrisch	prob		
hyper	Hypergeom.	m, n, k		
lnorm	Log-Normal		meanlog, sdlog	0,1
logis	Logistisch	location	scale	0,1
nbinom	Pascal	size, prob		
norm	Normal	mean, sd		0,1
pois	Poisson	lambda		
t	t	df		
unif	Rechteck		min, max	0,1
weibull	Weibull	shape	scale	1

Tab. 11.5: Verteilungsmodelle

Hier noch ein Beispiel: dbinom(c(3,5,10),12,0.5) liefert die Werte der Wahrscheinlichkeitsfunktion der Binomialverteilung mit den Parametern $n = 12$ und $p = 0.5$ an den Stellen 3, 5 und 10.

Die Funktion sample(). Wir wollen die Funktion sample() hervorheben, mit der aus einer Menge von Elementen eine Stichprobe gezogen werden kann. Die Syntax lässt sich aus einem Beispiel-Einsatz erkennen:

Es liegen die Körpergrößen von 20 Studierenden vor. Nun soll zur Demonstration von Stichprobeneffekten aus dieser Stichprobe eine Stichprobe vom Umfang 10 mit Zurücklegen `replace=TRUE` gezogen werden. Zur Wiederholbarkeit wird der Zufallszahlengenerator mit der Anweisung `set.seed(13)` initialisiert. `cat()` und `print()` drucken Texte bzw. Zwischenergebnisse aus.

```
>KG<-c(171,173,176,170,168,175,198,170,177,198,170,
        173,201,168,205,176,184,183,184,180)
set.seed(13)
stichprobe<-sample(x=KG,size=10,replace=T)
cat("Datensatz - Zusammenfassung\n")
print(summary(KG))
cat("Stichprobe\n")
print(stichprobe)
cat("Stichprobe - Zusammenfassung\n")
summary(stichprobe)
```

Wir erhalten:

```
Datensatz - Zusammenfassung
   Min. 1st Qu.  Median    Mean 3rd Qu.     Max.
  168.0   170.8   176.0   180.0   184.0    205.0
Stichprobe
 [1] 205 168 170 173 180 171 173 176 183 171
Stichprobe - Zusammenfassung
   Min. 1st Qu.  Median    Mean 3rd Qu.     Max.
    168     171     173     177     179      205
```

Kategoriale Daten. Für kategoriale Daten erstellt man zuerst Häufigkeitstabellen. Hierbei hilft die Funktion `table()`. Randverteilungen zweidimensionaler Kontingenztabellen errechnet `margin.table()` und Zeilen- oder Spaltenverteilungen die Funktion `prop.table()`.

Listen und Data-Frames. Neben Vektoren und Matrizen kennt R Objekte vom Typ **Liste**. Eine Liste ist ein Vektor von Elementen, die jeweils unterschiedliche Objekte enthalten können. Listen werden entweder über doppelte eckige Klammern indiziert oder durch Anhängen von $ und dem Namen des gewünschten Listenelementes. Weiter kennt R `data.frames`. Das sind Matrizen, in denen die Spalten aus typgleichen Elementen bestehen, die Spalten können jedoch unterschiedliche Typen enthalten. Data-Frames eignen sich beispielsweise zur Speicherung von Datenmatrizen.

Häufig verwendete R-Funktionen. Es gibt unter den R-Funktionen einige, die sehr oft eingesetzt werden, bisher hier aber noch keine Erwähnung gefunden haben. Verschiedene solcher „hot functions" zeigt Tabelle 11.6.

Funktion	Beispiel	Beschreibung
floor()	floor(1.3)	rundet ab $\rightarrow$ 1
ceiling()	ceiling(1.3)	rundet auf $\rightarrow$ 2
round()	round(c(1.3,1.7))	rundet $\rightarrow$ 1 2
==	x==y	elementweiser Vergleich
&	k1&k2	und-Verknüpfung von k1 und k2
|	k1|k2	oder-Verknüpfung von k1 und k2
!	!k1	Negation von k1
choose()	choose(5,3)	Binomialkoeffizient $\binom{5}{3}$
rev()	rev(x)	entspricht x[length(x):1]
seq()	seq(x)	liefert Indexvektor zu x
	seq(0,10,length=20)	liefert 20 äquidistante Zahlen von 0 bis 10
rep()	rep(1:2, 5)	wiederholt 1:2 genau 5-mal

Tab. 11.6: Häufig verwendete Funktionen

11.5 Bequemes Arbeiten mit diesem Buch in R

Eine Besonderheit dieses Buches ist die Integration von Aktionen am Rechner in den Gedankengang des Textes. Hierdurch werden dem Leser real funktionierende Beispiele, Demonstrationen und Umsetzungen präsentiert. Die Intention geht aber noch weiter: Wir wollen den Leser dazu ermuntern und befähigen, diese Rechnerelemente („Codechunks") bequem zu wiederholen und zu variieren. Denn tiefere Einsichten entstehen viel eher durch eigenes Gestalten denn durch einfache Nachahmung.

Für dieses Ziel muss der Leser – wie schon gesagt – R auf seinem Rechner haben. Außerdem muss er sich die Datei open.wnt.R mit den Datensätzen und einigen Spezialfunktionen beschaffen und diese Datei nach dem Start von R einlesen. Dann lassen sich alle Beispiele per Hand eintippen. Viel eleganter ist es jedoch, mit der Funktion open.wnt() in den Anweisungsblöcken zu blättern und diese – auch verändert – zu starten. open.wnt() eröffnet ein neues Fenster, dass etwa so wie in Abbildung 11.3 aussieht. Den richtigen Block findet man über die Nummer, die im Buch am linken Rand abgedruckt ist.

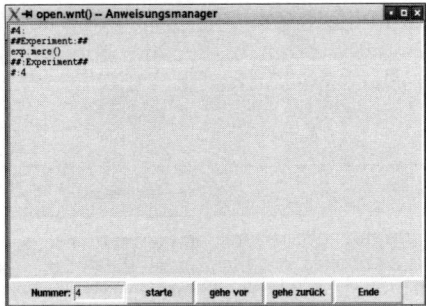

Abb. 11.3: Von open.wnt() erzeugte Oberfläche

Zusammengefasst muss der Leser für den Genuss des begleitenden Rechnereinsatzes also erledigen:

0. R installieren (einmalig) – sofern noch nicht geschehen – und die Datei open.wnt.R herunterladen (einmalig): diese ist zu finden über den UTB-Server:

   http://www.utb.de/
           katalog_suchen_detailseite.jsp?buchid=1563
   oder über:
   http://www.wiwi.uni-bielefeld.de/~wolf/div/utb-buch/

1. R starten: siehe oben.
   -> R

2. open.wnt.R einlesen: Allgemein ist hierzu einzugeben: source("⟨*Pfad*⟩/open.wnt.R") Befindet sich die Datei open.wnt.R im Verzeichnis c:\R muss eingegeben werden:
   > source("c:/R/open.wnt.R")
   Beachte dabei das Trennzeichen („/").

3. Und schon kann's losgehen. Durch das Laden wird die Funktion open.wnt() gestartet, die ein neues Fenster öffnet, → Abbildung 11.3. Mit Hilfe der Knöpfe kann der Leser zwischen den Anweisungsblöcken hin- und herspringen und sie starten. Außerdem kann er in dem Textfeld die Anweisungen nach seinen Vorstellungen ändern.

— Viel Spaß!

Gewährleistung. Die verwendeten Software-Komponenten unterliegen den allgemeinen Regeln der GNU-Lizenz. Es wird keine Gewähr dafür übernommen, dass die beschriebenen Eigenschaften zutreffen. Eine Haftung bei eventuellen Schäden wird ausgeschlossen.

11.6 Statistische R-Idioms

Zum Nachschlagen haben wir ein paar wichtige Idioms zusammengestellt. Die mit * gekennzeichneten Einträge beziehen sich auf Objekte, die in open.wnt.R definiert werden.

Häufigkeitsanalyse

R-Idiom	Bedeutung	
set.seed(17)	Startpunkt für Zufall auf 17	
sample(gg,n)	Stichprobe aus Grundgesamtheit gg vom Umfang n	
wuerfel.exp()	interaktiver Würfel	*
length(x)	Anzahl Elemente des Objekts x	
print(x)	explizite Ausgabe von x am Bildschirm	
table(x)	Häufigkeitstabelle von x	
haeufigkeit.diskret(x)	umfangreiche Häufigkeitstabelle	
plot(x)	graphische Darstellung von x	
pie(x)	Kreisdiagramm von x	
haeuf.stet(x)	stetige Häufigkeitstabelle von x	
hist(x)	Histogramm von x	

Lage und Variabilität

R-Idiom	Bedeutung	
halbe.halbe(x)	teilt x in zwei gleiche Hälften	*
abline(h=1,v=1)	horizorizontale und vertikale	
mean(x)	arithmetisches Mittel von x	
plot.ohne(x,ohne=1)	Dot-plot von x ohne die größte Beobachtung	*
median(x)	Median von x	
mean(x,trim=0.05)	5% getrimmtes Mittel	
plot.trim(x)	Darstellung verschiedener getrimmter Mittel	*
modus(x,stetig=F)	diskreter Modus von x	
summary(x)	wichtige Maßzahlen zu x	
boxplot(x)	Boxlpot von x	
max(x)	Maximum von x	
min(x)	Minimum von x	
IQR(x)	Interquartilsabstand von x	
range.plot(x)	Einfluß der Ränder auf den range	*
sd(x)	Standardabweichung von x	
vk.plot(x)	Einfluss der Ränder auf den Variationskoeffizienten	*
mad(x)	MAD von x	
abs(x)	Beträge von x	

Univariate Analyse

R-Idiom	Bedeutung	
sort(x)	Rangwertreihe von x	
emp.cdf(x,stetig=F)	diskrete empirische Verteilungsfunktion von x	*
plot(ecdf(x))	diskrete empirische Verteilungsfunktion von x	*
dichte.plot(x, fenster=IQR(x))	Dichteschätzer zu x	*
dichte.manip(x)	interaktives Einstellen der Fensterbreite	*
schiefe(x)	Maßzahl Schiefe von x	*
kurtosis(x)	Maßzahl Kurtosis von x	*
box.cox.plot(x, interaktiv=T)	interaktive Box-Cox-Transformation	*
box.cox(x,lambda=0)	Box-Cox-Transformation mit $\lambda = 0$	
eda(x)	Graphiken zur explorativen Datenanalyse	*
quantile(x,c(.25,.75))	25- und 75% Punkt von x	
lorenz(x,anzahl=10)	Lorenz-Kurve von x mit 10 Gruppen	
gini(x,anzahl=10)	Gini-Koeffizient	

Bivariate Analyse

R-Idiom	Bedeutung	
rowSums(m)	Zeilensummen von m	
colSums(m)	Spaltensummen von m	
image.plot(m)	Image-Plot von m	
zeilenprofil(m)	Zeilenprofil von m	*
zeilenprofil.diff(m)	Unterschiede zum mittleren Profil	*
erw.unabh(m)	Erwartungen unter Unabhängigkeit	*
cor(x,y)	Korrelationskoeffizient von x und y	
cor(x,y, method="spearman")	Korrelationskoeffizient nach SPEARMAN	
korr.schieber()	interaktive Betrachtung verschiedener Korrelationen	*
vgl.plots(x,y)	graphischer Lagevergleich von x und y	*

Beta-Verteilung – a entspricht α und b β.

R-Idiom	Bedeutung
dbeta(x,a,b)	$P(X = x \mid \alpha, \beta)$
pbeta(x,a,b)	$P(X \leq x \mid \alpha, \beta)$
pbeta(x-1,a,b)	$P(X < x \mid \alpha, \beta)$
1-pbeta(x,a,b)	$P(X > x \mid \alpha, \beta)$
1-pbeta(x-1,a,b)	$P(X \geq x \mid \alpha, \beta)$
qbeta(p,a,b)	Quantil x mit $p = P(X \leq x \mid \alpha, \beta)$
rbeta(m,a,b)	Ziehung von m Zufallszahlen

Binomialverteilung

R-Idiom	Bedeutung
dbinom(x,n,p)	$P(X = x \mid n, p)$
pbinom(x,n,p)	$P(X \leq x \mid n, p)$
pbinom(x-1,n,p)	$P(X < x \mid n, p)$
1-pbinom(x,n,p)	$P(X > x \mid n, p)$
1-pbinom(x-1,n,p)	$P(X \geq x \mid n, p)$
qbinom(p,n,p)	Quantil x mit $p = P(X \leq x \mid n, p)$
rbinom(m,n,p)	m Zufallszahlen aus binom(n,p)
choose(n,x)	Binomialkoeffizient $\binom{n}{x}$

χ^2-Verteilung – n entspricht ν.

R-Idiom	Bedeutung
dchisq(x,n)	$P(X = x \mid \nu)$
pchisq(x,n)	$P(X \leq x \mid \nu)$
pchisq(x-1,n)	$P(X < x \mid \nu)$
1-pchisq(x,n)	$P(X > x \mid \nu)$
1-pchisq(x-1,n)	$P(X \geq x \mid \nu)$
qchisq(p,n)	Quantil x mit $p = P(X \leq x \mid \nu)$
rchisq(m,n)	Ziehung von m Zufallszahlen

Hypergeometrische Verteilung

R-Idiom	Bedeutung
dhyper(x,m,n,k)	$P(X = x \mid m, n, k)$
phyper(x,m,n,k)	$P(X \leq x \mid m, n, k)$
phyper(x-1,m,n,k)	$P(X < x \mid m, n, k)$
1-phyper(x,m,n,k)	$P(X > x \mid m, n, k)$
1-phyper(x-1,m,n,k)	$P(X \geq x \mid m, n, k)$
qhyper(p,m,n,k)	Quantil x mit $p = P(X \leq x \mid m, n, k)$
rhyper(z,m,n,k)	z Zufallszahlen aus hyper(m,n,k)

Poisson-Verteilung

R-Idiom	Bedeutung
dpois(x,lambda)	$P(X = x \mid \lambda)$
ppois(x,lambda)	$P(X \leq x \mid \lambda)$
ppois(x-1,lambda)	$P(X < x \mid \lambda)$
1-ppois(x,lambda)	$P(X > x \mid \lambda)$
1-ppois(x-1,lambda)	$P(X \geq x \mid \lambda)$
qpois(p,lambda)	Quantil x mit $p = P(X \leq x \mid \lambda)$
rpois(m,lambda)	m Zufallszahlen aus pois(λ)

Weitere Funktionen statistischer Modelle

R-Idiom	Bedeutung
dexp(x,lambda)	Dichtefunktion von exp(lambda)
pexp(x,lambda)	$P(X \le x)$ zu exp(lambda)
rexp(m,lambda)	m Zufallszahlen aus exp(lambda)
dgamma(x,n,lambda)	Dichtefunktion von gamma(n,lambda)
pgamma(x,n,lambda)	$P(X \le x)$ zu gamma(n,lambda)
rgamma(m,n,lambda)	m Zufallszahlen aus gamma(n,lambda)
dnorm(x,mu,sigma)	Dichtefunktion von norm(mu,sigma)
pnorm(x,mu,sigma)	$P(X \le x)$ zu norm(mu,sigma)
rnrom(m,mu,sigma)	m Zufallszahlen aus norm(mu,sigma)
dunif(x,a,b)	Dichtefunktion von unif(a,b)
punif(x,a,b)	$P(X \le x)$ zu unif(a,b)
runif(m,a,b)	m Zufallszahlen aus unif(a,b)

Tests

R-Idiom	Bedeutung
chisq.test()	χ^2-Test
binom.test()	Binomialtest
t.test()	t-Test
ks.test()	Kolmogorov-Smirnov-Test
wilcox.test()	Wilcoxon-Test

Regressionen

R-Idiom	Bedeutung	
b<-cov(x,y)/var(x)	Berechnung von $\hat{b}$ per Hand	
a<-mean(y)-b*mean(x)	Berechnung von $\hat{a}$ per Hand	
cor(x,y)^2	R^2 berechnen	
F.byhand(x,y)	F-Statistik berechnen	*
lsfit.b.pvalue(x,y)	p-value per Hand bzgl. b	*
lsfit(x,y)	Schätzung der KQ-Geraden	
lm(y~x)	lineares Modell schätzen	
anova(lm(y~x))	ANOVA-Tabelle eines linearen Modells	
residuals(lm(y~x))	Residuen eines linearen Modells	
lm(BW~EW+KH+FE),cars)	mehrere erklärende Variablen	

Graphische Anweisungen

R-Idiom	Bedeutung	
`plot(x,lm(y~x)$resid)`	Residualplot	
`plot(x,lm(y~x)$resid)`	Zeichnung eines Residualplots	
`qqnorm(res);qqline(res)`	qqnorm-Plot	
`ki.a.b(x,y,alpha=.05)`	KI für a und b	*
`ki.y.dach(x,y,`		
`   alpha=c(.3,.2,.1))`	Berechnung für KI bzgl. Geraden	*
`show.rq(xx,yy)`	Varianzen von y und $\hat{y}$ zeigen	*
`pairs(mat)`	paarweise Scatterplots	
`abline(lm(y~x))`	Ergänzung der KQ-Geraden	
`lines(lowess(xy))`	Ergänzung der `lowess`-Kurve	

Experimente und Interaktives

R-Idiom	Bedeutung	
`fbe.fit(x,y,`		
`   include.0.0=TRUE)`	Fit einer Gerade per Hand	*
`exp.fit.line.to.poly()`	Fit Gerade an kubische Parabel	*
`exp.adjust.Rq()`	R^2-Anpassung an fiktive Daten	*
`exp.Rq.outlier()`	R^2 und Ausreißer	*
`exp.regr.smooth(x,y)`	Glättung mit unterschiedlichem f	*
`exp.regr.poly(x,y)`	Anpassung eines Polynoms	*

Verwendete Datensätze

R-Idiom	Bedeutung	
`astra.liter`	getankte Kraftstoffmengen	*
`astra.km`	gefahrene Wegstrecke	*
`Animals`	Körper- und Gehirngewichte von Säugetieren	MASS
`milchprod`	Bestandteile von Milchprodukten	*
`women`	durchschnittliche Größen / Gewichte von Frauen	
`cars`	Geschwindigkeiten und Bremswege	

11.7 Weitere Infos

FAQ. Es heißt: „Stelle nie eine Frage, die in der FAQ-Liste behandelt wird."
Wir wollen deshalb die Empfehlung aussprechen: Wenn irgend etwas un-
klar ist, blättere zunächst diese Seiten noch einmal durch, werfe dann einen
Blick in die FAQ-Liste und befrage danach einen Experten. Bevor die Frage
aufkommt, sei beigesteuert: Die FAQ-Liste ist zum Beispiel zu finden über
die oberste Ebene der Browser-Hilfe oder via Internet:

```
http://cran.r-project.org/doc/FAQ/R-FAQ.html
```

Papiere. Diverse Texte zu R, wie zum Beispiel „An Introduction to R", findet man unter

```
http://cran.r-project.org/other-docs.html
```

Eine knappe deutschsprachige Einführung, auf die dieses Kapitel zurückgeht, ist erhältlich unter:

```
http://www.wiwi.uni-bielefeld.de/~wolf/skripten/Rkurs.pdf
```

Glossar

ANOVA Varianzanalyse. Verfahren zur Streuungserklärung durch Gruppenzugehörigkeit.

BAYESSCHE FORMEL Möglichkeit, um die Wahrscheinlichkeit für ein Ereignis durch zusätzliche Informationen anzupassen.

BERNOULLI-EXPERIMENT Zufallsexperiment mit zwei verschiedenen Ausgängen wie Erfolg und Nicht-Erfolg mit $P(\text{Erfolg}) = p$.

BESTIMMTHEITSMASS Anteil der durch ein lineares Regressionsmodell erklärten Varianz der abhängigen Variable.

BIAS Erwartete Verzerrung einer Schätzfunktion.

BINOMIAL-VERTEILUNG Anzahl der Erfolge bei n unabhängigen Bernoulli-Experimenten mit konstantem p. Anzahl Sechsen bei n Würfelwürfen.

BOXPLOT Graphische Zusammenfassung eines Datensatzes. Minimum, unteres Quartil, Median, oberes Quartil und Maximum werden dargestellt.

BOX-COX-TRANSFORMATION Klasse von Transformationen, um die Asymmetrie eines Datensatzes zu senken.

χ^2-TEST Anpassungstest und Unabhängigkeitstest mit χ^2-verteilter Prüfgröße.

DICHTE Pendant der Wahrscheinlichkeitsfunktion für stetige Zufallsvariablen.

ERWARTUNGSWERT Mittlere zu erwartende Realisation einer Zufallsvariable.

EXPONENTIAL-VERTEILUNG Stetiges Modell, Beispiel: Verteilung von Wartezeiten.

HÄUFIGKEITSTABELLE Zähltechnische Zusammenfassung eines diskreten oder stetigen Datensatzes.

HISTOGRAMM Graphische Darstellung der klassierten Häufigkeitstabelle.

HYPERGEOMETRISCHE-VERTEILUNG Verteilungsmodell für das Experiment Ziehen ohne Zurücklegen.

HYPOTHESEN Ausgangspunkt für einen statistischen Test. Formulierung einer Behauptung bzw. Vermutung in Hypothese und Gegenhypothese.

KOLMOGOROV-SMIRNOV-TEST Statistischer Test zur Überprüfung einer Verteilungsannahme bzw. der Gleichheit zweier Verteilungen.

KOMBINATORIK Ermittlung der Anzahl von Ausgängen verschiedener Ziehungsexperimente, damit Grundlage für die klassische LAPLACE-SCHE Wahrscheinlichkeitsrechnung.

KONFIDENZINTERVALL Zufallsintervall, das mit vorgegebener Mindestwahrscheinlichkeit einen Verteilungsparameter überdeckt.

KONTINGENZTABELLE Zwei- (oder mehr-) dimensionale Häufigkeitstabelle.

KORRELATIONSKOEFFIZIENT Maß für den (linearen) Zusammenhang zweier Merkmale.

LIKELIHOODFUNKTION Im diskreten Fall Wahrscheinlichkeit einer speziellen Stichprobe in Abhängigkeit des (der) Verteilungsparameter(s). Durch Maximierung ergibt sich der ML-Schätzer.

LORENZKURVE Graphische Darstellung des Ausmaßes der Konzentration in einem Datensatz.

MAXIMUM LIKELIHOOD Verfahren zur Parameterschätzung. Es wird die Parameterkonstellation gewählt, welche die Likelihoodfunktion maximiert.

MEDIAN Zentraler Lageschätzer. Teilt den geordneten Datensatz in zwei gleich große Hälften.

METHODE DER MOMENTE Verfahren zur Parameterschätzung. Die theoretischen Momente werden den empirischen Pendants gegenübergestellt ($\overline{x}$ vs. $E(X)$). Daraus werden Schätzwerte abgeleitet.

METHODE DER KLEINSTEN QUADRATE Verfahren zur Parameterschätzung. Die Parameter werden so gewählt, dass die Summe quadrierter Abweichungen minimal wird.

MITTLERER QUADRATISCHER FEHLER Gütemaß für eine Schätzfunktion, das den Bias und die Streuung berücksichtigt.

MITTELWERT Der Mittelwert eines Datensatzes ist das arithmetische Mittel der Einzelbeobachtungen und dient zur Beschreibung der Lage.

MODUS Zentraler Lageschätzer. Im diskreten Fall die häufigste Beobachtung, im stetigen Fall die Klassenmitte der am häufigsten besetzten Klasse. Bei Uneindeutigkeit nicht existent.

NORMALVERTEILUNG Wichtigste stetige Verteilung, wird zum Beispiel zur Modellierung von Fehlern verwendet.

P-WERT Bei einem Test Wahrscheinlichkeit, unter H_0 die vorliegende Beobachtung oder eine extremere zu erhalten. Je kleiner der p-Wert, desto sicherer ist man sich beim Ablehnen.

POISSON-VERTEILUNG Verteilungsmodell der seltenen Ereignisse in einem bestimmten Zeitraum, Beispiel: Anzahl Autos vor einer roten Ampel.

QUANTILE Verallgemeinerung der Quartilsidee. Links vom $p \cdot 100\%$-Quantil liegt gerade dieser Anteil der Daten.

QUARTILE Das untere Quartil ist der Median der unteren Hälfte, das obere Quartil der Median der oberen.

QQ-PLOT Scatterplot der Quantile zweier Merkmale bzw. Scatterplot der Quantile einer empirischen Verteilung gegen die einer theoretischen.

REGRESSION Verfahren, eine abhängige Variable auf unabhängige zurückzuführen und dadurch zu modellieren.

SCHÄTZFUNKTION Funktion der Zufallsvariablen einer Stichprobe zur Parameterschätzung.

SCHWANKUNGSINTERVALL Bereich, in dem sich eine Zufallsvariable mit vorgegebener Wahrscheinlichkeit realisieren wird.

SKALENTYP Meßniveau eines Datensatzes: Nominalskala, Ordinalskala, Kardinalskala.

STABDIAGRAMM Graphische Darstellung der relativen Häufigkeiten eines diskreten Datensatzes.

STICHPROBE Nach bestimmten Kriterien gewonnene Teilmenge einer Grundgesamtheit.

t-VERTEILUNG STUDENT'S Modell, das bei unbekannter Varianz im Kontext der Normalverteilung eine große Rolle spielt.

TEST Ein statistischer Test entscheidet aufgrund einer Stichprobe über eine Hypothese gegenüber einer Gegenhypothese.

VARIANZ Die Varianz ist ein Variabilitätsmaß, und bei der Normalverteilung mit dem Parameter σ^2 identisch.

VERTEILUNGSFUNKTION Liefert für eine Zufallsvariable X und vorgegebenen Wert x die Wahrscheinlichkeit $P(X \leq x)$. Aus ihr lassen sich alle Eigenschaften von X ableiten.

VORZEICHENTEST Test auf den Median einer Stichprobe bzw. auf Gleichheit der Verteilung bei zwei Stichproben.

WAHRSCHEINLICHKEIT Quantitatives Maß für den Grad der Sicherheit, mit dem ein Ereignis eintreten kann.

$\sqrt{n}$-GESETZ Besagt, dass mit zunehmendem Stichprobenumfang n die Varianz des Mittelwerts gegen Null strebt. Wird n vervierfacht, reduziert sich die Varianz des Mittels nur um den Faktor 2.

ZENTRALER GRENZWERTSATZ Unter wenig restriktiven Bedingungen strebt die Verteilung des standardisierten Mittels unabhängiger Zufallsvariablen gegen die Standardnormalverteilung.

ZUFALLSVARIABLE Dient zur Modellierung der Ergebnisse von Zufallsexperimenten.

Literatur

ANDREWS, D.F./HERZBERG, A.M. [1985]: Data, New York

BÜNING, H./TRENKLER, G. [1999]: Nichtparametrische statistische Methoden, 2. Aufl., Berlin

DOSTOYEVSKY, F. [1866]: The Gambler, Nachdruck 1966, London

FAHRMEIR, L. ET AL. [2003]: Statistik. Der Weg zur Datenanalyse, 4. Aufl., Berlin

HIRAYAMA, T. [1981]: Nonsmoking wives of heavy smokers have a higher risk of lung cancer: A study from Japan, British Medical Journal, 282, S. 183–185

HIRAYAMA, T. [1984]: Lung Cancer in Japan: Effects of Nutrition and Passive Smoking, in: Lung Cancer: Causes and Prevention, S. 175–195

IHAKA, R./GENTLEMAN, R. [1996]: R: A Language for Data Analysis and Graphics, Journal of Computational and Graphical Statistics, 5, S. 299–314

KAUR, S. ET AL. [2004]: The impact of environmental Tobacco smoke of women's risk of dying from heart disease: a meta analysis, in: Journal of Women's Health, vol. 13, no. 8,
http://www.liebertonline.com/doi/abs/10.1089/jwh.2004.13.888

KRÄMER, W. [1994]: So überzeugt man mit Statistik, Frankfurt

DE LAPLACE, P.S. [1814]: Philosophischer Versuch über die Wahrscheinlichkeit, Hrsg. von Richard von Mises, 1932, Leipzig

MULKE, W. [2004]: Auch schlechter Rat in Apotheken, in: Neue Westfälische, 27.2.2004, S. 2

PEARSON, E.S. [1934]: Tables of the Incomplete Beta-Function, Cambridge

PEARSON, E.S./HARTLEY, H.O. [1970]: Biometrika Tables for Statisticians, 3. Aufl., Cambridge

POPPER, K.R. [1994]: Alles Leben ist Problemlösen, München

R DEVELOPMENT CORE TEAM [2005]: R: A Language and Environment for Statistical Computing, R Foundation for Statistical Computing, Wien

RINNE, H. [1997]: Taschenbuch der Statistik, 2. Aufl., Thun

SCHLITTGEN, R. [2000]: Einführung in die Statistik: Analyse und Modellierungen von Daten, 9. Aufl., München

SEIFFERT, H. [1973]: Einführung in die Wissenschaftstheorie, München

SWOBODA, H. [1971]: Knaurs Buch der modernen Statistik, München

TUKEY, J.W. [1977]: Exploratory Data Analysis, Reading

VENABLES, W.N./**RIPLEY**, B. [2003]: Modern Applied Statistics with S-Plus, 4. Aufl., New York

WETZEL, W./**JÖHNK**, M.D./**NAEVE**, P. [1981]: Statistische Tabellen, 4. Aufl., Berlin

WOLF, H.P. [2004]: R – der statistische Taschenrechner für Anfänger und Profis, http://www.wiwi.uni-bielefeld.de/~wolf/skripten/Rkurs.pdf

Es sei angemerkt, dass in diesem Verzeichnis die wichtigsten Quellen aufgeführt sind. Hinweise auf die Herkunft von Datenmaterial wurden zum Teil nur in Fußnoten gegeben. Weiter weisen wir darauf hin, dass die im Buch angegebenen Internetseiten Ende 2005 erreichbar waren. Leider ist nicht gesichert, dass sie auch in Zukunft, wie angegeben, gefunden werden können.

Index

UVK bei UTB

Heinz Grossekettler,
Andreas Hadamitzky,
Christian Lorenz
Volkswirtschaftslehre
2005, 336 Seiten, broschiert
UTB 2710
ISBN 3-8252-2710-3

Ulrich Kathöfer,
Ulrich Müller-Funk
BWL-Crash-Kurs Operations Research
2005, 252 Seiten, broschiert
UTB 2712
ISBN 3-8252-2712-X

Ekkehard von Knorring,
Albrecht Bossert
BWL-Crash-Kurs Makroökonomik
2006, 240 Seiten, broschiert
UTB 2779
ISBN 3-8252-2779-0

Jürgen Pesch
BWL-Crash-Kurs Marketing
2005, 304 Seiten, broschiert
UTB 2720
ISBN 3-8252-2720-0

Wilhelm Schneider
BWL-Crash-Kurs Finanzbuchführung
2005, 328 Seiten, broschiert
UTB 2713
ISBN 3-8252-2713-8

Wilhelm Schneider
BWL-Crash-Kurs Kosten- und Leistungsrechnung
2006, 384 Seiten, broschiert
UTB 2781
ISBN 3-8252-2781-2

Ingolf Terveer
BWL-Crash-Kurs Mathematik
2005, 350 Seiten, broschiert
UTB 2715
ISBN 3-8252-2715-4